Dirk A

Rapid

T0259772

Dirk Abel · Alexander Bollig

Rapid Control Prototyping

Methoden und Anwendungen

Mit 230 Abbildungen und 16 Tabellen

 Springer

Univ.-Prof. Dr.-Ing. Dirk Abel
Dr.-Ing. Alexander Bollig

RWTH Aachen
Institut für Regelungstechnik
Steinbachstraße 54
52074 Aachen
Deutschland

email: D.Abel@irt.rwth-aachen.de
A.Bollig@irt.rwth-aachen.de

Bibliografische Information der Deutschen Bibliothek

Die Deutsche Bibliothek verzeichnet diese Publikation in der Deutschen Nationalbibliografie; detaillierte bibliografische Daten sind im Internet über http://dnb.ddb.de abrufbar.

ISBN 978-3-540-29524-2 (Hardcover)
ISBN 978-3-642-31944-0 (Softcover)

Springer ist ein Unternehmen von Springer Science+Business Media
springer.de
© Springer-Verlag Berlin Heidelberg 2006, Softcover 2013

Satz: Digitale Druckvorlage der Autoren
Herstellung: LE-TeX Jelonek, Schmidt & Vöckler GbR, Leipzig
Umschlaggestaltung: medionet AG, Berlin
Gedruckt auf säurefreiem Papier   7/3142/YL - 5 4 3 2 1 0

Vorwort

Rapid Control Prototyping, ein englischer Titel für ein deutschsprachiges Lehrbuch – warum eigentlich? Unter *Control*, dem die deutsche Sprache bedauerlicherweise keinen entsprechenden und dabei alle Aspekte enthaltenen Begriff entgegenzusetzen hat, verstehen wir in unserem Umfeld etwa „die gezielte Beeinflussung dynamischer, vorrangig technischer Systeme". Dies umfasst gerätetechnische Realisierungen, die solches leisten, und auch Methoden zu deren Entwurf. In beiderlei Hinsicht gewinnt der Digitalrechner für *Control* unaufhaltsam an Bedeutung: Für die Realisierung von Regelungen, Steuerungen oder Automatisierungen als ausführendes Gerät und für die Entwurfsmethodik als Plattform für zunehmend leistungsfähigere Softwarewerkzeuge.

Rapid Prototyping bedeutet in diesem Zusammenhang, beide Aspekte, nämlich Entwurf und Realisierung zusammenzubringen und unter Einsatz sehr leistungsfähiger, jedoch in der Bedienung auch anspruchsvoller Hardware/ Software-Umgebungen einen geschlossenen Entwicklungsprozess zu generieren. Wie auch bei der konventionellen Vorgehensweise setzt dabei der Entwurf auf der Analyse und mathematischen Beschreibung der zu regelnden, zu steuernden oder zu automatisierenden Systeme auf, so dass kontinuierliche und ereignisdiskrete Modellierungsansätze sowie Verfahren zur experimentellen Identifikation dynamischer Systeme behandelt werden. Während die – in anderen Lehrveranstaltungen und -büchern in deutlich größerem Umfang behandelte – Theorie zum Regelungs- und Steuerungsentwurf nur in Grundzügen angesprochen wird, werden Verfahren zur Simulation dynamischer Systeme (mit konzentrierten Parametern) stärker beleuchtet. Dabei werden auch die vielfältigen Einsatzmöglichkeiten von Software-Werkzeugen vermittelt, die neben einer automatischen Programmcode-Generierung für Steuergeräte aus der Entwicklungsumgebung heraus so genannte „Hardware-in-the-Loop-" bzw. „Software-in-the-Loop-Simulationen" zulassen.

Die Lehrveranstaltung *Rapid Control Prototyping*, für die das erste Manuskript dieses Buches verfasst wurde, erfreut sich einer fakultätsübergreifenden Hörerschaft der RWTH Aachen: Studierende des Maschinenbaus, der Elektrotechnik, der Informatik und des Studienganges Computational Engineering

Science finden hier zusammen und sehen die Inhalte sicherlich aus unterschiedlichen Blickwinkeln und mit unterschiedlichen Interessensschwerpunkten. Diese Interdisziplinarität – auch wenn die unterschiedlichen Vorkenntnisse der Hörer gerade in der Anfangsphase der Lehrveranstaltung zusätzliche Hürden bringen – ist gerade typisch für den Charakter, den die Automatisierungstechnik heute aufweist und dem durch entsprechende Lehrveranstaltungen und Lehrbücher in der Ausbildung Rechnung getragen werden muss.

Unser herzlicher Dank gilt den Mitarbeitern des Instituts für Regelungstechnik der RWTH Aachen, deren Engagement und Beiträge zur Erstellung des ersten Manuskripts für dieses Buch wir sehr schätzen. Unter Koordination von Dr. Axel Schloßer sind Thomas Nötges, Dr. Philipp Orth, Thomas Paulus, Felix Richert und Dr. Joachim Rückert namentlich zu nennen.

Aachen,   *Dirk Abel*
im November 2005   *Alexander Bollig*

Inhaltsverzeichnis

1
Einführung und Überblick

1.1 Allgemeines

Zahlreiche technische Systeme aus den klassischen Ingenieurdisziplinen, die zum Beispiel mechanische, thermische, chemische oder thermodynamische Prozesse beinhalten, wurden in den letzten Jahrzehnten um elektronische Anteile ergänzt. Dies hat zu einer ganzen Reihe von Innovationen geführt, die ohne einen multidisziplinären Ansatz nicht möglich gewesen wären. Das so entstandene Fachgebiet wird meist mit Mechatronik bezeichnet, einem Kunstwort aus den drei wichtigsten Disziplinen für dieses Gebiet: Mechanik, Elektronik und Informatik.

Mechatronische Systeme finden sich heute in nahezu allen Lebensbereichen wieder. Vom Toaster mit Bräunungsgradsensor über „intelligente" Fahrstuhlsteuerungen, Roboter, aktive Fahrzeugelektronik (ABS, ESP, x-by-wire...), Flugtechnik (fly-by-wire), Werkzeugmaschinen, Medizintechnik usw. kommt nahezu jeder täglich mit solchen Systemen in Berührung. Neben dem Mehrwert, den die Verschmelzung der Disziplinen mit sich gebracht hat, ist aber ebenfalls eine deutliche Erhöhung der Komplexität solcher Systeme einher gegangen, da immer mehr zusätzliche Funktionalitäten umgesetzt werden konnten und dann natürlich auch sollten. Insbesondere die stetig steigende Leistung von wirtschaftlich einsetzbaren Mikrocontrollern schafft immer mehr Möglichkeiten für leistungsfähige Funktionalitäten, so dass in einigen Bereichen bereits davon gesprochen wird, dass die Innovationskraft durch Software weit oberhalb der des ursprünglichen Prozesses z. B. eines Getriebes liegt.

Ein modernes Oberklassefahrzeug enthält heute bis zu 100 Steuergeräte, die mehr oder weniger miteinander vernetzt oder eigenständig unterschiedlichste Aufgaben erfüllen. Dies betrifft Komfortbereiche wie die Sitzeinstellung und die automatische Lautstärkeanpassung des Lieblingsradiosenders ebenso wie z. B. die unerlässlichen Funktionen der Motorsteuerung aber natürlich auch sicherheitsrelevante Aufgaben wie z. B. ABS, Airbagsteuerungen und ähnliches. Mit der Integration von mechanischen und elektronischen Komponenten hat sich somit auch die Funktionsvielfalt drastisch erhöht.

Neben der Aufhebung der räumlichen Trennung der verschiedenen Komponenten und den damit einher gehenden Synergieeffekten wurde dabei naturgemäß auch die funktionelle Trennung immer weiter aufgehoben, so dass das mechatronische System über den gesamten Entwicklungszyklus hinweg als Gesamtsystem betrachtet werden muss. Dies hat neben höheren interdisziplinären Anforderungen an Ingenieure auch zur bedeutenden Stärkung der Steuerungs-, Regelungs-, und Automatisierungstechnik geführt, da deren Grundlagen für nahezu alle mechatronischen Systeme von entscheidender Bedeutung sind.

Konsequenter Weise hat diese Entwicklung auch zu neuen Entwurfsmethoden im Bereich der Regelungs- und Steuerungstechnik geführt, mit denen sowohl der Interdisziplinarität als auch der Forderung nach ganzheitlichen Entwürfen Rechnung getragen werden soll. Einer der Erfolg versprechensten und somit sehr verbreiteten Entwicklungsprozesse in diesem Umfeld ist der des „Rapid Control Prototyping (RCP)". Er ist Titel dieses Buches und unterstützt einen integrierten, rechnergestützten Entwicklungsprozess für mechatronische Systeme. Dementsprechend ergeben sich die Anforderungen an die Kenntnisse analog zu den oben bereits angeführten.

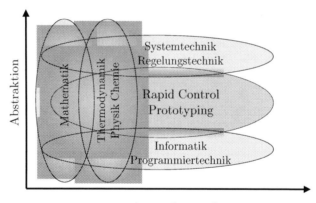

Abb. 1.1. Interdisziplinäre Anforderungen für Rapid Control Prototyping

Typische Entwurfsschritte beim RCP umfassen die (dynamische) Beschreibung des zu automatisierenden Systems, dessen Modellbildung mit anschließendem Regelungs- und Steuerungsentwurf sowie die Erprobung der Lösung in verschiedenen Umgebungen von der reinen Simulationsumgebung bis hin zum realen System. Das Buch ist nach einer kurzen methodischen Einführung entsprechend dieser Schritte gegliedert und vermittelt zunächst die notwendigen Grundlagen und exemplarisch deren rechnergestützte Umsetzung, bevor im letzten Kapitel die einzelnen Entwurfsschritte in den gesamten Entwicklungsprozess des Rapid Control Prototyping eingebettet werden.

In der folgenden Aufzählung finden sich einige Beispiele aus verschiedenen Bereichen, in denen RCP eingesetzt wird.

Maschinenbau
- Robotik
- Fahrstuhlsteuerungen
- Raffinerien
- Energietechnik
- Verfahrenstechnik
- Chemietechnik
- Automatisierte Kupplungen und Getriebe
- Autonome Werkzeugmaschinen
- ...

Elektrotechnik
- Magnetplattenspeicher
- Bürstenlose Gleichstrommotoren
- Drehzahlgeregelte Asynchronmotoren
- Magnetlager
- ...

Fahrzeugtechnik
- Schienenfahrzeuge
- Flugzeuge
- Kraftfahrzeuge
- ...

Medizintechnik
- Beatmungstechnik
- Notfallmedizin
- ...

Produktionstechnik
- Fabriksteuerungen
- ...

Unterhaltungselektronik
- Videokameras
- CD-Spieler
- ...

1.2 Entwicklungsprozesse für Automatisierungslösungen

1.2.1 Klassische Entwicklungsprozesse

Die Veränderungen der Entwicklungsprozesse für Regelungen ist in den vergangenen Jahrzehnten sehr stark mit der Entwicklung von Rechner- und Softwaretechnologien verbunden. Der ursprüngliche Entwicklungsprozess für Regler ohne Rechnerunterstützung erfolgte immer am Prozess. Dies gilt sowohl für die ersten mechanischen (Drehzahl-) Regler am Ende des 19. Jahrhunderts, als auch für die bis heute sehr breit und erfolgreich eingesetzten Regler vom PID-Typ. Insbesondere für diese Regler wurden zur Unterstützung bei der Auslegung im Laufe der Zeit zahlreiche Verfahren vorgeschlagen, denen in den meisten Fällen ein heuristischer Ansatz zu Grunde liegt (vgl. Abschnitt 5.3.3). Aber auch diese heuristischen Ansätze verwenden meistens Informationen über den zu regelnden Prozess, die mit Hilfe einfacher Modellvorstellungen über den Prozess abgebildet werden. Aufgrund der Schwierigkeiten, zuverlässige Einstellregeln für komplexere Regelalgorithmen zu finden, blieb man mit diesem Vorgehen weitestgehend auf den Einsatz von einfachen Reglern beschränkt. Der Vorteil dieser Vorgehensweise liegt darin, dass die Regelung unmittelbar in Betrieb genommen werden kann, wenn ein passendes Auslegungsverfahren zur Verfügung steht und mit z. B. einem PID-Regler meist eine ausreichende Regelgüte erreichbar ist.

Die Möglichkeiten auch Prozesse zu regeln, die z. B. aufgrund ihres Totzeitverhaltens oder auch ihres Mehrgrößencharakters nur schwer oder gar nicht konventionell zu regeln waren, nahmen mit der Einführung der (analogen wie digitalen) Rechnertechnik stark zu. Beispielhaft seien hier die Zustandsregler erwähnt, die ein weites Feld neuer Anwendungen erschlossen. Ihr Einsatz führte auch dazu, dass für die Auslegung der Regler verstärkt auf immer realistischere Modelle der Prozesse zurückgegriffen wird. Dies wurde zusätzlich dadurch unterstützt, dass von Seiten der Prozessentwickler und -betreiber mit wachsender Rechnerleistung immer mehr Modelle zur Simulation von Prozessen erstellt wurden. Damit erfuhr der Entwicklungsprozess für Regelungen eine erste Ergänzung, da zumindest die Strukturauswahl der Regelung aufgrund der aus der Modellbildung gewonnenen Erkenntnisse erfolgen konnte.

Die nächste Erweiterung im Entwicklungsprozess ergab sich unmittelbar dadurch, dass ausreichend Rechnerleistung zur Verfügung stand, um die Regelung mit vertretbarem Zeitaufwand bereits in der Simulation erproben zu können. Dies eröffnete die Möglichkeiten sowohl unterschiedliche Strukturen als auch verschiedene Parameter bereits in diesem Stadium einer Überprüfung unterziehen zu können, ohne dadurch wertvolle Ressourcen zu verbrauchen, oder gar den Prozess in Gefahr zu bringen. Weiterhin ist es seither auch möglich Personal an Simulatoren zu schulen und auf diese Weise kostengünstig und sicher Erfahrungen auch mit komplexeren System und Regelungen zu vermitteln.

Zur Zeit finden aufgrund der stetig wachsenden Verfügbarkeit von immer mehr Rechnerleistung weitere Schritte der Integration darüberhinaus ge-

hender Möglichkeiten in den Regelungs-/Steuerungsentwurf statt. In diesen
Schritten werden zunehmend Prozessinformationen in Form von zum Teil sehr
umfangreichen Modellen unmittelbar im Entwurf der Automatisierungsfunk-
tionen eingesetzt, aus den Modellen Verfahren zur Verifikation und Validierung entworfener Funktionen abgeleitet und mittels Code-Generierung aus
der Entwurfsumgebung unmittelbar der Code für den Serieneinsatz erzeugt.
Voraussetzungen für den Erfolg solcher modellbasierter Entwurfs- und Ent-
wicklungsverfahren sind einerseits ausreichend detaillierte Modelle und andererseits eine durchgängig nutzbare Werkzeugkette.

Ein Entwicklungsprozess, der für solche Aufgaben weit verbreitet ist, wird
mit dem so genannten V-Modell (siehe Abb. 1.2) beschrieben. Dabei wird
startend auf einem hohen Abstraktionsniveau, wie zum Beispiel einer Spezifikation der Aufgabenstellung, auf der linken Seite des V-Modells dieser Zweig
mit immer höherem Detaillierungsgrad nach unten verfolgt. An der unteren
Spitze wird die höchste Detaillierung zum Beispiel in Form des auf dem Zielsystem umgesetzten Binär-Codes für den Regelungsalgorithmus erreicht. Nun
folgt der Aufstieg auf dem rechten Zweig des V-Modells, bei dem der Detaillierungsgrad wieder abnimmt. In diesem Zweig finden sich typischerweise Tests,
die von einzelnen Komponenten über Module aus mehreren Komponenten
bis hin zur Inbetriebnahme am Gesamtprozess und somit zur Erfüllung der
Aufgabenstellung führen. Dies bildet den Abschluss des rechten Zweiges des
V-Modells.

Für den Entwurf einer Regelung kann der Entwicklungsprozess nach dem
V-Modell exemplarisch in folgende Schritte aufgeteilt werden (siehe auch Abb.
1.2):

- Formulierung der Aufgabenstellung und Erstellung von Lasten- und Pflich-
  tenheft.
- Analyse und Modellbildung des zu automatisierenden Prozesses. Dazu
  kommen die in Kapitel 3 vorgestellten Methoden zum Einsatz.
- Simulation von Prozess und Automatisierungslösung zur Entwicklung und
  Erprobung geeigneter Regelungs- und Steuerungsalgorithmen.
- Codierung und Implementierung der Algorithmen auf der Zielhardware.
- Test der programmierten Regler-/Steuereinheit in einzelnen Komponenten
  und je nach Anforderungen und Komplexität in immer größeren Teilsys-
  temen.
- Inbetriebnahme und Test der Regelung/Steuerung am realen Prozess.

Diese Schritte können in der dargestellten Reihenfolge durchgeführt werden, einzelne Schritte ausgelassen bzw. übersprungen werden und es können
sich jederzeit Iterationsschleifen ergeben. Ist der gewählte Algorithmus zum
Beispiel aufgrund von Einschränkungen auf der Zielhardware nicht in Echtzeit
zu berechnen, müsste ein anderer Algorithmus entworfen werden. Mit Hilfe
dieser systematischen Vorgehensweise lassen sich Änderungen, Korrekturen
und Fehlerbehandlung deutlich komfortabler und mit besseren Qualitätsstan-
dards durchführen, als mit den zuvor beschriebenen Entwicklungsprozessen.

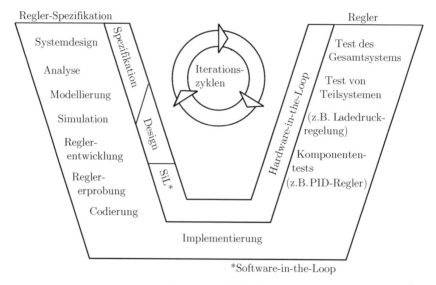

Abb. 1.2. V-Modell

Für die Mehrzahl aller Schritte eines solchen Entwicklungsprozesses stehen mittlerweile Softwarepakete zur Verfügung, die den jeweiligen Entwicklungsschritt unterstützen und an den jeweiligen Entwickler des Schrittes angepasst sind. So stehen zum Beispiel für die Modellierung unterschiedlichste grafische Werkzeuge zur Verfügung, die in ihrer Darstellungsweise und auch den Modellierungsansätzen die gewohnte Arbeitsumgebung der zugehörigen Disziplin oder auch Branche verwenden.

Problematisch bei diesem Ansatz sind unter anderem die Schnittstellen zwischen den verschiedenen Werkzeugen für die einzelnen Schritte. So ist durchaus nicht immer gewährleistet, dass eine Modellierung, die mit einem branchenüblichen Modellierungswerkzeug entworfen wurde, unmittelbar in eine Umgebung übernommen werden kann, die die Systemanalyse oder den Regelungs- und Steuerungsentwurf unterstützt. Auch die unterschiedlichen Darstellungsformen der einzelnen Werkzeuge können Probleme aufwerfen, wenn nicht alle am Entwicklungsprozess Beteiligten sämtliche Darstellungsformen der Werkzeuge kennen und verstehen. Zudem birgt auch jegliche Konvertierung von Modellen und Daten immer Risiken in sich.

Nicht zuletzt ist im traditionellen V-Modell das iterative Vorgehen zunächst nur in vertikaler Richtung enthalten. Probleme bei Komponententests können so erst erkannt werden, nachdem die Entwicklungsschritte bis zu diesem Punkt durchgeführt worden sind. Denkbar wäre aber zum Beispiel auch ein Komponententest unmittelbar im Anschluss an die Reglerentwicklung, mit Hilfe von realen oder auch simulierten Komponenten, sofern die Entwicklungsumgebung diese Möglichkeit zur Verfügung stellt. Es ist demnach zusätzlich ein horizontales Vorgehen wünschenswert. Einen Ansatz zur Lösung dieser Problematik bietet der im Abschnitt 1.2.2 dargestellte Entwicklungsprozess mit Rapid Control Prototyping.

1.2.2 Entwicklungsprozess mit Rapid Control Prototyping

Die Idee des Rapid Control Prototyping besteht darin, durch Kombination und Integration der bereits kurz vorgestellten Methoden aus den klassischen Entwicklungsprozessen ein neues Vorgehen zu etablieren, welches die genannten Nachteile ausgleicht, ohne die Vorteile zu verlieren.

Der Entwicklungsprozess wird weiterhin in Schritte wie Anforderungsanalyse, Spezifikation, Grob- und Feinentwurf, Implementation, Simulation und Komponenten- bis Systemtest unterschieden, die nicht zwangsläufig in dieser Reihenfolge und oftmals iterativ durchlaufen werden. Insbesondere die Phasen Test, Simulation und Analyse sind nicht zwangsläufig an bestimmten Stellen des Entwurfsprozesses einzugruppieren. So kann etwa eine formale Spezifikation mit entsprechenden Methoden analysiert werden. Ebenso sind aber u.a. auch Analysephasen für das Modell des Gesamtsystems oder der Implementation möglich. Testphasen können bereits für simulierte Teilsysteme durchgeführt werden, können aber z. B. auch als Abnahmetest bei Auslieferung des realen Systems stattfinden.

Eine Voraussetzung für einen integrierten Ansatz bildet eine durchgängige Werkzeugkette wie man sie beispielsweise von den integrierten Entwicklungsumgebungen zur Softwareerstellung her kennt.

Bei einer solchen Werkzeugkette wird zum Beispiel die Schnittstellenproblematik unmittelbar durch den Anbieter des Produkts gelöst, so dass die Entwickler sich auf ihr jeweiliges Spezialgebiet konzentrieren können. Dies gilt ebenso für den Transfer der benötigten Elemente von einem Schritt zum nächsten. Der Modellierer muss sich keine Gedanken darüber machen, wie er dem Systemanalytiker oder dem Regelungstechniker das Modell zur Verfügung stellen kann. Die zugehörige Methodik wird an zentraler Stelle durch das Werkzeug zur Verfügung gestellt und kann auch an zentraler Stelle gepflegt werden. Augenscheinlich wird dieser Vorteil auch bei der Code-Generierung, die aus den erstellten Reglermodellen automatisch den für die Zielhardware spezifischen Programmcode erstellt. Jegliche Anpassungen und Verbesserungen können auch hierbei an zentraler Stelle durch den jeweiligen Experten eingepflegt werden und stehen dann auf Knopfdruck zur Verfügung.

Ein weiterer Vorteil dieser integrierten Entwicklungsumgebung ist die Möglichkeit im V-Modell auch horizontale Iterationsschleifen durchführen zu können. Beispielsweise kann ein Regler im Entwurfswerkzeug unmittelbar an zur Verfügung stehenden Komponenten oder Teilsystemen erprobt werden, auch wenn die Hardware für das Steuergerät noch nicht zur Verfügung steht oder sogar noch nicht ausgewählt wurde. Es kann getestet werden, welcher Regelungsalgorithmus zu verwenden ist, um zum geforderten Ergebnis zu gelangen. Auf dieser Basis kann die benötigte Hardware ausgewählt werden.

Denkbar ist zum Beispiel auch die Abnahmetests für das Gesamtsystem zu einem sehr frühen Entwicklungsstadium bereits am Modell zu erproben. Dadurch können Fehler in der Spezifikation früh erkannt und behoben werden, ohne dass die anderen zum Teil sehr kostspieligen Zwischenschritte bereits durchgeführt wurden.

Abbildung 1.3 zeigt die Struktur einer solchen Umgebung. Anhand dieser Abbildung werden einige zentrale Begriffe im Zusammenhang mit RCP erläutert. Im linken Teil der Abbildung ist die Simulation, im rechten Teil die Realität dargestellt.

Zu Beginn des Entwurfs einer Automatisierungslösung steht die Anforderungsanalyse. Hier legen Auftraggeber und -nehmer fest, welche Anforderungen an das System gestellt werden, wobei die konsequente Nutzung automatisierungstechnisch relevanter Beschreibungsmittel hilft, Missverständnisse und Widersprüche zu vermeiden, welche in beschreibenden Texten auftreten können. Dies ist insbesondere dann der Fall, wenn das System groß ist und bei der Erstellung des Lastenhefts viele Personen beteiligt sind.

Hiervon ausgehend kann die Spezifikation als möglichst genaue und formale Beschreibung eines Systems erstellt werden, um in Grob- und Feinentwurf des Systems die Architektur, Strukturen und Funktionalität festzulegen. Idealerweise kann die Spezifikation der Aufgabenstellung sowie Lasten- und Pflichtenheft z. B. durch einfache Modelle und Prüfverfahren in der Simulation festgehalten werden. Mit Hilfe einer solchen Spezifikation kann während des gesamten Entwicklungsprozesses zu jedem Zeitpunkt überprüft werden, ob die Zielvorgaben erreicht werden oder nicht. Zugleich wurde eine für alle Beteiligten zugängliche und ausführbare Dokumentation der Spezifikation geschaffen.

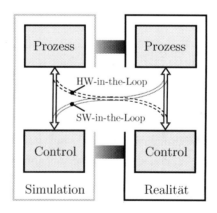

Abb. 1.3. RCP-Strukturen

In den nächsten Schritten findet eine Modellierung in der notwendigen Detailtiefe, der Funktionsentwurf und die Erprobung statt. Relevant für die im Prozess erzielbare Effizienz ist die Verfügbarkeit von Code-Generatoren, die aus den im Entwurf genutzten Simulationen der Automatisierungsalgorithmen den geforderten Softwareanteil für die automatisierungstechnische Lösung der Aufgabenstellung erzeugen. Der Test zur Überprüfung der Funktionalität kann auf unterschiedlichen Entwicklungsstufen in der Simulation oder bereits unter Einbeziehung realer Komponenten erfolgen. Die dabei möglichen Kombinationen können mit der Definition von drei Begriffen charakterisiert werden, die in der Literatur nicht immer einheitlich verwendet werden.

- Systemsimulation
  Von Systemsimulation spricht man, wenn alle beteiligten Komponenten in Form von Simulationsmodellen auf Entwicklungsrechnern ausgeführt werden, die nicht mit der Zielhardware identisch sind bzw. sein müssen.
- Software-in-the-Loop-Simulation (SiL).
  Von SiL spricht man, wenn der entwickelte Regelungs- und Steuerungsalgorithmus auf einem Entwicklungsrechner ausgeführt wird und mit dem realen Prozess oder Teilen davon verbunden ist.
- Hardware-in-the-Loop-Simulation (HiL)
  Von HiL spricht man, wenn der auf der Zielhardware implementierte Regelungs- und Steuerungsalgorithmus mit Hilfe eines Simulationsmodells des realen Prozesses erprobt wird, welches auf einem Entwicklungsrechner läuft.

In der Literatur existieren auch noch eine Reihe weiterer Begriffe, wie Model-in-the-Loop, Processor-in-the-Loop, Component-in-the-Loop und vieles Ähnliches. Alle diese Abwandlungen sind jedoch entweder identisch mit einem der oben definierten Begriffe, oder stellen einen Spezialfall einer der definierten Begriffe dar. Insofern werden im Folgenden ausschließlich die oben definierten Bezeichnungen in der entsprechenden Bedeutung verwendet.

An dieser Stelle sei ebenfalls darauf hingewiesen, dass der Begriff Rapid Control Prototyping in der Literatur auch immer im Sinne des integrierten Entwicklungsprozesses verwendet wird. Teilweise wird er sogar nur für den Vorgang der Reglerparametrierung mit Hilfe eines Entwicklungsrechners am realen Prozess verstanden.

Abschließend seien noch einmal die zentralen Vorteile des Einsatzes von RCP aufgezählt:

- Schnelle, einfache und kostengünstige Erprobung unterschiedlicher Regelungs-/Steuerung-Verfahren.
- Aufbau von Erfahrungen mit dem (neuen, simulierten) System.
- Einfache Anpassung und Optimierung von Parametern.
- Datenerfassung, -aufbereitung und -visualisierung.
- Nutzung von Analysetools, die auf dem Zielsystem nicht mehr zur Verfügung stehen.

- Ausreichend Rechenzeit, um auch komplexere Verfahren erproben zu können.
- Erhöhung der erzielbaren Sicherheit durch verbesserte Testmöglichkeiten.
- Bei der Dokumentation ergeben sich durch die grafische Programmierung Vorteile, da bereits das grafische Modell als Dokumentation dient. Durch die Verwendung einer einheitlichen Werkzeugkette wird die Dokumentation der einzelnen Schritte an zentraler Stelle durchgeführt.
- Durch die grafische Programmierung wird die Wiederverwendbarkeit von Modellen oder Modellteilen erhöht. Insbesondere ist der Grad der Wiederverwendbarkeit größer als bei auf Textebene entwickelter Software.
- Durch die Verwendung von grafischen Modellen wird eine „einheitliche Sprache" für die beteiligten Personengruppen definiert. Der Simulierer findet sich ebenso wieder, wie der Modellentwickler, der Programmierer oder andere beteiligte Personengruppen.
- Grafisch programmierte Modelle werden auch als „ausführbare Lastenhefte" bezeichnet, was andeutet, dass von dem jeweils beauftragten Unternehmen umzusetzen ist, was das Modell vorgibt.

Auf Aspekte zur technischen Realisierung wird in Kapitel 7 eingegangen. Aus den genannten Vorteilen einer möglichst mit der Entwicklungsumgebung identischen Erprobungsumgebung für den realen Prozess erwachsen die in Abschnitt 7.1 genannten Anforderungen an ein Rapid Control Prototyping System.

1.3 Der Systembegriff

Um Berechnungen und Simulationen bei der Geräteentwicklung durchführen zu können, muss durch die *Modellbildung* eine adäquate Beschreibung des *Systems* gefunden werden. Zur exakten Beschreibung werden einige Begriffe benötigt, die im Folgenden definiert werden.

In DIN 19226-1 „Regelungstechnik- und Steuerungstechnik" wird der Begriff **System** folgendermaßen definiert:

> „Ein *System* ist eine in einem betrachteten Zusammenhang gegebene Anordnung von Gebilden, die miteinander in Beziehung stehen. Diese Anordnung wird aufgrund bestimmter Vorgaben gegenüber ihrer Umgebung abgegrenzt."

D. h. die Festlegung eines Systems bestimmt eindeutig, was sich innerhalb und was sich außerhalb der betrachteten Anordnung befindet. François E. Cellier beschreibt in [27] einen wichtigen Zusammenhang mit technischen Systemen:

> „Another property of a *System* is the fact that it can be *controlled* and *observed*. Its interactions with the environment naturally fall into two categories:

1. There are variables that are generated by the environment and that influence the behavior of the system. These are called the *inputs* of the system.
2. There are other variables that are determined by the system and that in turn influence the behavior of its environment. These are called the *outputs* of the system."

Zusammenfassend wird in der Automatisierungstechnik unter dem Begriff *System* ein Gerät, eine Apparatur, ein konkreter oder abstrakter Prozess oder etwas ähnliches verstanden, gekennzeichnet durch

- die Systemgrenze als physikalische oder gedachte Abgrenzung gegenüber der Umgebung,
- die Eingangs- und Ausgangsgrößen, welche die Systemgrenzen passieren,
- die inneren Größen, die als Zustände bezeichnet werden,
- das Verhalten, welches die Beziehung zwischen Eingängen, Zuständen und Ausgängen wiedergibt.

Hierbei kann ein solches System grundsätzlich auch aus Komponenten zusammengesetzt sein. Insbesondere bei der Behandlung komplexer Systeme ist es sehr hilfreich, ein System hierarchisch zu strukturieren und als Kombination mehrerer Komponenten darzustellen. Diese Komponenten können weiter detailliert werden und ebenfalls als eigenständige Systeme angesehen und auch wie solche behandelt werden. Ein- und Ausgänge dieser Komponenten oder *Teilsysteme* können mit Ein- und Ausgängen des Gesamtsystems wie auch mit Aus- und Eingängen anderer Teilsysteme verknüpft sein.

Im Allgemeinen können Eingangs- und Ausgangsvariablen in der Ausprägung als

- Signale mit *kontinuierlichem* oder *diskretem* Wertebereich oder als
- Ereignisse

erscheinen.

Unter einem Signal versteht man eine Größe, deren Wert sich mit der Zeit ändert. Typischerweise werden Messwerte oder Ergebnisse funktionaler Zusammenhänge als Signale aufgefasst.

Flussgrößen liegen dann vor, wenn sie durch Bilanzen (bezüglich Masse, Energie, Stoff, ...) beschrieben werden. Diese Bilanzen werden in der Regel so aufgestellt, dass die gerichteten Flüsse in ein System hinein mit positivem Vorzeichen versehen werden und dementsprechend alle Flussgrößen der Form nach Eingänge sind. Die aus den Bilanzen resultierenden Gleichungen lassen sich aber so umstellen, dass der Zusammenhang zwischen Aus- und Eingängen mittels $Wirkung = f(Ursache)$ beschrieben werden kann. Hiermit wird eine gerichtete signalorientierte Darstellung der Bilanzierung möglich.

Im Beispiel in Abb. 1.4 sind zwei unabhängige Rohre dargestellt, durch die ein Fluid konstanter Dichte ρ fließt. Die Volumenströme q_1 und q_2 treten durch die Bilanzhülle in Rohr 1 ein, q_3 und q_4 in Rohr 2. Da die Dichte konstant ist,

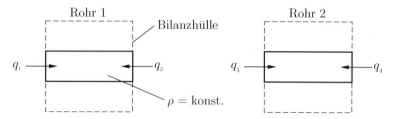

Abb. 1.4. Bilanzierung zweier einzelner Rohre

muss der auf einer Seite eines Rohres eintretende Volumenstrom auf der anderen Seite austreten und umgekehrt (Gleichungen (1.1a) und (1.1c)). Werden die Rohre physikalisch miteinander verbunden (Abb. 1.5), muss dies auch an der Überlagerung der Bilanzgrenze zwischen den Rohren gelten (Gl.(1.1b)).

Abb. 1.5. Schemazeichnung des Gesamtsystems

Hiermit ergibt sich das Gleichungssystem (1.1). Erst anhand der Information, dass an der linken Rohrseite mit dem Volumenstrom q eine Aufprägung von q_1 vorliegt, gelingt eine Beschreibung des Systems mit dem sog. Wirkungsplan (vgl. Abschnitt 3.1.2) in Abb. 1.6. Insbesondere ist die Vorzeichenumkehr in Gl.(1.1b) typisch für die Verbindung von Ein- und Ausgängen bei Flussgrößen.

$$q_2 = -q_1 \tag{1.1a}$$
$$q_3 = -q_2 \tag{1.1b}$$
$$q_4 = -q_3 \tag{1.1c}$$

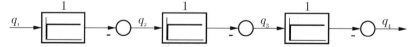

Abb. 1.6. Modellierung zweier verbundener Rohre

Aus der Zusammenfassung der Gl.n(1.1) bzw. des Wirkungsplans ergibt sich offensichtlich

$$q_4 = -q_1 \quad . \tag{1.2}$$

Potenziale wie etwa elektrische Spannung, Lageenergie, ..., sind ungerichtet und beschreiben Größen, welche an den verbundenen Schnittstellen in gleicher Ausprägung mit gleichem Vorzeichen vorliegen.

So herrscht über die Strecke der beiden Rohre in Abb. 1.5 das Druckgefälle von p_1 über p_2 nach p_3. Ein Druck ist eine ungerichtete Größe und deshalb liegt der Druck p_2 sowohl an der rechten Begrenzung von Rohr 1 wie auch an der linken Begrenzung von Rohr 2 an. Auch bei der Modellierung von Potenzialgrößen wird anhand des Prinzips von Ursache und Wirkung für das betrachtete Teilsystem über die Signalrichtung entschieden. Gleichzeitig wird festgelegt, ob die Größe als Eingangs- oder Ausgangsgröße behandelt wird, je nachdem, ob die Größe Ursache für Veränderungen im System ist oder ob das Potenzial erst durch andere Einwirkungen auf das System aufgebaut wird.

Als letzter Variablentyp verbleiben *Ereignisse*. Der Wechsel zwischen diskreten Zuständen ohne kontinuierlichen Übergang wird als Ereignis interpretiert. Ebenso löst ein Ereignis unter Umständen einen solchen Wechsel aus.

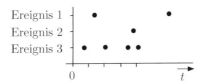

Abb. 1.7. Zeitdarstellung von Ereignissen

Ereignisse sind keine physikalischen Größen. Deshalb besitzen sie keine physikalischen Dimensionen oder standardisierte Variablennamen im SI-System. Ereignisse haben eine bestimmte Bedeutung, die in der Regel durch eine eindeutige Benennung jedes möglichen Ereignisses wiedergegeben wird, die in einem System auftreten können (Abb. 1.7).

Als ein Beispiel für ereignisdiskretes Verhalten kann der α-Zerfall eines Uran-Teilchens zu Thor und einem zweifach positiven Heliumkern als Ereignis gewertet werden, das beim Übergang zwischen den beiden diskreten Zuständen $^{238}_{92}U$ und $^{234}_{90}Th +^4_2 He$ auftritt. Werden die Zerfallsereignisse mit einem Detektor gezählt, löst jedes gemessene Teilchen ein *Ereignis* bei der Erhöhung des Zählerstandes um 1 aus. Ist die Probe ausreichend aktiv, lässt sich der Zählerstand durchaus als *kontinuierliches Signal* auffassen und es kann die zeitliche Ableitung gebildet werden, die in Bécquerel gemessen wird. Umgekehrt interessieren in vielen Fällen – wie auch für das Beispiel – Grenzwertüberschreitungen. Wird ein festgelegter Messwertebereich für die Aktivität der Probe verlassen, kann dieses *Ereignis* etwa die Auslösung eines Alarms o.ä. zur Folge haben.

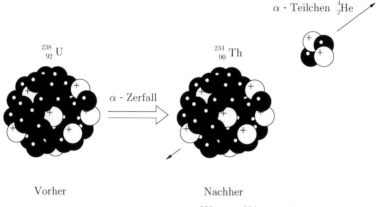

Abb. 1.8. α-Zerfall von $^{238}_{92}U$ zu $^{234}_{90}Th +^4_2 He$

Eingänge und Ausgänge eines Systems werden im Rahmen dieses Buches vorzugsweise mittels gerichteter Signale vom Ausgang eines ersten Systems zum Eingang eines zweiten signalorientiert verbunden (vgl. Abb. 1.6). Einen Überblick über die grundsätzlich möglichen Modellierungsformen bietet der folgende Abschnitt.

1.4 Modelle

Um das Verhalten verschiedener Systeme wiederzugeben, werden Modelle gebildet. In Platons Höhlengleichnis nimmt der Mensch nur Schatten an der Wand wahr und hält sie lediglich für wirklich. Ebenso sind auch mathematische Modelle nur Abbilder der Wirklichkeit, welche nicht für die Wirklichkeit selber gehalten werden dürfen. Der gegenüber dem *Seienden* verfälschte Charakter gilt noch nachdrücklicher für die Analyse z. B. anhand eines maßstabsgetreuen Nachbaus, da hier bei der Bildung des physikalischen Modells wie auch der anschließenden abstrakten Modell-Bildung Abweichungen auftreten. Je nachdem, ob diese Abweichungen für die zu untersuchende Fragestellung relevant sind oder nicht, kann sie als *zulässige Vernachlässigung* oder als Modell-*Fehler* bezeichnet werden.

In Kapitel 3 werden Modellformen beschrieben, welche reale Systeme mit bestimmten Eigenschaften in gewissen Grenzen beschreiben können. Es ist dabei die Aufgabe des Modellierenden, eine Modellform für das zu beschreibende System zu wählen. Hierbei entscheidet vor allem die unter Zuhilfenahme des Modells zu lösende Aufgabe, welche Modellform gewählt wird.

DIN 19 226 Teil 1 beschreibt den Begriff **Modell** folgendermaßen:

„Ein *Modell* ist die Abbildung eines Systems oder Prozesses in ein anderes begriffliches oder gegenständliches System, das aufgrund der Anwendung bekannter Gesetzmäßigkeiten, einer Identifikation oder auch

getroffener Annahmen gewonnen wird und das System oder den Prozess bezüglich ausgewählter Fragestellungen hinreichend genau abbildet."

Dabei ist insbesondere der Aspekt der Genauigkeit des Modells von Interesse – und ob die betrachtete Modellform eine entsprechende Detailtreue
ermöglicht. So können von einem System verschiedene Modelle existieren, welche für unterschiedliche Einsatzgebiete hinreichend genau sind. Gleichzeitig
soll der Aufwand bei der Erstellung des Modells, bei der Identifikation und
Parametrierung aber nicht zu hoch werden. Dieser Ansatz legt auch die Forderung nahe, ein Modell lediglich so genau zu gestalten wie zur Lösung der
jeweiligen Problemstellung notwendig.

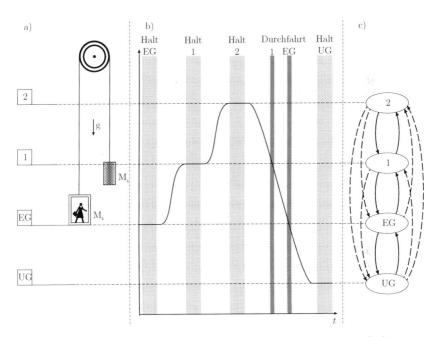

Abb. 1.9. Unterschiedliche Sichtweisen auf die Dynamik eines Aufzugs

Neben der Modellgenauigkeit ist auch die Wahl der Modellform von der
tatsächlichen Problemstellung abhängig. So muss ein System bei unterschiedlichen Aufgabenstellungen oft auf mehrere Arten dargestellt werden. Das soll
anhand des Beispiels in Abb. 1.9 illustriert werden. In Abb. 1.9a ist ein Aufzug mit Gegengewicht dargestellt, dessen Kabine zwischen Untergeschoss und
zweitem Obergeschoss verkehrt. In Abb. 1.9b ist der kontinuierliche Verlauf
der Höhe der Aufzugkabine über dem Boden des Aufzugschachts dargestellt.
Hält der Aufzug an einem Stockwerk an, ist der Verlauf für diesen Zeitraum
hellgrau hinterlegt. Passiert der Aufzug ein Stockwerk lediglich ohne anzuhal-

ten, wird das durch einen dunkelgrauen Balken angezeigt. Im rechten Teil des
Diagramms (Abb. 1.9c) werden vier diskrete Zustände unterschieden, die mit
den Namen der Stockwerke bezeichnet sind.

Sollen in Abb. 1.9b Halte und Durchfahrten betrachtet werden, entspricht
dieser Betrachtung in Abb. 1.9c die Darstellung ohne gestrichelte Pfeile. So
muss die Aufzugkabine etwa bei der Fahrt vom zweiten Stockwerk ins Untergeschoss den ersten Stock und das Erdgeschoss passieren, indem zuerst dem
Pfeil von 2 nach 1, dann dem von 1 nach EG und dann dem Pfeil von EG
nach UG gefolgt wird. Also entspricht einer der vier diskreten Zustände dem
Passieren oder Erreichen eines Stockwerkes.

Werden in Abb. 1.9b hingegen nur die Halte an den einzelnen Stockwerken
betrachtet, folgt in Abb. 1.9c bei der gleichen Fahrstrecke vom zweiten Stockwerk ins Untergeschoss auf den Zustand 2 direkt der Zustand UG – bei dieser
Interpretation der Zustände als *Haltepunkte* gelten also auch die gestrichelten
Pfeile in Abb. 1.9c.

Je nach zu lösender Aufgabe interessiert sich ein Modellierer für unterschiedliche Informationen des Diagramms. Bei der Optimierung des Fahrkom-
forts sind die in Abb. 1.9b wiedergegebenen Zeitverläufe der kontinuierlich
gemessenen Höhenposition des Aufzugs und deren Modellierung durch eine
Differentialgleichung relevant, ebenso bei der Positionierung der Aufzugkabine bei der Anfahrt der einzelnen Stockwerke. Soll hingegen die Auswirkung
der eingehenden Nutzerwünsche auf die Reihenfolge der anzufahrenden Stockwerke mit einem Automatisierungsgesetz festgelegt werden, ist eine Betrachtung der einzelnen – also diskreten – Stockwerkspositionen ausreichend. Die
Kurve in Abb. 1.9b offenbart während des horizontalen Verlaufs Haltepunkte
des Aufzugs, die Steigung gibt eine Information über die Aufzuggeschwindig-
keit. Viele *Abstraktionen* sind bei einer Beschreibung des Aufzugs und auch
bereits bei der Darstellung des Verhaltens in der Abbildung vorgenommen
worden. Nicht berücksichtigt oder dargestellt werden etwa das Türschließen,
Wartungsvorgänge und Störfälle, Verschleißerscheinungen, …

Im Beispiel ist die diskrete Modellbeschreibung in Abb. 1.9c eine weiter ab-
strahierte Sicht (die in Kapitel 3 durch die Einführung von z. B. Zustandsgraphen und Automaten formalisiert wird). Lediglich vier verschiedene einnehm-
bare Zustände werden im Beispiel unterschieden: Die Position des Aufzugs
kann bei der gewählten Modellierung keine Positionen zwischen den Stockwerken mehr einnehmen. Für den Entwurf einer Aufzugsteuerung, welche die
Wünsche der Aufzugnutzer an eine Motorregelung weitergibt, ist diese Sichtweise aber gleichzeitig ausreichend abstrakt und trotzdem auch ausreichend
detailgetreu.

Abstraktionen können aber nicht nur von einer kontinuierlichen zu einer
diskreten Systembeschreibung führen. Ein Aufzug in einem Hochhaus mit
endlich vielen Stockwerken kann diskret beschrieben werden, aber für manche
Untersuchungen ist es zweckmäßiger, auf ein kontinuierliches Modell zurückzu-
greifen. Je mehr Stockwerke hierbei zu betrachten sind, desto gerechtfertigter
ist diese Annahme. Soll etwa die Anzahl der Aufzüge und Aufzugschächte für

ein Hochhaus mit über 100 Stockwerken festgelegt werden, werden unter anderem Überlegungen bezüglich des benötigten und erreichbaren Durchsatzes angestellt. Für verschiedene Werte wie etwa die Anzahl der Fahrgäste oder die Anzahl der pro Fahrt zu fahrenden Stockwerke werden hierzu Durschnittswerte ermittelt und in der weiteren Berechung verwandt. Diese Werte stammen nun nicht mehr zwangsläufig aus der Menge der ganzen Zahlen, während dies bei einer exakten Betrachtung der Fall sein müsste. Für die skizzierte Aufgabenstellung ist diese Vereinfachung des Problems aber zulässig.

Die Darstellung des für die Problemstellung Relevanten ist also die Hauptaufgabe bei der Modellbildung, die in unterschiedlichsten Modellformen erfolgen kann. Beim Rapid Control Prototyping werden sowohl diskrete als auch kontinuierliche Systembeschreibungen bei der Modellbildung angewandt. Bei der Vorstellung der mathematischen Modellformen und Methoden zur Behandlung dieser Systeme wird sich zeigen, dass automatisierungstechnische Probleme oft mit beiden Systemklassen gemeinsam gelöst werden können und müssen. Ebenso gilt, dass sich die beiden Systemklassen zur Lösung ähnlicher – oder sogar gleicher – Probleme sehr unterschiedlicher Verfahren bedienen.

1.5 Beispiele

Im Folgenden werden die im Laufe des Buches verwendeten Beispielsysteme vorgestellt. Detailliertere Ausführungen werden anhand des Doppelpendel-Systems dargestellt, während Betrachtungen für eigene Übungen anhand eines Dreitank-Systems durchgeführt werden können.

1.5.1 Doppelpendel

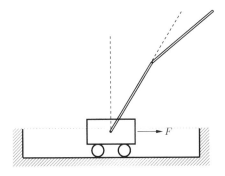

Abb. 1.10. Beispielsystem Doppelpendel

Das Beispiel eines Doppelpendels besteht aus einem Schlitten, auf dem ein in zwei leichtgängigen Lagern frei drehbares Doppelpendel montiert ist.

Das Doppelpendel besteht aus einem inneren und einem äußeren Pendelstück, welche über ein Gelenk verbunden sind. Die Enden der reibungsarmen Linearführungen des Schlittens begrenzen den Weg des Schlittens an der realen Anlage in beide Richtungen. Der nicht dargestellte Antrieb des Schlittens erfolgt über einen Zahnriemen, der die Verbindung zu einem Drehstromservomotor herstellt. Dieser Antrieb übt eine Kraft F auf den Doppelpendelschlitten aus und stellt die einzige Möglichkeit dar, auf den Schlitten und die beiden Pendelstäbe einzuwirken.

1.5.2 Dreitank

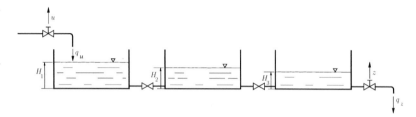

Abb. 1.11. Beispielsystem Dreitank

Das für Übungen (vgl. Abschnitt 8.2, Seite 325) gedachte Beispiel eines gekoppelten Dreitank-Systems in Abb. 1.11 ist aus drei Flüssigkeitsbehältern aufgebaut, die räumlich nebeneinander angeordnet sind. Die Tanks besitzen an ihren Böden jeweils eine Auslassöffnung mit festem Durchmesser, die sich wie eine Drossel verhält. Durch diese Öffnung kann die Flüssigkeit aufgrund der vorhandenen Druckdifferenz über der Drossel in den Tank mit der geringeren Füllhöhe abfließen. Am Einlauf in den ersten Tank befindet sich ein Ventil, dessen Ventilposition u frei einstellbar ist. Mit der Stellung z des Auslassventils am letzten Tank in der Reihe wird die Abflussmenge q_z aus dem Tank verändert und damit dessen Füllhöhe gestört.

1.6 Rechnerwerkzeuge

Die meisten der in diesem Buch vorgestellten Verfahren basieren auf standardisierten Rechenvorschriften. Die seit den siebziger Jahren beobachtbare rasante Entwicklung im Bereich der Mikrocomputer ermöglichte es, auch komplexe Rechenvorschriften zu automatisieren und somit dem Benutzer Werkzeuge für derartige „Fleißarbeiten", zur Verfügung zu stellen. Speziell im universitären Bereich sowie in der Industrie werden Rechnerwerkzeuge heute intensiv eingesetzt, da sie zu verkürzten Entwicklungszeiten bei der Lösung eines technischen Problems beitragen.

Eine erste Sammlung von Rechnerwerkzeugen waren die LINPACK/EIS-PACK Routinen, die in den siebziger Jahren zumeist an Universitäten in den USA entwickelt wurden. Diese Routinen beinhalten erprobte numerische Verfahren für algebraische Standardberechnungen und wurden den Benutzern kostenlos zur Verfügung gestellt.

Anfang der achtziger Jahre entwickelte dann Cleve Moler an der University of Mexico [5] aus der mittlerweile sehr umfangreich gewordenen Sammlung numerischer Routinen ein integriertes Werkzeug, mit dem auch komplexere Programme auf der Basis von Matrizendarstellungen aus einer Kombination dieser Routinen entwickelt werden konnten. Dieses Werkzeug nannte er MA-Trizen-LABoratorium oder auch kurz MATLAB.

Gleichzeitig wurden eine Reihe weiterer Werkzeuge auf Basis der LIN-PACK/EISPACK Routinen erarbeitet [6], deren Weiterentwicklung jedoch zum größten Teil eingestellt wurde, oder die heute eher ein Nischendasein fristen.

Das oben erwähnte Ur-MATLAB jedoch war die Basis für die heute wichtigsten kommerziell verfügbaren Rechnerwerkzeuge im Bereich numerische Berechnungen auf der Basis von Matrizen. Ausgehend vom Ur-MATLAB entwickelten C. Moler und J. Little unter Einbindung eines graphischen Ausgabebildschirms MATLAB weiter und vertrieben es über ihre Firma The MathWorks, Inc.. Als Zielhardware wurde dabei vornehmlich der PC-Bereich betrachtet. Gleichzeitig entwickelte die Firma Integrated Systems, Inc. speziell für den Workstationbereich das Ur-MATLAB weiter zum Produkt MATRIXx [6]. Aufbauend auf den Algebrawerkzeugen MATLAB und MATRIXx wurden Toolboxen für spezielle Anwendungsbereiche (z. B. die Control Systems Toolbox für die Regelungstechnik) von den o.g. Firmen sowie von anderen Anbietern entwickelt. Die aktuellen Versionen sind mittlerweile sowohl für den PC als auch für den Workstationbereich verfügbar und besitzen grafische Eingabemöglichkeiten (GUI = Graphical User Interface) [7]. In Abschnitt 1.6.1 wird das Produkt MATLAB, das im Bereich der regelungstechnischen Anwendung weltweit das meist genutzte Werkzeug ist, kurz vorgestellt.

Auch für den Bereich der Simulationen sind in den letzten Jahren nicht zuletzt durch die Verfügbarkeit leistungsfähiger Rechner verschiedene Rechnerwerkzeuge entwickelt worden. Erwähnt seien hier zunächst die Simulationsaufsätze SIMULINK und SYSTEMBUILD für die Simulation dynamischer Systeme zu den Produkten MATLAB und MATRIXx. Beide Simulationswerkzeuge bedienen sich einer blockorientierten Darstellungsweise, bei der das modellierte dynamische System graphisch als Wirkungsplan dargestellt wird. Eine genaue Beschreibung der Werkzeuge erfolgt in Kapitel 7.5.

Andere Arbeiten führten mittels einer physikalischen objektorientierten Modellbeschreibung zum Simulationspaket MODELICA/DYMOLA, was in vielen Anwendungfällen zu besserer Übersichtlichkeit führt.

Ferner sind aufgrund unterschiedlicher Problemstellungen in einzelnen Ingenieurdisziplinen eine Vielzahl spezieller Simulationswerkzeuge entstanden. Als Beispiele seien hier das Werkzeug SPICE, das zur Simulation analoger elektronischer Schaltungen dient, das Werkzeug ADAMS, mit dem mechanische Mehrkörpersysteme simuliert werden können, und das Werkzeug SPEE-DUP, das zur dynamischen Simulation verfahrenstechnischer Prozesse dient, genannt.

Für die formelmäßige Berechnung mathematischer Ausdrücke wie zum Beispiel die Integration oder Ableitung einer Funktion $f(x)$ stehen die kommerziellen Produkte MAPLE, MATHCAD und MATHEMATICA zur Verfügung.

In zahlreichen weiteren Anwendungsfeldern findet man heute leistungsfähige Rechnerwerkzeuge. Als Beispiel für die ereignisdiskrete Simulation sei hier das Werkzeug GPSH genannt. Auch bei der Finite-Elemente-Berechnung ist der Einsatz geeigneter Werkzeuge wie z. B. ADAMS nicht mehr wegzudenken.

1.6.1 Matlab/Simulink

Das Rechnerwerkzeug MATLAB und seine Simulationserweiterung SIMULINK sowie die zusätzlichen Toolboxen stellen in vielen technischen Bereichen das populärste Werkzeug für die Simulation und Analyse von linearen und nichtlinearen dynamischen Systemen dar.

MATLAB und SIMULINK arbeiten im Interpretermodus. Dies bedeutet, dass in eine Arbeitsumgebung eingegebene mathematische Ausdrücke sofort ausgeführt werden können. Ein Compilierungsvorgang zur Erzeugung eines lauffähigen Codes ist damit nicht erforderlich.

Das in Abb. 1.12 dargestellte Beispiel soll die Arbeitsweise von MATLAB beschreiben. In einem Kommandofenster werden nach dem Prompt „≫" zunächst die Matrizen A, B,C und D eines Zustandsraummodells erzeugt. Über den Befehl A' kann dann die Transponierte von A ermittelt werden. Ebenfalls die Multiplikation zweier Matrizen z. B. A*B lässt sich mit einem einfachen Befehl bewerkstelligen.

Eine Sammlung von Befehlen im Kommandofenster kann in einem so genannten m-File abgespeichert werden. Damit ist es möglich, Programme zu erstellen, die komplexe Berechnungsvorgänge abbilden. Ein Beispiel für solch ein Programm ist der Befehl step(A,B,C,D), mit dem die Sprungantwort des Zustandsraummodells mit den Matrizen A,B,C,D berechnet und im Grafikbildschirm dargestellt wird. Dieser Befehl entstammt der Control Systems Toolbox, die dem Rechnerwerkzeug MATLAB speziell für regelungtechnische Anwendungen zugefügt werden kann. Mittlerweile ist eine große Anzahl an Toolboxen für diverse Anwendungsbereiche verfügbar. Als Beispiele seien die System Identification Toolbox, in die viele gängige Identifikationsverfahren integriert sind, die Optimization Toolbox, die eine Reihe von Werkzeugen zur Optimierung bereitstellt, und STATEFLOW, mit dessen Hilfe ereignisdiskrete Abläufe in SIMULINK simuliert werden können, genannt.

Mit einem C-Code-Generator kann sogar aus einer Befehlsfolge in MATLAB automatisch C-Code erzeugt werden, der dann auf beliebiger Hardwareplattform genutzt werden kann. Dies ermöglicht ein „Rapid Prototyping" nu-

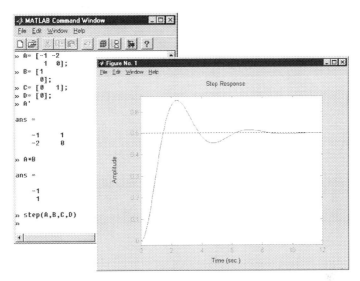

Abb. 1.12. Oberfläche des Simulationswerkzeugs MATLAB

merischer Algorithmen, indem aus der komfortablen Entwicklungsumgebung
MATLAB direkt eine Implementierung in einer Zielhardware möglich wird.

Die für das Rechnerwerkzeug MATLAB getrennt erwerbbare Simulationsumgebung SIMULINK erlaubt, dynamische Systeme aus elementaren freipro-
grammierbaren Blöcken aufzubauen. Die Darstellung der Systeme wird auch
als blockorientiert bezeichnet und gestattet dem Benutzer, eine graphische
Programmierung seiner Systeme vorzunehmen, indem er vordefinierte Blöcke
aus bereitgestellten Bibliotheken auswählt, diese bezüglich seiner Anwendung
parametrisiert und dann die Signalpfade zwischen den Blöcken mit Linien
festlegt. Eine genauere Beschreibung der Programmierung und Simulation
mit SIMULINK wird in Kapitel 6 vorgenommen. Angemerkt sei hier noch, dass
es auch zu SIMULINK Erweiterungen als so genannte Blocksets erhältlich sind,
die Bibliotheken wie z. B. zur Simulation hydraulischer Systeme bereitstellen.

2

Beschreibung dynamischer Systeme

2.1 Allgemeines

In diesem Kapitel werden unterschiedliche Beschreibungsformen für dynamische Systeme vor dem Hintergrund der Erstellung von Automatisierungslösungen vorgestellt. Die Darstellung soll einen Überblick über die Thematik geben, eine Vertiefung in entsprechende Literatur ist bei Bedarf zu empfehlen. Zur Verdeutlichung der Gundprinzipien und aufgrund der breiten Unterstützung durch Programme zur dynamischen Simulation wie MATLAB/SIMULINK ist die Darstellung linearer, kontinuierlicher dynamischer Systeme hervorgehoben.

Ziel einer Regelung ist im Allgemeinen, bestimmte Größen, meist Ausgangsgrößen technischer Prozesse, an vorgegebene Führungsgrößen anzugleichen. Die zu regelnden Größen sollen sowohl Änderungen der Führungsgrößen möglichst gut folgen als auch von Störungen, die auf den Prozess einwirken, möglichst wenig beeinflusst werden. Die genannten Ziele werden dadurch angestrebt, dass die Regelgrößen gemessen und die Messergebnisse mit den Führungsgrößen verglichen werden. Aus den Differenzen von Führungs- und Regelgrößen werden Eingriffe in den Prozess abgeleitet, die geeignet sind, die Differenzen zu vermindern.

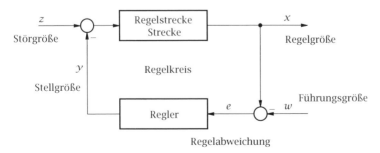

Abb. 2.1. Einfacher Regelkreis

Durch diese Rückführung von Ausgangsgrößen auf Eingangsgrößen entstehen geschlossene Wirkungsabläufe, die als Regelkreise bezeichnet werden. Genaue Definitionen von Begriffen und Bezeichnungen in der Regelungs- und Steuerungstechnik finden sich u.a. in der DIN 19226 und werden in Kap. 5 vertieft.

Aus dem in sich geschlossenen Wirkungsablauf von Regelungen entsteht eine Reihe von Eigenschaften, die allen Anwendungsfällen gemeinsam sind. Daher hat sich eine einheitliche Theorie der Regelung als zweckmäßiges Werkzeug erwiesen. Um diese Theorie benutzen zu können, muss das technische Problem in einer ihr gemäßen Weise beschrieben werden. Solche Beschreibungen werden Modelle genannt, weil sie nur einen Teil der Eigenschaften des realen Problems wiedergeben. Ein richtig gewähltes Modell zeichnet sich dadurch aus, dass es alle jeweils wichtigen Eigenschaften des Problems widerspiegelt. Modelle können die Form von Gleichungssystemen (mathematische Modelle), von physikalischen Ersatzsystemen (elektrische, hydraulische Modelle), von verbalen Beschreibungen usw. haben. Abbildung 2.2 zeigt schematisch, wie technische Probleme mit Hilfe von Modellen gelöst werden können.

TECHNISCH-PHYSIKALISCHE WIRKLICHKEIT	TECHNISCHE AUFGABE $\Downarrow$	TECHNISCHE LÖSUNG $\Uparrow$
MODELLGESETZE	MODELL-BILDUNG $\Downarrow$	RÜCKÜBER-TRAGUNG $\Uparrow$
MODELLBEREICH	MODELL DER TECHNISCHEN $\Rightarrow$ AUFGABE	MODELL DER TECHNISCHEN LÖSUNG

Abb. 2.2. Lösung technischer Probleme mit Modellen

Ergebnis der Modellbildung, die in Kapitel 3 vertieft wird, kann in der Regelungstechnik ein sog. Wirkungsplan des Gesamtsystems sein, der einzelne signalübertragende Elemente sowie deren Zusammenwirken enthält. Anhand des Wirkungsplans lassen sich Ursache-Wirkungs-Beziehungen darstellen und es entsteht eine Struktur des betrachteten Systems, die es ermöglicht zu erkennen, mit welchen Eingangsgrößen und auf welche Weise die interessierenden Ausgangsgrößen geeignet beeinflusst werden können. Entscheidend hierfür ist das dynamische Übertragungsverhalten der einzelnen signalübertragenden Elemente; beispielsweise ist es für eine Füllstandsregelung für einen Behälter entscheidend, wie schnell dieser überhaupt gefüllt bzw. entleert werden kann. Ausschlaggebend hierfür sind wiederum Versorgungsdrücke, Volumina, Leitungsquerschnitte, Massenträgheiten etc.

Die signalübertragenden Glieder, kurz Übertragungsglieder, haben eine oder mehrere Eingangsgrößen und eine oder mehrere Ausgangsgrößen. Zusammenhänge zwischen Eingangsgrößen, eventuell vorhandenen inneren Größen und Ausgangsgrößen werden oft nichtlinear und zeitlich veränderlich sein. Im Folgenden wird davon ausgegangen, dass die zeitliche Veränderung eine vernachässigbare Rolle spielt und dass die nichtlinearen Zusammenhänge ohne unzulässige Fehler durch lineare Ausdrücke angenähert werden können, die das Übertragungsverhalten zumindest näherungsweise in einem interessierenden Bereich der Ein- und Ausgangssignale beschreibt.

Quantitative Aussagen über Regelungen und Steuerungen lassen sich nur mit quantitativen mathematischen Modellen der dabei zusammenwirkenden Übertragungsglieder gewinnen. Daher werden nur solche Modelle im Folgenden behandelt. Diese können die Form von Differentialgleichungen oder Systemen von Differentialgleichungen annehmen oder durch die noch einzuführenden Übertragungsfunktionen, Frequenzgänge, Übergangs- und Gewichtsfunktionen ausgedrückt werden.

Dynamische Modelle für Übertragungsglieder können im Prinzip auf zwei gänzlich verschiedenen Wegen gewonnen werden. Eine Möglichkeit ist die Messung und das Experiment am realen Übertragungsglied (sofern für Experimente verfügbar). Das Verfahren wird als experimentelle Modellbildung, Identifikation, usw. und das Ergebnis gelegentlich als „black-box-Modell" bezeichnet. Die andere Möglichkeit ist die Nutzung von Einsicht in die Wirkungsweise und Ansetzen und Verknüpfen der entsprechenden physikalischen oder auch chemischen Grundgleichungen. Dieses Verfahren wird als theoretische Modellbildung und das Ergebnis manchmal als „white-box-Modell" bezeichnet. Im Gegensatz zur experimentellen Modellbildung wird ein reales Übertragungsglied nicht benötigt. Oft wird eine Kombination beider Verfahren benutzt und nur in den Bereichen gemessen und experimentiert, für die auf anderen Wegen keine Modelle zu gewinnen sind. Ein Modell, das eine physikalisch motivierte Struktur mit identifizierten Parametern aufweist, wird als „grey-box-Modell" bezeichnet. Methoden, Differentialgleichungen für technische Systeme aufzustellen, werden in Kapitel 3.1.1 behandelt. Eine Einführung in die Identifikation erfolgt in Kapitel 4.

2.2 Lineare Differentialgleichungen mit konstanten Koeffizienten

Im Folgenden sollen vorrangig lineare Übertragungsglieder mit zeitlich unveränderlichen Eigenschaften, mit einer Ausgangsgröße und mit einer oder mehreren Eingangsgrößen betrachtet werden. Solche Glieder können durch lineare Differentialgleichungen mit konstanten Koeffizienten beschrieben werden. Ziel ist es, Eigenschaften der Übertragungsglieder mit den sie beschreibenden Differentialgleichungen zu verbinden und Mittel zur Beschreibung und numerischen Behandlung solcher Systeme vorzustellen.

Für lineare Differentialgleichungen ebenso wie für lineare Übertragungssysteme gelten das Verstärkungsprinzip und das Überlagerungsprinzip. Beide

Prinzipien gehen davon aus, dass die Differentialgleichung oder das Übertragungssystem einer Eingangsgröße $u(t)$ eine Ausgangsgröße $y(t)$ zuordnet. Das Verstärkungsprinzip besagt, dass einer, mit einem beliebigen konstanten Faktor c multiplizierten Eingangsgröße $c \cdot u(t)$ eine Ausgangsgröße $c \cdot y(t)$ zugeordnet wird. Das Überlagerungsprinzip behandelt den Fall, dass die Eingangsgröße aus mehreren Komponenten $u(t) = u_1(t) + u_2(t) + ...$ besteht. Es besagt, dass die zugehörige Ausgangsgröße in gleicher Weise, nämlich als $y(t) = y_1(t) + y_2(t) + ...$, gebildet werden kann. Dabei ist $y_i(t)$ die Ausgangsgröße, die der Eingangsgröße $u_i(t)$ zugeordnet ist. Differentialgleichungen oder Übertragungssysteme, für die beide Prinzipien gelten, heißen linear.

Die allgemeine Form der linearen Differentialgleichung mit konstanten Koeffizienten für ein Glied mit der Eingangsgröße u und der Ausgangsgröße y ist

$$a_n y^{(n)} + ... + a_2 \ddot{y} + a_1 \dot{y} + a_0 y = b_0 u + b_1 \dot{u} + ... + b_m u^{(m)}. \qquad (2.1)$$

Reale, physikalisch-technische Übertragungsglieder werden durch Differentialgleichungen beschrieben, in denen die Ordnung n der höchsten vorkommenden Ableitung der Ausgangsgröße größer als die oder gleich der Ordnung m der höchsten vorkommenden Ableitung der Eingangsgröße ist.

Die rechte Seite kann bei vorgegebenem $u(t)$ zur Störfunktion $y_e(t)$ zusammengefasst werden zu

$$y_e = b_0 u + b_1 \dot{u} + ... + b_m u^{(m)} \quad . \qquad (2.2)$$

Die Lösung besteht aus der Überlagerung der Lösung y_h für die homogene Differentialgleichung und einer partikulären Lösung als Antwort auf y_e.

Zur Lösung der homogenen Differentialgleichung

$$a_n y^{(n)} + ... + a_1 \dot{y} + a_0 y = 0 \qquad (2.3)$$

benötigt man die Wurzeln der zugehörigen charakteristischen Gleichung (des charakteristischen Polynoms)

$$a_n \cdot \lambda^n + a_{n-1} \cdot \lambda^{n-1} + ... + a_1 \cdot \lambda + a_0 = 0 \quad . \qquad (2.4)$$

Ein solches Polynom n-ten Grades mit reellen Koeffizienten a_i hat n Wurzeln $\lambda_1, ..., \lambda_n$, die entweder reell oder paarweise konjugiert komplex sind. Wenn die Wurzeln λ_i der charakteristischen Gleichung alle voneinander verschieden sind, hat die Lösung der homogenen Differentialgleichung die Form

$$y_h(t) = C_1 \cdot e^{\lambda_1 t} + C_2 \cdot e^{\lambda_2 t} + ... + C_n \cdot e^{\lambda_n t} \quad . \qquad (2.5)$$

Die Konstanten $C_1, ..., C_n$ werden aus den Anfangsbedingungen bestimmt. Falls die charakteristische Gleichung mehrfache Wurzeln aufweist, ändert sich die Form der Lösung; sie enthält aber auch dann Terme $e^{\lambda_i t}$. Konjugiert komplexe Wurzelpaare führen zu Gliedern mit $\sin(\omega t)$ und $\cos(\omega t)$ in $y_h(t)$.

Bei der Form der Lösung (2.5) fällt auf, dass die Funktionen der homogenen Lösung für wachsende t abklingen, falls der Realteil aller λ_i kleiner Null ist. Dann gehen die von den Anfangsbedingungen bestimmten Eigenbewegungen gegen Null und man spricht von einem stabilen System.

Für die Konstruktion einer partikulären Lösung gibt es verschiedene Verfahren (Variation der Konstanten, Ansatzverfahren), die je nach Form der Störfunktion y_e einzusetzen sind. Auf Einzelheiten soll hier nicht eingegangen werden, da sie für die weiteren Betrachtungen nicht benötigt werden.

Für Untersuchungen zur Stabilität und zum Einschwingverhalten dynamischer Systeme, die durch lineare Differentialgleichungen beschrieben werden, muss man wissen, dass der Differentialgleichung ein charakteristisches Polynom zugeordnet ist, das die Koeffizienten der homogenen Differentialgleichung enthält. Dessen Wurzeln treten in Exponentialfunktionen der Zeit auf, aus denen die Lösung der homogenen Differentialgleichung besteht. Die Wurzeln der charakteristischen Gleichung bestimmen maßgeblich das Verhalten dieser Lösung. Insbesondere ist ein System dann stabil, wenn diese einen negativen Realteil aufweisen, d. h. die Eigenbewegungen mit der Zeit abklingen.

2.3 Laplace-Transformation

Zur Lösung linearer Differentialgleichungen mit konstanten Koeffizienten für vorgegebene Anfangsbedingungen und für Eingangsgrößen $u(t)$, die für negative Werte des Arguments t null sind, kann man sich der Laplace-Transformation bedienen. Sehr viele Differentialgleichungen, die im Zusammenhang mit regelungstechnischen Fragestellungen zu lösen sind, erfüllen die Voraussetzungen für eine Lösung mit Hilfe der Laplace-Transformation.

Die Laplace-Transformation ordnet einer Funktion $f(t)$ im Zeitbereich (Originalbereich) eine Funktion $F(s)$ in einem Bild- oder Frequenzbereich umkehrbar eindeutig zu. Durch die besondere Form der Transformation wird erreicht, dass die Operationen Differentiation und Integration von Zeitfunktionen in algebraische Operationen mit den zugehörigen Bildfunktionen übergehen. Die Abbilder von Differentialgleichungen ergeben somit algebraische Gleichungen, die einfacher als die Originalgleichungen umgeformt und miteinander verknüpft werden können. Da sehr viele Aufgaben ohne allzu tief gehende Kenntnis der Theorie der Laplace-Transformation mit Hilfe so genannter Korrespondenztabellen gelöst werden können, soll hier nur ein kurzer Abriss der Verfahrensweise gegeben werden. Für weitergehende Fragen sei auf die einschlägige Literatur verwiesen.

Der Zusammenhang zwischen Original- und Bildfunktion wird durch die Gleichungen

$$F(s) = \int\limits_{-0}^{\infty} f(t) \cdot e^{-st} \mathrm{d}t = \mathscr{L}\{f(t)\} \tag{2.6}$$

$$f(t) = \left\{ \begin{array}{ll} \frac{1}{2\pi j} \int_{\alpha-j\infty}^{\alpha+j\infty} F(s) \cdot e^{st} \mathrm{d}s & \text{für } t \geq 0 \\ 0 & \text{für } t < 0 \end{array} \right\} = \mathscr{L}^{-1}\{F(s)\} \qquad (2.7)$$

in umkehrbar eindeutiger Weise hergestellt. Darin ist $s = \sigma + j\omega$ eine komplexe Variable mit positivem Realteil und α eine positive Konstante, die so groß zu wählen ist, dass das Integral in Gl.(2.6) konvergiert. Die untere Integrationsgrenze -0 bedeutet, dass eine bei $t = 0$ in $f(t)$ möglicherweise auftretende Unstetigkeit in die Integration einbezogen wird.

Abkürzend schreibt man für die Verknüpfung von der Funktion $F(s)$ im Bildbereich mit der Funktion $f(t)$ im Zeitbereich

$$F(s) \bullet\!\!-\!\!\circ f(t) \quad \text{bzw.} \quad f(t) \circ\!\!-\!\!\bullet F(s) \quad . \qquad (2.8)$$

Beispielsweise erhält man mit Gl.(2.6) als Bildfunktion des Einheitssprungs

$$f(t) = 1(t) \qquad (2.9)$$

die Funktion

$$F(s) = \int_{-0}^{\infty} 1(t) \cdot e^{-st} \mathrm{d}t = \left[-\frac{1}{s} \cdot e^{-st} \right]_{-0}^{\infty} = -\frac{1}{s}(0 - 1) = \frac{1}{s} \quad , \qquad (2.10)$$

sofern

$$\mathrm{Re}(s) = \sigma > 0 \quad . \qquad (2.11)$$

Für den Einheitsimpuls $\delta(t)$, der als zeitliche Ableitung des Einheitssprungs einen unendlich schmalen, hohen Impuls der Fläche eins darstellt, gilt

$$\int_{-\infty}^{t} \delta(\tau)\mathrm{d}\tau = 1(t) \quad \text{und} \quad \dot{1}(t) = \delta(t) \quad . \qquad (2.12)$$

Häufig wird $\delta(t)$ auch als Pseudofunktion bezeichnet. Sie ist für viele Überlegungen sehr nützlich u. a. wegen ihrer sog. „Ausblendeigenschaft", die besagt, dass

$$\int_{-\infty}^{\infty} f(t) \cdot \delta(t - t_0)\mathrm{d}t = f(t_0) \quad , \qquad (2.13)$$

d. h. das Integral des Produktes einer (stetigen) Funktion $f(t)$ mit einer (um t_0 zeitverschobenen) δ-Funktion ergibt den Funktionswert an der Stelle, an der die δ-Funktion von null verschieden ist. Dies führt leicht zu der Korrespondenz

$$\mathscr{L}\{\delta(t - t_0)\} = \int_{-0}^{\infty} \delta(t - t_0)e^{-st}\mathrm{d}t = e^{-st_0} \quad \text{für} \quad t_0 \geq 0 \qquad (2.14)$$

und mit $t_0 = 0$ zu

$$\mathcal{L}\{\delta(t)\} = 1 \quad . \tag{2.15}$$

In ganz ähnlicher Weise lässt sich die Exponentialfunktion

$$f(t) = e^{s_p t} \cdot 1(t) \tag{2.16}$$

in die Bildfunktion

$$F(s) = \int\limits_{-0}^{\infty} e^{s_p t} \cdot e^{-st} \mathrm{d}t = \int\limits_{-0}^{\infty} e^{-t(s-s_p)} \mathrm{d}t = -\frac{1}{s-s_p} \left[e^{-t(s-s_p)} \right]_{-0}^{\infty} = \frac{1}{s-s_p} \tag{2.17}$$

überführen, sofern

$$\mathrm{Re}(s) = \sigma > \mathrm{Re}(s_p) \quad . \tag{2.18}$$

Durch die Bedingungen für $\mathrm{Re}(s) = \sigma$ wird der sog. Konvergenzbereich der Transformation beschrieben, d.i. der Bereich der unabhängigen Variablen s, in dem die Gln.(2.6) und (2.7) gelten.

Zahlreiche häufiger vorkommende Original- und Bildfunktionen sind in Korrespondenztafeln aufgeführt. Tabelle 2.1 ist ein Beispiel für eine solche Tafel.

Zu den Operationen mit den Zeit-(Original-)funktionen wie Addition, Multiplikation, Differentiation usw. gehören entsprechende Operationen mit den Frequenz-(Bild-)funktionen im Bildbereich der Laplace-Transformation.

Aufgrund der Linearität der Laplace-Transformation gilt:

$$a_1 \cdot f_1(t) + a_2 \cdot f_2(t) \circ\!\!-\!\!\bullet\, a_1 \cdot F_1(s) + a_2 \cdot F_2(s) \quad , \tag{2.19}$$

d. h. die Summation von Funktionen und die Multiplikation mit Konstanten bleibt im Bildbereich bestehen.

Die Differentiation ist eine wichtige Operation, wenn man Differentialgleichungen lösen will. Die Regeln zur partiellen Integration

$$\int\limits_{-0}^{\infty} \left(u \cdot \frac{\mathrm{d}v}{\mathrm{d}t} \right) \mathrm{d}t = [u \cdot v]_{-0}^{\infty} - \int\limits_{-0}^{\infty} \left(v \cdot \frac{\mathrm{d}u}{\mathrm{d}t} \right) \mathrm{d}t \tag{2.20}$$

mit

$$[u \cdot v]_{-0}^{\infty} = \lim_{t \to \infty} (u \cdot v) - \lim_{\substack{t \to 0 \\ t < 0}} (u \cdot v) \tag{2.21}$$

werden benutzt, um für die Ableitung

$$\dot{f}(t) = \frac{\mathrm{d}f(t)}{\mathrm{d}t} \tag{2.22}$$

einer Funktion $f(t)$ die Laplace-Transformation zu bestimmen. Mit der Definition Gl.(2.6) und der Gl.(2.21) erhält man

$F(s)$	$f(t)$ für $t > 0$	($f(t) = 0$ für $t \leq 0$)
$\dfrac{1}{(s-s_p)^n}$	$\dfrac{1}{(n-1)!}t^{n-1}e^{s_p t}$	$n = 1, 2, 3, \ldots$
1	$\delta(t)$	
$\dfrac{1}{s}$	$1(t)$	
$\dfrac{1}{s^2}$	t	
$\dfrac{1}{1+sT}$	$\dfrac{1}{T}e^{-t/T}$	
$\dfrac{\omega_0^2}{s^2+2D\omega_0 s+\omega_0^2}$	$\dfrac{\omega_0}{\sqrt{1-D^2}}e^{-D\omega_0 t}\sin\left(\sqrt{1-D^2}\,\omega_0 t\right)$ $\omega_0^2 t e^{-D\omega_0 t}$ $\dfrac{\omega_0}{\sqrt{D^2-1}}e^{-D\omega_0 t}\sinh\left(\sqrt{D^2-1}\,\omega_0 t\right)$	$\lvert D\rvert < 1$ $\lvert D\rvert = 1$ $\lvert D\rvert > 1$
$\dfrac{1}{(1+sT_1)(1+sT_2)}$	$\dfrac{1}{T_1-T_2}\left(e^{-t/T_1}-e^{-t/T_2}\right)$	$T_1 \neq T_2$
$\dfrac{s}{1+sT}$	$\dfrac{1}{T}\left(\delta(t)-\dfrac{1}{T}e^{-t/T}\right)$	
$\dfrac{s}{(1+sT_1)(1+sT_2)}$	$\dfrac{1}{T_1 T_2(T_1-T_2)}\left(T_1 e^{-t/T_2}-T_2 e^{-t/T_1}\right)$	$T_1 \neq T_2$
$\dfrac{s\omega_0^2}{s^2+2D\omega_0 s+\omega_0^2}$	$\omega_0^2 e^{-D\omega_0 t}\left(\cos\omega_D t-\dfrac{D}{\sqrt{1-D^2}}\sin\omega_D t\right)$	$\lvert D\rvert < 1$ $\omega_D = \sqrt{1-D^2}\,\omega_0$
$\dfrac{1}{s(1+sT)}$	$1-e^{-t/T}$	
$\dfrac{1}{s(1+sT_1)(1+sT_2)}$	$1-\dfrac{1}{T_1-T_2}\left(T_1 e^{-t/T_1}-T_2 e^{-t/T_2}\right)$	$T_1 \neq T_2$
$\dfrac{\omega_0^2}{s(s^2+2D\omega_0 s+\omega_0^2)}$	$1-e^{-D\omega_0 t}\left(\cos\omega_D t+\dfrac{D}{\sqrt{1-D^2}}\sin\omega_D t\right)$	$\lvert D\rvert < 1$ $\omega_D = \sqrt{1-D^2}\omega_0$

Tab. 2.1. Korrespondenztafeln $F(s) \bullet\!\!-\!\!\circ f(t)$

$$\mathscr{L}\{\dot{f}(t)\} = \int\limits_{-0}^{\infty} \frac{\mathrm{d}f(t)}{\mathrm{d}t} e^{-st}\mathrm{d}t = \int\limits_{-0}^{\infty} e^{-st} \frac{\mathrm{d}f(t)}{\mathrm{d}t}\mathrm{d}t$$

$$= \left[e^{-st} \cdot f(t)\right]_{-0}^{\infty} - \int\limits_{-0}^{\infty} f(t) \cdot (-s \cdot e^{-st})\mathrm{d}t \tag{2.23}$$

und daraus ergibt sich für $\mathrm{Re}(s) = \sigma > 0$ mit Gl.(2.21)

$$\mathscr{L}\{\dot{f}(t)\} = 0 - f(-0) + s \cdot \int\limits_{-0}^{\infty} f(t)e^{-st}\mathrm{d}t = -f(-0) + s \cdot \mathscr{L}\{f(t)\} \quad , \tag{2.24}$$

d. h. der Differentiation im Zeitbereich entspricht die Multiplikation mit der unabhängigen Variablen s im Bildbereich. Damit wird durch Laplace-Transformation aus der unter Umständen schwierigen Differentiation im Zeitbereich eine einfache algebraische Multiplikation im Bildbereich. Mit $f(-0)$ wird der linksseitige Grenzwert der Funktion im Nullpunkt bezeichnet; in vielen Fällen können die Anfangsbedingungen zu Null angenommen werden.

Für höhere Ableitungen gewinnt man auf ähnlichem Wege

$$\mathscr{L}\{\ddot{f}(t)\} = s^2\mathscr{L}\{f(t)\} - s \cdot f(-0) - f'(-0) \tag{2.25}$$

bzw. allgemein

$$\mathscr{L}\{f^{(n)}(t)\} = s^n\mathscr{L}\{f(t)\} - \sum_{k=1}^{n} s^{n-k} \frac{\mathrm{d}^{k-1}f(-0)}{\mathrm{d}t^{k-1}} \quad . \tag{2.26}$$

Weitere nützliche Korrespondenzen, wie die zur Integration und zur Bestimmung von Grenzwerten, sind ohne Herleitung in Tabelle 2.2 aufgeführt.

2.4 Anwendung der Laplace-Transformation

Mit Hilfe der Korrespondenzen in Tabelle 2.1 kann man eine gewöhnliche Differentialgleichung oder ein System miteinander gekoppelter Differentialgleichungen einschließlich ihrer Anfangsbedingungen in den Bildbereich transformieren. Das soll am Beispiel der Lösung einer Differentialgleichung erster Ordnung dargestellt werden. Die Differentialgleichung

$$T\dot{y} + y = K \cdot u \tag{2.27}$$

wird zur Lösung in den Bildbereich der Laplace-Transformation übertragen, indem beide Seiten der Gleichung transformiert werden

$$\mathscr{L}\{T\dot{y} + y\} = \mathscr{L}\{K \cdot u\} \quad . \tag{2.28}$$

Operation	Zeitbereich	Bildbereich
Multiplikation mit einer Konstanten	$f(t) = a \cdot f_1(t)$	$F(s) = a \cdot F_1(s)$
Summenbildung	$f(t) = f_1(t) + f_2(t) + \dots$	$F(s) = F_1(s) + F_2(s) + \dots$
Verschiebung	$f(t) = f_1(t - T_t)$	$F(s) = F_1(s) \cdot e^{-sT_t}$ $(T_t \geq 0)$
Differentiation	$f(t) = \dot{f}_1(t)$	$F(s) = sF_1(s) - f_1(-0)$
	$f(t) = \ddot{f}_1(t)$	$F(s) = s^2 F_1(s) - s f_1(-0) - \dfrac{\mathrm{d}f_1}{\mathrm{d}t}(-0)$
	$f(t) = \overset{(n)}{f}_1(t)$	$F(s) = s^n F_1(s) - \sum\limits_{k=1}^{n} s^{n-k} \dfrac{\mathrm{d}^{k-1}}{\mathrm{d}t^{k-1}} f_1(-0)$
		$f(-0)$ ist der Grenzwert von $f(t)$, der sich ergibt, wenn t von negativen Werten aus gegen null geht, $\dfrac{\mathrm{d}f}{\mathrm{d}t}(-0)$ ist der Grenzwert der zugehörigen Ableitung.
Integration	$f(t) = \int\limits_0^t f_1(\tau)\mathrm{d}\tau$	$F(s) = \dfrac{1}{s} F_1(s)$
Anfangswert	$\lim\limits_{t \to 0} f(t)$	$\lim\limits_{s \to \infty} s \cdot F(s)$
Endwert	$\lim\limits_{t \to \infty} f(t)$	$\lim\limits_{s \to 0} s \cdot F(s)$

Tab. 2.2. Operationen im Zeit- und Bildbereich

Mit den Korrespondenzen in Tabelle 2.1 findet man

$$T \cdot (s \cdot Y(s) - y(-0)) + Y(s) = K \cdot U(s) \quad , \qquad (2.29)$$

und das ist eine algebraische Gleichung, die das Abbild der Eingangsgröße $U(s)$ mit dem der Ausgangsgröße $Y(s)$ verbindet. Der Term $y(-0)$ aus der Anfangsbedingung ist eine Konstante, die aus der Vorgeschichte der Größe $y(t)$ bekannt ist. Die Gleichung liefert, nach der Ausgangsgröße aufgelöst

$$Y(s) = \frac{T \cdot y(-0)}{1 + sT} + \frac{K}{1 + sT} \cdot U(s) \quad . \qquad (2.30)$$

Man erkennt bereits hier, dass die Lösung aus zwei Teilen besteht, deren einer von der Anfangsbedingung und deren anderer von der Eingangsgröße bestimmt wird.

Es soll jetzt zunächst der Fall betrachtet werden, dass die Eingangsgröße $u(t) = 0$ ist. Dann ist auch die zugehörige Bildfunktion $U(s) = 0$. Als Anfangsbedingung sei $y(-0) = y_0$ gegeben. Damit wird die Bildfunktion der Lösung

$$Y(s) = \frac{1}{1 + sT} \cdot T \cdot y_0 \quad . \tag{2.31}$$

Der Korrespondenztafel entnimmt man die zugehörige Zeitfunktion

$$y(t) = \frac{1}{T} \cdot e^{-t/T} \cdot T \cdot y_0 = y_0 \cdot e^{-t/T} \quad . \tag{2.32}$$

Die sich ergebende Exponentialfunktion ist in Abb. 2.3 dargestellt. Zu den Eigenschaften dieser Funktion gehört, dass eine Tangente an einen beliebigen Punkt der Funktion eine Strecke von der Größe der Zeitkonstanten auf der Asymptoten abschneidet.

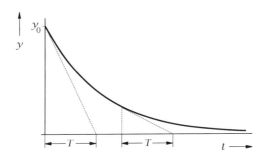

Abb. 2.3. $y(t) = y_0 e^{-t/T}$

Eine in der Regelungstechnik häufig zu Vergleichszwecken benutzte Eingangsfunktion ist der Einheitssprung, bei dem die Eingangsgröße zum Zeitpunkt null vom Wert null auf den Wert eins springt. Die gegebene Differentialgleichung soll nun für den Einheitssprung der Eingangsgröße und Anfangsbedingungen null gelöst werden.

Aus der Korrespondenztafel Tabelle 2.1 entnimmt man

$$u(t) = 1 \circ\!\!-\!\!\bullet U(s) = \frac{1}{s} \quad , \tag{2.33}$$

setzt dies und die Anfangsbedingung $y(0) = 0$ in die transformierte Differentialgleichung ein und erhält als Bildfunktion der Lösung

$$Y(s) = \frac{K}{s \cdot (1 + sT)} \quad . \tag{2.34}$$

Mit Hilfe der Korrespondenztafel Tabelle 2.1 findet man hierfür die Lösung im Zeitbereich zu

$$y(t) = K \cdot (1 - e^{-t/T}) \quad .$$ $\hspace{2cm}$ (2.35)

Der zugehörige Zeitverlauf ist in Abb. 2.4 dargestellt.

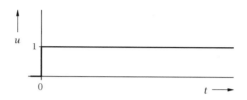

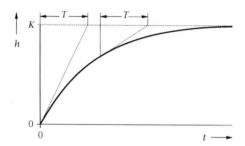

Abb. 2.4. Einheitssprung und Übergangsfunktion

Bei aufwändigeren zu transformierenden Ausdrücken kann durch eine Partialbruchzerlegung eine Summe an leichter zu transformierenden Ausdrücken gefunden werden.

Zur Beurteilung der (dynamischen) Eigenschaften von Regelkreisen und Regelkreisgliedern werden häufig die Antworten auf spezielle, genormte Eingangsfunktionen herangezogen, unabhängig davon, dass solche Verläufe u. U. nicht realisiert werden können. Die wichtigsten Standardfunktionen sind die Sprungfunktion und die Impulsfunktion (Abb. 2.5).

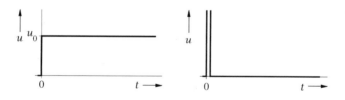

Abb. 2.5. Sprung- und Impulsfunktion

Die Sprungfunktion ist dadurch gekennzeichnet, dass sie zum Zeitpunkt null um einen endlichen Wert springt. Üblicherweise wählt man beim Rechnen mit Abweichungsgrößen den Arbeitspunkt so, dass die Abweichungsgröße von null aus auf einen endlichen positiven Wert springt und setzt ferner voraus, dass das betrachtete System vor dem Sprung in Ruhe war. Für die Impulsfunktion gilt Ähnliches mit der Ausnahme, dass die Impulsfunktion theoretisch die Amplitude unendlich und die Breite null hat. Die Fläche unter der Impulsfunktion ist endlich und ist ein Maß für die Intensität des Impulses. Praktisch wird die Impulsfunktion durch Signalverläufe von genügend kurzer Dauer und realisierbarer Amplitude angenähert.

Die sich als Folge einer sprung- bzw. impulsförmigen Eingangsgröße ergebenden Verläufe der Ausgangsgröße werden Sprungantwort bzw. Impulsantwort genannt. Durch Normieren auf die Sprunghöhe u_0 bzw. die Impulsfläche $\int u \, dt$ erhält man die Übergangsfunktion $h(t)$ bzw. die Gewichtsfunktion $g(t)$.

$$h(t) = \frac{y(t)}{u_0} = \frac{\text{Sprungantwort}}{\text{Sprunghöhe}} \tag{2.36}$$

$$g(t) = \frac{y(t)}{\int u \, dt} = \frac{\text{Impulsantwort}}{\text{Impulsfläche}} \tag{2.37}$$

Die Übergangs- bzw. Gewichtsfunktion erhält man auch dadurch, dass man die zugehörige Differentialgleichung für die dimensionslosen Eingangsfunktionen Einheitssprung $1(t)$ mit der Höhe eins bzw. Einheitsimpuls $\delta(t)$ mit der Fläche eins löst. Daraus folgt auch, dass die Übergangsfunktion die gleiche Dimension hat wie der Übertragungsfaktor und dass die Dimension der Gewichtsfunktion die des Übertragungsfaktors dividiert durch die Zeit ist.

Da der Einheitssprung durch Integration des Einheitsimpulses über der Zeit entsteht

$$1(t) = \int_{-\infty}^{t} \delta(\tau) d\tau \quad , \tag{2.38}$$

gilt auch für die Übergangsfunktion $h(t)$, dass sie durch Integration der Gewichtsfunktion bestimmbar ist.

$$h(t) = \int_{-\infty}^{t} g(\tau) d\tau \tag{2.39}$$

Die Umkehrung

$$g(t) = \frac{dh(t)}{dt} \tag{2.40}$$

gilt mit Einschränkungen hinsichtlich der Differenzierbarkeit der Übergangsfunktion.

Zur Beurteilung der Eigenschaften von Regelkreisgliedern und Regelkreisen wird hauptsächlich mit der Übergangsfunktion gearbeitet werden (s.a.

Darstellungen in Wirkungsplänen). Die Gewichtsfunktion wird vorwiegend für mehr theoretische Überlegungen eingesetzt.

Es ist bereits deutlich geworden, dass die Bildfunktion der Lösung einer Differentialgleichung mit der Bildfunktion der Eingangsgröße multiplikativ verknüpft ist. Insbesondere erhält man im Fall verschwindender Anfangsbedingungen im Bildbereich immer eine Lösung von der Form

$$Y(s) = G(s) \cdot U(s) \quad . \tag{2.41}$$

Darin sind $Y(s)$ und $U(s)$ die Bildfunktionen der entsprechenden Größen. $G(s)$ ist eine Funktion, die ausschließlich von der Differentialgleichung bestimmt wird. Sie wird als Übertragungsfunktion bezeichnet, weil sie beschreibt, wie die Größe $U(s)$ in die Größe $Y(s)$ umgewandelt wird, d. h. wie eine Größe vom Eingang des durch die Funktion beschriebenen Übertragungsgliedes zum Ausgang übertragen wird. Als sehr nützlich erweist sich, dass die Gesamtübertragungsfunktion einer beliebigen Zahl von Übertragungsgliedern, die in Reihe angeordnet sind, das Produkt der Übertragungsfunktion der einzelnen Glieder ist. Da es im Allgemeinen viel einfacher ist, komplexe Funktionen miteinander zu multiplizieren, als Differentialgleichungen zusammenzufassen, eröffnet sich hier ein gut gangbarer Weg zu einer Beschreibung des dynamischen Verhaltens einer Anordnung aus miteinander verbundenen Übertragungsgliedern.

Aus der Differentialgleichung

$$a_n y^{(n)} + \ldots + a_1 \dot{y} + a_0 y = b_0 u + b_1 \dot{u} + \ldots + b_m u^{(m)} \tag{2.42}$$

erhält man durch Laplace-Transformation beider Seiten bei verschwindenden Anfangsbedingungen

$$\begin{aligned} a_n s^n Y(s) + \ldots + a_1 s Y(s) + a_0 Y(s) = \\ b_0 U(s) + b_1 s U(s) + \ldots + b_m s^m U(s) \end{aligned} \tag{2.43}$$

und daraus durch Zusammenfassen

$$Y(s)(a_n s^n + \ldots + a_1 s + a_0) = U(s)(b_0 + b_1 s + \ldots + b_m s^m). \tag{2.44}$$

Damit lässt sich die Übertragungsfunktion als Quotient

$$\frac{Y(s)}{U(s)} = \frac{b_m s^m + \ldots + b_1 s + b_0}{a_n s^n + \ldots + a_1 s + a_0} = \frac{Z(s)}{N(s)} = G(s) \tag{2.45}$$

gewinnen. Man erkennt, dass die Übertragungsfunktion eine gebrochen rationale Funktion der Variablen s ist und alle Koeffizienten der Differentialgleichung enthält. Sie beschreibt daher den Zusammenhang zwischen Eingangs- und Ausgangsgröße genauso gut wie die Differentialgleichung.

Während die im folgenden Abschnitt 2.5 behandelten Frequenzgänge ohne besondere Schwierigkeiten graphisch dargestellt werden können, weil sie

Funktionen einer einzigen reellen Variablen sind, lassen sich Übertragungs-funktionen trotz ihrer weitgehenden formalen Ähnlichkeit mit Frequenzgängen nur schwierig darstellen, weil sie von der komplexen Variablen $s = \sigma + j\omega$ abhängen. Eine häufig benutzte Darstellungsweise für gebrochen rationale Übertragungsfunktionen ist die mit Hilfe der Nullstellen des Zählerpolynoms $Z(s)$ und des Nennerpolynoms $N(s)$.

Nach dem Satz von Viëta kann jedes Polynom durch seine Nullstellen s_i und den Koeffizienten a_n der höchsten Potenz der Variablen s ausgedrückt werden.

$$a_n s^n + \ldots + a_1 s + a_0 = a_n \cdot (s - s_1) \cdot (s - s_2) \ldots (s - s_n) \quad . \qquad (2.46)$$

Daher lässt sich eine gebrochen rationale Übertragungsfunktion nach Gl.(2.45) in die Form

$$G(s) = K \cdot \frac{(s - s_{N1}) \cdot (s - s_{N2}) \ldots (s - s_{Nm})}{(s - s_{P1}) \cdot (s - s_{P2}) \ldots (s - s_{Pn})} \qquad (2.47)$$

überführen mit s_{Ni} als Nullstellen des Zählerpolynoms $Z(s)$ und s_{Pi} als Null-stellen des Nennerpolynoms $N(s)$.

Die Nullstellen s_{Pi} des Nennerpolynoms sind Polstellen (∞-Stellen) der Funktion $G(s)$. Die Pol- und die Nullstellen beschreiben die Übertragungs-funktion bis auf den Vorfaktor K. Darüber hinaus hängt der Charakter der Lösung der zugeordneten Differentialgleichung und damit das dynamische Ver-halten des betrachteten Übertragungsgliedes oder Systems wesentlich von den Polen s_{Pi} ab; sie stehen als Lösungen λ_i des charakteristischen Polynoms in den Exponentialfunktionen, aus denen die Lösung der homogenen Differenti-algleichung aufgebaut wird.

Durch Pol- und Nullstellen lässt sich eine Übertragungsfunktion graphisch darstellen, wie die Beispiele in Tabelle 2.3 zeigen. Dabei ist es üblich, die Pol- bzw. Nullstellen durch Kreuze bzw. Kreise in der komplexen s-Ebene zu bezeichnen. Da Pol- und Nullstellen konstante komplexe Werte sind, ist die Lage der sie bezeichnenden Symbole keine Funktion irgendeiner unabhängi-gen Variablen. Man erkennt (Tabelle 2.3), dass die Übertragungsfunktion des proportional wirkenden Gliedes nur aus dem nicht durch Pol- und Nullstel-len darstellbaren Übertragungsfaktor besteht und dass I-, D- und PT_1-Glieder durch eine einzige Pol- bzw. Nullstelle charakterisiert werden. Ferner ist zu er-kennen, dass die Multiplikation von Übertragungsfunktionen (erforderlich bei Reihenschaltung von aufeinander folgenden Übertragungselementen) durch Überlagerung der zugehörigen Pol-Nullstellen-Bilder dargestellt werden kann. Dies ist möglich, weil die Null- bzw. Polstellen eines Faktors gleichzeitig Null- bzw. Polstellen des gesamten Produktes sind, solange nicht einzelne Polstellen und Nullstellen gleiche Werte haben und sich dadurch in der Gesamtübertra-gungsfunktion kürzen lassen.

An dieser Stelle soll noch einmal auf Tabelle 2.2, Seite 32, zurückgegriffen werden. Mit Hilfe der Rechenregeln zur Bestimmung des Anfangswertes und

Bez.	Differentialgleichung Übertragungsfunktion	Pol- und Nullstellen
P-Glied	$y = K \cdot u$ $G(s) = K$ $s_P = -$ $s_N = -$	
I-Glied	$\dot{y} = K_I \cdot u$ $G(s) = \dfrac{K_I}{s}$ $s_P = 0$ $s_N = -$	
D-Glied	$y = K_D \cdot \dot{u}$ $G(s) = s \cdot K_D$ $s_P = -$ $s_N = 0$	
PT_1-Glied	$T\dot{y} + y = K \cdot u$ $G(s) = \dfrac{K}{1 + sT}$ $s_P = -\dfrac{1}{T}$ $s_N = -$	
Reihenschaltung I- und PT_1-Glied	$G_1(s) = \dfrac{K_I}{s}$ $G_2(s) = \dfrac{K}{1 + sT}$ $G(s) = G_1(s) \cdot G_2(s)$	

Tab. 2.3. Übertragungsfunktionen und Pol-/Nullstellen-Darstellung

des Endwertes gelangt man zu den Grenzwertsätzen, die es erlauben, ohne explizite Berechnung der Zeitfunktion den Anfangs- oder Endwert der Antwort eines Systems auf ein Eingangssignal zu bestimmen. Beispielsweise für den Einheitssprung als Eingangssignal ergibt sich

$$\lim_{t \to \infty} h(t) = \lim_{s \to 0} sH(s) = \lim_{s \to 0} sG(s)\frac{1}{s} = \lim_{s \to 0} G(s) \quad,$$

$$\lim_{t \to 0} h(t) = \lim_{s \to \infty} sH(s) = \lim_{s \to \infty} sG(s)\frac{1}{s} = \lim_{s \to \infty} G(s) \quad. \tag{2.48}$$

Voraussetzung für die Anwendung ist, dass die Grenzwerte der betrachteten Funktionen existieren (d. h. insbesondere endlich sind).

Für viele regelungstechnische Zwecke wird die Übertragungsfunktion einer Anordnung von signalübertragenden Gliedern benötigt. Dabei wird die aus Einzelgliedern bestehende Schaltung so behandelt, als ob sie ein einziges Übertragungsglied mit einem Eingang und einem Ausgang wäre, dessen Ausgangsgröße durch die Gesamtübertragungsfunktion des Gliedes mit der Eingangsgröße verknüpft ist (Abb. 2.6).

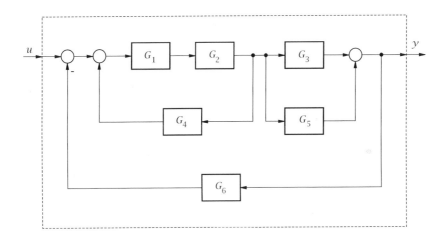

$$G = \frac{y}{u} = \frac{G_1 G_2 (G_3 + G_5)}{1 - G_1 G_2 G_4 + G_1 G_2 G_6 (G_3 + G_5)}$$

Abb. 2.6. Übertragungsfunktion einer Schaltung mit mehreren Übertragungsgliedern

In Tabelle 2.4 sind die Übertragungsfunktionen der drei wichtigsten aus zwei Übertragungsgliedern bestehenden Schaltungen abgeleitet und zusammengestellt. Man erkennt, dass als Grundlage die Gl.(2.41)

$$Y(s) = G(s) \cdot U(s) \tag{2.49}$$

benutzt wird.

Man erhält so als Gesamtübertragungsfunktion der Parallelschaltung

$$G = G_1 \pm G_2 \quad , \tag{2.50}$$

Reihenschaltung

$$G = G_1 \cdot G_2 \quad , \tag{2.51}$$

Rückkopplung

$$G = \frac{G_v}{1 + G_0} \tag{2.52}$$

mit

$$G_0 = \pm G_v \cdot G_r \tag{2.53}$$

als Übertragungsfunktion der (an beliebiger Stelle) aufgeschnittenen Rückkopplungsschleife ohne äußere Eingangsgrößen und ohne die bei Regelkreisen häufige Vorzeichenumkehr. Zum Einsatz von Rechnerwerkzeuge wird an dieser Stelle exemplarisch auf Abschnitt 2.11 verwiesen.

2.5 Frequenzgang

Aus der Übertragungsfunktion $G(s)$ kann man durch einen recht einfachen formalen Schritt den Frequenzgang gewinnen. Man muss nur die komplexe Variable $s = \sigma + j\omega$ ersetzen durch die imaginäre Variable $j\omega$, z. B. indem man den Realteil σ der Variablen s gegen null gehen lässt. Dadurch wird aus der vorher benutzten Beziehung

$$Y(s) = G(s) \cdot U(s) \tag{2.54}$$

die für den Frequenzgang $G(j\omega)$ gültige

$$Y(j\omega) = G(j\omega) \cdot U(j\omega) \quad . \tag{2.55}$$

Zur Interpretation dieser Gleichung kann die Vorstellung beitragen, dass Funktionen von s in der gesamten s-Ebene definiert sind; Funktionen von $j\omega$, insbesondere der Frequenzgang $G(j\omega)$, sind nur auf der imaginären Achse der s-Ebene definiert. Obgleich der Definitionsbereich des Frequenzganges und der zugehörigen Bildfunktionen von Eingangs- und Ausgangsgröße gegenüber dem der Übertragungsfunktion deutlich kleiner ist, beschreibt der Frequenzgang das Verhalten von Übertragungssystemen genau so vollständig wie die Übertragungsfunktion.

Die Bildfunktionen der Größen in Gl.(2.55) können durch Fourier-Transformation der entsprechenden Zeitfunktion gewonnen werden. Die Fourier--Transformation ist wie die Laplace-Transformation eine Integraltransformation, die einen umkehrbar-eindeutigen Zusammenhang zwischen Zeitbereich und Frequenzbereich herstellt.

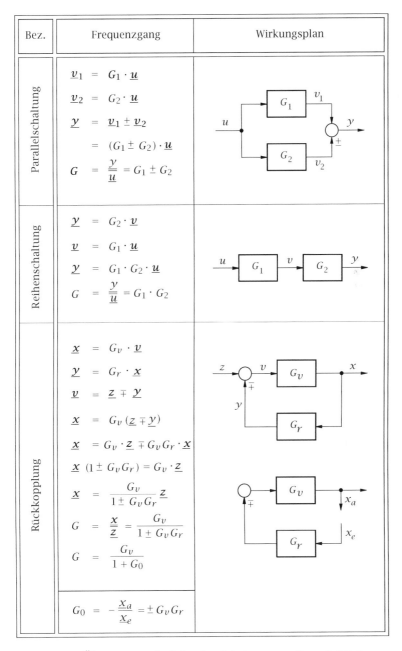

Bez.	Frequenzgang	Wirkungsplan
Parallelschaltung	$\underline{v}_1 = G_1 \cdot \underline{u}$ $\underline{v}_2 = G_2 \cdot \underline{u}$ $\underline{y} = \underline{v}_1 \pm \underline{v}_2$ $\quad = (G_1 \pm G_2) \cdot \underline{u}$ $G = \dfrac{\underline{y}}{\underline{u}} = G_1 \pm G_2$	
Reihenschaltung	$\underline{y} = G_2 \cdot \underline{v}$ $\underline{v} = G_1 \cdot \underline{u}$ $\underline{y} = G_1 \cdot G_2 \cdot \underline{u}$ $G = \dfrac{\underline{y}}{\underline{u}} = G_1 \cdot G_2$	
Rückkopplung	$\underline{x} = G_v \cdot \underline{v}$ $\underline{y} = G_r \cdot \underline{x}$ $\underline{v} = \underline{z} \mp \underline{y}$ $\underline{x} = G_v (\underline{z} \mp \underline{y})$ $\underline{x} = G_v \cdot \underline{z} \mp G_v G_r \cdot \underline{x}$ $\underline{x} (1 \pm G_v G_r) = G_v \cdot \underline{z}$ $\underline{x} = \dfrac{G_v}{1 \pm G_v G_r} \underline{z}$ $G = \dfrac{\underline{x}}{\underline{z}} = \dfrac{G_v}{1 \pm G_v G_r}$ $G = \dfrac{G_v}{1 + G_0}$ $G_0 = -\dfrac{\underline{x}_a}{\underline{x}_e} = \pm G_v G_r$	

Tab. 2.4. Übertragungsfunktion für Schaltungen mit zwei Gliedern

Wegen der großen praktischen Bedeutung des Frequenzgangs soll im Folgenden ein weniger formaler Zugang zu diesem Beschreibungsmittel für dynamische Systeme geboten werden.

Einen einleuchtenden Zusammenhang zwischen der Differentialgleichung und dem zugehörigen Frequenzgang gewinnt man bei der Antwort auf die Frage nach der Übertragung einer harmonischen Größe durch ein Übertragungsglied, dessen Differentialgleichung

$$a_n y^{(n)} + \ldots + a_2 \ddot{y} + a_1 \dot{y} + a_0 y = b_0 u + b_1 \dot{u} + \ldots + b_m u^{(m)} \qquad (2.56)$$

vorgegeben ist. Dazu wird angenommen, dass nur die partikuläre Lösung interessiert, weil die Anfangsbedingungen null sind und die Eingangsgröße

$$u(t) = U \cdot \cos \omega t \qquad (2.57)$$

für $-\infty \leq t \leq \infty$ existiert, sodass zum Zeitpunkt der Betrachtung alle Einschwingvorgänge abgeklungen sind. Es wird sich zeigen, dass die Rechnungen einfacher werden, wenn anstelle der reellen Größe Gl.(2.57) eine komplexe

$$\underline{u}(t) = U \cdot e^{j\omega t} = U \cdot (\cos \omega t + j \cdot \sin \omega t) \qquad (2.58)$$

benutzt wird, deren Realteil

$$u(t) = \mathrm{Re}(\underline{u}(t)) = \mathrm{Re}(U \cdot e^{j\omega t}) \qquad (2.59)$$

der Größe $u(t)$ entspricht.

Weil für lineare Differentialgleichungen das Überlagerungsprinzip gilt, kann man die Lösung für eine komplexe Größe dadurch erhalten, dass man die Lösungen für Real- und Imaginärteil dieser Größe getrennt ermittelt und dann überlagert. Aus dem gleichen Grund kann man aus der komplexen Lösung der Differentialgleichung für eine komplexe Eingangsgröße den zum Realteil der Eingangsgröße gehörenden Anteil der Ausgangsgröße dadurch gewinnen, dass man nur den Realteil der Lösung betrachtet.

Um die komplexe Größe $\underline{u}(t)$ in die Differentialgleichung einsetzen zu können, werden Ableitungen dieser Größe nach der Zeit benötigt. Man erhält aus

$$\underline{u}(t) = U \cdot e^{j\omega t}$$
$$\dot{\underline{u}}(t) = j\omega \cdot U \cdot e^{j\omega t}$$

und allgemein

$$\underline{u}^{(m)}(t) = (j\omega)^m \cdot U \cdot e^{j\omega t} = (j\omega)^m \cdot \underline{u}(t) \quad . \qquad (2.60)$$

Man erkennt, dass die m-te Ableitung durch Multiplikation mit $(j\omega)^m$ gebildet wird. Einsetzen in die rechte Seite der Differentialgleichung ergibt

$$a_n y^{(n)} + \ldots + a_0 y =$$
$$= U \cdot e^{j\omega t} \left(b_0 + b_1 j\omega + b_2 (j\omega)^2 + \ldots + b_m (j\omega)^m \right) . \qquad (2.61)$$

Da die linke Gleichungsseite ähnlich aufgebaut ist wie die rechte Seite, liegt ein Ansatz $\underline{y}(t)$ für die Ausgangsgröße nahe, der der Eingangsgröße ähnelt. Als zweckmäßig erweist sich

$$\underline{y}(t) = Y \cdot e^{j(\omega t + \varphi)} \tag{2.62}$$

mit φ als Phasenwinkel, da nicht zu erwarten ist, dass sich die reelle Ausgangsgröße $y(t)$ als einfache Cosinus-Funktion ergibt. Die notwendigen Ableitungen nach der Zeit sind durch

$$\underline{y}^{(n)}(t) = (j\omega)^n \cdot Y \cdot e^{j(\omega t + \varphi)} \tag{2.63}$$

gegeben.

Berücksichtigt man, dass

$$e^{j(\omega t + \varphi)} = e^{j\omega t} \cdot e^{j\varphi} \quad , \tag{2.64}$$

so erhält man nach Einsetzen in die Differentialgleichung

$$\begin{aligned}
Y \cdot e^{j\varphi} \cdot e^{j\omega t} \cdot (a_n(j\omega)^n + \ldots + a_0) \\
= U \cdot e^{j\omega t} \cdot (b_0 + \ldots + b_m(j\omega)^m) \quad .
\end{aligned} \tag{2.65}$$

Man erkennt, dass der Ansatz die Gleichung erfüllt. Der Term $e^{j\omega t}$ kann eliminiert werden, so dass man aus der Differentialgleichung eine komplexe zeitunabhängige Gleichung für Y und φ erhält.

$$Y \cdot e^{j\varphi} = U \cdot \frac{b_0 + b_1 j\omega + \ldots + b_m(j\omega)^m}{a_n(j\omega)^n + \ldots + a_1 j\omega + a_0} = U \cdot G(j\omega) \tag{2.66}$$

Der dabei gewonnene gebrochen rationale Ausdruck in $(j\omega)$ wird Frequenzgang genannt. Man kann die in der Gl.(2.66) auftretenden Variablen U und $Y \cdot e^{j\varphi}$ als Zeiger deuten, die Amplitude und Phasenlage harmonischer Größen bekannter Frequenz darstellen. Solche Zeiger sind komplexe Zahlen. Im vorliegenden Fall (Abb. 2.7) ist

$$\underline{u} = U \tag{2.67}$$

der (reelle) Zeiger der Eingangsgröße $u(t)$ und

$$\underline{y} = Y e^{j\varphi} \tag{2.68}$$

der (komplexe) Zeiger der Ausgangsgröße $y(t)$.

Der Frequenzgang ist demnach ein komplexer Übertragungsfaktor, der nur von der Frequenz abhängt und der die Zeiger der (harmonischen) Ein- und Ausgangsgrößen multiplikativ verknüpft.

$$\underline{y} = G(j\omega) \cdot \underline{u} \tag{2.69}$$

Mit dieser Festlegung erhält man als Definition des Frequenzganges

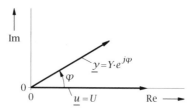

Abb. 2.7. Zeiger

$$\text{Frequenzgang} = \frac{\text{Zeiger der harmonischen Ausgangsgröße}}{\text{Zeiger der harmonischen Eingangsgröße}}$$

$$G(j\omega) = \frac{\underline{y}}{\underline{u}} \quad . \tag{2.70}$$

Der Frequenzgang eines Übertragungsgliedes bzw. der zu einer Differential-gleichung

$$a_n y^{(n)} + \ldots + a_2 \ddot{y} + a_1 \dot{y} + a_0 y = b_0 u + b_1 \dot{u} + \ldots + b_m u^{(m)} \tag{2.71}$$

gehörende Frequenzgang enthält die gleichen Koeffizienten wie die Differenti-algleichung, nämlich

$$G(j\omega) = \frac{b_m(j\omega)^m + \ldots + b_1 j\omega + b_0}{a_n(j\omega)^n + \ldots + a_1 j\omega + a_0} \tag{2.72}$$

und ist der Quotient zweier Polynome in $(j\omega)$. Wegen des zuletzt genannten Umstandes hat es sich eingebürgert, den Frequenzgang als Funktion von $j\omega$ zu schreiben, obgleich er eine (komplexe) Funktion der reellen Frequenz ω ist.

2.6 Darstellung von Frequenzgängen

Der Frequenzgang als komplexe Funktion der reellen Frequenz ω lässt sich auf unterschiedliche Arten darstellen.

Die Ortskurve eines Frequenzganges ist ein Linienzug in einer komplex-en Ebene, der Punkte miteinander verbindet, die Werte von Real- und Ima-ginärteil des Frequenzganges für bestimmte Werte der Frequenz darstellen (Abb. 2.8).

Führt man sich noch einmal vor Augen, dass durch den Frequenzgang die Übertragung von harmonischen Signalen im eingeschwungenen Zustand be-schrieben wird, so lassen sich das Amplitudenverhältnis von Ausgangsschwin-gung zur Eingangsschwingung in der Länge der Zeiger wiederfinden. Der Pha-senunterschied zwischen Eingangs- und Ausgangssignal lässt sich als Phasen-winkel des Zeigers auf den jeweiligen von der Anregungsfrequenz definierten Punkt der Ortskurve gegenüber der positiven reellen Achse ablesen.

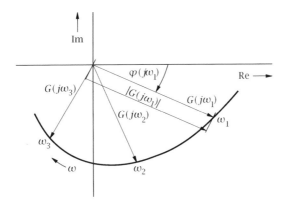

Abb. 2.8. Ortskurve eines Frequenzganges

Neben der Ortskurvendarstellung wird eine nach H.W. Bode benannte logarithmische Darstellung von Frequenzgängen häufig benutzt. Im sog. Bode-Diagramm werden Betrag und Phasenwinkel des Frequenzganges als Funktionen der Frequenz dargestellt. Dabei sind die Frequenzachsen und die Betragsachse logarithmisch geteilt, der Phasenwinkel wird linear aufgetragen (Abb. 2.9). Die Darstellung des Betrags im Bodediagramm wird im Folgenden als Amplitudengang und die des Phasenwinkels als Phasengang bezeichnet.

Die Darstellung von Frequenzgängen im Bode-Diagramm hat gegenüber der Ortskurvendarstellung wesentliche Vorzüge. Für sehr viele Frequenzgänge lassen sich Konstruktionsvorschriften angeben, die ohne viel Rechenarbeit zu hinreichend genauen Darstellungen führen, und die häufig vorkommende Multiplikation von Frequenzgängen lässt sich im Bode-Diagramm recht einfach durchführen.

Da der Frequenzgang durch Betrag und Phasenwinkel

$$G(j\omega) = |G| \cdot e^{j\varphi} \tag{2.73}$$

dargestellt wird, erhält man als Produkt zweier Frequenzgänge G_1 und G_2

$$G = G_1 G_2 = |G_1| \cdot e^{j\varphi_1} \cdot |G_2| \cdot e^{j\varphi_2} = |G_1| \cdot |G_2| e^{j(\varphi_1 + \varphi_2)} \tag{2.74}$$

und somit den Betrag zu

$$|G| = |G_1| \cdot |G_2| \tag{2.75}$$

und wegen der logarithmischen Teilung der $|G|$-Achse

$$\lg|G| = \lg|G_1| + \lg|G_2| \quad . \tag{2.76}$$

Für die Winkel gilt nach Gl.(2.74)

$$\varphi = \varphi_1 + \varphi_2 \quad . \tag{2.77}$$

Man erkennt, dass durch die gewählte Darstellung die Multiplikation in eine graphische Addition übergeführt wird.

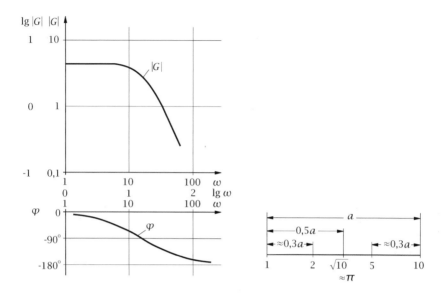

Abb. 2.9. Bode-Diagramm und logarithmische Teilung

2.7 Lineare Regelkreisglieder

Zur Darstellung von Frequenzgängen im Bode-Diagramm ist eine faktorisierte Form der Frequenzganggleichung gut geeignet. Sie beschreibt den Frequenzgang als den einer Reihenschaltung von einfachen Übertragungsgliedern.

$$
\begin{aligned}
G(j\omega) = &\, K && \text{Übertragungsfaktor} \\
&\cdot (j\omega)^p && I\text{- oder } D\text{-Verhalten} \\
&\cdot \prod_i \frac{1}{1 \pm j\omega T_i} && \text{Nenner 1. Grades} \\
&\cdot \prod_i (1 \pm j\omega T_i) && \text{Zähler 1. Grades} \\
&\cdot \prod_i \frac{1}{1 \pm \frac{2D_i}{\omega_{0i}}j\omega + \frac{1}{\omega_{0i}^2}(j\omega)^2} && \text{Nenner 2. Grades} \\
&\cdot \prod_i \left[1 \pm \frac{2D_i}{\omega_{0i}}j\omega + \frac{1}{\omega_{0i}^2}(j\omega)^2 \right] && \text{Zähler 2. Grades} \\
&\cdot e^{-j\omega T_t} && \text{Totzeit}
\end{aligned}
\tag{2.78}
$$

Die einzelnen Faktoren lassen sich in Hinblick auf Betrag und Phase analysieren, wobei jeder Faktor als Bruch mit komplexem Zähler und Nenner aufgefasst werden kann,

$$
G_i(j\omega) = \frac{Z_i(j\omega)}{N_i(j\omega)} \quad .
\tag{2.79}
$$

Dann gilt

$$|G_i(j\omega)| = \frac{|Z_i(j\omega)|}{|N_i(j\omega)|} \quad , \tag{2.80}$$

$$\varphi_i(\omega) = \angle Z_i(j\omega) - \angle N_i(j\omega) \quad , \tag{2.81}$$

wobei für Zähler und Nenner jeweils

$$\angle \cdot = \arctan\left(\frac{\mathrm{Im}\{\cdot\}}{\mathrm{Re}\{\cdot\}}\right) \tag{2.82}$$

gilt. Die Periodizität des Tangens ist hierbei ggf. zu berücksichtigen.

Die so gewonnenen Teilfrequenzgänge sind i. A. leicht zu interpretieren und ihre Amplituden- und Phasengänge lassen sich zur Darstellung des gesamten Frequenzganges einfach überlagern.

In den nachfolgenden Tabellen sind häufig auftretende Standardelemente dargestellt. Im Folgenden werden einige Anmerkungen zu den einzelnen Elementen gemacht.

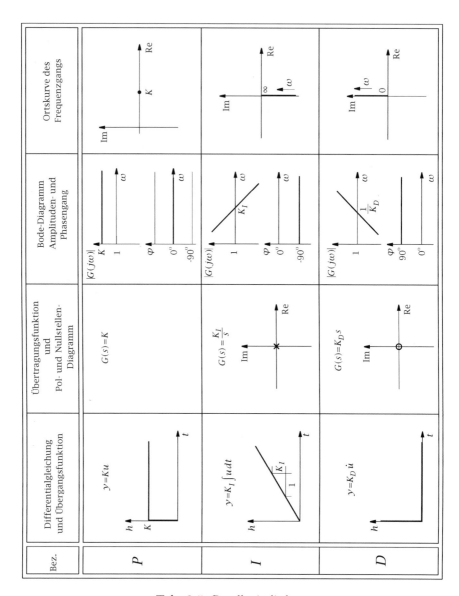

Tab. 2.5. Regelkreisglieder

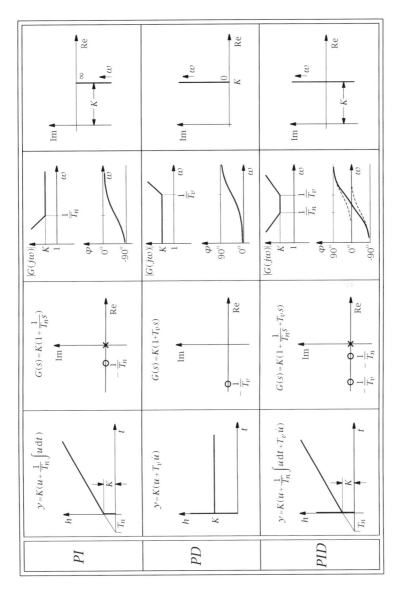

Tab. 2.5. Fortsetzung

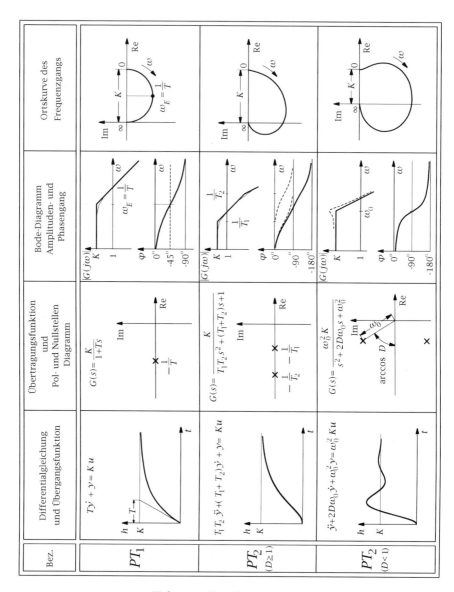

Tab. 2.6. Regelkreisglieder

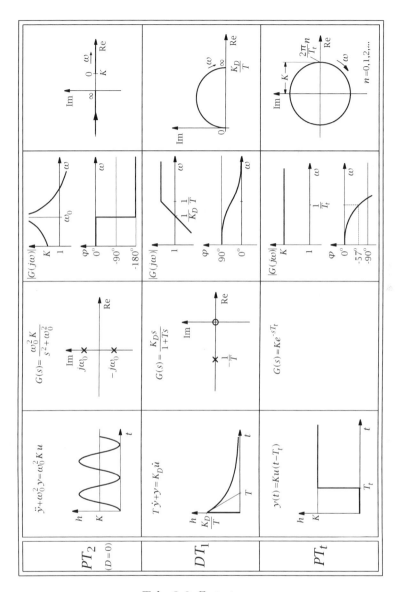

Tab. 2.6. Fortsetzung

2.7.1 P, I, D

Übertragungsglieder mit proportionalem, integrierendem oder differenzierendem Verhalten sind in Tabelle 2.3 dargestellt worden. Sie sind in Regelstrecken, Mess- und Stellgeräten sowie in Reglern anzutreffen.

2.7.2 PI, PD, PID

Übertragungsglieder mit PI-, PD- und PID-Verhalten treten hauptsächlich als Regler auf. Umgekehrt sind mit ganz wenigen Ausnahmen nahezu alle praktisch eingesetzten linearen Regler vom so genannten PID-Typ, d. h. sie lassen sich als Vereinfachungen des PID-Reglers auffassen.

Das PD-Glied entsteht durch Parallelschalten eines proportional und eines differenzierend wirkenden Gliedes nach Abb. 2.10. Als PD-Regler (Proportional - Differential - Regler) eingesetzt, nutzt es neben der Regelabweichung auch noch deren Änderungsgeschwindigkeit zum Bilden der Stellgröße aus. Die Differentialgleichung dieser Parallelschaltung

$$y = K_R \cdot u + K_D \cdot \dot{u} \qquad (2.83)$$

wird üblicherweise in der Form

$$y = K_R(u + T_v \cdot \dot{u}) \qquad (2.84)$$

geschrieben mit der sog. Vorhaltzeit

$$T_v = \frac{K_D}{K_R} \qquad . \qquad (2.85)$$

Die Übergangsfunktion (Tabelle 2.5) entsteht durch Addition der Übergangsfunktionen des P- und des D-Gliedes.

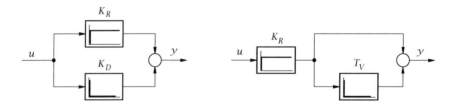

Abb. 2.10. PD-Regler, Wirkungsplan

Die Übertragungsfunktion des PD-Reglers

$$G(s) = K_R(1 + sT_v) \qquad (2.86)$$

wird durch die Vorhaltzeit T_v und die entsprechende Nullstelle $s_N = -1/T_v$ gekennzeichnet. Sie entspricht der inversen Übertragungsfunktion des PT_1-Gliedes.

Der Frequenzgang

$$G(j\omega) = K_R(1 + j\omega T_v) \qquad (2.87)$$

weist einen konstanten Realteil K_R und einen kreisfrequenzabhängigen Imaginärteil $\omega K_R T_v$ auf, seine Ortskurve ist eine Parallele zur positiv-imaginären Achse.

Zur Darstellung des Frequenzganges im Bode-Diagramm wird die Eckkreisfrequenz $\omega_E = 1/T_v$ benutzt. Der Amplitudengang

$$|G(j\omega)| = K_R\sqrt{1 + \omega^2 T_v^2} \qquad (2.88)$$

hat die Asymptoten

$$\lg|G(\omega \ll \omega_E)| \simeq \lg K_R \qquad (2.89)$$

$$\lg|G(\omega \gg \omega_E)| \simeq \lg K_R + \lg(\omega T_v) = \lg K_R + \lg T_v + \lg \omega \quad ; \qquad (2.90)$$

sie ergeben den in Tabelle 2.5 wiedergegebenen Verlauf. Die größte Abweichung des Betrages von den Asymptoten tritt bei der Eckkreisfrequenz auf.

$$\lg|G(\omega = \omega_E)| = \lg K_R + 0,15 \qquad (2.91)$$

Der Phasengang

$$\varphi = \arctan \omega T_v \qquad (2.92)$$

wird durch die Grenzwerte

$$\varphi(\omega \ll \omega_E) = 0^{\mathrm{o}} \quad , \quad \varphi(\omega \gg \omega_E) = 90^{\mathrm{o}} \qquad (2.93)$$

und den Wert bei der Eckkreisfrequenz

$$\varphi(\omega = \omega_E) = 45^{\mathrm{o}} \qquad (2.94)$$

bestimmt.

Der PI-Regler kann durch Parallelschaltung eines Proportional- und eines integrierenden Gliedes nach Abb. 2.11 aufgebaut werden. Dieser Regler vereinigt in gewissem Umfang die positiven Eigenschaften des P-Reglers, schnelle Stellgrößenbeeinflussung bei Regelabweichung, mit denen des I-Reglers, nämlich keine bleibende Regelabweichung zuzulassen. Die Differentialgleichung der Parallelschaltung

$$y = K_R \cdot u + K_I \cdot \int u\,dt \qquad (2.95)$$

wird üblicherweise umgeformt zu

$$y = K_R(u + \frac{1}{T_n} \cdot \int u\,dt) \qquad (2.96)$$

mit der sog. Nachstellzeit

$$T_n = \frac{K_R}{K_I} \quad . \tag{2.97}$$

Dabei ist zu beachten, dass eine verringerte Nachstellzeit einer stärkeren Wirksamkeit des integrierenden Anteils des Reglers entspricht.

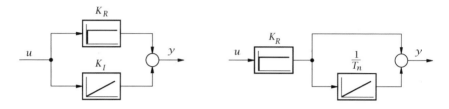

Abb. 2.11. PI-Regler, Wirkungsplan

Aus der Differentialgleichung ist zu erkennen, dass die Übergangsfunktion durch Addition der Übergangsfunktionen des P- und des I-Gliedes entsteht (Tabelle 2.5). Da der Integration im Zeitbereich die Division durch $j\omega$ im Frequenzbereich entspricht, ergibt sich der Frequenzgang des PI-Reglers zu

$$G(j\omega) = K_R(1 + \frac{1}{j\omega T_n}) \quad , \tag{2.98}$$

die Übertragungsfunktion wird zweckmäßigerweise als

$$G(s) = K_R \cdot \frac{1 + sT_n}{sT_n} \tag{2.99}$$

geschrieben. Dadurch ist unmittelbar zu erkennen, dass diese Funktion einen Pol $s_P = 0$ und eine Nullstelle $s_N = -1/T_n$ aufweist (Tabelle 2.5).

Der Frequenzgang weist einen kreisfrequenzunabhängigen Realteil K_R und einen Imaginärteil $-K_I/\omega$ auf, der dem des integrierenden Gliedes entspricht. Die Ortskurve ist daher eine Parallele zur negativ-imaginären Achse im Abstand K_R.

Zwecks Darstellung im Bode-Diagramm wird der Frequenzgang Gl.(2.98) zu

$$G(j\omega) = K_R \cdot \frac{1 + j\omega T_n}{j\omega T_n} = K_R(1 + j\omega T_n)\frac{1}{j\omega T_n} \tag{2.100}$$

umgeformt und kann als Frequenzgang einer Reihenschaltung mit einem PD- und einem I-Glied aufgefasst werden. Durch graphische Multiplikation der zugehörigen Frequenzgänge im Bode-Diagramm entsteht das in Tabelle 2.5 dargestellte Bild.

Der PID-Regler kann entsprechend Abb. 2.12 als Kombination der beiden zuvor behandelten Reglertypen PD- und PI-Regler aufgefasst werden. Die Parallelschaltung von P-, I- und D-Glied ergibt den aufwendigsten unter den Standardreglern. Er wird durch die Differentialgleichung

$$y = K_R u + K_I \cdot \int u\,\mathrm{d}t + K_D\,\dot{u} \tag{2.101}$$

und umgeformt durch

$$y = K_R(u + \frac{1}{T_n} \cdot \int u\,\mathrm{d}t + T_v\dot{u}) \tag{2.102}$$

mit

$$T_n = \frac{K_R}{K_I} \quad , \quad T_v = \frac{K_D}{K_R} \tag{2.103}$$

beschrieben.

Die Übergangsfunktion ergibt sich durch Addition der Übergangsfunktionen der drei parallel geschalteten Glieder.

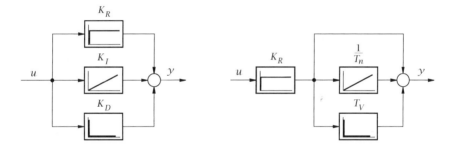

Abb. 2.12. PID-Regler, Wirkungsplan

Der Frequenzgang

$$G(j\omega) = K_R(1 + \frac{1}{j\omega T_n} + j\omega T_v) \tag{2.104}$$

weist einen kreisfrequenzunabhängigen Realteil K_R und einen kreisfrequenzabhängigen Imaginärteil

$$\mathrm{Im}\,G(j\omega) = K_R(\omega T_v - \frac{1}{\omega T_n}) \tag{2.105}$$

auf. Die Ortskurve ist demzufolge eine Parallele zur imaginären Achse (vgl. Tabelle 2.5).

Zur Darstellung im Bode-Diagramm bringt man den Frequenzgang zweck-mäßigerweise auf den gemeinsamen Nenner

$$G(j\omega) = K_R \frac{1 + j\omega T_n + (j\omega)^2 T_n T_v}{j\omega T_n} \quad . \tag{2.106}$$

Wenn T_v wesentlich kleiner ist als T_n, was häufig aber nicht immer der Fall ist, kann man näherungsweise

$$G(j\omega) \simeq K_R \frac{(1 + j\omega T_n)(1 + j\omega T_v)}{j\omega T_n} \tag{2.107}$$

ansetzen und den PID-Regler als Reihenschaltung mit einem I- und zwei PD-Gliedern, bzw. einem PI- und einem PD-Regler auffassen. Daraus resultieren die Eckkreisfrequenzen $\omega_{E1} = 1/T_n$, $\omega_{E2} = 1/T_v$, der trogförmige Amplitudengang und der von $-90°$ bis $+90°$ verlaufende Phasengang. Unter der gleichen Voraussetzung ist die Übertragungsfunktion näherungsweise

$$G(s) \simeq K_R \frac{(1 + sT_n)(1 + sT_v)}{sT_n} \quad ; \tag{2.108}$$

sie wird durch einen Pol $s_P = 0$ und zwei Nullstellen $s_{N1} = -1/T_n$, $s_{N2} = -1/T_v$ charakterisiert. Falls die Voraussetzung $T_v \ll T_n$ nicht erfüllt ist, ändern sich die Werte für die Nullstellen der Übertragungsfunktion bzw. die Eckkreisfrequenzen des Frequenzganges; die grundsätzlichen Eigenschaften des PID-Reglers bleiben dagegen erhalten.

2.7.3 PT$_1$, PT$_2$, PT$_n$

Mit PT_1, PT_2, PT_n werden Verzögerungsglieder 1., 2., n-ter Ordnung bezeichnet. Sie treten vorzugsweise bei der Beschreibung von Regelstrecken auf. Aber auch Mess- und Stellgeräte werden häufig durch PT_1- oder PT_2- Verhalten gekennzeichnet.

Allen Verzögerungsgliedern ist gemeinsam, dass die rechte Seite der sie beschreibenden Differentialgleichung keine Ableitungen der Eingangsgröße enthält; folglich besteht auch der Zähler der Übertragungsfunktion bzw. des Frequenzganges nur aus einer Konstanten.

Das PT_1-Glied ist durch die Differentialgleichung

$$T\dot{y} + y = Ku \tag{2.109}$$

beschrieben; die Übertragungsfunktion

$$G(s) = \frac{K}{1 + sT} \tag{2.110}$$

weist einen Pol bei $s = -1/T$ auf. Die Ortskurve des entsprechenden Frequenzganges hat die Form eines Halbkreises – sie beginnt auf der positiven reellen

Achse und endet mit einem Phasenwinkel von $\varphi = -90°$ im Ursprung, was auf einen mit wachsendem ω verschwindenden Betrag hindeutet, was auch aufgrund der höheren Nennerordnung alle Verzögerungsglieder charakterisiert.

Die Asymptoten des Amplitudenganges schneiden sich bei $\omega = 1/T$; für niedrige Werte der Frequenz gilt eine Gerade der Steigung 0 und dem Wert K; für hohe Werte der Frequenz weist die Asymptote eine Steigung von -1 auf (Tabelle 2.6).

Das PT_2-Glied, Verzögerungsglied zweiter Ordnung, (Tabelle 2.6) unterscheidet sich in mehreren Punkten vom PT_1-Glied, sodass es hier gesondert betrachtet werden soll. Dies auch deshalb, weil alle Verzögerungsglieder höherer als zweiter Ordnung als Reihenschaltung von PT_1- und PT_2-Gliedern aufgefasst werden können.

Um die allgemeine Differentialgleichung des PT_2-Gliedes

$$a_2\ddot{y} + a_1\dot{y} + a_0 y = b_0 u \tag{2.111}$$

zu lösen, sind die Nullstellen $\lambda_{1,2}$ des charakteristischen Polynoms

$$a_2\lambda^2 + a_1\lambda + a_0 = 0 \tag{2.112}$$

$$\lambda_{1,2} = -\frac{a_1}{2a_2} \pm \sqrt{\frac{a_1^2}{4a_2^2} - \frac{a_0}{a_2}} \tag{2.113}$$

zu bestimmen. Abhängig vom Vorzeichen des Ausdruckes unter dem Wurzelzeichen in Gl.(2.113) wird die Lösung der homogenen Differentialgleichung zweckmäßig in der Form

$$y_h = C_1 e^{\lambda_1 t} + C_2 e^{\lambda_2 t} \, (\lambda_{1,2}\ \text{reell}) \tag{2.114}$$

oder

$$y_h = e^{\alpha t}(A\cos\omega t + B\sin\omega t)(\lambda_{1,2} = \alpha \pm j\omega\,,\ \text{komplex}) \tag{2.115}$$

dargestellt. Für reelle $\lambda_{1,2}$ erhält man eine aperiodisch verlaufende Zeitfunktion, während das Paar konjugiert komplexer Nullstellen $\lambda_{1,2}$ zu einem schwingenden Verlauf der Zeitfunktion führt, der im Fall negativen Realteils α abklingt. Durch eine andere Schreibweise der Differentialgleichung, nämlich

$$\ddot{y} + 2D\omega_0\dot{y} + \omega_0^2 y = K\omega_0^2 u \tag{2.116}$$

mit D als (dimensionslosem) Dämpfungsgrad und ω_0 als Kennkreisfrequenz wird dies deutlicher, denn die Wurzeln des charakteristischen Polynoms sind dann

$$\lambda_{1,2} = -\omega_0(D \pm \sqrt{D^2 - 1}) \tag{2.117}$$

und man unterscheidet je nach Größe des Dämpfungsgrades
$D > 1$ aperiodische Lösung $\lambda_{1,2}$ reell
$D = 1$ aperiodischer Grenzfall $\lambda_1 = \lambda_2$, reell
$0 < D < 1$ periodische Lösung $\lambda_{1,2}$ konjugiert komplex.

Für $D \geq 1$ ist $\lambda_{1,2}$ reell und man kann mit

$$\omega_0^2 = \frac{1}{T_1 T_2} \quad , \quad D = \frac{1}{2}\frac{T_1 + T_2}{\sqrt{T_1 T_2}} \tag{2.118}$$

die Differentialgleichung auf die Form

$$T_1 T_2 \ddot{y} + (T_1 + T_2)\dot{y} + y = K \cdot u \tag{2.119}$$

mit reellen Zeitkonstanten T_1 und T_2 bringen. Eine solche Differentialgleichung bzw. die zugehörige Übertragungsfunktion

$$G(s) = \frac{K}{T_1 T_2 s^2 + (T_1 + T_2)s + 1} = K \cdot \frac{1}{1 + sT_1} \cdot \frac{1}{1 + sT_2} \tag{2.120}$$

mit den Polstellen

$$s_{P1} = -\frac{1}{T_1} \quad , \quad s_{P2} = -\frac{1}{T_2} \tag{2.121}$$

beschreibt das dynamische Verhalten einer Reihenschaltung von zwei Verzögerungsgliedern erster Ordnung mit den Zeitkonstanten T_1 und T_2. Eine solche Reihenschaltung hat für beliebige reelle Zeitkonstanten stets eine aperiodisch verlaufende Übergangsfunktion, weil mit Gl.(2.118) $D \geq 1$ ist.

Die Darstellung des Frequenzganges

$$G(j\omega) = \frac{K}{T_1 T_2 (j\omega)^2 + (T_1 + T_2)j\omega + 1} = K \cdot \frac{1}{1 + j\omega T_1} \cdot \frac{1}{1 + j\omega T_2} \tag{2.122}$$

im Bode-Diagramm gewinnt man z. B., indem man die Teilfrequenzgänge entsprechend den dafür geltenden Regeln graphisch multipliziert. Man erkennt, dass der Phasengang für große Werte der Kreisfrequenz gegen $-180°$ und die Steigung des Amplitudengangs gegen -2 gehen. Die Ortskurve des Frequenzganges durchläuft entsprechend dem Winkelverlauf im Bode-Diagramm den 4. und 3. Quadranten.

Für $D = 1$ wird in Gl.(2.118) $T_1 = T_2$. Die beiden Pole der Übertragungsfunktion Gl.(2.120) bei $-1/T_1$ und $-1/T_2$ fallen zu einem reellen Doppelpol zusammen. $D = 1$ ist der kleinste Wert des Dämpfungsgrades, für den eine aperiodische Lösung existiert, für den also z. B. die Übergangsfunktion nicht über ihren Endwert hinaus überschwingt, er wird daher auch aperiodischer Grenzfall genannt.

Für $1 > D > 0$ ist das Verzögerungsglied zweiter Ordnung nicht als Reihenschaltung einfacher realisierbarer Glieder darstellbar. Die Übergangsfunktion ist eine periodische Lösung der Differentialgleichung (Gl.(2.116)). Sie schwingt über ihren Endwert hinaus. Die Frequenz der dabei entstehenden gedämpften Schwingung ω_D wird als Eigenkreisfrequenz bezeichnet. Sie ergibt sich aus dem Dämpfungsgrad D und der Kennkreisfrequenz ω_0 zu

$$\omega_D = \omega_0 \sqrt{1 - D^2} \quad . \tag{2.123}$$

Die Übertragungsfunktion weist ein konjugiert komplexes Polpaar auf, dessen Lage durch die Kennkreisfrequenz ω_0 und den Dämpfungsgrad D bestimmt wird und dessen Imaginärteil gleich der Eigenkreisfrequenz ω_D ist.

Der Frequenzgang

$$G(j\omega) = \frac{K\omega_0^2}{(j\omega)^2 + 2D\omega_0 j\omega + \omega_0^2} \qquad (2.124)$$

wird für $1 \geq D \geq 0$ im Bode-Diagramm mit nur einer Eckkreisfrequenz $\omega_E = \omega_0$ dargestellt. Die Asymptoten des Amplitudengangs haben die Steigungen 0 und -2; der tatsächliche Amplitudengang weicht u. U. erheblich vom Verlauf der Asymptoten ab. Der Phasengang hat die Asymptoten $\varphi_{\text{Asympt.}} = 0°$ für kleine und $\varphi_{\text{Asympt.}} = -180°$ für große Kreisfrequenzwerte. Die realen Verläufe sind durch Berechnung bzw. Verwendung geeigneter Korrekturtabellen zu bestimmen.

Verzögerungsglieder (PT_n) höherer als zweiter Ordnung lassen sich als Reihenschaltung von Verzögerungsgliedern erster und zweiter Ordnung auffassen. Die Differentialgleichung hat die allgemeine Form

$$a_n y^{(n)} + \ldots + a_1 \dot{y} + a_0 y = b_0 u \quad , \qquad (2.125)$$

d. h. auf der rechten Seite stehen keine Ableitungen der Eingangsgröße und demzufolge weist die Übertragungsfunktion nur Pole und keine Nullstellen auf. Der Frequenzgang

$$G(j\omega) = \frac{b_0}{a_n(j\omega)^n + \ldots + a_1 j\omega + a_0} \qquad (2.126)$$

geht für große Werte der Kreisfrequenz gegen

$$G(\omega \to \infty) = \frac{b_0}{a_n} \cdot \frac{1}{(j\omega)^n} \quad . \qquad (2.127)$$

Das bedeutet, dass der Phasenwinkel gegen $n \cdot (-90°)$ geht, die Ortskurve n Quadranten durchläuft und die Steigung des Amplitudengangs im Bode-Diagramm gegen $-n$ strebt. Die Übergangsfunktionen aller Verzögerungsglieder von höherer als erster Ordnung haben die Gemeinsamkeit, dass die Tangente im Zeitnullpunkt waagerecht verläuft; lediglich die Übergangsfunktion des Verzögerungsgliedes erster Ordnung (PT_1) hat im Zeitnullpunkt eine von null verschiedene Steigung.

2.7.4 DT$_1$

DT_1 bezeichnet das dynamische Verhalten eines Differenzierers mit Verzögerung erster Ordnung, der als Reihenschaltung eines D- und eines PT_1-Gliedes aufgefasst werden kann.

Ein D-Glied ohne Verzögerung ist nur näherungsweise realisierbar, weil z. B. der Betrag des Frequenzganges für große Werte der Kreisfrequenz über alle Grenzen wächst. Meist enthalten D-Glieder zusätzliche Verzögerungsglieder, die je nach Größe ihrer Zeitkonstanten und dem Anwendungsfall zu berücksichtigen sind oder vernachlässigt werden dürfen.

Die Differentialgleichung des DT_1-Gliedes ist

$$T\dot{y} + y = K_D \dot{u} \tag{2.128}$$

und sein Frequenzgang

$$G(j\omega) = \frac{j\omega K_D}{1 + j\omega T} \quad . \tag{2.129}$$

Die Übergangsfunktion (Tabelle 2.6) bleibt für alle Werte der Zeit endlich (im Gegensatz zu der des D-Gliedes) und geht gegen null für große Werte der Zeit. Wegen dieses Verhaltens wird das DT_1-Glied auch als nachgebendes Glied bezeichnet.

Die Ortskurve des Frequenzganges erhält man aus den Werten für $\omega = 0$ und $\omega \to \infty$, aus der Struktur der Gl.(2.129), die auf einen Kreis schließen lässt und aus der Tatsache, dass die Ortskurve im Uhrzeigersinn durchlaufen wird (Tabelle 2.6).

Die Darstellung im Bode-Diagramm und die Pol-Nullstellendarstellung der Übertragungsfunktion erhält man dadurch, dass man von einer Reihenschaltung mit einem D- und einem PT_1-Glied ausgeht.

2.7.5 PT$_t$

Ein Glied mit Totzeit tritt häufig bei der Beschreibung von Regelstrecken auf und wird durch die Gleichung

$$y(t) = K \cdot u(t - T_t) \tag{2.130}$$

beschrieben, die aussagt, dass die Ausgangsgröße gleich ist dem Wert der Eingangsgröße zu einem um die Totzeit T_t früher gelegenen Zeitpunkt, multipliziert mit dem Übertragungsfaktor K.

Die Gl.(2.130) unterscheidet sich von den bisher behandelten Differentialgleichungen dadurch, dass keine Ableitungen von Ein- und Ausgangsgrößen auftreten und dass die Argumente der Zeitfunktionen auf der rechten und der linken Gleichungsseite voneinander verschieden sind. Diese Eigenschaften finden sich in der speziellen Form des zugehörigen Frequenzganges wieder, der im Gegensatz zu den bisher betrachteten keine rationale sondern eine transzendente Funktion der Frequenz ist.

Gl.(2.130) wird für den Fall (komplexer) harmonischer Ein- und Ausgangsgrößen

$$\underline{u}(t) = \underline{u} \cdot e^{j\omega t} \quad , \quad \underline{y}(t) = \underline{y} \cdot e^{j\omega t} \tag{2.131}$$

untersucht. Dabei werden die Größen $\underline{u}(t)$ und $\underline{y}(t)$ durch die Zeiger $\underline{u}$ und $\underline{y}$ charakterisiert. Einsetzen der Größen in die Gl.(2.130) des Totzeitgliedes führt unter Beachtung der unterschiedlichen Argumente zu

$$\underline{y} \cdot e^{j\omega t} = K \cdot \underline{u} \cdot e^{j\omega(t-T_t)} = K \cdot \underline{u} \cdot e^{j\omega t} \cdot e^{-j\omega T_t} \quad . \tag{2.132}$$

Daraus ergibt sich die Gleichung für die Zeiger

$$\underline{y} = K \cdot \underline{u} \cdot e^{-j\omega T_t} \tag{2.133}$$

und aus dieser Beziehung der gesuchte Frequenzgang als Quotient der Zeiger von Aus- und Eingangsgröße, indem man die Gleichung entsprechend umstellt.

$$G(j\omega) = \frac{\underline{y}}{\underline{u}} = K \cdot e^{-j\omega T_t} \tag{2.134}$$

Der gewonnene Frequenzgang ist eine transzendente Funktion der Kreisfrequenz ω. Die zugehörige Ortskurve ist ein Kreis mit dem Radius K um den Ursprung des Koordinatensystems, der mit wachsender Kreisfrequenz immer wieder durchlaufen wird und dessen Parametrierung daher mehrdeutig ist (Tabelle 2.6). Der Phasenwinkel

$$\varphi = -\omega T_t \tag{2.135}$$

geht für $\omega \to \infty$ gegen $-\infty$. Im Bode-Diagramm wird der Frequenzgang durch einen konstanten Betrag und einen mit der Kreisfrequenz linear abnehmenden Phasenwinkel dargestellt; wegen der logarithmischen Teilung der Kreisfrequenzachse ist der Phasengang nach unten gekrümmt. Die Übertragungsfunktion ist nicht rational und daher durch endlich viele Pol- und Nullstellen nicht darstellbar. Die entsprechenden Felder in Tabelle 2.6 sind leer.

2.8 Lineare Differenzengleichungen mit konstanten Koeffizienten

Eine auf den ersten Blick begrenzende Beschränkung auf zeitkontinuierliche Systeme, also solche, die mit Differentialgleichungen beschrieben werden, soll im Folgenden aufgehoben werden. Speziell durch den Einsatz von Digitalrechnern entstehen Abtastsysteme, die Informationen nur an zeitdiskreten Abtastpunkten, die in einem festen Abtastintervall T aufeinander folgen, verarbeiten (Abb. 2.13).

Da jedoch die Abtastfrequenz in der Regel vergleichsweise hoch gewählt wird, und dadurch kaum Verfälschungen durch den Abtastvorgang entstehen, ist eine quasi-kontinuierliche Behandlung des Problems oft gerechtfertigt. Dennoch soll an dieser Stelle eine kurze Einführung in die Thematik erfolgen, da Implementierungen von Regelungsalgorithmen auf Digitalrechnern fast ausschließlich in Form von zeitdiskreten Algorithmen durchgeführt werden.

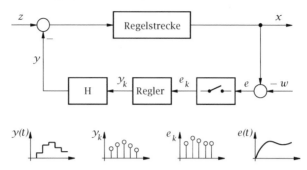

Abb. 2.13. Abtastregelung mit Abtast- und Halteglied

In Analogie zur Beschreibung linearer kontinuierlicher Übertragungssysteme durch lineare Differentialgleichungen können zeitdiskrete Übertragungssysteme durch Differenzengleichungen beschrieben werden. Solche Differenzengleichungen für Wertefolgen sind von der Form

$$a_0 y_k + a_1 y_{k-1} + \ldots + a_n y_{k-n} = b_0 u_k + b_1 u_{k-1} + \ldots + b_m u_{k-m} \quad (2.136)$$

mit (u_k) als Folge der Eingangswerte und (y_k) als Folge der Ausgangswerte; die Indizierung k stellt hierbei eine diskrete Zeit dar, wobei zwischen zwei Zeitpunkten k und $k-1$ gerade das Abtastintervall T liegt, es gilt

$$k = \frac{t}{T} \quad k \in N \quad (2.137)$$

Differenzengleichungen, die für kleine Abtastintervalle T die Differentiation oder Integration kontinuierlicher Größen ausreichend genau annähern, kann man leicht gewinnen. So lässt sich die erste Ableitung

$$y(t) = K_D \cdot \dot{u}(t) \quad (2.138)$$

durch einen Differenzenquotienten annähern. Zweckmäßigerweise benutzt man dabei die sog. Rückwärtsdifferenz, weil diese keine Werte aus der Zukunft erfordert und erhält als zeitdiskretes Äquivalent zu Gl.(2.138)

$$y_k = \frac{K_D}{T}(u_k - u_{k-1}) \quad . \quad (2.139)$$

Um die Integration

$$y(t) = K_I \int\limits_0^t u(\tau) \mathrm{d}\tau \quad (2.140)$$

anzunähern, bedient man sich der Rechteckregel und erhält

$$y_k = K_I \cdot T \cdot \sum_{i=1}^k u_i = y_{k-1} + K_I \cdot T \cdot u_k \quad (2.141)$$

oder

$$y_k - y_{k-1} = K_I \cdot T \cdot u_k \quad . \tag{2.142}$$

Mithilfe dieser Ansätze lässt sich eine Differentialgleichung in eine Differenzengleichung umschreiben; für die – als Standardregler für eine Implementierung oftmals benötigte – Differentialgleichung des PID-Reglers ergibt sich hierdurch

$$y_k = y_{k-1} + K_R \left[\left(1 + \frac{T}{T_n} + \frac{T_v}{T} \right) u_k - \left(1 + 2\frac{T_v}{T} \right) u_{k-1} + \frac{T_v}{T} u_{k-2} \right]$$
$$\tag{2.143}$$

als rekursive Rechenvorschrift mit den bekannten Einstellparametern.

In der Literatur ist für die Beschreibung der allgemeinen Differenzengleichung

$$a_0 y_k + a_1 y_{k-1} + \ldots + a_n y_{k-n} = b_0 u_k + b_1 u_{k-1} + \ldots + b_m u_{k-m} \tag{2.144}$$

auch durch Einführung des diskreten Verschiebeoperators q^{-1} eine Darstellung als Polynom

$$\left(a_0 + a_1 q^{-1} + \ldots + a_n q^{-n} \right) y(t) = \left(b_0 + b_1 q^{-1} + \ldots + b_m q^{-m} \right) u(t) \tag{2.145}$$

gebräuchlich.

2.9 Z-Transformation

Zur Darstellung von Wertefolgen, Impulsfolgen und von zeitdiskreten Übertragungssystemen in einem speziellen Frequenzbereich ist die Z-Transformation geeignet. Man erhält damit Zusammenhänge zwischen den Transformierten von Eingangs- und Ausgangsgrößen von zeitdiskreten Übertragungssystemen, die ähnlich einfach sind wie die mit Hilfe der Fourier- oder Laplace-Transformation gewonnenen Zusammenhänge für kontinuierliche Größen.

Die Z-Transformierte einer Folge (f_k) ist definiert zu

$$F(z) = \mathfrak{Z}\{f_k\} = \sum_{k=0}^{\infty} f_k \cdot z^{-k} \quad . \tag{2.146}$$

Dabei ist z eine komplexe Variable, deren Betrag größer sein muss als der so genannte Konvergenzradius der Folge, sodass die angegebene Summe endlich wird. Da die Transformationsgleichung nur die Folge der Werte einer kontinuierlichen Größe zu den Abtastzeitpunkten berücksichtigt, ist durch eine Z-Transformierte nur die Folge der Abtastwerte f_k eindeutig definiert. Dies gilt auch dann, wenn (nicht ganz korrekt) von der Z-Transformierten einer kontinuierlichen Größe gesprochen wird.

Als Beispiel soll die Z-Transformierte des Einheitssprungs $1(t)$ ermittelt werden. Mit

$$f(t) = 1(t) = \begin{cases} 1 & \text{für} \quad t \geq 0 \\ 0 & \text{für} \quad t < 0 \end{cases} \tag{2.147}$$

ist $f_k = 1$ für alle $k \geq 0$ und daher mit Gl.(2.146)

$$F(z) = \sum_{k=0}^{\infty} f_k \cdot z^{-k} = 1 + z^{-1} + z^{-2} + \ldots \quad . \tag{2.148}$$

Gl.(2.148) beschreibt eine geometrische Reihe $(a_1 + a_2 + a_3 \ldots)$ mit den Elementen

$$a_k = a_1 \cdot q^{k-1} \tag{2.149}$$

mit $a_1 = 1$ und $q = z^{-1}$, deren Summe für unendlich viele Glieder und $|q| < 1$

$$s = \frac{a_1}{1 - q} \tag{2.150}$$

ist. Damit wird für $|z| > 1$

$$F(z) = \frac{1}{1 - z^{-1}} = \frac{z}{z - 1} \quad . \tag{2.151}$$

Bei der praktischen Anwendung der Z-Transformation kann man ähnlich wie bei der Laplace-Transformation Korrespondenztafeln benutzen. In diesen sind in der Regel den Zeitfunktionen $f(t)$, die für negative Werte der Zeit verschwinden, einerseits die zugehörigen Laplace-Transformierten $F(s)$ und andererseits die Z-Transformierten $F(z)$ der dem kontinuierlichen Signal durch Abtasten mit dem Abtastintervall T zugeordneten Wertefolgen (f_k) gegenübergestellt.

In Analogie zur Laplace-Transformation kann man mit Hilfe der Z-Transformation zeitdiskrete Übertragungssysteme in einem Bildbereich beschreiben und sich die Lösung vieler Aufgaben erleichtern. Wendet man auf beide Seiten der Differenzengleichung Gl.(2.136) die Z-Transformation an, so erhält man einen Zusammenhang zwischen den Z-Transformierten der Eingangs- und Ausgangsfolge in der Form

$$\begin{aligned} Y(z) \cdot [a_0 + a_1 z^{-1} + \ldots + a_n z^{-n}] \\ = U(z) \cdot [b_0 + b_1 z^{-1} + \ldots + b_m z^{-m}] \end{aligned} \tag{2.152}$$

und daraus mit

$$Y(z) = G(z) \cdot U(z) \tag{2.153}$$

die zugehörige Z-Übertragungsfunktion des zeitdiskreten Übertragungssystems

$$G(z) = \frac{Y(z)}{U(z)} = \frac{b_0 + b_1 z^{-1} + \ldots + b_m z^{-m}}{a_0 + a_1 z^{-1} + \ldots + a_n z^{-n}} = \frac{\sum_{i=0}^{m} b_i z^{-i}}{\sum_{i=0}^{n} a_i z^{-i}} \quad . \tag{2.154}$$

Oft wird für allgemeinere Betrachtungen $m = n$ gesetzt und in Kauf genommen, dass u. U. einige der Koeffizienten a_i oder b_i zu null werden.

2.10 Zustandsraum

Der Zusammenhang zwischen Eingangs- und Ausgangsgrößen von dynamischen Übertragungssystemen kann außer durch einzelne Differentialgleichungen meist höherer Ordnung auch durch Systeme von Differentialgleichungen erster Ordnung beschrieben werden. Die Variablen, die zusätzlich zu den Eingangs- und Ausgangsgrößen in solchen Differentialgleichungssystemen auftreten, müssen bestimmten Bedingungen genügen und werden dann üblicherweise als Zustandsvariable mit dem Buchstaben x bezeichnet.

Das System von Differentialgleichungen wird dann so aufgebaut, dass die n Ableitungen $\dot{x}_i$ der Zustandsgrößen x_i als Funktionen dieser Zustandsgrößen und der p Eingangsgrößen u_i ausgedrückt werden

$$\dot{x}_1 = f_1(x_1, \ldots, x_n, u_1, \ldots, u_p, t)$$
$$\vdots \qquad\qquad (2.155)$$
$$\dot{x}_n = f_n(x_1, \ldots, x_n, u_1, \ldots, u_p, t) \quad .$$

Die q Ausgangsgrößen y_i werden als Funktionen der Zustands- und der Eingangsgrößen dargestellt

$$y_1 = g_1(x_1, \ldots, x_n, u_1, \ldots, u_p, t)$$
$$\vdots \qquad\qquad (2.156)$$
$$y_q = g_q(x_1, \ldots, x_n, u_1, \ldots, u_p, t)$$

Abkürzend werden die Eingangs-, Ausgangs- und Zustandsgrößen zu Vektoren zusammengefasst, und man erhält

$$\dot{\boldsymbol{x}} = \boldsymbol{f}(\boldsymbol{x}, \boldsymbol{u}, t)$$
$$\boldsymbol{y} = \boldsymbol{g}(\boldsymbol{x}, \boldsymbol{u}, t) \quad . \qquad (2.157)$$

Im Fall eines allgemeinen linearen zeitinvarianten Systems mit n Zustands-, p Eingangs- und q Ausgangsgrößen bestehen die Gln.(2.158)

$$\dot{\boldsymbol{x}} = \boldsymbol{A} \cdot \boldsymbol{x} + \boldsymbol{B} \cdot \boldsymbol{u}$$
$$\boldsymbol{y} = \boldsymbol{C} \cdot \boldsymbol{x} + \boldsymbol{D} \cdot \boldsymbol{u} \qquad (2.158)$$

aus
$\dot{\boldsymbol{x}}$ n-reihiger Vektor der Ableitungen der Zustandsgrößen
$\boldsymbol{x}$ n-reihiger Vektor der Zustandsgrößen
$\boldsymbol{u}$ p-reihiger Vektor der Eingangsgrößen
$\boldsymbol{y}$ q-reihiger Vektor der Ausgangsgrößen
$\boldsymbol{A}$ $n \times n$ Systemmatrix
$\boldsymbol{B}$ $n \times p$ Eingangsmatrix
$\boldsymbol{C}$ $q \times n$ Ausgangsmatrix
$\boldsymbol{D}$ $q \times p$ Durchgangsmatrix.

Den Inhalt der Gln.(2.158) gibt Abb. 2.14 in Form eines Wirkungsplans wieder. Darin stellen die Doppellinien Signalpfade für mehrere Signale dar, die durch Blöcke mit Mehrfachverknüpfungen und einen Block mit einer entsprechenden Anzahl von Integrierern miteinander verbunden werden. Man erkennt, dass die Systemmatrix A als Einzige in einem in sich geschlossenen Wirkungsablauf steht; sie ist daher auch allein für Stabilität und Dämpfungseigenschaften des Übertragungssystems maßgebend.

Bei Systemen mit einer einzigen Eingangsgröße ($p = 1$) entartet die Eingangsmatrix B zu einem Vektor; entsprechendes gilt für die Ausgangsmatrix C, wenn nur eine einzige Ausgangsgröße ($q = 1$) interessiert. Für alle nicht sprungfähigen Systeme, das sind insbesondere alle Verzögerungsglieder, ist die Durchgangsmatrix D null.

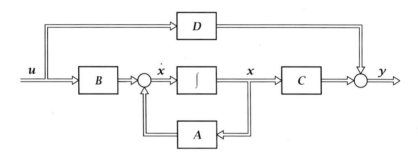

Abb. 2.14. Wirkungsplan für ein lineares Übertragungssystem mit Zustandsvariablen

Die Beschreibung dynamischer Systeme im Zustandsraum erlaubt es ohne weiteres, Systeme mit mehreren Eingangs- und Ausgangsgrößen zu beschreiben und zu behandeln und sie ist die Grundlage vieler Verfahren zur digitalen Simulation dynamischer Systeme. Weil es leistungsfähige Software zum Bearbeiten von Matrizen gibt, ist die auf Matrizen aufbauende Beschreibung eine gute Basis für weitere rechnerunterstützte Verfahren zur Analyse dynamischer Übertragungssysteme.

Eine lineare Differentialgleichung mit konstanten Koeffizienten, die den Zusammenhang zwischen einer einzigen Eingangsgröße $u(t)$ und einer einzigen Ausgangsgröße $y(t)$ beschreibt

$$a_n y^{(n)} + \ldots + a_2 \ddot{y} + a_1 \dot{y} + a_0 y = u \quad , \tag{2.159}$$

lässt sich in die Form der Gl.(2.158) bringen. Dazu müssen geeignete Zustandsgrößen vereinbart werden. Eine Möglichkeit, diese zu wählen, ist

$$x_1 = y \quad , \quad x_2 = \dot{y} \quad , \quad x_3 = \ddot{y} \quad , \quad \ldots \quad , \quad x_n = y^{(n-1)} \quad . \tag{2.160}$$

Mit diesen Definitionen lässt sich die Gl.(2.159) überführen in das System

$$\dot{x}_1 = x_2$$
$$\dot{x}_2 = x_3$$
$$\vdots$$
$$\dot{x}_{n-1} = x_n \tag{2.161}$$
$$\dot{x}_n = -\frac{a_0}{a_n} \cdot x_1 - \frac{a_1}{a_n} \cdot x_2 - \ldots - \frac{a_{n-1}}{a_n} \cdot x_n + \frac{1}{a_n} \cdot u$$
$$y = x_1$$

und darstellen durch

$$
\begin{bmatrix} \dot{x}_1 \\ \dot{x}_2 \\ \vdots \\ \dot{x}_{n-1} \\ \dot{x}_n \end{bmatrix}
=
\begin{bmatrix}
0 & 1 & \cdots & 0 \\
0 & 0 & \cdots & 0 \\
\vdots & \vdots & & \vdots \\
0 & 0 & \cdots & 1 \\
-\dfrac{a_0}{a_n} & -\dfrac{a_1}{a_n} & \cdots & -\dfrac{a_{n-1}}{a_n}
\end{bmatrix}
\cdot
\begin{bmatrix} x_1 \\ x_2 \\ \vdots \\ x_{n-1} \\ x_n \end{bmatrix}
+
\begin{bmatrix} 0 \\ 0 \\ \vdots \\ 0 \\ \dfrac{1}{a_n} \end{bmatrix}
\cdot u
$$

$$
y = \begin{bmatrix} 1 & 0 & \cdots & 0 & 0 \end{bmatrix} \cdot
\begin{bmatrix} x_1 \\ x_2 \\ \vdots \\ x_{n-1} \\ x_n \end{bmatrix}
\tag{2.162}
$$

Falls die umzuformende Differentialgleichung auch Ableitungen der Eingangsgröße enthält, kann man die einfache Definition von Zustandsgrößen nach
Gl.(2.160) nicht mehr verwenden, obgleich das Zustandsdifferentialgleichungs-
system dadurch nur wenig komplizierter wird. Ein nicht sprungfähiges System
($b_n = 0$) wird durch die normierte ($a_n = 1$) lineare Differentialgleichung

$$y^{(n)} + a_{n-1}y^{(n-1)} + \ldots + a_0 y = b_0 u + \ldots + b_{n-1}u^{(n-1)} \tag{2.163}$$

beschrieben. Mit geeigneter Definition der Zustandsgrößen erhält man die
Zustandsdifferentialgleichung

$$
\dot{\boldsymbol{x}}_R =
\begin{bmatrix}
0 & 1 & 0 & \cdots & 0 \\
0 & 0 & 1 & & 0 \\
\vdots & & & & \vdots \\
0 & 0 & 0 & & 1 \\
-a_0 & -a_1 & -a_2 & \cdots & -a_{n-1}
\end{bmatrix}
\cdot \boldsymbol{x}_R +
\begin{bmatrix} 0 \\ 0 \\ \vdots \\ 0 \\ 1 \end{bmatrix}
\cdot u
\tag{2.164}
$$

$$y = \begin{bmatrix} b_0 & b_1 & b_2 & \cdots & b_{n-1} \end{bmatrix} \cdot \boldsymbol{x}_R$$

in der so genannten Regelungsnormalform. Die dabei entstandene Systemmatrix wird auch als Frobenius-Matrix bezeichnet.

Auf einem ganz ähnlichen Wege gewinnt man die Zustandsdifferentialgleichung in Beobachtungsnormalform

$$\dot{\boldsymbol{x}}_B = \begin{bmatrix} 0\ 0\ 0 \cdots 0 & -a_0 \\ 1\ 0\ 0 & 0 & -a_1 \\ 0\ 1\ 0 & 0 & -a_2 \\ \vdots & & \vdots \\ 0\ 0\ 0 \cdots 1 & -a_{n-1} \end{bmatrix} \cdot \boldsymbol{x}_B + \begin{bmatrix} b_0 \\ b_1 \\ b_2 \\ \vdots \\ b_{n-1} \end{bmatrix} \cdot u \tag{2.165}$$

$$y = [\,0\ 0 \cdots 0\ 1\,] \cdot \boldsymbol{x}_B \ .$$

Eine andere Form der Zustandsraumdifferentialgleichung mit der Systemmatrix in Diagonalform erhält man, nachdem man die Übertragungsfunktion des Systems in Partialbrüche zerlegt hat. Für den Fall, dass alle Polstellen der Übertragungsfunktion einfach und reell sind, erhält man mit

$$Y(s) = U(s) \cdot \sum_{i=1}^{n} \frac{r_i}{s - \lambda_i} \tag{2.166}$$

die Zustandsdifferentialgleichung in Jordanscher Normalform zu

$$\dot{\boldsymbol{x}}_J = \begin{bmatrix} \lambda_1 & 0 & 0 & \cdots & 0 \\ 0 & \lambda_2 & 0 & & 0 \\ 0 & 0 & \lambda_3 & & 0 \\ \vdots & & & & \vdots \\ 0 & 0 & 0 & \cdots & \lambda_n \end{bmatrix} \cdot \boldsymbol{x}_J + \begin{bmatrix} 1 \\ 1 \\ 1 \\ \vdots \\ 1 \end{bmatrix} \cdot u \tag{2.167}$$

$$y = [\,r_1\ r_2\ r_3\ \ldots\ r_n\,] \cdot \boldsymbol{x}_J \ .$$

Wenn die Übertragungsfunktion des Systems mehrfache Pole hat, so nimmt die Systemmatrix in Gl.(2.167) eine sog. Blockdiagonalform an; konjugiert komplexe Polpaare können durch entsprechende konjugiert komplexe Komponenten des Zustandsvektors und der Ausgangsgleichung berücksichtigt werden.

Alle drei Formen der Zustandsdifferentialgleichung — und beliebig viele andere, die man zusätzlich aufstellen kann — enthalten hinsichtlich des Zusammenhanges zwischen Eingangsgröße u und Ausgangsgröße y genau die gleichen Aussagen wie die gewöhnliche Differentialgleichung (2.163). Alle Formen lassen sich durch lineare Transformation mit einer regulären Transformationsmatrix $\boldsymbol{T}$ ineinander überführen.

Die Zustandsdifferentialgleichungen werden in vielen Fällen nicht mit dem Ziel der geschlossenen Lösung angeschrieben. Dennoch ist die Kenntnis der Prinzipien des Lösungsweges nützlich. Da die Zustandsdifferentialgleichungen ein System von Differentialgleichungen erster Ordnung sind, ist es nützlich, vorab die Lösung der einfachen Differentialgleichung

$$\dot{x} = ax + bu \tag{2.168}$$

mit der Anfangsbedingung

$$x(t = 0) = x_0$$

zu betrachten. Man erhält

$$x(t) = x_0 \cdot e^{at} + b \cdot \int\limits_0^t e^{a(t-\tau)}u(\tau)d\tau \quad . \tag{2.169}$$

Wie man sieht, besteht die Lösung aus zwei Teilen, deren erster von der Anfangsbedingung und deren zweiter von der Eingangsgröße abhängt.

Die Lösung der Zustandsgleichung

$$\dot{\boldsymbol{x}} = \boldsymbol{A}\,\boldsymbol{x} + \boldsymbol{B}\,\boldsymbol{u} \tag{2.170}$$

lässt sich in analoger Weise gewinnen, wenn vorher der Ausdruck $e^{\boldsymbol{A}t}$ in geeigneter Weise definiert wird. Der skalare Ausdruck e^{at} kann durch eine unendliche Reihe

$$e^{at} = \sum_{k=0}^{\infty} \frac{(a \cdot t)^k}{k!} = 1 + \frac{a \cdot t}{1!} + \frac{(a \cdot t)^2}{2!} + \dots \tag{2.171}$$

dargestellt werden. Daraus kann man die weiterhin benutzte Definition

$$e^{\boldsymbol{A}t} = \sum_{k=0}^{\infty} \frac{(\boldsymbol{A} \cdot t)^k}{k!} = \boldsymbol{I} + \frac{t}{1!}\boldsymbol{A} + \frac{t^2}{2!}\boldsymbol{A}^2 + \dots \tag{2.172}$$

ableiten. Man erkennt, dass aus der $(n \times n)$-Matrix $\boldsymbol{A}$ die $(n \times n)$-Matrix
$e^{\boldsymbol{A}t}$ entsteht, weil Gl.(2.172) eine Summe von $(n \times n)$-Matrizen darstellt. Man
kann zeigen, dass die Reihe konvergiert und dass

$$\frac{d}{dt}e^{\boldsymbol{A}t} = \boldsymbol{A} \cdot e^{\boldsymbol{A}t} = e^{\boldsymbol{A}t} \cdot \boldsymbol{A} \quad . \tag{2.173}$$

Mit diesen Festlegungen lautet die der Gl.(2.169) entsprechende Lösung der
Zustandsgleichung (2.170)

$$\boldsymbol{x}(t) = e^{\boldsymbol{A}t}\boldsymbol{x}(0) + \int\limits_0^t e^{\boldsymbol{A}(t-\tau)}\boldsymbol{B}\,\boldsymbol{u}(\tau)d\tau \quad . \tag{2.174}$$

Im Fall verschwindender Eingangsgröße wird

$$\boldsymbol{x}(t) = e^{\boldsymbol{A}t}\boldsymbol{x}(0) = \boldsymbol{\Phi}(t)\boldsymbol{x}(0) \tag{2.175}$$

mit der sog. Transitionsmatrix

$$\boldsymbol{\Phi}(t) = e^{\boldsymbol{A}t} \quad , \tag{2.176}$$

die entsprechend Gl.(2.172) zu bestimmen ist.

Die allgemeine Lösung für die Ausgangsgröße $\boldsymbol{y}$ lässt sich mit

$$y = C \cdot x + D \cdot u \qquad (2.177)$$

aus Gl.(2.174) gewinnen zu

$$y(t) = C \cdot e^{At} \cdot x(0) + \int\limits_0^t C \cdot e^{A(t-\tau)} \cdot B \cdot u(\tau)d\tau + D \cdot u(t) \quad . \qquad (2.178)$$

Mit Umformungen, die nicht im Einzelnen erläutert werden sollen, kann daraus

$$y(t) = C \cdot e^{At} \cdot x(0) + \int\limits_0^t G(t - \tau) \cdot u(\tau)d\tau \qquad (2.179)$$

hergeleitet werden mit $G(t)$ als der sog. Gewichtsmatrix des Übertragungssystems.

Analog zu der Übertragung einer zeitkontinuierlichen Differentialgleichung in die Form einer zeitdiskreten Differenzengleichung, lässt sich eine zeitkontinuierliche Zustandsraumbeschreibung in eine zeitdiskrete überführen. Die zeitdiskrete Form der Zustandsraumdarstellung wird vor allem bei der Abtastregelung kontinuierlicher Regelstrecken und zur digitalen Simulation kontinuierlicher Systeme eingesetzt.

Ausgehend von der Lösung der kontinuierlichen Zustandsdifferentialgleichung, Gl.(2.174)

$$x(t) = e^{A(t-t_0)}x(t_0) + \int\limits_{t_0}^t e^{A(t-\tau)}B\,u(\tau)d\tau \qquad t > t_0 \qquad (2.180)$$

lässt sich der Zustandsvektor x zu den Abtastzeitpunkten berechnen. Dazu werden die Integrationsgrenzen zu $t = (k+1)T$ und $t_0 = kT$ mit der Abtastzeit T angenommen.

$$x((k + 1)T) = e^{AT}x(kT) + \int\limits_{kT}^{(k+1)T} e^{A((k+1)T-\tau)}B\,u(\tau)d\tau \qquad (2.181)$$

Mit der Substitution $\theta = \tau - kT$ vereinfacht sich der Integralausdruck, und es ergibt sich

$$x((k + 1)T) = e^{AT}x(kT) + e^{AT}\int\limits_0^T e^{-A\theta}B\,u(kT + \theta)d\theta \quad . \qquad (2.182)$$

Um das Integral berechnen zu können, muss der zeitliche Verlauf von $u(t)$ bekannt sein. Es ist nahe liegend $u(t)$ während eines Abtastschrittes als konstant anzusetzen, was bei Abtastsystemen häufig der Fall ist. Diese Annahme entspricht einem Halteglied 0. Ordnung im Wirkungsweg von $\boldsymbol{u}$ und lässt sich formulieren als

$$\boldsymbol{u}(kT + \theta) = \boldsymbol{u}(kT) \qquad \text{für} \qquad 0 \le \theta < T \quad . \tag{2.183}$$

Damit kann das Integral berechnet werden, und es folgt aus Gl.(2.182)

$$\boldsymbol{x}((k+1)T) = e^{\boldsymbol{A}T}\boldsymbol{x}(kT) + e^{\boldsymbol{A}T}(\boldsymbol{I} - e^{-\boldsymbol{A}T})\boldsymbol{A}^{-1}\boldsymbol{B}\,\boldsymbol{u}(kT) \tag{2.184}$$

oder in der häufig verwendeten Schreibweise

$$\boldsymbol{x}_{k+1} = \boldsymbol{A}_D\boldsymbol{x}_k + \boldsymbol{B}_D\boldsymbol{u}_k \tag{2.185}$$

mit den von der Abtastzeit T abhängigen Matrizen der zeitdiskreten Zustandsraumdarstellung

$$\begin{aligned} \boldsymbol{A}_D &= e^{\boldsymbol{A}T} = \boldsymbol{\Phi} \\ \boldsymbol{B}_D &= (e^{\boldsymbol{A}T} - \boldsymbol{I})\boldsymbol{A}^{-1}\boldsymbol{B} = (\boldsymbol{\Phi} - \boldsymbol{I})\boldsymbol{A}^{-1}\boldsymbol{B} \quad . \end{aligned} \tag{2.186}$$

Die zeitdiskrete Form der Ausgangsgleichung lässt sich direkt aus der zeitkontinuierlichen Form ableiten zu

$$\boldsymbol{y}_k = \boldsymbol{C}_D\boldsymbol{x}_k + \boldsymbol{D}_D\boldsymbol{u}_k \quad , \tag{2.187}$$

wobei hier die Matrizen identisch sind mit denen der kontinuierlichen Beschreibung

$$\begin{aligned} \boldsymbol{C}_D &= \boldsymbol{C} \\ \boldsymbol{D}_D &= \boldsymbol{D} \quad . \end{aligned} \tag{2.188}$$

Die zeitdiskrete Zustandsraumdarstellung ermöglicht durch ihre einfache Form eine rekursive Berechnung der Zustandsgrößen und Ausgangsgrößen für einen vorgegebenen Verlauf der Eingangsgrößen.

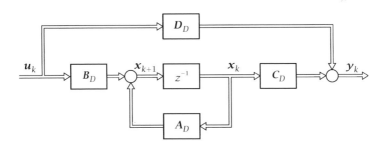

Abb. 2.15. Wirkungsplan einer zeitdiskreten Zustandsraumdarstellung

In Abb. 2.15 ist die zeitdiskrete Zustandsraumdarstellung als Wirkungsplan dargestellt. Anstelle der Integration tritt hier die Multiplikation mit der komplexen Variable z^{-1}, die eine Verschiebung des Zustandsvektors um einen Abtastschritt verursacht.

2.11 Darstellung dynamischer Systeme mit Matlab

In diesem Abschnitt wird ein kurzer Überblick über Möglichkeiten gegeben, dynamische Systeme mit den genannten Beschreibungsformen in MATLAB darzustellen, weiterzuverarbeiten und in ihren Eigenschaften zu analysieren. Hierzu wird die Control Systems Toolbox verwendet. Zur Darstellung des aktuellen Funktionsumfangs kann zunächst einmal `help control` am MAT-LAB-prompt eingegeben werden.

Definition von Übertragungssystemen

In der Toolbox werden dynamische Systeme als Objekte behandelt. Die identischen Eigenschaften, die durch einzelne Beschreibungsformen dargestellt werden, legen es nahe, dass eine Transformation ineinander unterstützt wird. Unter Verwendung des Befehls `tf` lässt sich ein Übertragungssystem als Objekt durch Angabe der Koeffizienten des Zähler- und Nennerpolynoms der Übertragungsfunktion anlegen:

```
G1=tf([b0 b1 ...],[a0 a1 ...]).
```

Alternativ ist auch zunächst die Definition der Laplace-Variable durch Eingabe von

```
s=tf('s')
```

möglich, wonach die Definition des Objekts dann auch in der Form

```
G2=(s+2)/(s^2+3*s+5)
```

erfolgen kann. Weiterhin kann ein Übertragungssystem über die Nullstellen (z. B. bei $s = 1$ und $s = 2$), die Pole (z. B. bei $s = 3$ und $s = 4$) und den Übertragungsbeiwert (z. B. 5) durch Verwendung des Befehls

```
G3=zpk([1 2],[3 4],5)
```

definiert werden. Ebenso ist die Eingabe in Zustandsraumdarstellung möglich, wobei die Matrizen A,B,C und D geeignet definiert sein müssen:

```
G4=ss(A,B,C,D)
```

Die Transformation in unterschiedliche Normalformen im Zustandsraum ist vorgesehen. Ebenso ist die Umrechnung einzelner Darstellungsformen ineinander, die Darstellung als Frequenzgangmodelle (numerisch, über der Frequenz) oder auch die Umwandlung in eine zeitdiskrete Darstellung (mit der Abtastzeit Ts) möglich:

```
G1d=c2d(G1,Ts)
```

Oftmals zu verwendende Befehle sind entsprechend:

- `tf`
- `ss`
- `zpk`
- `frd`
- `canon`
- `c2d`

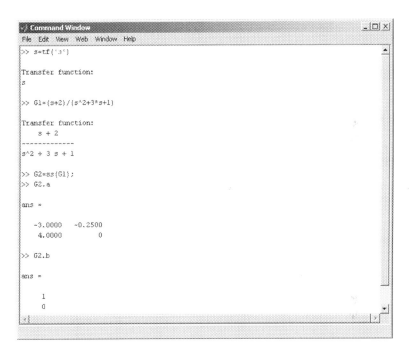

Abb. 2.16. Definitionsbeispiele dynamischer Systeme mit MATLAB

Rechnen mit Übertragungssystemen

Wie auch in Abschnitt Abschnitt 2.4 bereits dargestellt, kommt es aufgrund der vermaschten Struktur (speziell geregelter) technischer Systeme oftmals vor, dass z. B. die Übertragungsfunktion einer Reihen- oder Parallelschaltung betrachtet werden muss. Hierzu stehen in MATLAB die Befehle `serial`, `parallel` und `inv` bzw. die überlagerten Operatoren +, -,* und / zur Verfügung, die eine solche Zusammenfassung zuvor definierter Einzelsysteme durchführt. Durch die Funktion `minreal` wird eine ggf. mögliche Pol- Nullstellenkürzung durchgeführt. Speziell für die Berechnung einer Rückführstruktur kann der Befehl `feedback` verwendet werden. So berechnet sich beispielsweise die Übertragungsfunktion der Rückführstruktur mit der Reihenschaltung von G1 und G2 im Vorwärtszweig und einer Rückführung über G3 gemäß:

```
G=feedback(G1*G2,G3)
```

Neben den genannten überlagerten Operatoren sind u. a. die folgenden Befehle verfügbar:

- `serial`
- `parallel`
- `feedback`
- `inv`

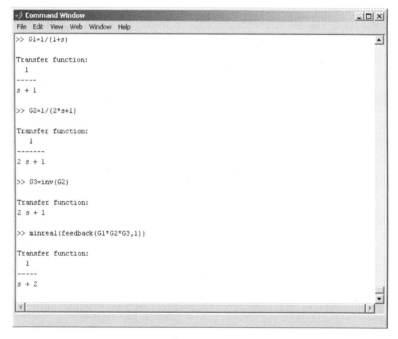

Abb. 2.17. Rechnen mit Übertragungsfunktionen mit MATLAB

Analyse dynamischer Eigenschaften

Eine wesentliche Aufgabe beim Umgang mit dynamischen Systemen besteht in der Analyse, Interpretation und Darstellung ihrer dynamischen Eigenschaften. Hierzu bietet MATLAB eine Fülle an Funktionen, die es beispielsweise erlauben, Antworten im Zeitbereich darzustellen. Hierzu gehören Gewichts-

und Übergangsfunktion und die Berechnung der Systemantwort auf ein belie-
biges Zeitsignal mit der Funktion `lsim`. Im Frequenzbereich ist es möglich,
Bodediagramme und Ortskurven zu zeichnen bzw. Frequengänge an bestimmten Frequenzen auszuwerten. Zur Analyse stehen beispielsweise die Pol-
Nullstellenverteilung, Angaben über Dämpfung, Bandbreite und stationäre
Übertragungsfaktoren zur Verfügung. Die genannten Darstellungen sind sowohl für einzelne Übertragungsssteme als auch entsprechende Verschaltungen
verfügbar. Verwendbare Befehle sind u. a.:

- `step`
- `impulse`
- `lsim`
- `bode`
- `nyquist`
- `pzmap`
- `dcgain`

Die einzelnen Funktionalitäten sind zur interaktiven Bedienung im LTI
Viewer zusammengefasst, der von der MATLAB-Kommandozeile aus gestartet
werden kann.

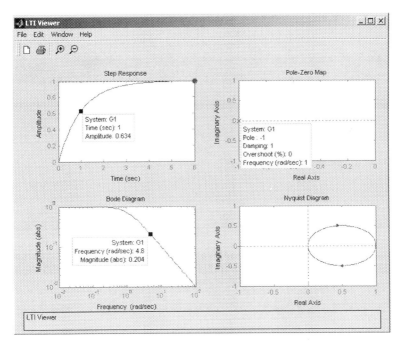

Abb. 2.18. LTI Viewer zur Darstellung dynamischer Systeme mit MATLAB

3

Physikalische Modellbildung

Um das Verhalten eines beliebigen Systems untersuchen oder gezielt beeinflussen zu können, ist es oftmals erforderlich, ein geeignetes Modell des Systems zur Verfügung zu stellen, anhand dessen das Verhalten des realen Systems analysiert und durch Simulation studiert werden kann. Ziel der Modellbildung ist es daher, eine geeignete mathematische Beschreibungsform zu finden, die benötigten Gleichungen zur Systembeschreibung aufzustellen und die Parameter des Systems (z. B. Massen, Kapazitäten, etc.) zu bestimmen. Vor dem Hintergrund der Vielfalt an zu beschreibenden Systemen und zugehörigen unterschiedlichen mathematischen Beschreibungen kann man Klassen von Modellen unterscheiden. Hierbei gibt es z. B.

- Statische Systeme
  Systeme, die keine inneren Zustände besitzen und deren Ausgangsgrößen nur von den Eingangsgrößen abhängen.
- Dynamische Systeme
  Systeme, deren Ausgangsgrößen unter anderem von den inneren Zuständen abhängen.
- Wertediskrete Systeme
  Systeme, deren Zustände nur Werte aus einer diskreten Menge annehmen, die endlich oder unendlich sein kann.
- Wertekontinuierliche Systeme
  Systeme, deren Zustände innerhalb der Grenzen des Wertebereichs jeden reellen Wert annehmen können.
- Zeitdiskrete Systeme
  Systeme, deren Größen nur an diskreten aequidistanten Stellen der Zeitachse betrachtet werden. Zwischen diesen Stellen sind Zustände und Ausgänge des Systems nicht definiert.
- Zeitkontinuierliche Systeme
  Systeme, für die Zustände und Ausgänge an jedem reellen Zeitpunkt definiert sind.

- Ereignisdiskrete Systeme
  Systeme, deren Größen nur an diskreten Stellen der Zeitachse Änderungen erfahren. Die Zeitpunkte werden durch das Auftreten von Ereignissen festgelegt. Einige Definitionen des Begriffs fordern zusätzlich, dass das System wertediskret ist.
- Systeme mit konzentrierten Parametern
  Dies sind Systeme, die sich durch gewöhnliche Differentialgleichungen beschreiben lassen, z. B. Systeme mit Punktmassen.
- Systeme mit verteilten Parametern
  Hiervon spricht man, wenn partielle Differentialgleichungen zur Systembeschreibung verwendet werden, z. B. bei räumlichen Wärmeleitungsproblemen.
- Lineare Systeme
  Dies sind Systeme, bei denen das Superpositions- und Homogenitätsprinzip gilt.
- Nichtlineare Systeme
  Systeme, bei denen die o.g. Prinzipien nicht gelten – hierbei sind sehr viele unterschiedliche Erscheinungsformen eingeschlossen.
- Zeitinvariante Systeme
  Systeme, deren Parameter und Eigenschaften nicht von der Zeit abhängen.
- Zeitvariante Systeme
  System, deren Parameter und Eigenschaften mit der Zeit veränderlich sind, z. B. bei technischen Prozessen Alterung, Drift.
- Deterministische Systeme
  System, dessen Verhalten ausgehend von den Anfangsbedingungen und Eingangssignalen eindeutig vorhersagbar ist.
- Nicht-deterministische Systeme
  Bei nicht deterministischen Systemen ist das Verhalten auch bei bekannten Anfangsbedingungen und Eingangssignalen nicht eindeutig vorhersagbar.
- ...

Anhand dieser (unvollständigen) Aufzählung erkennt man, wie vielfältig die Unterscheidungsmöglichkeiten sind, wobei bei der detaillierten Beschreibung von realen Prozessen und Systemen immer auch Mischformen einzelner Klassen auftreten können. Das liegt daran, dass Modellbildung immer bedeutet, ein reales System für einen bestimmten Zweck abzubilden. Man kann ein und dasselbe System für einen bestimmten Zweck ereignisdiskret modellieren und für einen anderen auf eine kontinuierliche Beschreibung mittels einer Differentialgleichung zur Wiedergabe der Dynamik zurückgreifen, für eine dritte Anwendung mag die Betrachtung des stationären Verhaltens genügen. In allen drei Beispielfällen ist das Modell aber nur eine grobe Näherung, mit der die für das Modellierungsziel relevanten Verhaltensweisen abgebildet werden.

Im Folgenden wird zunächst eine Beschränkung auf lineare zeitinvariante Systeme mit konzentrierten Parametern vorgenommen, weil diese Systemklasse aufgrund ihrer relativen Schlichtheit in der Regelungstechnik bevorzugt verwendet wird. Zumindest Systeme mit stetigen Nichtlinearitäten können durch Linearisierung in diese überführt werden.

Anschließend erfolgt eine Einführung in die Modellbildung von ereignisdiskreten Systemen. Ein Ausblick auf die Modellierung hybrider Systeme und der Abstraktion zu kontinuierlichen oder ereignisdiskreten Systemen schließt dieses Kapitel ab.

3.1 Kontinuierliche Modellbildung

Lineare zeitinvariante Systeme mit konzentrierten Parametern werden durch lineare, gewöhnliche Differentialgleichungen mit konstanten Koeffizienten beschrieben.

Wie bereits in Kapitel 2 dargestellt, stellt

$$y^{(n)} + \ldots + a_2\ddot{y} + a_1\dot{y} + a_0 y = b_0 u + b_1\dot{u} + \ldots + b_m u^{(m)}, \qquad (3.1)$$

die allgemeine Form für eine solche Differentialgleichung für ein Glied mit der Eingangsgröße u und der Ausgangsgröße y, wobei für kausale Systeme $m \leq n$ gilt.

Unter Verwendung der Laplace-Transformation (vgl. Kapitel 2.3) ist es möglich, die Übertragungsfunktion

$$G(s) = \frac{b_m s^m + \ldots + b_1 s + b_0}{s^n + \ldots + a_1 s + a_0} = \frac{Y(s)}{U(s)} \qquad (3.2)$$

anzugeben, die das Übertragungsverhalten für die laplacetransformierten Signale $Y(s)$ und $U(s)$ beschreibt.

Analog erhält man den Frequenzgang zu

$$G(j\omega) = \frac{b_m (j\omega)^m + \ldots + b_1 j\omega + b_0}{(j\omega)^n + \ldots + a_1 j\omega + a_0} = \frac{\underline{y}}{\underline{u}} \qquad (3.3)$$

als Ausschnitt der Übertragungsfunktion

$$G(j\omega) = G(s)|_{s=j\omega} \quad , \qquad (3.4)$$

der das Übertragungsverhalten für harmonische Signale in Betrag und Phase wiedergibt. Die Koeffizienten der jeweiligen Polynome entsprechen denen der Differentialgleichung (3.1).

Wie in Kapitel 2.10 beschrieben kann man das in Gl.(3.1) dargestellte System auch äquivalent im Zustandsraum darstellen als

$$\dot{\boldsymbol{x}} = \begin{bmatrix} 0 & 1 & 0 & \cdots & 0 \\ 0 & 0 & 1 & & 0 \\ \vdots & & & & \vdots \\ 0 & 0 & 0 & & 1 \\ -a_0 & -a_1 & -a_2 & \cdots & -a_{n-1} \end{bmatrix} \cdot \boldsymbol{x} + \begin{bmatrix} 0 \\ 0 \\ \vdots \\ 0 \\ 1 \end{bmatrix} \cdot u \qquad (3.5)$$

$$y = [\, b_0 - b_n a_0 \;\; b_1 - b_n a_1 \;\; \cdots \;\; b_{n-1} - b_n a_{n-1} \,] \cdot \boldsymbol{x} + b_n u$$

wobei die Koeffizienten der Matrizen ebenfalls den Koeffizienten der Differentialgleichung entsprechen. Für den Fall $m < n$ sind die Koeffizienten b_{m+1} bis b_n zu null zu setzen. Das Ein- Ausgangsverhalten des Systems wird äquivalent dargestellt.

Aus der Systembeschreibung als Differentialgleichung lassen sich also die in der Regelungstechnik häufig verwendeten Beschreibungsformen leicht gewinnen. Im Folgenden wird erläutert, wie Systembeschreibungen in Form von Differentialgleichungen aus den aus der Physik und anderen Disziplinen bekannten Grundgleichungen aufgestellt werden können.

Alternativ zu dieser analytischen Modellbildung ist es auch möglich, Modelle durch eine Identifikation zu gewinnen; hierauf wird in Kapitel 4 eingegangen.

3.1.1 Aufstellen von Differentialgleichungen

Bei den allermeisten signalübertragenden Anordnungen müssen die Auswirkungen von Speichern für Materie oder Energie berücksichtigt werden. Beim Aufstellen von Differentialgleichungen für komplexe Zusammenhänge empfiehlt sich oftmals ein modulares Vorgehen, etwa

1. Speicher identifizieren und durch geeignete Grundgleichungen beschreiben (Teilsysteme bilden),
2. Verbindungen identifizieren und beschreiben (Zusammenwirken der Teilsysteme beschreiben),
3. Teilsysteme mit Hilfe der Verbindungen zusammenfassen und überflüssige Variable eliminieren.

Bei dem Aufstellen von Zustandsraummodellen werden im Allgemeinen die die Speicher beschreibenden Größen als Zustandsgrößen gewählt und gemäß dem oben angegebenen Vorgehen mit Grundgleichungen von niedriger Ordnung beschrieben. Diese Grundgleichungen können wiederum als ein System von Gleichungen erster Ordnung dargestellt werden und bilden damit Blöcke im Zustandsraummodell. Mit Hilfe der Verbindungsgleichungen werden dann die Kopplungen der Zustände ausgedrückt.

Dieses Vorgehen soll am Beispiel eines in Abb. 3.1 abgebildeten ebenen inversen Pendels, das mit einem Schlitten angetrieben werden kann, dargestellt werden.

Gemäß der oben genannten Vorgehensweise werden zunächst die beiden Elemente (Schlitten und Pendelstab) freigeschnitten; sie stellen die Speicher für kinetische bzw. potentielle Energie dar.

Für den Schlitten gilt nach Newton mit dem Reibungskoeffizient B_t

$$M_s \ddot{X}_1 + B_t \dot{X}_1 = F - F_x \quad . \tag{3.6}$$

Weitere Bewegungsgleichungen sind zur Beschreibung des Schlittens nicht erforderlich, da sein Freiheitsgrad eins beträgt.

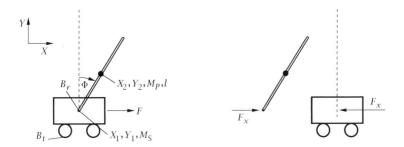

Abb. 3.1. Einzelpendel, freigeschnitten

Für die Schwerpunktbewegung des Pendelstabs in X-Richtung gilt

$$M_p \ddot{X}_2 = F_x \quad , \tag{3.7}$$

die Kopplung der beiden Systeme ist durch die Kinematik gegeben

$$X_2 = X_1 + \frac{l}{2} \sin(\Phi) \quad . \tag{3.8}$$

Zweimaliges Ableiten von Gl.(3.8) nach der Zeit und Einsetzen in Gl.(3.7) führt zu

$$F_x = M_p \left(\ddot{X}_1 - \frac{l}{2} \sin(\Phi)\dot{\Phi}^2 + \frac{l}{2} \cos(\Phi)\ddot{\Phi} \right) \tag{3.9}$$

und mit Gl.(3.6) folgt

$$(M_s + M_p)\ddot{X}_1 + B_t \dot{X}_1 + \frac{M_p l}{2} \left(\ddot{\Phi} \cos(\Phi) - \dot{\Phi}^2 \sin(\Phi) \right) = F \tag{3.10}$$

als erste Differentialgleichung, die das System beschreibt. Der Drallsatz für den Pendelstab liefert die Momentenbilanz, mit dem Reibbeiwert B_r gilt

$$J\ddot{\Phi} + B_r \dot{\Phi} = \frac{l}{2} M_p g \sin(\Phi) - \frac{l}{2} M_p \ddot{X}_1 \cos(\Phi) \quad . \tag{3.11}$$

Der letzte Summand in Gl.(3.11) stellt bereits die Kopplung von Schlitten und Pendelstab dar, da die Beschleunigung des Drehpunktes berücksichtigt werden muss. Mit dem Trägheitsmoment

$$J = \frac{1}{3} M_p l^2 \tag{3.12}$$

folgt

$$\frac{2}{3} l \ddot{\Phi} + \frac{2B_r}{M_p l} \dot{\Phi} = g \sin(\Phi) - \ddot{X}_1 \cos(\Phi) \tag{3.13}$$

als zweite Differentialgleichung zur Systembeschreibung. Bei näherer Betrachtung von Gl.(3.10) und Gl.(3.13) wird ersichtlich, dass das Pendel eine nichtlineare Charakteristik aufweist.

Für die weitere Betrachtung mit dem Ziel der Systemdarstellung als System linearer Differentialgleichungen ist es zweckmäßig, das Pendel in seiner aufrechten Position zu linearisieren. Für diesen Arbeitspunkt gilt dann (zur Darstellung des Kleinsignalverhaltens werden Formelzeichen in Kleinbuchstaben für die Abweichungen von den Arbeitspunktwerten verwendet)

$$(M_s + M_p)\ddot{x}_1 + B_t\dot{x}_1 + \frac{M_p l}{2}\ddot{\varphi} = f \tag{3.14}$$

$$\frac{2}{3}l\ddot{\varphi} + \frac{2B_r}{M_p l}\dot{\varphi} + \ddot{x}_1 - g\varphi = 0 \quad . \tag{3.15}$$

Die beiden gekoppelten Differentialgleichungen zweiter Ordnung können als ein System von vier Differentialgleichungen erster Ordnung dargestellt werden, indem z. B. Gl.(3.15) nach $\ddot{x}_1$ aufgelöst und in Gl.(3.14) eingesetzt wird. Mit Wahl des Zustandsvektors

$$\mathbf{x} = \begin{bmatrix} x_1\ \varphi\ \dot{x}_1\ \dot{\varphi} \end{bmatrix}^T \tag{3.16}$$

ergibt sich die Darstellung im Zustandsraum zu

$$\begin{bmatrix} \dot{x}_1 \\ \dot{\varphi} \\ \ddot{x}_1 \\ \ddot{\varphi} \end{bmatrix} = \begin{bmatrix} 0 & 0 & 1 & 0 \\ 0 & 0 & 0 & 1 \\ 0 & -\frac{3gM_p}{4M_s+M_p} & -\frac{4B_t}{M_p+4M_s} & -\frac{6B_r}{l(M_s+4M_s)} \\ 0 & \frac{6g(M_s+M_p)}{l(4M_s+M_p)} & \frac{6B_t}{l(M_p+4M_s)} & \frac{12B_r(M_s+M_p)}{M_p l^2(M_p+4M_s)} \end{bmatrix} \begin{bmatrix} x_1 \\ \varphi \\ \dot{x}_1 \\ \dot{\varphi} \end{bmatrix}$$

$$+ \begin{bmatrix} 0 \\ 0 \\ \frac{4}{4M_s+M_p} \\ \frac{-6}{l(4M_s+M_p)} \end{bmatrix} f \tag{3.17}$$

mit der Messgleichung

$$\mathbf{y} = \begin{bmatrix} x_1 \\ \varphi \end{bmatrix} = \begin{bmatrix} 1 & 0 & 0 & 0 \\ 0 & 1 & 0 & 0 \end{bmatrix}\mathbf{x} \quad , \tag{3.18}$$

wenn man beispielsweise Schlittenposition und Pendelwinkel als Ausgangsgrößen betrachten möchte.

Die numerischen Eigenwerte der Systemmatrix $\mathbf{A}$ ergeben sich exemplarisch für die Parameter $M_s = 30\text{kg}$, $M_p = 0,91\text{kg}$, und $l = 0,38\text{m}$ sowie Reibwerten von $B_t = 35\ \text{Nsm}^{-1}$ und $b_2 = 0,002\ \text{Nmsrad}^{-1}$ zu

$$\lambda_1 = 0$$
$$\lambda_2 = 6,31$$
$$\lambda_3 = -6,28$$
$$\lambda_4 = -1,13 \quad , \tag{3.19}$$

woraus aufgrund eines positiven Eigenwertes die Instabilität der oberen Gleichgewichtslage ersichtlich ist (vgl. Abschnitt 2.2). Bekannterweise kehrt das Pendel bei einer geringen Auslenkung aus der oberen Ruhelage auch nicht in diese
zurück.

An dieser Stelle soll auch noch das inverse Doppelpendel vorgestellt werden, das für die Betrachtungen in Kapitel 5 als zu regelndes System Verwendung findet.

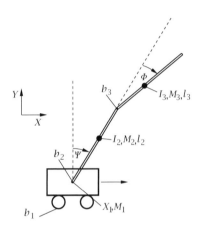

Abb. 3.2. Doppelpendel

Ohne weitere Herleitung werden seine Gleichungen, die man durch Frei-
schneiden oder durch Anwendung der Lagrangeschen Formalismen erhalten
kann, angegeben zu

$$\mathbf{H}(\mathbf{q})\ddot{\mathbf{q}} + \mathbf{h}(\mathbf{q}, \dot{\mathbf{q}}) = \mathbf{Q} \qquad (3.20)$$

in den verallgemeinerten Koordinaten

$$\mathbf{q} = \begin{bmatrix} X_1 \; \Psi \; \Phi \end{bmatrix}^T \quad , \qquad (3.21)$$

die die Freiheitsgrade des Systems darstellen. Der Term $\mathbf{H}(\mathbf{q})\ddot{\mathbf{q}}$ repräsentiert
die Trägheitskräfte des Systems; daher wird die Matrix $\mathbf{H}$ auch als Trägheits-
tensor bezeichnet. Sie ist symmetrisch und beinhaltet die Elemente

$$H_{1,1} = M_1 + M_2 + M_3 \qquad (3.22)$$

$$H_{1,2} = M_2 l_2 c_{\Phi - \Psi} + M_3 \left(l_3 c_\Phi + a_2 c_{\Phi - \Psi} \right) \qquad (3.23)$$

$$H_{1,3} = M_3 l_3 c_\Phi \qquad (3.24)$$

$$H_{2,2} = M_2 l_2^2 + I_2 + M_3 \left(l_3^2 + a_2^2 + 2 a_2 l_3 c_\Psi \right) + I_3 \qquad (3.25)$$

$$H_{2,3} = M_3 \left(l_3^2 + a_2 l_3 c_\Psi \right) + I_3 \qquad (3.26)$$

$$H_{3,3} = M_3 l_3^2 + I_3 \qquad (3.27)$$

mit den Abkürzungen $s_{\Phi+\Psi} = \sin(\Phi+\Psi)$ und $c_{\Phi+\Psi} = \cos(\Phi+\Psi)$, I_i bezeichnen die Trägheitsmomente der Stäbe, l_i die Schwerpunktabstände und a_i die Stablängen. Im Term $\mathbf{h}(\mathbf{q}, \dot{\mathbf{q}})$ sind die Zentrifugal-, Coriolis- und Gewichtskräfte zusammengefasst, es gilt

$$h_1 = -(M_2 l_2 s_{\Phi-\Psi} + M_3(l_3 s_\Phi + a_2 s_{\Phi-\Psi})) \left(\dot{\Phi} - \dot{\Psi}\right)^2$$
$$- 2M_3 l_3 s_\Phi \left(\dot{\Phi} - \dot{\Psi}\right) \dot{\Psi} - M_3 l_3 s_\Phi \dot{\Psi}^2 \qquad (3.28)$$

$$h_2 = -2M_3 a_2 l_3 s_\Psi \left(\dot{\Phi} - \dot{\Psi}\right) \dot{\Psi} - M_3 a_2 l_3 s_\Psi \dot{\Psi}^2 - M_2 g l_2 s_{\Phi-\Psi}$$
$$- M_3 g(l_3 s_\Phi + a_2 s_{\Psi-\Psi}) \qquad (3.29)$$

$$h_3 = M_3 a_2 l_3 s_\Psi \left(\dot{\Phi} - \dot{\Psi}\right)^2 - M_3 g l_3 s_\Phi \quad , \qquad (3.30)$$

und der Vektor $\mathbf{Q}$ beinhaltet die äußere Kraft u_A sowie die geschwindigkeitsproportionale Reibung b_i in den Gelenken mit

$$Q_1 = u_A - b_1 \dot{X}_1 \qquad (3.31)$$

$$Q_2 = -b_2 \left(\dot{\Phi} - \dot{\Psi}\right) \qquad (3.32)$$

$$Q_3 = -b_3 \dot{\Psi} \quad . \qquad (3.33)$$

Strukturell ist erkennbar, dass Gl.(3.20) ein nichtlineares dynamisches System der Ordnung 6 darstellt. Zur Linearisierung wird erneut die inverse Gleichgewichtslage betrachtet, indem

$$\mathbf{q} = \dot{\mathbf{q}} = 0 \qquad (3.34)$$

gewählt wird. Durch Definition des Zustandsvektors zu

$$\mathbf{x} = \begin{bmatrix} x_1 & \varphi & \psi & \dot{x}_1 & \dot{\varphi} & \dot{\psi} \end{bmatrix}^T \qquad (3.35)$$

lässt sich das System beschreiben als

$$\dot{\mathbf{x}} = \mathbf{A}\mathbf{x} + \mathbf{b}u \qquad (3.36)$$

$$\mathbf{y} = \mathbf{C}\mathbf{x} \quad . \qquad (3.37)$$

Bestimmt man mit einem positionsgeregelten Schlitten für die gewählten Parameter von $M_2 = 1,2$ kg, $M_3 = 0,63$ kg, $l_2 = 0,326$ m, $l_3 = 0,196$ m, $a_2 = 0,53$ m, $I_2 = 0,0604$ kgm^2, $I_3 = 0,0163$ kgm^2, $b_2 = 0,0233$ Nms und $b_3 = 0,0161$ Nms die jeweiligen Koeffizienten, erhält man für die Matrizen

$$\mathbf{A} = \begin{bmatrix} 0 & 0 & 0 & 1 & 0 & 0 \\ 0 & 0 & 0 & 0 & 1 & 0 \\ 0 & 0 & 0 & 0 & 0 & 1 \\ 0 & 0 & 0 & 0 & 0 & 0 \\ 0 & 27,4482 & -7,5528 & 0 & -0,2524 & 0,1625 \\ 0 & -44,3515 & 42,1121 & 0 & 0,8054 & -0,6601 \end{bmatrix} \qquad (3.38)$$

$$\mathbf{b} = \begin{bmatrix} 0 \\ 0 \\ 0 \\ 1 \\ -2,0281 \\ 0,2283 \end{bmatrix} \tag{3.39}$$

$$\mathbf{C} = \begin{bmatrix} 1\ 0\ 0\ 0\ 0\ 0 \\ 0\ 1\ 0\ 0\ 0\ 0 \\ 0\ 0\ 1\ 0\ 0\ 0 \end{bmatrix} \quad . \tag{3.40}$$

Die Systemmatrix $\mathbf{A}$ hat folgende Eigenwerte:

$$\begin{aligned}
\lambda_1 &= 0 \\
\lambda_2 &= 0 \\
\lambda_3 &= -3,9028 \\
\lambda_4 &= 3,8594 \\
\lambda_5 &= 6,9605 \\
\lambda_6 &= -7,8296 \quad ,
\end{aligned} \tag{3.41}$$

die auch in diesem Fall auf die Instabilität der oberen Gleichgewichtslage schließen lassen.

Diese Darstellung wird in Kapitel 5 zur Auslegung eines Reglers, der das System in der Gleichgewichtslage (3.34) stabilisieren soll, verwendet.

Anhand dieses Beispiels wird ersichtlich, dass die Beschreibung speziell nichtlinearer Systeme mit Differentialgleichungen relativ aufwändig ist. Eine zweckmäßige Vorgehensweise, die oftmals zu einfachen und übersichtlicheren Beschreibungen führt, ist die Darstellung als Wirkungsplan, in dem häufig eine linearisierte Beschreibung in der Nähe eines Arbeitspunktes durchgeführt wird.

3.1.2 Wirkungsplan

Der Wirkungsplan ist eine schematische Darstellung der Wirkungszusammenhänge innerhalb eines Systems und eignet sich, um die Abhängigkeiten der einzelnen dynamischen Elemente darzustellen. Hierfür werden klare Definitionen und feste Regeln und Bezeichnungen, die in der DIN 19226 festgelegt sind, verwendet. Er beschreibt wirkungsmäßige Zusammenhänge zwischen Größen.

Die Werte der jeweils interessierenden physikalischen Größen werden häufig auch als Signale bezeichnet. Der Wirkungsplan beschreibt daher die in den zugehörigen Geräten, Anlagen usw. stattfindende Signalübertragung. Durch diese Beschränkung auf Fragen der Signalübertragung ist die Regelungstechnik unabhängig von speziellen Eigenschaften des jeweiligen technischen Problems.

Die Elemente des Wirkungsplans stellen gerichtete Operationen zur Veränderung und Verknüpfung von Signalen dar. Diese Operationen und damit auch die Elemente, die sie veranschaulichen, werden als rückwirkungsfrei angesehen. Rückwirkungsfreiheit bedeutet hier, dass Änderungen der Ausgangsgröße eines Elementes keinen Einfluss auf die zugehörige Eingangsgröße haben.

Im Wirkungsplan wird die Übertragung von Signalen durch einfache Linien mit Angaben der Wirkungsrichtung, die Verzweigung von Signalen mit der Verzweigungsstelle, auch Verzweigungspunkt genannt, und die Addition von Signalen unter Beachtung von Vorzeichen durch die Additionsstelle, auch Summenpunkt genannt, dargestellt. Die Übertragung und Verknüpfung von Signalen wird durch Rechtecke, Blöcke genannt, wiedergegeben. Durch zusätzliche Angaben in oder an den Blöcken kann die Übertragung oder Verknüpfung näher bezeichnet werden. Eine Zusammenstellung der Elemente des Wirkungsplans gibt Tabelle 3.1.

Das positive Vorzeichen an Summenpunkten darf i. Allg. fortgelassen werden. In Blöcke wird häufig eine Zeichnung mit der qualitativen Darstellung des Zusammenhangs zwischen Eingangs- und Ausgangsgröße eingetragen. Dies kann eine Kennlinie sein (z. B. $y = K \cdot u^2$ in Tabelle 3.1) oder der zeitliche Verlauf der Ausgangsgröße nach einem Sprung der Eingangsgröße (z. B. für $y = K \cdot u$ und $T \cdot \dot{y} + y = K \cdot u$ in Tabelle 3.1).

Der Wirkungsplan ist eine der wichtigsten Darstellungsformen regelungstechnischer Aufgaben und Lösungen. Nur korrekte und zuverlässige Wirkungspläne führen zu technisch brauchbaren Lösungen. Beim Aufstellen komplizierterer Wirkungspläne ist dringend zu empfehlen, entgegen der Wirkungsrichtung der Größen vorzugehen, d. h. ausgehend von einer Größe nach deren Ursachen zu fragen und diese Antworten festzuhalten. Dadurch kann man leichter sicherstellen, dass alle auf eine Größe wirkenden Einflüsse erfasst werden.

Die Darstellungsform Wirkungsplan verkörpert die grundsätzliche Betrachtungsweise und auch das wesentliche Ziel des Faches Regelungstechnik, nämlich Hilfsmittel bereitzustellen, um dynamische technische Systeme mit komplexer Struktur analysieren, zielgerichtet beeinflussen und auch an deren Gestaltung mitzuwirken zu können. Solche komplexen Strukturen entstehen z. B. in Systemen mit mehreren, auf einander einwirkenden Einflussgrößen oder auch durch interne Rückwirkungen, die oft – aber nicht ausschließlich – auf Regelkreise zurückgehen. Zu Gunsten einer allgemein, d. h. in allen Fachdisziplinen anwendbaren Methodik setzen die entsprechenden Analyse- und Entwurfsverfahren der Regelungstechnik auf einer mathematischen Beschreibung der betrachteten realen Prozesse auf, die von deren spezieller technischer Ausprägung abstrahiert und eine (theoretische und/oder experimentelle) Modellbildung voraussetzt.

Der Wirkungsplan unterstützt die Modellbildung komplexer Systeme, indem eine Zerlegung in Teilsysteme vorgenommen und das daraus resultierende Wirkungsgefüge transparent gemacht wird. Zum Aufstellen von

Bezeichnung	Symbol	Funktion
Wirkungslinie Signalübertragung	$u \longrightarrow y$	$y = u$
Verzweigungsstelle Verzweigungspunkt	$u \longrightarrow y_1$, y_2	$y_1 = u$ $y_2 = u$
Additionsstelle Summenpunkt	$u_1 \to \bigcirc \to y$, u_2	$y = u_1 - u_2$
Umkehrpunkt	$u \to \bigcirc \to y$	$y = -u$
Übertragungsblock	$u \to \square \to y$	$y = f(u)$
	$u_1, u_2, u_3 \to \square \to y$	$y = f(u_1, u_2, u_3)$
	$u \to \square \to y$	$y = K \cdot u^2$
	$u \to \square \to y$	$y = K \cdot u$
	$u \to \square \to y$	$T \cdot \dot{y} + y = K \cdot u$

Tab. 3.1. Elemente des Wirkungsplans

Wirkungsplänen, und zwar im Sinne einer damit empfohlenen top-down-Vorgehensweise, kann der folgende Leitfaden aufgestellt werden:

1. Klärung der Eingangs- und Ausgangsgrößen
   Diese ergeben sich aus der Aufgabenstellung des zu modellierenden technischen Systems. So gilt, dass eine (ungeregelte) Regelstrecke als Eingangsgrößen die Stell- und Störgrößen und als Ausgangsgrößen die Regelgrößen besitzt. Ein als Wirkungsplan abzubildender Regler wird als Eingangsgrößen jedoch die Regel- und Führungsgrößen und als Ausgangsgrößen die Stellgrößen aufweisen. Schließlich kennt ein geregeltes System (der geschlossene Regelkreis) als Eingangsgrößen die Stör- und Führungsgrößen und als Ausgangsgrößen die Regelgrößen.

2. Zerlegung in Teilsysteme
   Bei der Zerlegung eines Gesamtsystems in Teilsysteme wird nach unmittelbaren Ursache-/Wirkungszusammenhängen gesucht, wobei die zuvor empfohlene Methode Anwendung findet, ausgehend von den Ausgangsgrößen des Gesamtsystems (und damit denen des Wirkungsplans) sukzessive rückwärts vorzugehen, bis schließlich nur noch die in Schritt 1 festgelegten Eingangsgrößen als solche auftreten. Das Ziel besteht darin, ein erstes Wirkungsgefüge von Teilsystemen aufzustellen, aus denen ein Überblick über Struktur, Dynamik und Vorzeichen der Wirkzusammenhänge hervorgeht. Dabei sei angemerkt, dass die im Wirkungsplan vorzusehenden Vorzeichen zur Vermeidung von Doppeldeutigkeiten stets am Summenpunkt, und zwar in Pfeilrichtung rechts vom Pfeil anzutragen sind (nach DIN 19226).

3. Übertragungsverhalten der Teilsysteme
   Für viele der in Schritt 2 definierten Teilsysteme wird das im Wirkungsplan abzubildende dynamische Übertragungsverhalten unmittelbar aus der technischen Ausführung des zu modellierenden technischen Systems zu entnehmen sein. Bei den übrigen, weniger trivialen Teilsystemen hilft die Aufstellung der das Übertragungsverhalten beschreibenden Differentialgleichungen weiter, die aus den formalen Beschreibungen der betreffenden Fachdisziplinen hervorgehen (z. B. Energieerhaltungssätze, Gleichgewichtsbeziehungen von Kräften und Drehmomenten, Bewegungsgleichungen, Wärmeübergang und -speicherung, elektrische Netzwerke, Strömungsvorgänge, chemische Reaktionen, etc.).

Als kurzes Beispiel wird erneut das Einzelpendel in seiner oberen Gleichgewichtslage betrachtet. Zunächst werden nach obiger Vorgehensweise die Eingangs- und Ausgangsgrößen definiert; als Ausgangsgrößen mögen die Position x_1 des Schlittens und der Pendelwinkel φ als Abweichungen von der oberen Gleichgewichtslage dienen, als Eingangsgröße wird die vom Antrieb auf den Schlitten ausgeübte Kraft f gewählt.

Die Zerlegung des Systems in Teilsysteme führt – wie bereits bei der Aufstellung der nichtlinearen Differentialgleichungen – zu der Beschreibung von

Schlitten und Pendel. Diese wird jedoch aufgrund der Beschreibung des Systems in der Nähe des Arbeitspunkts durch implizit linearisierte Gleichungen durchgeführt, wobei der Schwerpunkt auf der Bestimmung von Ursachen und Wirkungen liegt.

Das Übertragungsverhalten wird erneut durch mechanische Grundgleichungen beschrieben, wobei nach den Ursachen für die Bewegungen von x_1 und φ gefragt werden muss. Die Position des Schlittens ergibt sich durch zweifache Integration aus seiner Beschleunigung; diese wird von den auf den Schlitten einwirkenden Kräften verursacht. Als näherungsweise Beschreibung gilt mit Abb. 3.1

$$M_1\ddot{x}_1 = \sum_i f_i = f - f_x - B_t\dot{x}_1 \quad . \tag{3.42}$$

Für den Arbeitspunkt ergibt sich hierbei durch Betrachtung von Gl.(3.9)

$$f_x = M_p\ddot{x}_1 + \frac{1}{2}M_pl\ddot{\varphi} \quad . \tag{3.43}$$

Für die Drehbewegung des Pendelwinkels findet man analog angreifende Momente als Ursachen, es gilt

$$J\ddot{\varphi} = \sum_i m_i = \frac{1}{2}lM_pg\varphi - \frac{1}{2}lM_p\ddot{x}_1 - B_r\dot{\varphi} \quad . \tag{3.44}$$

Die Ausgangsgrößen werden also durch zweifache Integration aus den Beschleunigungen gewonnen. Die zugehörigen Gleichungen sind an den Summenpunkten ablesbar; als Eingangsgröße für das System bleibt die Kraft f, die auf den Schlitten wirkt, übrig.

3.1.3 Modularisierte Umsetzung in Simulink

SIMULINK erlaubt als grafische Programmierumgebung die wirkungsplanorientierte Programmierung von Simulationen dynamischer Systeme mit MATLAB. Hierzu ist es möglich, aus unterschiedlichen Bibliotheken eine Reihe von vordefinierten und parametrierbaren signalübertragenden Blöcken auszuwählen und über die jeweiligen Ein- und Ausgangssignale zu verbinden. Hierbei beginnt ein Signal an einer Signalquelle, kann verzweigt und durch mehrere Blöcke hindurch übertragen werden und endet in einer Signalsenke. Es können auch eigene Blöcke erstellt und in eigenen Bibliotheken gesammelt werden.

Häufig verwendete Standard-Bibliotheken enthalten u.a. folgende Blöcke:

- Continuous
  Übertragungsfunktion, Differenzierer, Integrierer, Zustandsraummodell, ...
- Discontinuous
  Tote Zone, Begrenzer, Quantisierer, Hysterese, ...

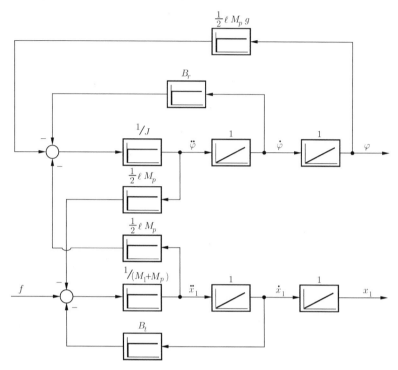

Abb. 3.3. Wirkungsplan des Einzelpendels

- Discrete
  Zeitdiskrete Übertragungsfunktion, zeitdiskreter Integrierer, Halteglied, ...
- Math Operations
  Verstärkung, Produkt, Summe, trigonometrische Funktionen, ...
- Sinks
  Anzeige, Oszilloskop, Speicher, ...
- Sources
  Sprung, Signalgenerator, Rampe, Zufallszahl, ...

Neben den originär zu SIMULINK gehörenden Bibliotheken gibt es noch eine Reihe von Erweiterungen, sog. *blocksets*, die zusätzliche anwendungsspezifische Blöcke zur Verfügung stellen, die z. B. die Funktionalität von Toolboxen in SIMULINK integrieren.

Jeder Block besteht aus einem oder mehreren Eingängen u, inneren Zuständen x und einem oder mehreren Ausgängen y.

Der Ausgang eines Blocks wird als Funktion von Eingang, Zuständen und der Zeit dargestellt. Die Zustände beinhalten hierbei möglicherweise die „Vergangenheit" des Blocks, also z. B. vergangene Eingangssignale. Zustände werden daher benötigt, um innerhalb eines Blocks Dynamik abzubilden; Blöcke ohne Zustände und damit ohne Dynamik sind z. B. Summen- oder Produkt-

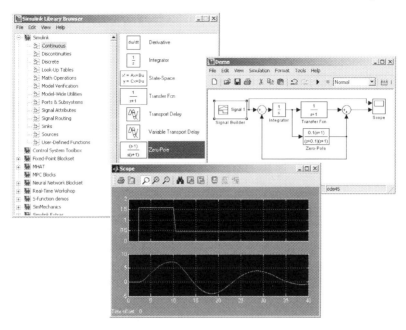

Abb. 3.4. Wirkungsplanähnliche Darstellung in SIMULINK

Abb. 3.5. Allgemeiner Block in SIMULINK

blöcke, da ihr Ausgangssignal unmittelbar aus den anliegenden Eingangssignalen verzugsfrei errechnet werden kann.

In Anlehnung an die Zustandsraumdarstellung eines allgemeinen kontinuierlichen dynamischen Systems

$$\dot{\mathbf{x}} = \mathbf{f}(\mathbf{x}, \mathbf{u})$$
$$\mathbf{y} = \mathbf{g}(\mathbf{x}, \mathbf{u}) \tag{3.45}$$

bzw. in der zeitdiskreten Darstellung

$$\mathbf{x}_{k+1} = \mathbf{f}(\mathbf{x}_k, \mathbf{u}_k)$$
$$\mathbf{y}_k = \mathbf{g}(\mathbf{x}_k, \mathbf{u}_k) \tag{3.46}$$

wird der Block über die Implementierung von Systemfunktionen zur Berechnung von

- Ausgänge $\mathbf{y}$
- Zustandsableitungen $\dot{\mathbf{x}}$ bzw.
- neuen diskreten Zustände $\mathbf{x}_{k+1}$

in seinem Verhalten bestimmt.

Die Aufrufe der jeweiligen Gleichungen werden von dem SIMULINK-Solver koordiniert; hierdurch wird das dynamische System über der Zeit integriert. Hier hat der Benutzer eine Eingriffsmöglichkeit in der Auswahl des verwendeten Lösers (Einschritt- oder Mehrschrittverfahren mit fester oder variabler Schrittweite) und Vorgabe von ggf. Schrittweitengrenzen bzw. zulässigen Fehlern (relative und absolute Toleranzen). Hierauf wird in Kapitel 6 näher eingegangen. Neben der Simulation von kontinuierlichen Systemen lassen sich auch zeitdiskrete und gemischt kontinuierliche und zeitdiskrete Systeme modellieren und simulieren.

Um eine übersichtliche Modellstruktur durch eine Hierarchiebildung erzielen zu können, können einzelne Blöcke und sie verbindende Signale zu sog. *subsystems* zusammengefasst werden. Neben dem Vorteil, dass sich die Anzahl der im Simulationsfenster dargestellten Funktionsblöcke reduziert, können funktionell verwandte Blöcke sinnvoll zu Teilsystemen zusammengefasst werden. Diese Teilsysteme sind maskierbar, d. h. die in dem Teilsystem vorhandenen Parameter können über eine Maske eingegeben werden. Simulationsmodelle können somit in hierarchischen Strukturen mit beliebig tief verschachtelten Ebenen entworfen werden.

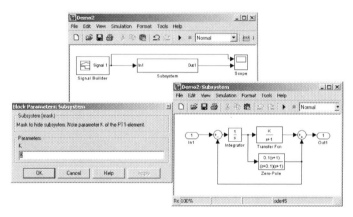

Abb. 3.6. Maskiertes Subsystem in SIMULINK

Für eine tiefergehende Beschreibung und technische Details zum Arbeiten mit SIMULINK sei an dieser Stelle auf die SIMULINK-Dokumentation und [53] verwiesen.

Auf ein paar für die praktische Arbeit hilfreiche Methodiken soll aber noch kurz hingewiesen werden.

- Interaktion mit MATLAB
Die Interaktionsmöglichkeiten von MATLAB und SIMULINK sind vielfältig.
Sie beziehen sich zum einen auf den direkten Datenaustausch für die Simulation und zum anderen auf verwendete Funktionen. Datenaustausch bezieht sich hierbei einerseits auf die Parametrierung von SIMULINK-Blöcken
durch Variablen, die im Matlab-Workspace definiert sind und andererseits
auf die Möglichkeit, Eingangsdaten für eine SIMULINK-Simulation aus dem
MATLAB-Workspace einzulesen bzw. Simulationsergebnisse in den MAT-
LAB-Workspace zu schreiben, so dass sie anschliessend dort weiterverarbeitet werden können (Signalanalyse, grafische Darstellung etc.). Neben den
in den SIMULINK-Bibliotheken definierten und parametrierbaren Blöcken
gibt es noch zwei Möglichkeiten, den Funktionsumfang von SIMULINK zu
erweitern. Ein einfacher Weg besteht in dem direkten Aufruf von MAT-
LAB-Funktionen mit Argumenten, die aus SIMULINK-Signalen bestehen;
hierüber kann der MATLAB-Funktionsumfang eingebunden werden. Der
noch flexiblere Weg besteht in der Möglichkeit, eigene beliebige, ggf. dynamische Systeme definieren zu können, die dann von dem SIMULINK-Solver
– wie das restliche dargestellte System auch – integriert wird. Diese Funktionen werden als S-Funktionen bezeichnet.
- Schreiben von S-Funktionen
Ausgehend von der allgemeinen Beschreibung eines dynamischen Systems
nach Gl.(3.45) oder Gl.(3.46), bzw. in Kombination beider Darstellungen auch einer hybrid kontinuierlich-zeitdiskreten Darstellung wird für S-
Funktionen ein Gerüst mit geeigneten Funktionsrümpfen zur Verfügung
gestellt, das die Interaktion mit dem SIMULINK-Solver abwickelt. Hierdurch ist es möglich, Funktionen in das SIMULINK-Modell zu integrieren,
die z. B. aufgrund ihrer algorithmischen Struktur für eine grafische Implementierung schlecht geeignet sind. Die Funktionen können über einen
eigenen Speicherbereich verfügen, z. B. in Form des Zustandsvektors **x**.
Durch die Möglichkeit, diese Funktionen in C, C++, Fortran, als M-file
oder in ADA zu implementieren, können einerseits Geschwindigkeitsvor-
teile entstehen, andererseits ist es auch möglich, Teile einer Modellierung,
die in dieser Form implementiert sind, zu schützen.
- Erzeugen von ausführbarem Code aus einem SIMULINK-Modell
Ebenso wie einzelne Komponenten in Form von S-Funktionen implementiert werden können, ist es mit dem Real-Time-Workshop möglich, aus
z. B. Subsystemen oder auch einem ganzen Simulationsmodell durch Code-
Generierung (vgl. Kapitel 7.4) ein geschütztes Modell zu machen, was
für unterschiedliche Zielsysteme kompiliert werden kann. Hierdurch kann
ein batch-Betrieb z. B. für Parameterstudien (automatisierter Simulations-
aufruf mit Parametervorgaben und Speichern der jeweiligen Ergebnisse)
schneller ausführbar sein.

Nach dieser Einführung in die Modellbildung und rechnergeeignete Darstellung von kontinuierlichen dynamischen Systemen werden in den folgenden

Abschnitten mit ereignisdiskreten und hybriden Systemen weitere häufig vorkommende Systemklassen und rechnergeeignete Darstellungen vorgestellt.

3.2 Ereignisdiskrete Modellbildung

Neben der Regelung und Steuerung kontinuierlicher Systeme erfordert die Automatisierung technischer Systeme oftmals auch die Führung von Vorgängen, denen ein vorwiegend schrittweiser, d. h. diskreter Ablauf zugrunde liegt, vgl. Abb. 3.7.

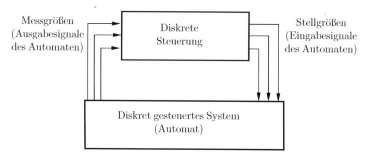

Abb. 3.7. Führung eines Systems durch eine diskrete Steuerung [16]

Im folgenden Abschnitt werden daher Möglichkeiten aufgezeigt, ereignisdiskrete Systeme[1] mit verschiedenen Beschreibungsmitteln und hier insbesondere den Zustandsgraphen, den *Statecharts* und mit Petrinetzen zu beschreiben. Der Schwerpunkt liegt im Rahmen dieses Buches auf den Statecharts, die auf D. Harel im Jahr 1987 zurückgehen [55].

3.2.1 Eigenschaften von Beschreibungsmitteln

Beschreibungsmittel zur Modellierung des Verhaltens und der Struktur einer automatisierungstechnischen Einrichtung sind textuelle, mathematisch symbolische oder grafische Formalismen oder Methoden. Beschreibungsmittel können auf die *Steuerstrecke* (das zu automatisierende System), auf die Steuereinrichtung und den Steueralgorithmus, oder auf das *Gesamtsystem*, auch Steuerung, angewandt werden. Der Begriff *System* wird in vielen Kontexten auch für das Gesamtsystem verwendet. Der Einsatzbereich dieser Beschreibungsmittel reicht von der Produktidee über die Spezifikation, den Entwurf, die Implementierung bis hin zur Anlagen- bzw. Produktdokumentation und zu Wartungshandbüchern. Die weiteren Ausführungen beschränken sich hierbei

---

[1] Discrete event (dynamic) systems (DES/DEDS)

auf Beschreibungsmittel, mit denen das Verhalten ereignisdiskreter Systeme modelliert werden kann.

Das Modell eines diskreten Systems soll *näherungsweise* beschreiben, wie sich Zustände und Ausgänge des Systems in Abhängigkeit von Anfangszustand und Eingängen ändern. Bei den meisten Beschreibungsmitteln wird hierbei den Zeitpunkten keine Aufmerksamkeit gewidmet, an denen sich die Zustände ändern und die Aktivierung einzelner Zustände wechselt. Stattdessen wird der Verlauf der Zustände als *logische Zustandsfolge* aufgefasst, wobei Zustandswechsel nur beim Auftritt von (bestimmten) Ereignissen stattfinden können. Deshalb ist die Folge der nacheinander erreichten Zustände, beginnend beim Anfangszustand, genau so gut durch die Folge der Ereignisse darzustellen, welche zu den jeweiligen Zustandsänderungen geführt haben.

Mit der Reduktion der diskreten Dynamik auf logische Zustandsfolgen und dem bewussten Verlust der Zeitinformation stellt sich die Frage, ob hiermit nicht ein bedeutsamer Teil des Systemverhaltens ignoriert wird. Die Antwort hierauf ist eng verknüpft mit der Entscheidung, ob ein System überhaupt sinnvoll diskret modelliert werden kann. Für Systeme, die diskrete Aspekte besitzen, aber trotzdem zeitbehaftet modelliert werden müssen, sei auf die hybride Modellbildung (Abschnitt 3.3) verwiesen.

Die *Repräsentationsform* ist ein wichtiges Kriterium für die Verständlichkeit und die Anschaulichkeit der Modelle. Es wird zwischen drei grundsätzlichen Arten der Darstellung unterschieden, die aber praktisch oft kombiniert werden. Das Verhalten des Systems kann erstens mit alphanumerischen Zeichen sprachlich-textuell wiedergegeben werden. Zum zweiten ist es möglich, das Systemverhalten mittels mathematisch-symbolischer Repräsentationsformen z. B. mittels Matrizenalgebra auszudrücken. Als dritte Variante verbleibt die Beschreibung anhand einer Grafik, die aus einzelnen Elementen und den Beziehungen zwischen diesen besteht.

Ereignisdiskrete Systembeschreibungen ermöglichen vielfach auch die Wiedergabe von nicht-deterministischem Verhalten. Systeme mit dieser Eigenschaft können auch bei gleichen Anfangsbedingungen unterschiedliches Verhalten aufweisen, gekennzeichnet durch die folgenden Systemzustände und Ausgangssignale. Insbesondere für die Analyse von ereignisdiskreten Systemen ist diese Möglichkeit von Interesse. Da kleine Fehler bei der Modellierung – bedingt durch die Diskretheit der Zustände – zu komplett unterschiedlichem Verhalten zwischen Modellsystem und realem System führen können und da kleine Fehler bei der Festlegung der Anfangsbedingungen des Systems ebenso zu gänzlich anderem Systemverhalten führen können, ist die nicht-deterministische Modellierung oft von Vorteil, um mehrere oder alle möglichen Verhaltensweisen im Modellsystem zu berücksichtigen.

Ein Beispiel für nicht-deterministisches Verhalten zeigt der Automatengraph Abb. 3.8a, in dem im Gegensatz zu Abb. 3.8b zwei verschiedene Zustände auf Zustand A folgen können. Welcher der beiden Zustände B oder C anschließend erreicht wird, hängt weder von den Anfangsbedingungen noch von den bekannten Eingangsgrößen des Systems ab. Mit einer

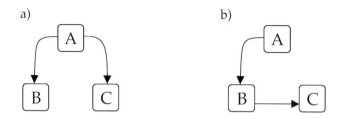

Abb. 3.8. Deterministischer und nicht-deterministischer Automatengraph

nicht-deterministischen Systembeschreibung ist es möglich, dieses Verhalten zu berücksichtigen.

Synchronisationsmechanismen beschreiben, wie Teilsysteme und Teilprozesse verkoppelt sind. Synchrone Teilprozesse sind getaktete Prozesse, die durch ein Taktsignal gestartet gleichzeitig ablaufen. Alle Komponenten führen gleichzeitig ihre Übergänge durch, meistens auf der Grundlage eines Taktes. Asynchrone Teilprozesse sind Prozesse ohne festen gemeinsamen Takt, gleichzeitige Übergänge müssen besonders gekennzeichnet werden. Konkurrierende Teilsysteme und deren Einzelschritte heißen *nebenläufig*, wenn sie voneinander kausal unabhängig durchgeführt werden – ob das gleichzeitig oder parallel geschieht, bleibt bei nebenläufigen Systemen offen.

Viele Beschreibungsmittel besitzen die Fähigkeit, *Hierarchien* abzubilden. In hierarchischen Systemen existieren über- bzw. untergeordnete Strukturen. Wird von einem Bottom-Up-Entwurf ausgegangen, in dem einzelne Teilsysteme mit einem Beschreibungsmittel dargestellt und anschließend zu einem Gesamtsystem zusammengesetzt werden, so spricht man von Komposition. Hingegen wird die Unterstützung des Top-Down-Entwurfs als Fähigkeit zur Dekomposition bezeichnet, da hier einzelne Elemente einer Ebene mit zusätzlichen Funktionalitäten und Eigenschaften verfeinert werden.

3.2.2 Graphen

Die Graphentheorie geht auf Leonhard Euler zurück [65]. Angeblich fragten sich die Bürger von Königsberg, dem heutigen Kaliningrad, ob es möglich sei, einen Weg über die sieben Brücken der Pregel zu finden, ohne eine der Brücken ein zweites Mal zu passieren. Euler formulierte dieses Problem wie folgt:

„Das Problem, das, wie ich glaube, wohlbekannt ist, lautet so: In der Stadt Königsberg in Preußen gibt es eine Insel A, genannt ‚Kneiphof‘, die von zwei Armen des Flusses Pregel umgeben ist (vgl. Abb. 3.9). Es gibt sieben Brücken a, b, c, d, e, f und g, die den Fluss an verschiedenen Stellen überqueren. Die Frage ist, ob man einen Spaziergang so planen kann, dass man jede dieser Brücken genau einmal passiert. Wie man mir erzählte, behaupten einige, dass

dies unmöglich sei; andere seien in Zweifel, und es gäbe niemanden, der von der Lösbarkeit überzeugt sei. Ausgehend von dieser Situation stellte ich mir das folgende Problem: Gegeben sei irgendeine Konfiguration des Flusses und der Gebiete, in die er das Land aufteilen möge sowie irgendeine Anordnung von Brücken. Man entscheide, ob es möglich ist, jede Brücke genau einmal zu überschreiten, oder nicht."

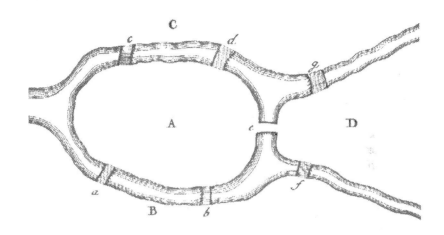

Abb. 3.9. Das Problem der sieben Brücken von Königsberg

Eine abstraktere Darstellung des Brückenproblems findet sich in Abb. 3.10. Die vier Landstücke A, B, C und D werden hier durch Punkte repräsentiert, welche durch Linien verbunden werden. Für jede Brücke, die es zwischen den Landstücken gibt, werden die entsprechenden Punkte mit genau einer Linie verbunden. Weiterhin werden die Linien mit den Buchstaben a bis f beschriftet.

Viele grafische Beschreibungsmittel nutzen solche *Graphen* zur Darstellung. Ein Graph G wird formal definiert als 2-Tupel (Paar) $G = (N, E)$. Die Menge N enthält die sogenannten *Knoten* (oder Ecken) des Graphen G, die Menge E enthält die Kanten. Jeder Kante e aus E werden hierbei zwei Knoten N_i und N_j aus N zugeordnet, die durch die Kante verbunden werden: $e = (N_i, N_j)$ mit $e \epsilon N \times N$.

Der Graph G des Brückenproblems kann also folgendermaßen beschrieben werden:

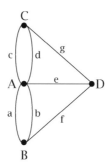

Abb. 3.10. Graph zum Brückenproblem in Abb. 3.9

$$G = (N, E) \quad \text{mit}$$
$$N = \{A, B, C, D\},$$
$$E = \{a, b, c, d, e, f, g\} \quad \text{und} \tag{3.47}$$
$$a = (A, B), b = (A, B), c = (A, C),$$
$$d = (A, C), e = (A, D), f = (B, D), g = (C, D).$$

Graphen kann man bildlich darstellen, indem die Knoten als Punkte, Kreise, Rechtecke o.ä. repräsentiert werden. Werden zwei Knoten des Graphen durch eine Kante verbunden, zeichnet man eine Linie (Gerade, Kurve, ...) zwischen den zugehörigen Punkten, Kreisen etc.

Für den Graphen in Abb. 3.10 konnte Euler zeigen, dass es keine Möglichkeit gibt, einen der Aufgabenstellung entsprechenden Weg zu finden. Er bewies auch den allgemeinen Fall, dass es für eine beliebige Konfiguration von Landstücken und Brücken genau dann eine oder mehrere Lösungen gibt, wenn alle bis auf zwei Knoten einer geraden Anzahl von Kanten zugeordnet sind. Gehorchen bis zu zwei Knoten dieser Bedingung nicht, müssen diese als Anfangs- und Endpunkt eines sogenannten *eulerschen Weges* gewählt werden. Gehorchen alle Knoten der Bedingung einer geraden Zahl angrenzender Kanten – die Zahl angrenzender Kanten nennt man den Grad eines Knoten –, heißt der Graph *eulersch* oder *eulerscher Kreis*. Ein Spaziergang auf einem eulerschen Kreis kann auf jedem beliebigen Knoten begonnen werden und endet ebenfalls auf diesem Knoten.

Ein Beweis, dass man auf einem zusammenhängenden Graph G_0 mit Knoten geraden Grades einen solchen Spaziergang unternehmen kann, lässt sich mit folgender Idee führen:

- Jeder Knoten in G_0 besitzt geraden Grad. Also existiert mindestens ein Kreis in G_0.
- Man wähle einen Kreis C_0. Falls in diesem Kreis bereits alle Kanten enthalten sind, ist der Graph G_0 ein Eulerkreis. Anderenfalls setze man $i = 1$.

- Sonst bilde man einen neuen Graphen G_i, indem man die Kanten in C_{i-1} von G_{i-1} abzieht. Knoten mit Grad Null werden aus G_i entfernt. Da G_0 zusammenhängend ist, besitzen G_i und C_{i-1} mindestens einen gemeinsamen Knoten N_i. Da beim Entfernen der Kanten eines Kreises der Grad jedes Knoten um Vielfache von 2 sinkt, da immer zwei Kanten des Weges an einen Knoten grenzen, besitzt jeder Knoten in G_i geraden Grad. Also gibt es einen Kreis C' in G_i, in dem N_i enthalten ist. Man wähle C_i zu C_{i-1} vereint mit C'. Falls in C_i alle Kanten des Graphen G_0 enthalten sind, ist dieser ein Eulerkreis. Anderenfalls erhöhe man i um 1 und wiederhole diesen Absatz.

Da die Anzahl der Landstücke und Brücken endlich ist, wird der oben angegebene Algorithmus terminieren und C_i ist gleich G_0, während G_i keine Kanten und Knoten mehr enthält. Für einen zusammenhängenden ungerichteten Graphen sind die folgenden drei Aussagen äquivalent:

- An jeden Knoten grenzt eine gerade Anzahl von Kanten.
- Die Kantenmenge des Graphen lässt sich in Kreise zerlegen.
- Der Graph ist eulersch.

Besitzt ein zusammenhängender Graph nur Knoten geraden Grades und zwei Knoten mit ungeradem Grad, so muss man den Spaziergang an einem dieser beiden Knoten beginnen und am anderen beenden. Die Idee für einen Beweis hierzu lautet, die beiden Knoten mit einer Hilfskante zu verbinden, um so aus dem Graphen einen eulerschen Kreis zu machen – alle Knoten besitzen nun geraden Grad. Für diesen existiert ein Kreis C_0, der an einem der beiden Knoten ungeraden Grades mit der Hilfskante beginnt, die zum zweiten Knoten ungraden Grades führt. Entfernt man aus dem mit obigem Algorithmus gefundenen Weg C_i mit der ersten Kante die Hilfskante, verbleibt ein eulerscher Weg, der auf dem gewählten Knoten endet und auf dem zweiten Knoten beginnt.

In der Automatisierungstechnik werden vielfach *gerichtete* Graphen[2] verwendet. Hier werden die beiden Knoten N, die einer Kante E zugeordnet sind, in Ursprungs- und Zielknoten unterschieden. Typischerweise schreibt man für eine gerichtete Kante vom Knoten N_i zum Knoten N_j den Ausdruck (N_i, N_j). Gerichtete Kanten werden i. d. R. durch (Einfach-) Pfeile dargestellt, mit der Pfeilspitze auf den Zielknoten zeigend. In Abb. 3.11 wird deutlich, dass sehr unterschiedliche Darstellungsarten von gerichteten Graphen existieren. In vielen Beschreibungsmitteln können den grafischen Elementen – Knoten und Kanten – des Graphen weitere Eigenschaften zugeschrieben werden. Sehr oft passiert das durch textuelle Annotationen, die Labels genannt werden. Diesbezüglich zeigt Abb. 3.11c, dass Knoten (oder auch Kanten) auch innerhalb eines Graphen mit unterschiedlichen Symbolen versehen werden können. Häufig wird das genutzt, um grundsätzlich unterschiedliche Bedeutungen der Knoten wiederzugeben.

---

[2] Directed Graph oder *Digraph*.

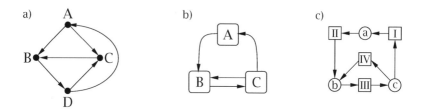

Abb. 3.11. Verschiedene gebräuchliche Darstellungsarten gerichteter Graphen

3.2.3 Statecharts (Harel-Graphen)

David Harel [4] entwickelte im Rahmen einer Beratertätigkeit für die Forschungs- und Entwicklungsabteilung der Israel Aircraft Industries eine grafische Notation für die Modellierung des Verhaltens komplexer Systeme mit Nebenläufigkeiten, den Formalismus der Statecharts. Der Grund bestand darin, dass es für viele spezielle Arten von Systemen einen Entwurfsmechanismus gab, komplexe Systeme jedoch mit bekannten Methoden nicht zugänglich waren. Ausgehend von den Automaten als eine Möglichkeit zur Modellierung von diskreten Systemen, wird im Folgenden die Idee der Statecharts und ihre Möglichkeiten erläutert.

Automaten

Die hier behandelten Systeme und deren Steuerungen können als Schaltwerke oder *Automaten* aufgefasst werden. Jedes diskrete technische System enthält nur endlich viele verschiedene Zustände und stellt somit einen endlichen Automaten $A = (X,Y,Z,F,G)$ dar, der durch

- eine endliche Eingabemenge $X = \{x_1, x_2, ..\}$ (Menge der möglichen Eingaben),
- eine endliche Ausgabemenge $Y = \{y_1, y_2, ..\}$ (Menge der möglichen Ausgaben),
- eine endliche Zustandsmenge Z (Menge der möglichen Zustände),
- eine Zustandsübergangsfunktion $Z_{neu} = F(X, Z_{alt})$ und
- eine Ausgabefunktion $Y = G(X, Z)$

charakterisiert wird. Ein Eingabesignal $x \in X$ löst in dem Automaten ein bestimmtes Ereignis aus, sofern die Schaltbedingung dafür vorliegt. Durch Eintritt dieses Ereignisses wird in dem Automaten der Übergang in einen neuen Zustand $z \in Z$ und gegebenenfalls die Ausgabe eines Signals $y \in Y$ vollzogen, was durch die Zustandsübergangsfunktion F festgelegt ist. Ein Automat beschreibt damit die zeitliche Ordnung von Zustandsübergängen in dem betrachteten System. Bei endlichen Automaten ist die Zahl der Zustände

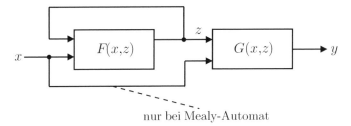

nur bei Mealy-Automat

Abb. 3.12. Blockstruktur eines Automaten

begrenzt und das Verhalten wird durch die Zustandsübergangsfunktion F und die Ausgabefunktion G beschrieben.

Man unterscheidet:

- Mealy-Automat:
  Die Ausgaben hängen von den momentanen Zuständen und den aktuellen Eingaben ab: $Y = G(X, Z)$
- Moore-Automat:
  Die Ausgaben hängen nur von den momentanen Zuständen ab: $Y = G(Z)$

Mealy- und Moore- Automaten sind ineinander überführbar. Bei gleichem Verhalten hat der Moore-Automat mehr Zustände.

Man unterscheidet bei Automaten folgende Verhaltensweisen:

- synchrones Verhalten:
  Zustandswechsel nur zu vorgegebenen Zeitpunkten möglich (extern vorgegebener Takt).
- asynchrones Verhalten:
  Zustandswechsel jederzeit möglich. Fehlverhalten durch Laufzeitunterschiede möglich.

Endliche Automaten können durch so genannte *Zustandsgraphen* dargestellt werden, die einer Auflistung aller in dem betrachteten System möglichen Zustände (= Knoten, Anfangszustand hervorgehoben) und Zustandsübergänge (= Kanten) entsprechen. Die Kanten werden mit den Ereignissen oder Übergangsbedingungen beschriftet, die die durch die jeweiligen Kanten beschriebenen Zustandsübergänge hervorrufen. Beim Mealy-Automaten steht die Ausgabefunktion durch einen Strich getrennt unterhalb der Übergangsbedingung. Die Abhängigkeit der Ausgaben von den Eingaben bei gleichem Zustandswechsel kann durch unterschiedliche Zustandsübergänge dargestellt werden. Beim Moore-Automaten wird die Ausgabefunktion in den Kreis des zugehörigen Zustands geschrieben. Ein Strich trennt Zustandsname von Ausgabefunktion.

Neben den Zustandsgraphen können Automaten in äquivalente Zustandsübergangstabellen abgebildet werden. Beim Moore-Automaten wird eine Ausgabetabelle ergänzt, die jedem Zustand eine Ausgabefunktion zuordnet.

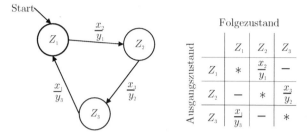

Abb. 3.13. Mealy-Automat

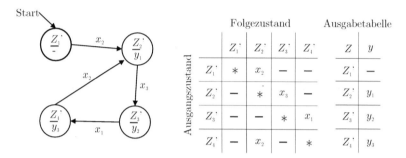

Abb. 3.14. Moore-Automat

Ist die Konstruktion des Zustandsgraphen für einen Prozess mit rein *sequentiellen* Abläufen noch recht einfach, so gestaltet sich diese jedoch bald als unüberschaubar, wenn zeitlich parallele, d. h. *nebenläufige* Vorgänge auftreten. Diese Aussage wird im Folgenden anhand Abb. 3.15 erläutert.

Betrachtet werden als Erstes die Zustandsgraphen zweier sequentieller Prozesse, die jeweils drei Zustände annehmen können und zunächst ohne gegenseitige Kopplungen verlaufen (Teil a). Die fehlenden Kopplungen zwischen den asynchronen Prozessen führen zu einer Trennung der Zustandsgraphen. Zur Beschreibung des Gesamtsystems können diese zu einem globalen Zustandsgraphen zusammengefasst werden, der den gleichen Informationsgehalt besitzt (Teil b). Die auftretenden Nebenläufigkeiten führen offenbar zu einem wesentlich umfangreicheren Zustandsgraphen mit einer Knotenzahl, die dem Produkt der Zahl der Zustände der Teilsysteme entspricht.

Ist die Beschreibung paralleler asynchroner Prozesse durch einen globalen Zustandsgraphen als Alternative zu den getrennten auch wenig sinnvoll, so wird dies jedoch unumgänglich, wenn die Teilprozesse synchronisiert werden sollen. Wird z. B. verlangt, dass die Ereignisse e_3 und e_6 nur gleichzeitig auftreten können, so kann dies durch eine Modifikation des globalen Zustandsgraphen ausgedrückt werden (Teil f).

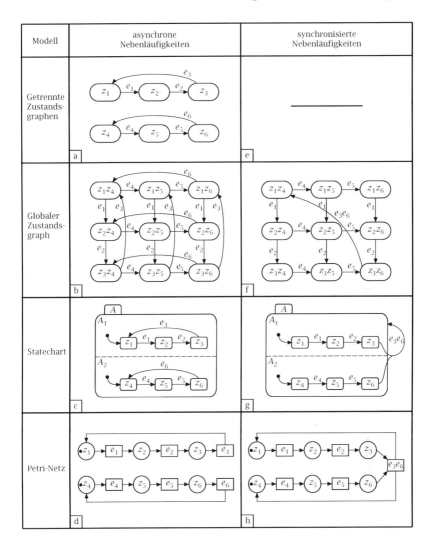

Abb. 3.15. Modelle von Systemen mit Nebenläufigkeiten

Statecharts und Stateflow

Für die Modellierung realer Systeme sind globale Zustandsgraphen durch die Zustandsexplosion und die damit verbundene extreme Unübersichtlichkeit nicht geeignet. Aus diesem Grund wurden die *Statecharts* entwickelt, bei denen es sich um eine Erweiterung der Zustandsgraphen mit Möglichkeiten zur Darstellung von Nebenläufigkeiten, von Broadcast-Kommunikation (Synchronisation von Nebenläufigkeiten) und von hierarchischen Strukturen handelt.

Die asynchronen Prozesse (Teil c) können hiermit durch einen sog. „Super-state" dargestellt werden, der in zwei parallele Zustände, symbolisiert durch die gestrichelte Linie, aufgeteilt wird. In dieser sogenannten AND-Zerlegung sind beide Zustände gleichzeitig aktiv. Die beiden Zustände werden dann mit den getrennten Zustandsgraphen aus (Teil a) verfeinert. Die kurzen Kanten mit Punkt geben den Anfangszustand beim Betreten des Superstates an. Die mit e_3 und e_6 beschriftete Kante führt von beiden Zuständen z_3 und z_6 zum Superstate A. Beim Ausführen dieser Transition wird A reinitialisiert, so dass die (Anfangs-)Zustände z_1 und z_4 erneut aktiv sind. (Teil g) zeigt das entsprechende Statechart für die synchronisierten Prozesse.

Im Bereich der Programmierung von Steuereinrichtungen haben die Zustandsgraphen in Form des Tools HIGRAPH der Firma Siemens Eingang gefunden, bei dem prinzipiell Statecharts mit reduziertem Funktionsumfang zum Einsatz kommen. Das Tool ermöglicht eine graphisch sehr anschauliche und vor allem auch prozessnahe Entwicklung von Steuerungen. Des Weiteren kommen Statecharts zunehmend auch zur Modellierung beliebiger ereignisdiskreter/reaktiver Systeme zum Einsatz. Als Tools seien hier STATEMATE der Firma i-logix, welches z. B. in der Automobilindustrie zum Einsatz kommt, und STATEFLOW der Firma The MathWorks genannt, bei dem es sich um eine Erweiterung von SIMULINK zur Integration von Statecharts in kontinuierliche Modelle handelt. Hierdurch wird es möglich, mit SIMULINK auch hybride Systeme vollständig und korrekt zu modellieren. Hierauf wird in Abschnitt 3.3.1 weiter eingegangen.

Eine Hierarchiebildung ermöglicht hierbei eine Aufteilung, welche oft in enger Anlehnung zum realen Prozess gebildet werden kann. Durch eine Übersetzung in eine s-function wird der Rechenzeitbedarf während der Ausführung gering gehalten. Die Grundzüge von STATEFLOW werden im Folgenden kurz vorgestellt.

Die Erzeugung der Statecharts erfolgt in STATEFLOW mit einem graphischen Editor. Die Charts müssen in ein SIMULINK-Modell eingebettet sein, welches den Aufruf und den Ablauf des Statecharts steuert.

Mit der Werkzeugleiste des Chart-Editors auf der linken Seite können die verschiedenen Chart-Elemente wie Zustände (States) und Transitionen ausgewählt und mit der Maus auf der Arbeitsfläche platziert werden. Innerhalb des Zustandes steht sein Label als Fließtext, welches zwingend vergeben werden muss. Ist noch kein Label eingegeben, erscheint stattdessen ein Fragezeichen.

Der Name des Zustands muss eindeutig (innerhalb einer Hierarchieebene) vergeben werden. Die weiteren Elemente des Labels sind optional und bezeichnen Aktionen, welche durch diesen Zustand angestoßen werden. Die Syntax für die Festlegung der Aktionen ist die *Action Language*, eine Mischung aus Elementen zur Beschreibung des zeitlichen Ablaufs, der aus MATLAB bekannten Syntax und C. Folgende Schlüsselwörter legen dabei fest, dass die Aktion ausgeführt wird,

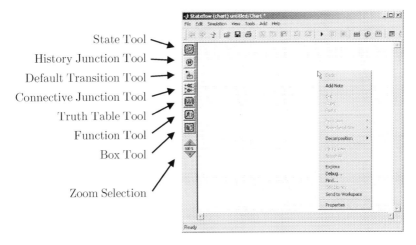

State Tool
History Junction Tool
Default Transition Tool
Connective Junction Tool
Truth Table Tool
Function Tool
Box Tool

Zoom Selection

Abb. 3.16. Graphischer STATEFLOW-Editor

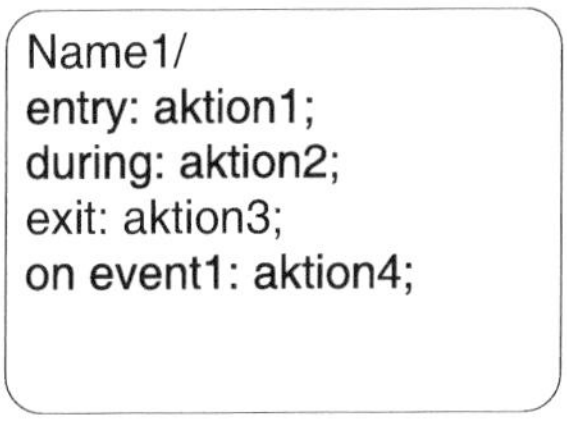

Name1/
entry: aktion1;
during: aktion2;
exit: aktion3;
on event1: aktion4;

Abb. 3.17. Zustand mit komplettem Label

- **entry**: wenn der Zustand aktiviert wird,
- **during**: wenn der Zustand aktiv ist (und das Chart ausgeführt wird),
- **exit**: wenn der Zustand verlassen wird,
- **on event**: wenn der Zustand aktiv ist und das angegebene Ereignis auftritt.

Eine Transition für einen Zustandsübergang erzeugt man, indem man auf den Rand des Augangszustandes klickt und die Maus bis zum Rand des folgenden Zustandes zieht und dort loslässt. Dabei entsteht ein die Transition symbolisierender Pfeil, dessen Form und Lage durch Ziehen verändert werden kann.

On   Off
event_off[bedingung==1]...
{condition_action}/transition_action

Abb. 3.18. Transition mit komplettem Label

Ebenso wie der Zustand besitzt die Transition ein Label, welches hier aber nicht zwingend vergeben werden muss. Ein Transitionslabel besitzt die Syntax

`event[condition]{conditionAction}/transitionAction`

Alle Komponenten des Labels sind optional und können beliebig kombiniert werden. Eine Transition ist *gültig*, falls

- der Ausgangszustand aktiv ist,
- das Ereignis `event` auftritt oder kein Ereignis angeben ist und
- die angegebene Bedingung `condition` wahr ist oder keine Bedingung gestellt wurde.

Sobald eine Transition gültig ist, wird die `conditionAction` ausgeführt. Die `transitionAction` wird beim Zustandsübergang ausgeführt. Für einfache Transitionen besteht zwischen den beiden Aktionen, abgesehen von der Reihenfolge, kein Unterschied.

Die *Standardtransition* (engl. *default transition*) legt fest, welcher Zustand bei erstmaliger Ausführung eines Charts aktiv ist.

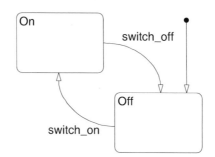

Abb. 3.19. Chart mit Standardtransition

In dem in Abb. 3.19 dargestellten Beispiel wird bei erstmaliger Ausführung des Charts der Zustand `Off` aktiv. In der dargestellten OR-Zerlegung, in der nur ein Zustand aktiv sein kann, wird entsprechend ein Zustandsübergang bei gültiger Transition – Umlegen des Schalters – stattfinden.

Ein weiteres Element ist der *Verbindungspunkt* (engl. *connective junction*). Mit Verbindungspunkten lassen sich komplexere Transitionen durch Zusammenführung und Verzweigung erzeugen. Damit lassen sich Verzweigungen, Fallunterscheidungen, zustandsfreie Flussdiagramme, verschiedene Schleifen, Selbstscheifen u. v. m. erzeugen.

Ist der STATEFLOW-Editor während der Simulationszeit offen, wird der Ablauf der Zustandsaktivierungen graphisch animiert. Zusätzliche Verzögerungen zur besseren Sichtbarkeit können im Debugger (Menü `Tools - Debugger`) konfiguriert werden. Hier kann die Animation auch gänzlich abgeschaltet werden. Viele weitere Funktionen unterstützen dort den Anwender

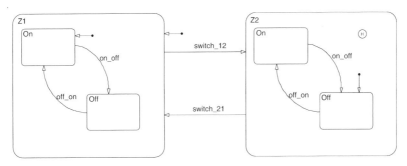

Abb. 3.20. Chart mit zwei Superstates. Der rechte Superstate Z2 besitzt eine History Junction.

bei der Fehlersuche. So können *Breakpoints* an verschiedenen Stellen gesetzt werden, automatisch Fehler (Zustandsinkonsistenzen, Konflikte, Mehrdeutigkeiten, Gültigkeitsbereiche, Zyklen) gesucht werden, zur Laufzeit Werte von Variablen und die Aktivität von Zuständen angezeigt werden.

Eine wichtige Eigenschaft von Statecharts ist die Möglichkeit, Zustandshierarchien bilden zu können. Zustandshierarchien erlauben verschiedene Grade der Detaillierung und lassen in bestimmter Hinsicht zusammengehörige Zustände leicht als solche erkennen. Mit ihrer Hilfe kann somit eine Strukturierung des Zustandsraumes erreicht werden, die für ein klareres Verständnis komplexer Verhaltensbeschreibung unerläßlich ist. In STATEFLOW lassen sich mit *Superstates* zusammengehörige Zustände zu einem Oberzustand zusammenfassen, indem ein neuer Zustand um die zusammenzufassenden Zustände gelegt wird.

Für das Innere eines solchen Superstates gelten dieselben Regeln wie für die oberste Ebene (Initialisierung, Anzahl aktiver Zustände etc.). Ein Superstate kann wie ein herkömmlicher Zustand Ziel und Ausgangspunkt von Transitionen sein. Er wird dann aktiviert, wenn er selbst oder einer seiner Unterzustände das Ziel einer gültigen Transition ist. Ist er selbst das Ziel, wird i. d. R. die Standardtransition ausgeführt. Ist ein Superstate nicht aktiviert, ist auch keiner seiner Unterzustände aktiv. Die Unterzustände können dabei als eigenständiges Chart innerhalb des Superstates aufgefasst werden.

Verliert ein Superstate durch eine Transition seine Aktivität, werden auch alle Unterzustände passiv. Bei einer neuerlichen Aktivierung des Superstate entscheidet erneut die Standardtransition, welcher Unterzustand die Aktivierung erhält. Dies kann man dadurch verhindern, indem man in den Zustand aus der Werkzeugleiste eine *History Junction* setzt. Nun erhält derjenige Unterzustand, welcher vor dem Verlust aktiviert war, die Aktivierung zurück (vgl. Abb. 3.20).

In einem Superstate kann eine weiterer Transitionstyp eingesetzt werden, die *Innere Transition*. Sie wird erzeugt, in dem eine Transition vom Rand des

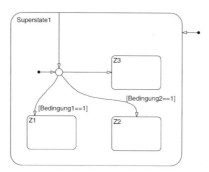

Abb. 3.21. Superstate mit einer Inneren Transition

Superstates zu einem seiner Unterobjekte mit der Maus gezogen wird. Diese Transition wird immer auf Gültigkeit überprüft, solange der Superstate aktiv ist, unabhängig von seinen Unterzuständen. Ein Beispiel für die Verwendung einer Inneren Transition ist die Vereinigung einer verzweigten Zustandskette. Anstatt Transitionen von allen Enden dieser Kette einzuzeichnen, genügt oft der Einsatz einer Inneren Transition (vgl. Abb. 3.21).

Je nach Beschriftung der Transitionen durch die Labels kann es zu Fällen kommen, bei denen zwei unterschiedliche Transitionen prinzipiell gleichzeitig gültig werden. Solche Mehrdeutigkeiten sollte man zwar bei der Charterstellung unbedingt vermeiden, jedoch gibt es für eine Auflösung dieses Konflikts feste Regeln.

So wird diejenige Transition ausgeführt, welche (in der angegebenen Reihenfolge)

- zu einem Zielzustand höherer Hierarchie führt,
- ein Label mit Ereignis- und Bedingungsabfrage besitzt,
- ein Label mit Ereignisabfrage besitzt,
- ein Label mit Bedingungsabfrage besitzt,

Ist mit diesen Kriterien noch keine eindeutige Entscheidung möglich, wird die Reihenfolge graphisch bestimmt: Es wird diejenige Transition zuerst ausgeführt, deren Abgangspunkt der linken oberen Ecke eines Zustandes (bzw. der 12-Uhr-Stelle eines Verbindungspunktes) im Uhrzeigersinn als nächster folgt.

Bisher bezogen sich alle Ausführungen auf die exklusive Anordnung (Oder-Anordnung) von Zuständen, bei der immer genau ein Zustand aktiviert ist. Neben dieser Anordnung gibt es die *parallele Und-Anordnung*, bei der alle Zustände einer Hierarchieebene gleichzeitig aktiv sind und nacheinander abgearbeitet werden.

Innerhalb jeder Hierarchieebene (Chart, Superstate) kann die Art der Anordnung getrennt festgelegt werden. Dies geschieht im Kontextmenü eines zugehörigen Zustandes unter Decomposition. Wird auf Parallel (AND) um-

Abb. 3.22. Chart mit parallelen Zuständen

geschaltet, ändert sich die Umrandung der betroffenen Zustände zu einer gestrichelten Linie und es wird eine Zahl in der rechten oberen Ecke eingeblendet (vgl. Abb. 3.22). Diese Zahl gibt die Ausführungsreihenfolge der Zustände an. Die parallelen Zustände werden nacheinander von oben nach unten und von links nach rechts ausgeführt.

Mit parallelen Zuständen können Systeme modelliert werden, welche parallel ablaufende Teilprozesse besitzen (vgl. Abb. 3.15 auf Seite 103).

Statecharts sind neben der graphischen auch einer formalen, mathematischen Beschreibung zugänglich. Hierdurch wird es möglich, ein Statechart mit Hilfe von Werkzeugen auf bestimmte Eigenschaften hin zu überprüfen, die vorher in eine mathmatisch-logische Darstellung gebracht worden sind (z. B. dass ein bestimmter Zustand des Systems nie erreicht wird). Dieser Vorgang wird als *Verifikation* bezeichnet, da der Nachweis in einigen Fällen mit mathematischen Mitteln in Form eines Beweises durchgeführt werden kann.

Hierzu wird die formale Spezifikation, z. B. eine Beschreibung der Systemeigenschaften mit Mitteln der gewöhnlichen oder temporalen Logik, mit dem gesamten dem Modell möglichen Verhalten verglichen.

In Bezug auf den Entwurf von Steuerungen ist es auf diese Weise möglich, die Korrektheit einer in Statecharts entworfenen Steuerung ansatzweise zu überprüfen, z. B. ob bei einer Ampelsteuerung „niemals alle Ampeln gleichzeitig auf grün stehen". Die Firma Siemens bietet hierfür ein Verifikationsprogramm zu dem oben angesprochenen Tool HiGRAPH an.

3.2.4 Petrinetze

Nebenläufigkeiten

In Abb. 3.15 (Teil f) wird deutlich, dass die Synchronisation zweier paralleler Zustandsgraphen sehr unübersichtlich ist. Die Vereinigung des Transitionspfeils[3] in Abb. 3.15 (Teil g) zur Transitionssynchronisation ist eine Möglichkeit zur Lösung des Problems. Dieses wird auch das Problem der Zustandsexplosion genannt, da die Anzahl der Knoten eines Automatengraphen exponentiell mit der Anzahl der nebenläufigen Prozesse ansteigt. Ein anderes

---

[3] Die Unified Modelling Language definiert hierzu auch Synchronisationsbalken für Statecharts.

Beschreibungsmittel, dass aufgrund der guten Analysemöglichkeiten den wissenschaftlichen Bereich der Automatisierungstechnik im Besonderen prägt, sind die Petrinetze, die auf Arbeiten Carl Adam Petris in den sechziger Jahren des vergangenen Jahrhunderts zurückgehen [16]. Petris Motivation bei der Schaffung der Netztheorie war vor allem der angesprochene Punkt der Modellierung von Nebenläufigkeiten. Aus diesem Grunde soll auch im Folgenden kurz in die Modellierung mit Petrinetzen eingeführt werden.

Aufbau

Eine sehr elegante Art, Systeme mit Nebenläufigkeiten zu beschreiben, ist die Modellierung mit *Petrinetzen*. Ein Petrinetz kann ebenfalls als erweiterter Zustandsgraph aufgefasst werden und ist ein gerichteter Graph, dessen Knoten in zwei Arten unterschieden werden, in Stellen und Transitionen. Die Kanten, die nur Knoten unterschiedlichen Typs verbinden können, stellen logische bzw. kausale Verknüpfungen zwischen den Knoten dar. Durch eine gegenüber den Zustandsgraphen geänderte Betrachtungsweise, die im Gegensatz zur Abbildung möglicher Zustandsübergänge näher an der Abbildung möglicher Ereignisse orientiert ist, gelingt mit Petrinetzen die Beschreibung auch solcher Systeme, die umfangreichere Automaten darstellen. Dazu wird eine Interpretation der unterschiedlichen Knotentypen erforderlich, wobei

- mit den durch Kreise symbolisierten *Stellen* (und deren *Markierungen*, die hier durch dicke Punkte gekennzeichnet sind) Teilzustände im System und damit Bedingungen für das Eintreten bestimmter Ereignisse wiedergegeben werden und
- mit den *Transitionen*, die als Rechtecke dargestellt sind, Ereignisse abgebildet werden, die im System auftreten können und damit zu Zustandsübergängen führen.

Dieser Zuordnung folgend können neben sequenziellen und alternativen Prozessen mit Petrinetzen auch nebenläufige Prozesse und deren Synchronisation einfach und elegant modelliert werden. Alternativen werden dabei durch Verzweigungen an Stellen und Nebenläufigkeiten durch Verzweigungen an Transitionen erzeugt. Unter Berücksichtigung der Richtungssinne der Kanten sind somit vier elementare Verknüpfungen zu unterscheiden, die in Abb. 3.23 zusammengestellt sind.

Durch Verwendung der in Abb. 3.23 gezeigten Netzelemente können sequenzielle Teilprozesse, die unabhängig voneinander laufen, in Verbindung gebracht werden. Die Kopplung über gemeinsame Stellen bewirkt dabei eine *wechselseitige Koordination* der asynchronen Teilprozesse. In diesem Fall kann immer nur einer der beiden Teilprozesse ausgeführt werden, wobei durch das Netz nicht festgelegt wird, in welcher Weise sich diese abwechseln. Dagegen ermöglicht die Kopplung über gemeinsame Transitionen eine *Synchronisation* der Teilprozesse. Das Schalten der vorderen Transition bewirkt den Start

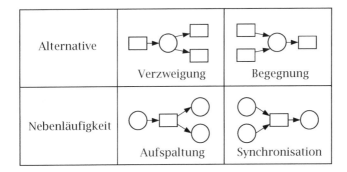

Abb. 3.23. Elementare Verknüpfungen in Petrinetzen

beider parallel ablaufender Teilprozesse, die an der hinteren Transition aufeinander warten.

Beispielsweise wird die in Abb. 3.15 geforderte Synchronisation durch ein Petrinetz (Teil h) wiedergegeben, welches aus einer nur geringfügigen Modifikation des Netzes der asynchronen Prozesse (Teil d) entstanden ist.

Die bisher beschriebene Netzstruktur eines Petrinetzes bildet nur die statischen Eigenschaften des modellierten Systems ab. Der aktuelle Zustand und die dynamischen Abläufe im System ergeben sich erst aus der Markierung der Stellen bzw. dem Markenfluss. Hierbei liegt ein durch eine Stelle repräsentierter Teilzustand im System genau dann vor, wenn die Stelle eine (oder mehrere) Marken trägt. Der Gesamtzustand des modellierten Systems ergibt sich dann – als „Summe aller Teilzustände" – aus der aktuellen Markierung im Netz.

Der Markenfluss im Netz wird durch Schalten der aktiven Netzelemente, der Transitionen, erzeugt. Eine Transition wird im Netz immer genau dann aktiviert, d. h. schaltfähig, wenn alle Stellen in ihrem *Vorbereich* (zuführende Kanten) mit einer ausreichenden Anzahl Marken besetzt und alle Stellen im *Nachbereich* (auslaufende Kanten) leer sind bzw. hinreichend freie Kapazitäten besitzen. Eine Stelle kann zu jedem Zeitpunkt maximal so viele Marken enthalten, wie ihre *Kapazität* zulässt. Die unter einer Markierung aktivierten Transitionen zeigen Ereignisse auf, die ausgehend von diesem Zustand eintreten können. Das Schalten einer Transition führt dann zum eigentlichen Markenfluss vom Vor- zum Nachbereich und damit zum Übergang des Systems in einen neuen Zustand. An einer Kante können Zahlen als *Gewicht* notiert werden um anzuzeigen, dass über diese Kante genau die entsprechende Anzahl von Marken hinzugefügt oder entfernt wird. Kantengewichte von 1 werden vereinbarungsgemäß nicht dargestellt.

Die eingeführten Begriffe können anschaulicher an einem einfachem Beispiel erläutert werden, welches auch weiter unten wieder aufgegriffen werden soll. Als Beispielprozess diene die in Abb. 3.24 skizzierte Fertigungszelle, in der die Roboter I und II Werkstücke vom Typ A und B in unterschiedlicher Reihenfolge bearbeiten.

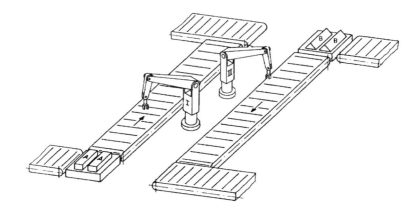

Abb. 3.24. Fertigungszelle als Beispielprozess

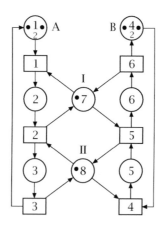

Abb. 3.25. Petrinetz-Modell der Fertigungszelle aus Abb. 3.24

Mit Abb. 3.25 wird ein einfaches Petrinetz-Modell des Beispielprozesses wiedergegeben, wobei die Werkstücke hier der Einfachheit halber nach der Bearbeitung wieder zurückgeführt werden, um die Fertigungszelle getrennt von ihrer Umgebung betrachten zu können. In dem Petrinetz ist bereits die gewünschte Bearbeitungsfolge enthalten, was als Abbild einer ersten, intuitiv entworfenen Steuerung angesehen werden kann. Die Anfangsmarkierung gibt wieder, dass jeweils zwei Werkstücke von Typ A und B auf den Eingangspuffern vorhanden und dass beide Roboter verfügbar sind. Das Schalten der Transition t_1 bzw. t_4 entspricht somit dem Start des betreffenden Bearbeitungsganges.

Neben der graphischen Darstellung ist ein Petrinetz auch einer mathematischen Beschreibung zugänglich. Diese erfolgt vorteilhaft in Form der so genannten *Netzmatrix* $\boldsymbol{N}$, die Verknüpfungen zwischen den Stellen (s_i) und den Transitionen (t_j) eines Petrinetzes enthält. Wie aus Abb. 3.26 hervorgeht, werden Kanten, die von einer Stelle zu einer Transition verlaufen, negativ und die umgekehrt orientierten positiv eingetragen. Ergänzt wird diese Netzmatrix durch den *Anfangsmarkierungsvektor* $\boldsymbol{m}_0$, der die Anzahl der Marken auf den Stellen des Petrinetzes wiedergibt.

		Transitionen							Marken
	Stellen	1	2	3	4	5	6		
	1	-1	0	1	0	0	0		2
	2	1	-1	0	0	0	0		0
	3	0	1	-1	0	0	0		0
N:	4	0	0	0	-1	0	1	m_0:	2
	5	0	0	0	1	-1	0		0
	6	0	0	0	0	1	-1		0
	7	-1	1	0	0	-1	1		1
	8	0	-1	1	-1	1	0		1

Abb. 3.26. Mathematische Beschreibung des Petrinetzes aus Abb. 3.25

Die Definition der Netzmatrix $\boldsymbol{N}$ lässt eine ebenfalls mathematische Formulierung der Schaltregel zu, die die Grundlage für weitergehende Analyseverfahren bildet. So ergibt sich ausgehend von der Anfangsmarkierung $\boldsymbol{m}_0$ die Folgemarkierung $\boldsymbol{m}$ nach dem Schalten einer Transition t_j durch die vektorielle Addition der j-ten Spalte der Netzmatrix zur Ausgangsmarkierung

$$\boldsymbol{m} = \boldsymbol{m}_0 + \boldsymbol{t}_j \quad . \tag{3.48}$$

Fasst man mehrere Schaltvorgänge zusammen, erhält man den Vektor der Schalthäufigkeiten v, dessen Elemente v_i angeben, wie oft die Transition t_i schaltet:

$$v = \begin{pmatrix} v_1 \\ v_2 \\ \vdots \\ v_{|T|} \end{pmatrix} \quad . \tag{3.49}$$

Hiermit lässt sich Gl.3.48 allgemein für beliebig viele schaltende Transitionen formulieren zu

$$\Delta m = N \cdot v \quad . \tag{3.50}$$

Angewandt auf das Beispielnetz führt das Schalten der Transition t_4 zu der Folgemarkierung

$$m = m_0 + N \cdot \begin{pmatrix} 0 \\ 0 \\ 0 \\ 1 \\ 0 \\ 0 \end{pmatrix} = m_0 + t_4 = \begin{bmatrix} 2 \\ 0 \\ 0 \\ 2 \\ 0 \\ 0 \\ 1 \\ 1 \end{bmatrix} + \begin{bmatrix} 0 \\ 0 \\ 0 \\ -1 \\ 1 \\ 0 \\ 0 \\ -1 \end{bmatrix} = \begin{bmatrix} 2 \\ 0 \\ 0 \\ 1 \\ 1 \\ 0 \\ 1 \\ 0 \end{bmatrix} \tag{3.51}$$

welches dem Abzug jeweils einer Marke von den Stellen s_4 und s_8 sowie dem Transfer einer Marke auf die Stelle s_5 entspricht.

Ausgehend von der mathematischen Beschreibung eines Petrinetzes kann nun mit Hilfe rechnergestützter Analysewerkzeuge Einblick in das dynamische Verhalten gewonnen werden. Das Einfachste dieser Verfahren, die Simulation, überlässt nach einer Aktiviertheitsüberprüfung dem Bediener (oder einem Zufallsgenerator) die Auswahl einer schaltenden Transition und führt daraufhin den gewünschten Schaltvorgang gemäß Gl.(3.48) aus. Auf weitergehende Analyseverfahren, welche graphentheoretische oder algebraische Methoden nutzen, um Einblick in das dynamische Verhalten des betreffenden Petrinetzes zu gewinnen, soll hier jedoch aus Komplexitätsgründen nicht eingegangen werden.

3.2.5 Weitere Beschreibungsmittel

In der Automatisierungstechnik sind neben Statecharts und Petrinetzen viele weitere Beschreibungsmittel üblich, die sich für bestimmte Anwendungsbereiche auszeichnen und dort vornehmlich eingesetzt werden. Mit den Sequenzdiagrammen soll hier eines kurz vorgestellt werden, dass bei der Entwicklung von ereignisdiskreten Systemen nicht direkt zur Implementation sondern allenfalls implementierungsnah eingesetzt werden kann. Daran schließt sich eine Übersicht zu weiteren wichtigen Beschreibungsmitteln an.

Sequenzdiagramme

Sequenzdiagramme zeigen exemplarisch den Kommunikationsablauf zwischen den Beteiligten am modellierten Prozess. Sequenzdiagramme besitzen zwei Dimensionen: auf der vertikalen Achse wird die Zeit nach unten fortlaufend aufgetragen, wobei die Skalierung der Achse festgelegt sein kann, aber nicht muss; die horizontale Achse repräsentiert die verschiedenen beteiligten Instanzen, die Reihenfolge der Instanzen ist hierbei unerheblich.

Sequenzdiagramme sind eine Ableitung der in der Telekommunikationsbranche üblichen *Message Sequence Charts* (MSC). Sie sind ein Diagrammtyp, mit dem die Interaktion mehrerer Objekte beschrieben wird. Bewusst wird hierbei auf die Beschreibung von Strukturen verzichtet, wie sie etwa Statecharts bieten. So werden die internen Abläufe der einzelnen Instanzen nicht genauer dargestellt, sondern lediglich, ob eine Instanz aktiv ist oder nicht. Der dargestellte Kommunikationsablauf der Sequenzdiagramme ist lediglich exemplarisch, da keine Alternativen im Ablauf möglich sind. Tritt zum Beispiel ein Fehler auf, muss der hierfür geltende Ablauf in einem weiteren Sequenzdiagramm dargestellt werden. Das Gleiche gilt für Verzweigungen im Programm oder zu Beginn, so dass ein mittels eines Sequenzdiagramms dargestellter Kommunikationsablauf nur unter festgelegten Umständen eintritt.

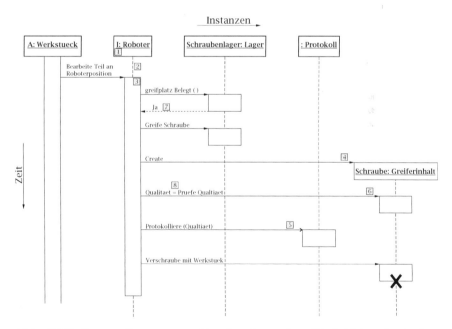

Abb. 3.27. Sequenzdiagramm zur Verschraubung eines Werkstückes durch einen Roboter

Jede Objektinstanz auf der horizontalen Achse wird wie in Klassendia-
grammen als rechteckiger Kasten ⒈ symbolisiert, vgl. Abb. 3.27. Unterhalb
einer Instanz findet sich die *Lifeline* ⒉, die sich in Zeiten der Aktivität zu
einem *Aktivitätsblock* ⒊ verbreitert.

Das wesentliche Element der Sequenzdiagramme – die Darstellung der
Kommunikation – wird durch Pfeile symbolisiert. Hierdurch können synchrone und asynchrone Kommunikation hergestellt werden, auch ist es möglich,
Objektinstanzen neu zu erzeugen oder zu zerstören. In Abb. 3.27 beginnt
die Lebenslinie des Objekts `Schraube:Greiferinhalt` erst nach der `create`-
Nachricht ⒋ durch den `I:Roboter` und der anschließenden Erzeugung der
Instanz. Bei asynchroner Kommunikation (Pfeil mit offener Spitze ⒌) wartet
der Sender nicht, bis der Empfänger die Bearbeitung der Nachricht beendet
hat. Bei synchroner Kommunikation (durchgezogene Linie und geschlossene
Pfeilspitze ⒍) ist der Ablauf der aufrufenden Instanz so lange unterbrochen,
bis die aufgerufene Instanz die Bearbeitung beendet hat. Es ist möglich, dass
die aufgerufene Instanz bei Beendigung einen Rückgabewert an die aufrufen-
de Instanz liefert (gestrichelte Linie und geschlossene Pfeilspitze ⒎ oder bei
Methodenaufruf ⒏).

UML-Diagramme

Die *Unified Modelling Language* (UML) umfasst mehrere Diagrammtypen zur
Darstellung von Struktur und Dynamik eines objektorientierten Modells. Neben den Statecharts in Kap. 3.2.3 und den Sequenzdiagrammen werden in der
UML weitere Diagrammtypen definiert, von denen vor allem Klassendiagramme und Anwendungsfalldiagramme gebräuchlich sind.

Die Unified Modelling Language lässt den Anwendern der Diagrammtypen
und den Entwicklern von Modellierungssoftware viele Freiheiten und bleibt in
einigen Punkten bewusst offen, um in unterschiedlichen Anwendungsgebieten
einsetzbar zu sein. Vielfach liefert sie sogar mit der Definition von *Variatio-
nen* mögliche, aber nicht zwingende Erweiterungen im Text mit. Die UML
darf aus diesem Grunde nicht als fester Industriestandard wie ein Dokument
von DIN/ISO/IEC o. ä. verstanden werden. Die freie Interpretierbarkeit bietet
den Vorteil, dass z. B. Sequenzdiagramme bereits frühzeitig bei Diskussionen
skizziert werden können, um bestimmte Kommunikationsschemata festzulegen, ohne die eigentliche Implementation vorwegnehmen zu müssen. Erst mit
der Festlegung auf ein bestimmtes Entwicklungswerkzeug legt man sich auf
den Diagramm-‚Dialekt'fest. Die folgenden Diagrammarten sind ebenfalls in
der UML definiert:

- Klassendiagramme (Class diagrams)
  Darstellung von Methoden und Attributen einer Objektklasse und Einbe-
  ziehung von Vererbung und Assoziationen,
- Anwendungsfalldiagramme (Use cases)
  Repräsentation von wesentlichen Funktionalitäten eines Systems bei An-
  gabe der beteiligten Akteure,

- Aktivitätsdiagramme (Activity diagrams)
  Ähnlichkeiten zu Petrinetzen und Datenflussdiagrammen erlauben, auch
  nebenläufige Prozesse darzustellen,
- Komponentendiagramme (Component diagrams)
  Beschreibung von Abhängigkeiten zwischen einzelnen Softwarekomponenten wie Quelltexten, ausführbarem Code oder Skripts.
- Verteilungsdiagramme (Deployment Diagrams)
  Darstellung der Konfiguration/Verteilung von Softwarekomponenten z. B.
  auf Prozessoren oder Rechnernetzwerke.

DIN/EN 61131-3

Bei der Programmierung *Speicherprogrammierbarer Steuerungen* (SPS) finden
hauptsächlich die Programmiersprachen nach DIN/EN 61131-3[4] Anwendung.
Unter diesen finden sich neben der Ablaufsprache (AS), engl. Sequential Function Chart (SFC), die von den Petrinetzen abgeleitet ist, die vier Sprachen
(siehe auch Abb. 3.28)

- Anweisungsliste (AWL), Instruction List (IL)
  Hardwarenahe und Assembler ähnliche Text-Sprache,
- Funktionsbausteinsprache (FBS), Function Block Diagram (FBD)
  Grafische Programmiersprache, die sehr gut zur Darstellung Boolescher
  Verknüpfungen geeignet ist,
- Kontaktplan (KOP), Ladder Diagram (LD)
  grafische Repräsentation von Relaissteuerungen mit Stromschienen und
  -pfaden,
- Strukturierter Text (ST), Structured Text (ST)
  Textuelle, an Pascal angelehnte Hochsprache.

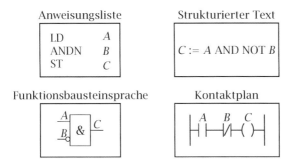

Abb. 3.28. Darstellung von $C = A \wedge (\neg B)$ in AWL, FBS, KOP und ST aus DIN/EN
61131-3

---

[4] Die DIN/EN 61131-3 entspricht der IEC 1131-3

IEC 61499

In der IEC 61499 werden Funktionsblöcke für verteilte Systeme definiert. Wesentlich für diese Funktionsblöcke ist, dass sie hybrid sind und aus einer einfachen grafischen Automatendarstellung (Zustandsdiagramm, Abb. 3.30) *und* kontinuierlichen Algorithmen bestehen. Die Programmierung der Algorithmen erfolgt nach DIN/EN 61131-3 unter Einbindung von Funktionsblöcken nach IEC 61499. Bei den Funktionsblöcken wird auch grafisch durch die Aufteilung der Ein- und Ausgangsschnittstellen in Ereignisports (oben) und Datenports (unten) in einen ereignisdiskreten Teil und einen kontinuierlichen Modellteil unterschieden (siehe Abb. 3.29), innerhalb dessen sich eine Hierarchisierung durch Einbindung weiterer hybrider Funktionsblöcke realisieren lässt (Abb. 3.31). Grundlagen und Details der Modellierung hybrider Systeme werden im folgenden Abschnitt behandelt.

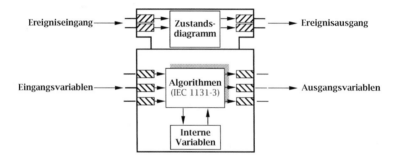

Abb. 3.29. Funktionsblock nach IEC 61499

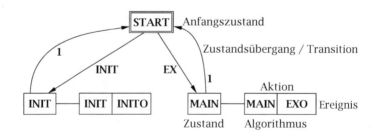

Abb. 3.30. Zustandsdiagramm eines Funktionsblocks nach IEC 61499

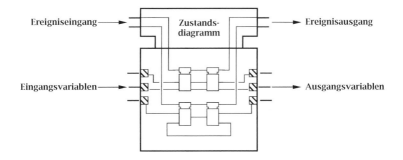

Abb. 3.31. Hierarchischer Aufbau eines Funktionsblocks nach IEC 61499

3.3 Hybride Modellbildung

In der Automatisierungstechnik haben sich in den vergangenen Jahrzehnten zwei deutlich unterschiedliche Sichtweisen auf technische Systeme herausgebildet. Einerseits sind dies die kontinuierlichen Systeme (Kap. 3.1), für die eine umfangreiche Systemtheorie und eine große Zahl von Analyse- und Synthesemethoden zur Auslegung kontinuierlicher Regelkreise entwickelt wurde (siehe Kap. 5.2). Andererseits werden viele Systeme als schrittweise ablaufende Folge einzelner Zustände interpretiert, deren Gesamtzustand sich beim Auftreten von Ereignissen ändert. Die Menge diskreter Zustände kann jeweils z. B. kontinuierliches Verhalten repräsentieren, aber die Wirkungen der Teilprozesse aufeinander durch Ereignisse sind das wesentliche Charakteristikum für diese ereignisdiskreten Prozesse. Die Entwicklung der Systemtheorie des Ereignisdiskreten und zugehöriger Analyseverfahren ist ebenfalls weit fortgeschritten bei einer Vielzahl existierender Modellformen (Kap. 3.2). Für die Synthese von Steuerkreisen gibt es in vielen Fällen Syntheseverfahren, die aber nicht allgemeingültig sind (Kap. 5.5).

Reale physikalische Prozesse sind von Natur aus *hybrid*.[5] im Sinne eines wertekontinuierlichen *und* ereignisdiskreten Verhaltens [62]. So wird bei der Erwärmung von Flüssigkeiten, die in der Nähe des Arbeitspunktes durch eine lineare Differentialgleichung beschrieben werden kann, bei Erreichen einer bestimmten Temperatur die Verdampfung beginnen; bei einem Abkühlvorgang kann die Flüssigkeit erstarren; ein fallender Ball ändert seine Richtung bei Kontakt; ein Behälter unter zu großem Druck kann zerstört werden etc. In vielen technischen Systemen ist Steuerungslogik implementiert, deren Quelltexte Fallunterscheidungen wie *if-then-else*-Verzweigungen enthalten. Trotzdem können viele technische Systeme mit der Theorie kontinuierlicher oder diskreter Systeme behandelt werden. Innerhalb dieses Abschnitts sollen Systeme behandelt werden, für die das nicht gilt:

---

[5] Der Begriff hybrid bedeutet: *gemischt; von zweierlei Herkunft; aus Verschiedenem zusammengesetzt.*

Ein *hybrides System* ist ein dynamisches System, das weder mit den Methoden der kontinuierlichen Systemtheorie noch mit den Methoden der diskreten Systemtheorie mit ausreichender Genauigkeit dargestellt und analysiert werden kann.

Das Interesse an der Entwicklung der Theorie der *hybriden* Systeme hat sich im letzten Jahrzehnt erheblich verstärkt. Als die *diskreten* Systeme in den 80er Jahren des vergangenen Jahrhunderts in den in den Interessensbereich größerer Teile der wissenschaftlichen Gemeinschaft gerieten, wurden neue Werkzeuge zur Modellierung und Analyse diskreter Systeme entwickelt. Hiermit konnten auch die diskreten Aspekte von hybriden Systemen besser verstanden und modelliert werden.

Die Anforderungen an ein Beschreibungsmittel, das allgemeine hybride Systeme abbilden kann, sind dadurch gekennzeichnet, dass folgende Eigenschaften wiedergegeben werden müssen:

- diskrete und kontinuierliche Zustandsvariablen,
- diskrete und kontinuierliche Ein- und Ausgangssignale,
- diskrete Ereignisse, die von der kontinuierlichen Zustandstrajektorie ausgelöst werden,
- diskontinuierliche Änderungen der kontinuierlichen Zustandstrajektorie, die durch diskrete Ereignisse ausgelöst werden,
- Änderung von Modellordnung und -struktur durch diskrete Ereignisse.

Beschreibungsmittel, die diese Forderungen zumindest zum großen Teil erfüllen, wurden erst in den letzten Jahren entwickelt, wobei die Entwicklung eher noch am Anfang steht. Prinzipiell bieten sich zwei grundverschiedene Vorgehensweisen an, um ein solches Beschreibungsmittel zu entwickeln - die Erweiterung bzw. Integration bereits vorhandener Beschreibungsmittel (Kap. 3.3.2) oder die Definition eines völlig neuen Modellansatzes.

Ein erstes einfaches Modell für hybride Systeme, bei denen im Wesentlichen kontinuierliche Aspekte im Vordergrund stehen, erhält man, indem ein normales kontinuierliches Modell durch Umschaltungen der Systemdynamik erweitert wird. Ein solches Modell besteht aus den kontinuierlichen Zustandsvariablen und einer Menge diskreter Zustände, die vielfach als Modi bezeichnet werden. In jedem Modus wird das System durch einen anderen Satz von Differentialgleichungen beschrieben. Erreicht nun die Zustandstrajektorie in einem Modus einen vorbestimmten Zustand, wird in einen neuen Modus umgeschaltet.

Das dynamische Verhalten eines hybriden Systems und damit der Verlauf der hybriden Trajektorie wird wesentlich durch die Wechselwirkungen zwischen den kontinuierlichen und den diskreten Systemteilen bestimmt. Nach dem Start bewegt sich das hybride System, ausgehend von der Anfangsbedingung und dem Anfangszustand, mit einer bestimmten kontinuierlichen Dynamik im Zustandsraum. Tritt nun ein Ereignis auf, kann dieses im kontinuierlichen Systemteil unmittelbar zu einer Änderung der Systemdynamik, zu einer geänderten Systemordnung oder -struktur oder zu einer diskontinuierlichen Änderung im Verlauf der Systemtrajektorie führen. Allerdings kann ein Ereignis auch nur Auswirkungen auf den diskreten Systemteil oder gar keine Auswirkungen haben. Es können auch mehrere Ereignisse zu einem Zeitpunkt stattfinden oder sich gegenseitig auslösen. Auch kann die kontinuierliche Zustandsänderung des Systems das Auftreten von Ereignissen bewirken, die dadurch eintreten, dass Zustandsgrößen bestimmte Werte annehmen. Dies ist z. B. der Fall, wenn ein Behälter beginnt überzulaufen oder wenn eine Masse eines Zweimassenschwingers auf eine Begrenzung trifft. Ereignisse können auch durch die ereignisdiskreten Teilsysteme oder von außen ausgelöst werden – z. B. durch eine Steuerung oder das Umlegen eines Schalters von Hand. Je nachdem, ob bei Veränderungen des kontinuierlichen Systemverhaltens das auslösende Ereignis eine innere Systemeigenschaft ist oder von außen kommt, spricht man auch von autonomem und von gesteuertem Umschalten bzw. von autonomen und von gesteuerten Sprüngen. Da das Verhalten und die Abläufe im hybriden System in beiden Fällen jedoch auf den gleichen Mechanismen beruhen, ist die Unterscheidung in autonom und gesteuert nicht unbedingt erforderlich.

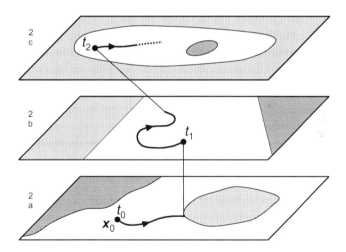

Abb. 3.32. Beispiel für den Verlauf einer Trajektorie eines hybriden Systems

Der prinzipielle Verlauf einer hybriden Trajektorie als Folge der Interaktion von kontinuierlichen und ereignisdiskreten Teilsystemen ist in Abb. 3.32 zu sehen. Das System startet zum Zeitpunkt t_0 im Punkt $\mathbf{x}_0$ und verläuft entsprechend der eingezeichneten Trajektorie. Erreicht die Trajektorie, wie zum Zeitpunkt t_1, den Rand eines der grauschattierten Bereiche, lösen die Zustandsgrößen ein Ereignis aus. Durch das Ereignis geht das hybride System in einen neuen diskreten Zustand über mit veränderter kontinuierlicher Dynamik und entsprechend auch mit neuen Übergangsbereichen im kontinuierlichen Zustandsraum (graue Bereiche). Nach dem Ereignis läuft die Trajektorie entsprechend den nun völlig neuen Verhältnissen weiter. Zum Zeitpunkt t_2 wird von außen ein Ereignis ausgelöst. Dieses führt neben einer erneuten Veränderung der kontinuierlichen Dynamik auch zu einer Reinitialisierung der Zustandsgrößen. Danach verläuft die Trajektorie entsprechend der neuen Dynamik bis das nächste Ereignis eintritt, usw.

3.3.1 Getrennte Modellierung am Beispiel Stateflow

Mit der Kenntnis der Modellierungsmöglichkeiten kontinuierlicher (siehe Abschnitt 3.1) und ereignisdiskreter (Abschnitt 3.2) Systeme ist es naheliegend, ein hybrides System in einen kontinuierlichen und einen diskreten Teil aufzuteilen (*Dekomposition*). Beide Teilsysteme lassen sich unabhängig voneinander mit Methoden ihrer Domäne entwerfen und überprüfen, um bestimmte Eigenschaften der Teilsysteme sicherzustellen. Bei der *Komposition* zu einem Gesamtsystem nach Abb. 3.33 müssen außerdem noch Schnittstellen hinzugefügt werden, die es ermöglichen, dass diskrete bzw. digitale Signale in kontinuierliche bzw. analoge umgewandelt werden und umgekehrt. Diese Schnittstellen heißen *Injektor* und *Quantisierer*. Neben dem hybriden Signalkreis besitzt ein solches System auch kontinuierliche und diskrete Ein- und Ausgänge.

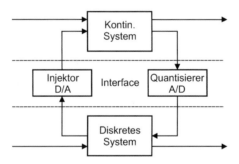

Abb. 3.33. Getrennte Modellierung kontinuierlicher und diskreter Teilsysteme

Solche Erweiterungen sind für Automaten, Statecharts, Petrinetze etc. üblich. So spricht man von einer *steuerungstechnischen* oder *signaltechnischen Interpretation* von Petrinetzen, wenn diese um Ein- und Ausgänge erweitert werden, um als Modell für eine Steuerung zu dienen.

Ein typisches Beispiel für dieses Konzept ist die Integration von Statecharts unter SIMULINK. Innerhalb dieses Abschnitts werden deshalb am Beispiel von STATEFLOW – stellvertretend für die getrennt modellierten hybriden Systeme – die noch fehlenden Schnittstellen erläutert.

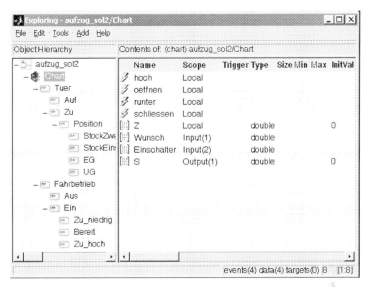

Abb. 3.34. Übersicht über die internen und externen Ereignisse und Signale im STATEFLOW-Explorer

In hybriden Systemen existieren allgemein die beiden Variablentypen von Signalen und Ereignissen. Vor der Verwendung müssen diese Variablen im *Data Dictionary* deklariert werden. Mit dem STATEFLOW-Explorer kann das Data Dictionary bearbeitet werden und es lassen sich die in einem Statechart definierten Variablen ansehen, umbenennen und entfernen, oder es können auch neue Variablen deklariert und mit Eigenschaften versehen werden. Im linken Teil befindet sich in Abb. 3.34 ein Baum mit der Objekthierarchie. Als Objekte werden unter STATEFLOW die einzelnen Statecharts, die Zustandsmaschine als deren Elternobjekt und alle Zustände betrachtet, wobei Substates Kindobjekte des zugehörigen Superstates sind. Ein Objekt kennt dabei neben seinen eigenen Variablen auch die aller Elternobjekte. Die höheren Ebenen der Elternobjekte sind jeweils eine Ebene weiter links als die Kindobjekte angeordnet. In Abb. 3.34 sind auf Diagramm- oder Chartebene vier lokale Ereignisse, eine lokale Variable vom Typ *double*, zwei Signaleingänge und ein Signalausgang definiert. Ereignisse werden im STATEFLOW-Explorer durch einen Blitz links vom Variablennamen gekennzeichnet, Signale durch ein Matrix-Icon.

Ein- und Ausgänge zu SIMULINK können nur auf Chart-Ebene definiert werden, lokale Variablen, *events* und *data*, hingegen auf allen Ebenen. Wurde ein Ereignis oder ein Datum deklariert und mit dem *scope* festgelegt, ob es lokal oder ein Eingang oder Ausgang zu SIMULINK sein soll, können und müssen je nach Variable weitere Eigenschaften festgelegt werden.

Grundsätzlich kann der Injektor in Abb. 3.33 auf zwei Arten modelliert werden. Interessiert an einem kontinuierlichen Signal in SIMULINK der Übergang von einem Wertebereich in einen zweiten, kann dieser Übergang als Ereignis aufgefasst werden, so dass ein Ereigniseingang adäquat erscheint. Soll hingegen bei der Überprüfung der Gültigkeit einer Transition nur getestet werden, ob sich das Signal in einem bestimmten Bereich bestimmt, und wird der Zeitpunkt der Transitionsausführung nicht ausschließlich durch den Wechsel des Wertebereichs festgelegt, sollte das Signal über einen Dateneingang in das Statechart gelangen.

Neben diesen beiden Möglichkeiten der Injektion kann ein Statechart auch zur Abbildung kontinuierlichen geschalteten Verhaltens genutzt werden. Besitzt ein Eingangssignal keinen Einfluss auf die Abläufe im Statechart, sondern wird nur abhängig vom (diskreten) Zustand des Statecharts manipuliert und wieder nach außen gegeben, enthält das Statechart auch Teile, die in Abb. 3.33 im kontinuierlichen Teilsystem enthalten sind.

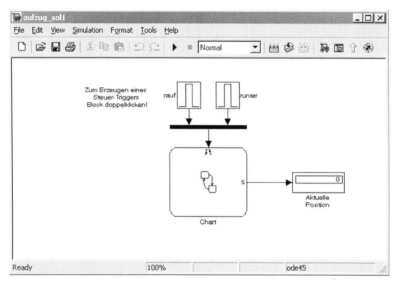

Abb. 3.35. Ereigniseingänge eines STATEFLOW-Diagramms unter SIMULINK

Ereignisse: Nach der Deklaration von Ereigniseingängen wird unter SIMULINKdem entsprechenden STATEFLOW-Block ein Triggereingang hinzugefügt. Dieser wird bei mehreren deklarierten Eingangseingängen als Vektor aufgefasst, wie in Abb. 3.35 zu sehen ist, die Zuordnung der Vektorelemente zu den Events geschieht über das *Index*-Feld in den Ereigniseigenschaften. Dieser Index wird im STATEFLOW-Explorer auch unter Scope angezeigt: *Input(n)*. Dort kann im Feld *Trigger* auch ausgewählt werden, ob bei einem Nulldurchgang des SIMULINK-Signals nur die steigende, nur die fallende oder ob beide Flanken als Ereignis interpretiert werden sollen. Für den Fall, dass ein Ereignis von einem Statechart zu einem zweiten Statechart übertragen werden soll, ist der Triggertyp *function call* definiert, mit dem das aufgerufene Statechart verzögerungsfrei ausgeführt wird. Ereignisausgänge werden an einem Statechart einzeln und nicht vektoriell abgegriffen, im Gegensatz zu Ereigniseingängen stehen hier nur die Triggertypen *either edge* – d. h. es wird abwechselnd eine steigende und eine fallende Flanke mit Nulldurchgang erzeugt – und *function call* zur Verfügung.

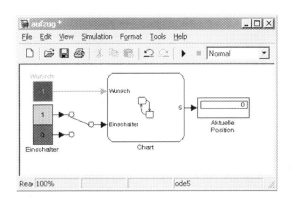

Abb. 3.36. Dateneingänge eines STATEFLOW-Diagramms unter SIMULINK

Daten: Für Daten ist neben den bisherigen Werten für den *scope* auch die Möglichkeit vorgesehen, ein Datum als Konstante, die nicht durch Ausdrücke in der *Action Language* verändert werden kann, oder als temporäre Variable zu definieren, die bei Beginn der Ausführung des Elternobjekts erzeugt und bei Beendigung zerstört wird. Im Eigenschaftsfenster eines Datums kann neben dem Variablentyp, der auf verschiedene Fließkomma-, Festkomma-, Ganzzahl- und Binärformate festgelegt werden kann, auch definiert werden, ob die Variable ein Skalar, ein Vektor oder eine Matrix sein soll. Der Wert unter *size* ist allerdings nicht dynamisch, sondern muss explizit angegeben werden. Lokale Variablen können mit einer Konstanten (*InitVal*) oder vom SIMULINK-Workspace des Charts (*FrWS*) initialisiert werden. Der letzte aktuelle Wert einer Variable kann auch nach Ausführung in den Workspace eines Modells geschrieben werden (*ToWS*). Während des Debuggens ist es möglich, auf die Einhaltung eines bestimmten Wertebereiches zwischen den mit *min* und *max* angegebenen Werten zu achten, oder bei Wahl von *watch* jede Veränderung des Datums angezeigt zu bekommen. Für jedes Eingangs- oder Ausgangsdatum wird ein Port unter SIMULINK erzeugt, dessen Reihenfolge über den *Index*-Eintrag festgelegt wird. Datenausgänge befinden sich bei nicht gedrehter Platzierung des Statecharts unter SIMULINK oberhalb von den Ereignisausgängen.

STATEFLOW-Diagramme werden anders als normale SIMULINK-Blöcke nicht zu jedem Zeitschritt der Simulation aufgerufen. Stattdessen kann im Ei-

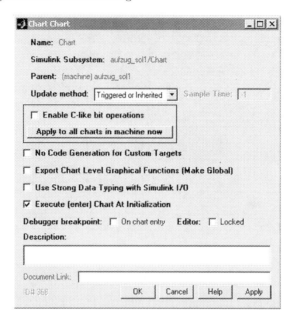

Abb. 3.37. Eigenschaftsseite eines STATEFLOW-Diagramms

genschaftendialog eines Diagramms eingestellt werden, mit welcher Methode das Statechart aktiviert werden soll. Diese Eigenschaften können für jedes Statechart unterschiedlich sein. In Abb. 3.37 kann die Einstellung *Update Method* auf einen der folgenden Werte gestellt werden:

- Triggered or Inherited,
- Sampled,
- Continuous.

Hierbei bedeuten:

- Triggered
  Enthält das *data dictionary* eines STATEFLOW-Diagramms mindestens einen Ereigniseingang, wird das Chart nur beim Auftreten externer Ereignisse durch Nulldurchgänge der kontinuierlichen Signale am Triggereingang „aufgeweckt".
- Inherited, Sampled, Continuous
  Gilt nur für Charts, für die *keine* Ereigniseingänge definiert wurden:
  – Inherited
    Das Chart wird zu jedem Simulationszeitpunkt eines der Eingangssignale an den Dateneingängen ausgeführt, indem zu jedem dieser Zeitpunkte sogenannte implizite Ereignisse generiert werden. Diese Update-Methode heißt *Inherited*, da das Statechart die Abtastzeitpunkte aller eingehenden Signale „erbt".

– Sampled

Bei dieser Update-Methode werden implizite Ereignisse mit der unter *Sample Time* eingegebenen Rate generiert, so dass das Chart mit dieser und nur mit dieser Rate periodisch aktiviert wird. Analog zur Einstellung *fixed-step* in den SIMULINK-Solver-Optionen.

– Continuous

Das Statechart wird bei Berechnung jedes Zeitschritts (major step) und auch bei Berechnung von Zwischenschritten (minor step) aufgerufen, falls der gewählte SIMULINK-Solver diese unterstützt. Analog zur Einstellung *variable-step* in den SIMULINK-Solver-Optionen.

3.3.2 Erweiterungen von Beschreibungsmitteln

Beispielhaft werden in diesem Abschnitt ein kontinuierliches und ein diskretes Beschreibungsmittel vorgestellt, die zu hybriden Beschreibungsmitteln erweitert wurden. Als Beschreibungsmittel des Kontinuierlichen wurde das Zustandsraummodell gewählt, dass um Möglichkeiten des Umschaltens zwischen mehreren Dynamiken erweitert wurde. Als klassisches diskretes Beschreibungsmittel werden Automaten mittels Zuordnung von Differentialgleichungssystemen zu hybriden Automaten erweitert.

Erweitertes Zustandsraummodell

Ein (zeitkontinuierliches) hybrides System kann durch die Erweiterung des Zustandsraummodells gewonnen werden (siehe auch Kap. 2.10). Das gelingt, indem der kontinuierlichen Systembeschreibung mit n Zuständen, p Eingängen und q Ausgängen die Menge der diskreten Zustände $\mathbb{M}$, die Menge der diskreten Eingänge $\mathbb{I}$ und die Menge der diskreten Ausgänge $\mathbb{O}$ hinzugefügt werden. Hiermit ergibt sich ein hybrides System zu einem 7-Tupel $\mathcal{H}$.

- $\mathcal{H} = (\mathbb{R}^n \times \mathbb{M}, \mathbb{R}^p \times \mathbb{I}, \mathbb{R}^q \times \mathbb{O}, f, \phi, g, \gamma)$,
- mit dem hybriden Zustandsvektor $\mathbf{h}(t) = \left(\mathbf{x}^T(t), \mathbf{m}^T(t)\right)^T$, gebildet aus dem kontinuierlichen Zustandsvektor $\mathbf{x}(t)$ und dem diskreten Zustandsvektor $\mathbf{m}(t)$,
- aus der nichtleeren Menge $\mathbb{H} = \mathbb{R}^n \times \mathbb{M}$ als hybridem Zustandsraum mit $\mathbf{h}(t)\epsilon\mathbb{H}$,
- die Menge $\mathbb{R}^p \times \mathbb{I}$ als Raum der hybriden Eingänge von $\mathcal{H}$,
- die Menge $\mathbb{R}^q \times \mathbb{O}$ als Raum der hybriden Ausgänge von $\mathcal{H}$,
- der kontinuierlichen Übergangsfunktion $f : D_f \to \mathbb{R}^n$ mit $D_f \subseteq \mathbb{R}^n \times \mathbb{M} \times \mathbb{R}^p$
- der diskreten Übergangsfunktion $\phi : D_\phi \to \mathbb{M}$ mit $D_\phi \subseteq \mathbb{R}^n \times \mathbb{M} \times \mathbb{R}^p \times \mathbb{I}$
- der kontinuierlichen Ausgangsfunktion $g : D_g \to \mathbb{R}^q$ mit $D_g \subseteq \mathbb{R}^n \times \mathbb{M} \times \mathbb{R}^p$
- der diskreten Ausgangsfunktion $\gamma : D_\gamma \to \mathbb{O}$ mit $D_\gamma \subseteq \mathbb{R}^n \times \mathbb{M} \times \mathbb{R}^p \times \mathbb{I}$

Die Systemdarstellung nach Gl.(3.52) lässt sich in einem Wirkungsplan allgemein auch wie in Abb. 3.38 darstellen.

$$\dot{\mathbf{x}}(t) = f\big(\mathbf{x}(t), \mathbf{m}(t), \mathbf{u}(t)\big),$$
$$\mathbf{m}^+(t) = \phi\big(\mathbf{x}(t), \mathbf{m}(t), \mathbf{u}(t), \mathbf{i}(t)\big),$$
$$\mathbf{y}(t) = g\big(\mathbf{x}(t), \mathbf{m}(t), \mathbf{u}(t)\big),$$
$$\mathbf{o}^+(t) = \gamma\big(\mathbf{x}(t), \mathbf{m}(t), \mathbf{u}(t), \mathbf{i}(t)\big).$$

$$(3.52)$$

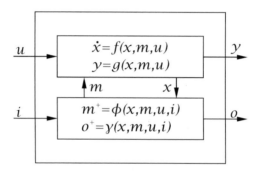

Abb. 3.38. Wirkungsplandarstellung eines erweiterten Zustandsraummodells

In Gl.(3.53) wird ein einfaches System zweier geschalteter Differentialgleichungen mit zwei Modi a und b gezeigt ($\mathbb{M} = \{a, b\}$), das vollkommen autonom ist, so dass $\mathbb{R}^p, \mathbb{R}^q, \mathbb{I}$ und $\mathbb{O}$ leere Mengen sind.

$$\dot{\mathbf{x}}^a = \begin{pmatrix} -1 & -100 \\ 10 & -1 \end{pmatrix} \cdot \mathbf{x}^a \quad \text{und} \quad \dot{\mathbf{x}}^b = \begin{pmatrix} -1 & 10 \\ -100 & -1 \end{pmatrix} \cdot \mathbf{x}^b \qquad (3.53)$$

$$\phi = \Big\{ m_{a \to b} = \{\mathbf{x} \epsilon \mathbb{R}^2 | x_2 = -0.2 \cdot x_1\},$$
$$m_{b \to a} = \{\mathbf{x} \epsilon \mathbb{R}^2 | x_2 = 5 \cdot x_1\} \Big\}$$

$$(3.54)$$

Wichtige Fragen wie z. B. die nach der Stabilität für derartige geschaltete lineare Systeme lassen sich nicht mehr einfach beantworten. Schon bei relativ übersichtlichen Systemen können Umschaltungen sehr schnell zu unerwartetem Verhalten führen, wie das Beispiel zweier linearer Systeme zeigt, die in Zustandsraumdarstellung durch Gl.(3.53) und gegeben sind, wenn Gl.(3.54) zur Bestimmung der Umschaltpunkte zwischen den Systemen benutzt wird. Die Systeme haben mit $\lambda_{1,2} = -1 \pm j \cdot \sqrt{1000}$ die gleichen Eigenwerte und

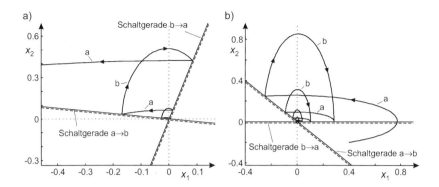

Abb. 3.39. Beispiel für die Modellierung mit geschalteten Differentialgleichungen
– a) Graph zu Gl.(3.53)/(3.54), b) Graph zu Gl.(3.55)/(3.56)

sind beide stabil. Da die Eigenwerte zudem weit vom Stabilitätsrand entfernt
liegen, könnte man erwarten, dass auch eine Verschaltung der beiden Systeme
stabil sein wird. In Abb. 3.39a ist der Verlauf der beiden Zustandsgrößen für
die Anfangsbedingung $\mathbf{x}_0 = (0, 0.01)^T$ dargestellt.

Ausgehend von der Anfangsbedingung ist zunächst die Systemdynamik a
gültig. Umgeschaltet von der Systemdynamik a zur Systemdynamik b wird
immer dann, wenn die Systemtrajektorie von a auf die Schaltgerade $x_b = 0.2 \cdot$
x_a trifft. Umgekehrt wird immer von der Systemdynamik b nach a gewechselt,
wenn die Trajektorie von b auf die Schaltgerade $x_b = 5 \cdot x_a$ trifft. Durch diese
Schaltstrategie kommt es zu einem ständigen Wechsel zwischen den beiden
Systemdynamiken und letztlich zu instabilem Verhalten.

Umgekehrt kann man für zwei gleichermaßen nach Gl.(3.55) und (3.56)
aufgebaute instabile Systeme mit den Eigenwerten $\lambda_{1,2} = 1 \pm j \cdot \sqrt{1000}$ zeigen,
dass deren Verschaltung bei korrekter Wahl der Umschaltpunkte ein stabiles
hybrides Gesamtsystem ergibt, dessen Trajektorie für alle Startwerte in den
Ursprung konvergiert (Abb. 3.39b).

$$\dot{\mathbf{x}}^a = \begin{pmatrix} 1 & -100 \\ 10 & 1 \end{pmatrix} \cdot \mathbf{x}^a \quad \text{und} \quad \dot{\mathbf{x}}^b = \begin{pmatrix} 1 & 10 \\ -100 & 1 \end{pmatrix} \cdot \mathbf{x}^b \tag{3.55}$$

$$\phi = \left\{ \begin{array}{l} m_{a \to b} = \{\mathbf{x}\epsilon\mathbb{R}^2 | x_2 = -x_1\}, \\[2mm] m_{b \to a} = \{\mathbf{x}\epsilon\mathbb{R}^2 | x_2 = 0\} \end{array} \right\} \tag{3.56}$$

Erweiterte Automaten

Ohne formalen Anforderungen zu genügen, soll in diesem Abschnitt der umge-
kehrte Weg zur hybriden Systemdarstellung gegangen werden: die Erweiterung

von Automaten zu hybriden Automaten, deren Grundelemente in Abb. 3.40 dargestellt werden. Mittels der festen Zuordnung von Differentialgleichungs-systemen $F_z(\dot{\mathbf{x}}, \mathbf{x}, t)$ zu jedem Zustand z eines Automaten steht jeder Zustand für ein bestimmtes Verhalten des Systems – deshalb heißen die Zustände von hybriden Automaten auch *Modi*. Jeder Zustandsübergang aus der Menge der Zustandsübergänge E kann nun zusätzlich zur Auslösung durch Ereignisse von den Zustandsvariablen abhängen und es kann eine Initialisierung der Zustandsvariablen während des Übergangs erfolgen. Dies wird durch die Sprung-funktion des hybriden Automaten beschrieben, die jedem Zustandsübergang e_i eine Bedingungsfunktion g_i und eine Initialisierungsfunktion h_i zuweist. Ein Zustandsübergang kann somit nur stattfinden, wenn die Übergangsbedingung erfüllt ist, er muss aber nicht. Um einen Zustandsübergang auch erzwingen zu können, wird jedem Zustand z des hybriden Automaten eine Invariante INV_z zugewiesen. Die Invariante muss erfüllt sein, wenn der Automat in den Zustand übergeht und solange er sich in diesem befindet. Schließlich kann je-dem möglichen Anfangszustand des Automaten noch eine Anfangsbedingung zugewiesen werden, die grafisch durch eine Kante ohne Quellknoten darge-stellt wird. Der hybride Gesamtzustand eines hybriden Automaten ergibt sich aus dem Modus, in dem sich der Automat gerade befindet, und den aktuel-len Werten der Zustandsvariablen. Zustandsänderungen finden statt durch die kontinuierliche Änderung der Zustandsvariablen, während sich der Automat in einem Modus aufhält, oder durch einen diskreten Wechsel des Modus.

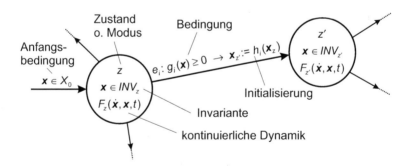

Abb. 3.40. Elemente eines hybriden Automaten

Zur Veranschaulichung zeigt Abb. 3.41 das Beispiel eines Billardtisches mit einer schwarzen und einer weißen Kugel. Der Tisch ist h Längeneinhei-ten breit und l Längeneinheiten lang und die schwarze Kugel befindet sich anfangs an der Position (x_s, y_s). Die schwarze Kugel wird angestoßen und bewegt sich mit der konstanten Geschwindigkeit v. Trifft die Kugel nun auf eine Bande, kommt es zu einem vollelastischen Stoß und die entsprechen-de Geschwindigkeitskomponente ändert ihr Vorzeichen. Abbildung 3.41 zeigt

rechts den hybriden Automaten für die Bewegung der schwarzen Kugel. Jede
der vier möglichen Vorzeichenkombination der beiden Geschwindigkeitskom-
ponenten wird durch einen eigenen Zustand im Automaten dargestellt. Die
Zustandsübergänge des Automaten korrespondieren mit der Berührung einer
der Banden durch die Kugel. Mit den Invarianten wird dabei der Übergang
exakt zum Zeitpunkt der Bandenberührung erzwungen.

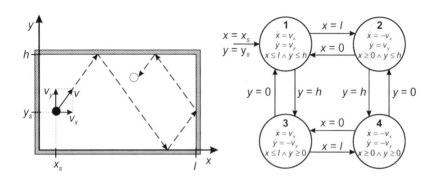

Abb. 3.41. Beispiel eines Billardtisches mit hybridem Automaten zur Darstellung
der Bewegung der schwarzen Kugel

Ein wesentliches Problem bei der Modellierung von Systemen mit hybriden Automaten wird deutlich, wenn im Billardtischbeispiel die schwarze Kugel
auf die weiße trifft und sich beide Kugeln in unterschiedlicher Richtung weiter
bewegen. Die Anzahl der darzustellenden Zustände des Automaten wächst exponentiell mit der Zahl nebenläufiger Prozesse (Zustandsexplosion). Abhilfe
bietet hier die Modellierung des Systems durch mehrere miteinander kommu-
nizierende Automaten oder durch ein Hierarchiekonzept, wie es z. B. in den
Statecharts umgesetzt ist.

3.4 Modellabstraktionen

Bei den in Kap. 3.3 beschriebenen Ansätzen zur Modellierung hybrider Systeme wird ein kontinuierliches oder diskretes Beschreibungsmittel um Methoden zur Darstellung diskreter bzw. kontinuierlicher Dynamik erweitert. Im
Gegensatz dazu wird bei den im Folgenden vorgestellten Modellansätzen versucht, durch geeignete Approximations- bzw. Abstraktionsverfahren die kontinuierlichen oder diskreten Teile des Verhaltens hybrider Systeme mit einem
diskreten bzw. kontinuierlichen Modell zu beschreiben. Das anschließend in
einer der beiden bekannten Domänen beschriebene Verhalten des hybriden
Systems kann auf diese Weise mit vorhandenen, diskreten oder kontinuierlichen Beschreibungsmitteln dargestellt werden. Modifikationen im Modell oder

der Theorie des Beschreibungsmittels sind nicht notwendig. Die Aufgabe bei diesen Ansätzen besteht vielmehr darin, eine geeignete Abstraktion des ursprünglich hybrid modellierten Systems zu finden. Die gefundene Abstraktion genügt dann der Definition in Kap. 3.3 naturgemäß nicht mehr.

3.4.1 Diskrete Abstraktionen

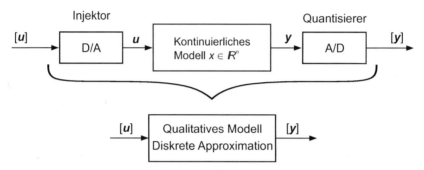

Abb. 3.42. Kontinuierlich-diskretes Originalsystem und seine diskrete Approximation

Ausgangspunkt für die qualitative Modellbildung ist die in Abb. 3.42 dargestellte Situation: Eine endliche Menge U diskreter Stellsignale [**u**] wird über eine eindeutige Abbildung (Injektion) in ein reellwertiges Signal **u** umgesetzt. Dieses wirkt auf ein wertekontinuierliches System, dessen Zustand sich im $\mathbb{R}^n$ bewegt. Als Messinformation steht eine quantisierte Version [**y**] der reellwertigen Ausgangsgröße **y** aus der Menge Y zur Verfügung. Aufgabe ist also, den durch das wertkontinuierliche System, die Injektion und den Quantisierer vermittelten Zusammenhang zwischen [**u**] und [**y**] durch ein qualitatives Modell zu approximieren.

Damit die Approximation des Originalsystems vollständig ist, muss sie für alle relevanten Kombinationen von Ein- und Ausgangssignalen des Originalsystems $\mathcal{B}_C \subseteq U \times Y$ aus U und Y definiert sein. Das Verhalten $\mathcal{B}_A$ des approximierten Systems darf durchaus in weiteren Bereichen definiert sein, muss aber der Bedingung $\mathcal{B}_C \subseteq \mathcal{B}_A$ gehorchen. Je kleiner die Differenzmenge $\mathcal{B}_A \backslash \mathcal{B}_C$ ist, desto genauer ist die Approximation. Wird die Approximation zu ungenau, die Menge $\mathcal{B}_A$ also zu groß, können die zu betrachtenden Fragestellungen vielfach nicht mehr oder nur falsch beantwortet werden, da das Modell Möglichkeiten des Systemverhaltens bietet, die das Originalsystem nicht besitzt. Je kleiner die Differenzmenge $\mathcal{B}_A \backslash \mathcal{B}_C$ ist, umso weniger nicht zutreffende Lösungen werden erzeugt. Mit einer Erhöhung der Genauigkeit steigt aber im Gegenzug der Rechenaufwand und die Modellgröße stark an, so dass wie bei jeder allgemeinen Modellbildung ein geeigneter Kompromiss zwischen Genauigkeit und Komplexität gefunden werden muss.

Bei der Anwendung qualitativer Modelle ist ein weiterer entscheidender Aspekt zu beachten: Qualitative Modelle sind in aller Regel nicht-deterministisch. Der Nicht-Determinismus resultiert aus der unvollständigen Kenntnis des exakten Anfangszustandes des wertekontinuierlichen Systems. Bei gleicher Folge von Ein- und Ausgängen kann das System bei qualitativ gleichem Anfangszustand (der eine Menge wertekontinuierlicher Zustände umfasst) unterschiedliche Trajektorien erzeugen. Der Nicht-Determinismus kann entsprechend auch nicht durch ein beliebig genaues Modell verhindert werden.

Ein typischer Ansatz bei der diskreten Abstraktion hybriden Verhaltens ist, neben der Quantisierung von Ein- und Ausgangssignalen auch den Zustandsraum diskret zu abstrahieren und ihn durch eine Menge qualitativer Zustände $[\mathbf{x}]$ darzustellen. Der Zustandsraum wird also in einzelne Zellen aufgeteilt, die sich normalerweise nicht überlappen und den physikalisch sinnvollen Bereich des Zustandsraumes (Wertebereich, den die Zustandsgrößen im physikalischen System annehmen können) abdecken. Diese qualitativen Zustände bilden die diskrete Zustandsmenge des qualitativen Modells. In einem zweiten Schritt werden dann alle möglichen Zustandsübergänge zwischen den qualitativen Zuständen ermittelt.

Abbildung 3.43 zeigt einen Ausschnitt aus dem Trajektorienfeld eines kontinuierlichen Systems mit zwei Zustandsgrößen $x_1(t)$ und $x_2(t)$ bei konstanter Eingangsgröße. Der Zustandsraum wurde in vier Bereiche aufgeteilt, für die rechteckige Zellen innerhalb des physikalisch sinnvollen Bereichs $x_1 \epsilon [x_{1_{min}}, x_{1_{max}}]$ und $x_2 \epsilon [x_{2_{min}}, x_{2_{max}}]$ der Zustandsgrößen gewählt wurden. Jede der Zellen beschreibt einen qualitativen Zustand des Systems. Zwei benachbarte Zustände werden über eine Transition verbunden, wenn im System ein Übergang von dem einen qualitativen Zustand in den anderen möglich ist. Die Transitionen werden mit der zugehörigen Bedingung an die kontinuierlichen Variablen beschriftet. Dasselbe Vorgehen muss nun ebenfalls für alle Möglichkeiten des diskret abstrahierten Eingangssignals durchgeführt werden – dieser Vorgang ist in Abb. 3.43 nicht dargestellt. Um ein vollständiges qualitatives Modell zu erhalten, müssen *sämtliche* Kombinationen von qualitativen Zuständen mit den in diesen Zuständen sinnvollen Eingangsgrößen berücksichtigt werden.

3.4.2 Kontinuierliche Abstraktionen

Ein sehr schwer wiegendes Problem bei der Modellierung diskreter Systeme ist das der *Zustandsexplosion*. Eine Möglichkeit der Vereinfachung ist es, diskrete Teile eines hybriden Systems als kontinuierlich zu abstrahieren. Diese Vereinfachungs- oder Relaxationstechnik wird vom Menschen im Grunde alltäglich verwendetet – die Physik lehrt, dass alle Materie aus kleinsten Teilchen aufgebaut ist, elektrische Energie nur als Quantum auftreten kann etc. Trotzdem wäre es unpraktisch, sich diesen Charakter bei der großen Menge zählbarer Einheiten dauernd zu vergegenwärtigen, so dass bei Materie vom

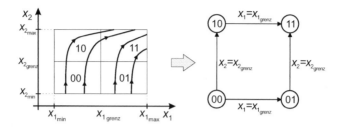

Abb. 3.43. Beispiel einer diskreten Approximation als Automat

Kontinuum gesprochen wird oder elektrische Größen als reelle Zahlen mit Dimension hingenommen werden. Aber auch bei deutlich kleineren diskreten Mengen lohnt sich die kontinuierliche Abstraktion des Problems, etwa bei der Untersuchung eines großen Computernetzwerks, in dem zahlreiche Rechner (diskrete) Daten anfordern und liefern. Die Idee zu einem auf Petrinetzen basierenden Ansatz soll im folgenden kurz vermittelt werden.

Fasst man die Markierung einer Petrinetzstelle als nichtnegativen kontinuierlichen Wert $m \epsilon \mathbb{R}_0^+$ auf und fasst die Änderung der Markierung in Gl.(3.50) als kontinuierlich auf – also als Ableitung der Markierung –, so ergibt sich die Grundgleichung der *kontinuierlichen Petrinetze*

$$\dot{m} = N \cdot f \quad . \tag{3.57}$$

Der Schalthäufigkeitsvektor v wurde hierin durch den Flussvektor f ersetzt, der eine Funktion der Markierung ist. Hierbei kann der Fluss durch eine Transition von begrenzter Geschwindigkeit $f_{t_i}(t) \leq \lambda(t_i)$ eingeschränkt sein, so dass eine Transition mit einer konstanten Geschwindigkeit schaltet, solange die Markierung einer Stelle im Vorbereich nicht Null wird. Durch die Differentiation stellen sich aufgrund des schnellen Geschwindigkeitswechsels zwischen Null und $\lambda(t_i)$ auch Zwischenwerte ein, vergleichbar etwa mit einem nichtlinearen 2-Punkt-Glied, das ,im 'Umschaltpunkt betrieben wird und durch unendlich häufiges und schnelles Schalten quasi Werte zwischen den beiden Punkten erzeugt.

Eine weitere Möglichkeit ist es, den Fluss durch eine Transition nicht zu begrenzen, sondern proportional von der Markierung des Vorbereichs abhängig zu machen; auch hier ist gewährleistet, dass die Markierung einer Stelle nicht kleiner als Null wird, da der Fluss durch eine Transition im Nachbereich einer nicht markierten Stelle ebenfalls Null ist.

Durch die Wahl von f können stückweise lineare Gleichungssysteme oder stückweise lineare Differentialgleichungssysteme aufgebaut werden, deren Analyse vorteilhaft jeweils zum Teil mit Methoden der Netztheorie *und* mit Methoden der kontinuierlichen Systemtheorie durchgeführt werden kann.

Lässt man bei diesem Modellierungsansatz auch diskrete Transitionen zu, bilden die hybriden Petrinetze ein mächtiges Modellierungswerkzeug, in dem kontinuierliche und diskrete Modellierung in einer Darstellungsform integriert sind, dessen Analyse- und Syntheseverfahren allerdings bei weitem noch nicht ausreichend erforscht sind.

4

Identifikation

4.1 Grundlagen, Ziele und Modelle

In Kapitel 1 ist deutlich gemacht worden, dass für einen effizienten modellbasierten Entwurf von Automatisierungslösungen ausführbare Modelle erforderlich sind. Grundsätzlich bieten sich zwei Wege an, solche Modelle aufzustellen,

- die theoretische Prozessanalyse und
- die experimentelle Prozessanalyse.

Eine *theoretische Prozessanalyse* ist dann möglich, wenn alle physikalischen und sonstigen Gesetzmäßigkeiten des Prozesses bekannt und hinreichend genau beschreibbar sind. Methoden und Beschreibungsformen für die Modellbildung kontinuierlicher, ereignisdiskreter und hybrider Systeme sind in Kapitel 3 vorgestellt worden. Oft entziehen sich technische Prozesse – zumindest in Teilen – jedoch einer handhabbaren Beschreibung oder aber einzelne Parameter eines von der Struktur her bekannten Modells sind nicht genau genug bestimmbar. Da dies vorrangig für kontinuierliche Modelle zutrifft, werden nur diese im Rahmen dieses Kapitels betrachtet.

In diesen Fällen muss eine *experimentelle Prozessanalyse*, eine Identifikation, durchgeführt werden. Ziel der Identifikation ist es, aus der Messung von Ein- und Ausgangssignalen des Prozesses unter Einsatz von Vorkenntnissen ein mathematisches Modell des Signalübertragungsverhaltens zu gewinnen.

Mittels Identifikation gewonnene Modelle können zur Überprüfung der auf theoretischem Wege ermittelten Modelle, als Grundlage für Simulationen oder auch zum Entwurf von Regelungen und Steuerungen verwendet werden. Sie bieten darüber hinaus die Möglichkeit zum direkten Einsatz in Regelungen und Steuerungen, z. B. in Beobachtern, in Regelungen mit Prozessmodell oder in adaptiven Regelungen.

Die grundsätzliche Vorgehensweise bei der Identifikation eines Prozesses kann anhand Abbildung 4.1 erläutert werden. Dabei wird angenommen, dass der Prozess linear und stabil ist, sodass ein eindeutiger Zusammenhang zwischen dem Eingangssignal u(t), mit dem der Prozess angeregt wird, und dem daraus resultierenden Ausgangssignal $y_u(t)$ existiert.

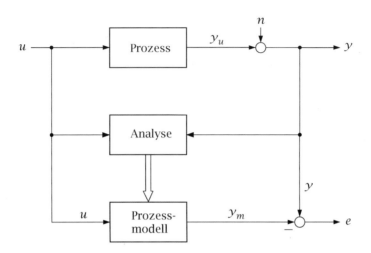

Abb. 4.1. Identifikation eines Prozesses

Auf jeden technischen Prozess wirken Störungen ein, die als Störsignal $n(t)$ dem Ausgangssignal des Prozesses $y_u(t)$ überlagert gedacht werden können und bei der Messung unweigerlich mit erfasst werden. Aufgabe der Identifikation ist nun, aus der Messung und Verarbeitung des Eingangssignals $u(t)$ und des gestörten Ausgangssignals $y(t)$ ein mathematisches Modell des Prozesses derart zu ermitteln, sodass ein zwischen Prozess und Modell gebildetes Fehlersignal $e(t)$ möglichst klein wird.

Kenntnisse über den Prozess werden bei der Identifikation lediglich aus den Ein- und Ausgangssignalen gewonnen. Mit dem Prozessmodell wird daher auch nur das Ein-/Ausgangsverhalten des untersuchten Prozesses nachgebildet; d. h. nur der steuerbare und beobachtbare Teil des Prozesses wird erfasst. Für viele Aufgabenstellungen stellt dies jedoch keine Einschränkung dar.

In der Regel werden zu untersuchende Prozesse im normalen Betrieb nicht genügend angeregt, um eine zuverlässige Identifikation durchführen zu können. Oft werden daher einfache, leicht zu erzeugende Testsignale eingesetzt, mit denen der Prozess bei der Identifikation beaufschlagt wird. Zu unterscheiden ist zwischen

- nichtperiodischen Signalen
  (z. B. Sprungfunktion oder Rechteckimpuls),
- periodischen Signalen
  (z. B. Sinus- oder Rechteckschwingung), sowie

- stochastischen Signalen
  (z. B. binäres Rauschen),

die je nach vorliegenden Stellmöglichkeiten und gewähltem Identifikationsverfahren eingesetzt werden.

Ein wesentliches Klassifikationsmerkmal für Identifikationsverfahren, welches auch zur Gliederung dieses Kapitels herangezogen wurde, ist die Art der verwendeten Modellklasse. Die Bestimmung eines mathematischen Modells bedeutet nämlich stets, aus einer vorgegebenen Klasse von Modellen eines zu ermitteln, welches den genannten Anforderungen genügt. Grundsätzlich ist - je nach Art der Modellklasse - zwischen

- nichtparametrischen Identifikationsverfahren und
- parametrischen Identifikationsverfahren

zu unterscheiden, auf die im Folgenden näher eingegangen werden soll. Eine Übersicht über die wichtigsten Vertreter dieser Verfahren gibt Abb. 4.2.

EINGANGS-SIGNAL	MODELL	AUSGANGS-SIGNAL	IDENTIFIK. METHODE	MESS/ AUSWERT.-GERÄT	ZULÄSS. STÖR-SIGNAL	OFF-LINE	ON-LINE	BLOCK	ECHT-ZEIT	ERREICH-BARE GENAU.-KEIT	ZVS	MGS	NLS	ANWENDUNGS-BEISPIELE
u	$\frac{K}{(1+Ts)^n}$ PARAM	y	KENNWERT-ERMITTLUNG	SCHREIBER	SEHR KLEIN	–	–	–	–	KLEIN	–	–	–	• GROBES MODELL • REGLEREINSTELLUNG
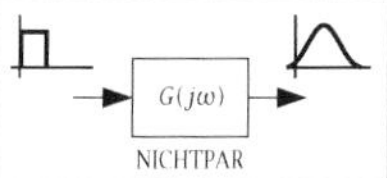	$G(j\omega)$ NICHTPAR		FOURIER ANALYSE	SCHREIBER	KLEIN	×	–	×	–	MITTEL	–	×	–	• ÜBERPRÜFUNG THEORETISCHER MODELLE
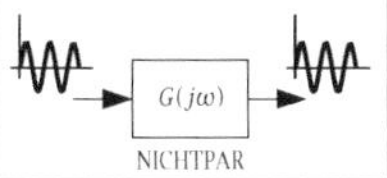	$G(j\omega)$ NICHTPAR		FREQUENZ-GANG-MESSUNG	• SCHREIBER • F.G.MESS-GERÄT	MITTEL	–	–	–	–	SEHR GROSS	–	×	–	• ÜBERPRÜFUNG THEORETISCHER MODELLE • ENTWURF KLASSISCHER REGLER
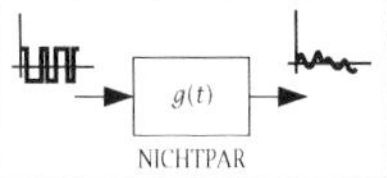	$g(t)$ NICHTPAR		KORRELA-TION	• KORRELA-TOR • PROZESS-RECHNER	} GROSS	– ×	– ×	– ×	× ×	} GROSS	×	×	×	• ERKENNUNG SIGNALZUSAMMENHÄNGE • LAUFZEIT-IDENTIFIKATION
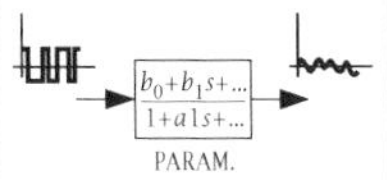	$\frac{b_0+b_1s+...}{1+a_1s+...}$ PARAM.		MODELL-ABGLEICH	Echtzeit-simulator	KLEIN	–	–	–	×	MITTEL	×	–	–	ADAPTIVE REGELUNG
			PARAM. SCHÄTZ.G.	PROZESS-RECHNER	GROSS	×	×	×	×	GROSS	×	×	×	• ENTWURF MODERN.R. • ADAPTIVE REGELUNG • FEHLERDIAGNOSE

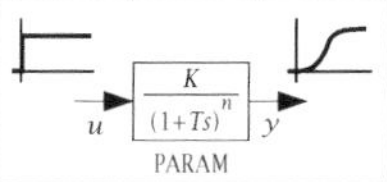

Abb. 4.2. Identifikationsverfahren [36]

4.2 Nichtparametrische Identifikation

4.2.1 Allgemeines

Nichtparametrische Modelle bieten bei der Identifikation den Vorteil, dass lediglich die Linearität und Zeitinvarianz des zu untersuchenden Prozesses vorauszusetzen sind; weitergehende Annahmen bzgl. der Ordnung oder etwaiger Totzeiten müssen nicht getroffen werden. Die wichtigsten Beschreibungsformen nichtparametrischer Modelle sind

- die Gewichts- und die Übergangsfunktion (Zeitbereich) und
- der Frequenzgang (Frequenzbereich),

die jeweils in graphischer Darstellung oder auch als Wertetabelle angegeben werden können.

Das Aufzeichnen und Auswerten von Gewichts- und Übergangsfunktionen zählt zu den einfachsten Identifikationsverfahren. So kann z. B. die Übergangsfunktion, die als (normierte) Antwort auf ein sprungförmiges Eingangssignal gewonnen werden kann, zur überschlägigen Ermittlung von Übertragungsfaktor und Zeitkonstanten und daraus ableitbaren Reglereinstellwerten genutzt werden. Vorhandene Störungen gehen jedoch in das Modell mit ein, sodass der Verwendbarkeit der Übergangsfunktion Grenzen gesetzt sind.

Für viele Anwendungsfälle ist es wichtig, dem Modell unmittelbar das dynamische Übertragungsverhalten in dem gesamten relevanten Frequenzbereich entnehmen zu können. In den nachfolgenden Ausführungen werden daher drei in der Praxis gängige Verfahren zur experimentellen Ermittlung von Frequenzgängen skizziert,

- die Frequenzgangmessung mit determinierten Signalen,
- die schnelle Fourier-Transformation, und
- die Frequenzgangbestimmung mit stochastischen Signalen.

Weiterhin wird auf Probleme eingegangen, die entstehen, wenn diese (und andere) Identifikationsverfahren auf Digitalrechner und damit ins Zeitdiskrete übertragen werden. Ergebnis dieser Überlegungen ist ein Abtasttheorem, welches Aufschluss über die erforderliche Abtastfrequenz des Digitalrechners gibt. Wenngleich dieses Theorem am Beispiel der Fourier-Transformation, d. h. eines nichtparametrischen Identifikationsverfahrens hergeleitet wird, so gilt es doch für nahezu alle abtastend arbeitenden Mess- und Regelungsverfahren.

4.2.2 Frequenzgangmessung mit determinierten Signalen

Wird ein stabiles, lineares und zeitinvariantes System mit einem harmonischen Eingangssignal

$$u(t) = U \cos(\omega t) \tag{4.1}$$

beaufschlagt, so ergibt sich an dessen Ausgang, nach Abklingen aller Einschwingvorgänge, wieder eine harmonische Schwingung

$$y_u(t) = Y_u \cos(\omega t + \varphi), \tag{4.2}$$

d. h. eine Schwingung mit der anregenden Kreisfrequenz ω. Die Amplitude Y_u sowie die Phasenverschiebung φ können dem Frequenzgang des Systems

$$\begin{aligned}
G(j\omega) &= \frac{Y_u}{U} \cdot e^{j\varphi} \\
&= \frac{Y_u}{U} \cdot (\cos\varphi + j\sin\varphi) \\
&= \mathrm{Re}[G(j\omega)] + j\mathrm{Im}[G(j\omega)]
\end{aligned} \tag{4.3}$$

mittels der Beziehung

$$|G(j\omega)| = \frac{Y_u}{U} = \sqrt{\mathrm{Re}^2[G(j\omega)] + \mathrm{Im}^2[G(j\omega)]} \tag{4.4}$$

$$\varphi = \arctan\left[\frac{\mathrm{Im}[G(j\omega)]}{\mathrm{Re}[G(j\omega)]}\right] \tag{4.5}$$

direkt entnommen werden.

Die Messanordnung für ein sehr verbreitetes Verfahren zur experimentellen Ermittlung von Frequenzgängen, welches auf der so genannten Korrelations- analyse beruht, ist in Abb. 4.3 dargestellt.

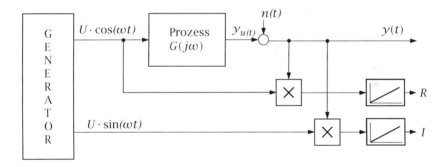

Abb. 4.3. Messanordnung für Korrelationsverfahren

Ein Signalgenerator liefert zwei harmonische Signale gleicher, vorwählba- rer Kreisfrequenz und Amplitude, die zueinander um $\pi/2$ phasenverschoben sind. Der Prozess antwortet auf diese Anregung mit einem harmonischen Si- gnal $y_u(t)$, welches von einem Störsignal $n(t)$ überlagert wird, sodass nur ein verfälschtes Ausgangssignal $y(t)$ gemessen werden kann. Durch die gezeigte Multiplikation mit den Testsignalen sowie anschließende Integration wird er- reicht, dass bei

• einer Messfrequenz $\omega = \omega_0$,

- einer daraus resultierenden Periode $T_0 = \frac{2\pi}{\omega_0}$, sowie
- nach einer Messzeit $T = k \cdot T_0$

sofort die Signale

$$R = \text{Re}[G(j\omega_0)] \cdot \frac{U^2}{2}kT_0 + \int_0^T n(t)U\cos\omega t\,dt$$

$$I = \text{Im}[G(j\omega_0)] \cdot \frac{U^2}{2}kT_0 + \int_0^T n(t)U\sin\omega t\,dt \tag{4.6}$$

abgreifbar sind [43] [40]. Für den Fall, dass die Störung $n(t)$ von der Schwingung unabhängig ist, sind die hierin enthaltenen Integrale beschränkt, während die übrigen Therme mit der Messzeit T wachsen. Bei hinreichend langer Messzeit wird daher der Einfluss der Störung so weit verringert, dass aus R und I näherungsweise der Frequenzgang $G(j\omega_0)$ in Real- und Imaginärteil ermittelt werden kann. Durch mehrere solcher Messungen mit jeweils veränderten Messfrequenzen ω_0 kann somit der Frequenzgang bei allen interessierenden Frequenzwerten bestimmt werden.

Wie Abb. 4.3 erkennen lässt, kann dieses Verfahren, welches in so genannten Frequenzgangmessplätzen zum Einsatz kommt, auch in analoger Rechentechnik realisiert werden. Verbreitet ist heute jedoch die digitale Frequenzgangmessung mit Signalabtastung, digitaler Multiplikation und Integration.

4.2.3 Fourier-Transformation und FFT

Die Ermittlung von Frequenzgängen ist durch Anwendung der so genannten *Fourier-Transformation* auch mit nichtperiodischen Testsignalen möglich. Man erhält den Frequenzgang eines Systems als Verhältnis der Fourier-Transformierten von Ausgangs- und Eingangssignal

$$G(j\omega) = \frac{\mathscr{F}\{y(t)\}}{\mathscr{F}\{u(t)\}} = \frac{Y(\omega)}{U(\omega)} \quad ; \tag{4.7}$$

d. h. anders als im vorher beschriebenen Verfahren kann der Frequenzgang - zumindest theoretisch - aus einer einzigen Messung bestimmt werden. Hierbei muss jedoch beachtet werden, dass die Fouriertransformation des Ausgangssignals auch die darin enthaltenen Störungen voll miterfasst. Die genannte Beziehung gilt daher nur für den Fall, dass die Störungen vernachlässigbar klein sind.

Durch die Fourier-Transformation, bzw. deren Rücktransformation, wird ein zeitabhängiges Signal $u(t)$ umkehrbar eindeutig in ein frequenzabhängiges Signal $U(\omega)$ gemäß der Vorschrift

$$U(\omega) = \int\limits_{-\infty}^{\infty} u(t) \cdot e^{-j\omega t} dt$$

$$u(t) = \frac{1}{2\pi} \int\limits_{-\infty}^{\infty} U(\omega) \cdot e^{j\omega t} d\omega$$

$$(4.8)$$

abgebildet. Die Anwendung der Fourier-Transformation ist jedoch nicht für beliebige Signale möglich [32], vielmehr muss (für nichtperiodische Signale) die Bedingung

$$\int\limits_{-\infty}^{\infty} |u(t)| dt < \infty \qquad (4.9)$$

erfüllt sein, d. h. die von der Zeitfunktion $u(t)$ und der Zeitachse eingeschlossene Fläche muss endlich sein - eine Voraussetzung, die z. B. von sprungförmigen Signalen nicht erfüllt wird. Für periodische Signale gelten andere Voraussetzungen, auf die hier nicht eingegangen werden muss.

Der Übergang von der kontinuierlichen zur diskreten Fourier-Transformation soll an der folgenden Abb. 4.4, in dem ein zeitlich veränderliches Signal $u(t)$ und dessen Fourier-transformiertes, frequenzabhängiges Signal $U(\omega)$ dargestellt sind, gezeigt werden. Die diskrete Tranformationsbeziehung soll nunmehr so beschaffen sein, dass ein zeitdiskretes Signal u_n in ein frequenzdiskretes Signal U_k überführt wird. Vereinbarungsgemäß sollen beide Signale die gleiche Anzahl, nämlich N Stützstellen besitzen.

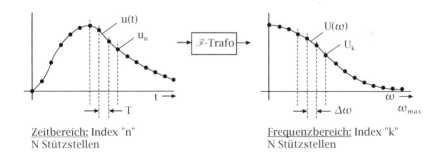

Abb. 4.4. Diskretisierung der Fourier-Transformation

Es verbleibt, für den unter den gegebenen Randbedingungen einzig verbleibenden Freiheitsgrad, nämlich für den mit der Transformation abgedeckten Frequenzbereich eine sinnvolle Vorgabe zu treffen. Einen ersten Anhaltspunkt liefert die Überlegung, dass durch eine Abtastung mit konstantem Zeitintervall T keine Schwingungen erfasst werden können, deren Periodenlänge kleiner ist als $2T$ (Vorzeichenwechsel bei jeder Abtastung). Somit könnte

$$f^*_{\max} = \frac{1}{2T} \tag{4.10}$$

als erste Abschätzung der maximal erfassbaren Frequenz angesehen werden. Aus Gründen, auf die in Abschnitt 4.5 näher eingegangen wird, wird der abzubildende Frequenzbereich jedoch verdoppelt:

$$f_{\max} = 2f^*_{\max} = \frac{1}{T}$$

$$\omega_{\max} = 2\pi \cdot f_{\max} = \frac{2\pi}{T} \quad . \tag{4.11}$$

Die zur Diskretisierung der Fourier-Transformation erforderlichen Korrespondenzen liegen somit fest:

$$dt \ \to T$$

$$t \ \to tn \ = n \cdot T, \qquad n = 0, 1, 2, ..., \quad N - 1$$

$$d\omega \to \Delta\omega = \frac{\omega_{\max}}{N} = \frac{2\pi}{NT}$$

$$\omega \ \to \omega_k \ = k \cdot \Delta\omega = k\frac{2\pi}{NT}, \quad k = 0, 1, 2, ..., N - 1 \quad . \tag{4.12}$$

Die für den Einsatz von Digitalrechnern geeignete *Diskrete Fourier-Transformation (DFT)* entsteht nun unmittelbar, indem die in der Transformationsbeziehung Gl.4.8 enthaltenen Integrale durch Summen mit den in Gl.4.12 zusammengestellten Diskretisierungen von Zeit und Kreisfrequenz angenähert werden. Analog zum Kontinuierlichen wird mit den auf diese Weise gewonnenen Beziehungen

$$U_k = T \cdot \sum_{n=0}^{N-1} u_n \cdot e^{-j2\pi \frac{k \cdot n}{N}}, \ k = 0, 1, ..., N - 1$$
$$(k : \text{Index für Frequenz})$$
$$u_n = \frac{1}{NT} \cdot \sum_{k=0}^{N-1} U_k \cdot e^{j2\pi \frac{k \cdot n}{N}}, \ n = 0, 1, ..., N - 1$$
$$(n : \text{Index für Zeit}) \tag{4.13}$$

eine Folge von N mit der Abtastzeit T abgetasteten Signalwerten u_n umkehrbar eindeutig in eine Folge von N Stützstellen U_k der Fourier-Transformierten abgebildet. Bei einer Abtastzeit T ist damit ein Frequenzbereich von

$$0 < \omega < \frac{2\pi}{T} \tag{4.14}$$

erfassbar [36], der durch äquidistante Stützstellen im Abstand

$$\Delta\omega = \frac{2\pi}{N \cdot T} \tag{4.15}$$

beschrieben wird. Üblicherweise wird die Abtastzeit zu

$$T = 1 \tag{4.16}$$

normiert, zumal sich diese bei der Frequenzgangbestimmung gemäß

$$G_k = \frac{Y_k}{U_k} \qquad , \quad k = 0, 1, ..., N-1 \qquad (4.17)$$

ohnehin herauskürzt. Diese Konvention wird daher auch im Folgenden übernommen.

Die direkte Umsetzung der genannten Transformationsbeziehung auf Digitalrechner ist jedoch wenig sinnvoll, da bei jedem Zwischenwert der Summe der Ausdruck

$$e^{-j2\pi \frac{k \cdot n}{N}} \qquad (4.18)$$

neu zu berechnen wäre, wodurch ein nicht vertretbarer numerischer Aufwand entstünde. Erste Abhilfe schafft hier die Abspaltung des konstanten Anteils des Exponentialterms,

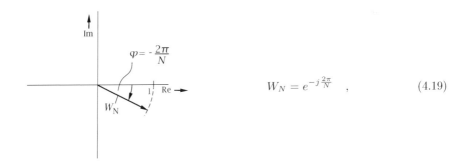

$$W_N = e^{-j \frac{2\pi}{N}} \qquad , \qquad (4.19)$$

der nur von der Zahl N der Messwerte abhängt und daher nur einmal berechnet werden muss. Wegen

$$e^{-j2\pi \frac{k \cdot n}{N}} = W_N^{k \cdot n} \qquad (4.20)$$

lassen sich dann die Wichtungsfaktoren der jeweiligen Zwischenwerte durch einfaches Potenzieren ermitteln. Es verbleibt als Transformationsvorschrift

$$U_k = \sum_{n=0}^{N-1} u_n \cdot W_N^{k \cdot n} \qquad , \quad k = 0, 1, \ldots, N-1 \qquad (4.21)$$

wobei beachtet werden muss, dass die Wichtungsfaktoren im Allgemeinen komplexe Zahlen sind, sodass der Rechenaufwand immer noch beachtlich ist.

Bevor jedoch weitere Maßnahmen zur Reduzierung des Rechenaufwands vorgenommen werden, soll noch eine alternative Darstellung für die Transformationsbeziehung nach Gl.4.21 genannt werden, die durch vektorielle Schreibweise der Wertefolgen U_k und u_n möglich wird:

$$
\begin{pmatrix} U_0 \\ U_1 \\ U_2 \\ \vdots \\ U_{N-1} \end{pmatrix} = \begin{pmatrix} W_N^{0 \cdot 0} & W_N^{0 \cdot 1} & W_N^{0 \cdot 2} & \cdots & W_N^{0 \cdot (N-1)} \\ W_N^{1 \cdot 0} & W_N^{1 \cdot 1} & W_N^{1 \cdot 2} & \cdots & W_N^{1 \cdot (N-1)} \\ W_N^{2 \cdot 0} & W_N^{2 \cdot 1} & W_N^{2 \cdot 2} & \cdots & W_N^{2 \cdot (N-1)} \\ \vdots & \vdots & \vdots & & \vdots \\ W_N^{(N-1) \cdot 0} & W_N^{(N-1) \cdot 1} & W_N^{(N-1) \cdot 2} & \cdots & W_N^{(N-1) \cdot (N-1)} \end{pmatrix} \begin{pmatrix} u_0 \\ u_1 \\ u_2 \\ \vdots \\ u_{N-1} \end{pmatrix} .
$$

$$(4.22)$$

Durch Zusammenfassen entsteht die handlichere Beziehung

$$U = \boldsymbol{W}_N \cdot \boldsymbol{u}, \tag{4.23}$$

die die DFT als Vektor/Matrixprodukt ausweist. Die dabei entstandene Wichtungsmatrix $\boldsymbol{W}_N$ verdeutlicht, dass bei schlichter Anwendung der Berechnungsvorschrift sehr viele, nämlich N^2 Koeffizienten zu berechnen wären. Zur Erläuterung von Maßnahmen, die den Rechenaufwand reduzieren, soll jedoch wieder auf die Summenschreibweise nach Gl.(4.21) zurückgegriffen werden.

Eine erhebliche Reduzierung bietet die *Schnelle (Fast) Fourier-Transformation (FFT)*, bei der die zyklischen Eigenschaften von $W_N^{k \cdot n}$ (vgl. Gl.(4.19)) durch systematisches Halbieren der Summen ausgenutzt werden. Besonders vorteilhaft ist dies möglich, wenn als Anzahl der Messwerte eine Zweierpotenz gewählt wird. Die grundsätzliche Idee der FFT soll zunächst an einem einfachen Beispiel mit acht Messwerten erläutert werden.

Für diesen Fall gilt

$$
\begin{aligned}
N &= 8 \\
W_N = e^{-j\frac{2\pi}{8}} = \left[e^{-j\pi} \right]^{\frac{1}{4}} = (\cos\pi - j\sin\pi)^{\frac{1}{4}} &= (-1)^{\frac{1}{4}} \\
W_N^{k \cdot n} &= (-1)^{\frac{k \cdot n}{4}}.
\end{aligned}
$$

$$(4.24)$$

Die Signalwerte u_n und u_{n+4} haben demnach wegen

$$
\begin{aligned}
W_N^{k \cdot (n+4)} &= (-1)^{k \cdot \frac{n+4}{4}} = (-1)^{k \cdot \frac{n}{4}} \cdot (-1)^k \\
&= W_N^{k \cdot n} \cdot (-1)^k
\end{aligned}
$$

$$(4.25)$$

die vom Betrag her gleichen Wichtungsfaktoren, bei geradem k mit gleichen und bei ungeradem k mit entgegengesetzten Vorzeichen. Daher werden zunächst alle Paare u_n, u_{n+4} durch

$$\begin{aligned} u_n + u_{n+4} \quad &\text{oder} \\ u_n - u_{n+4} \quad &, n = 0, 1, 2, 3 \end{aligned} \tag{4.26}$$

verknüpft, sodass alle Werte U_k der transformierten Folge durch weiteres Zusammenfassen dieser Ausdrücke berechnet werden können. Dieser Sachverhalt wird auch durch den Signalflussgraphen in Abb. 4.5a ausgedrückt, aus dem zu entnehmen ist, dass eine DFT für acht Messwerte durch zwei DFT für jeweils vier Messwerte ersetzt werden kann.

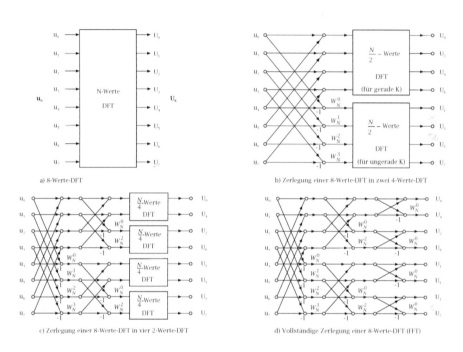

a) 8-Werte-DFT

b) Zerlegung einer 8-Werte-DFT in zwei 4-Werte-DFT

c) Zerlegung einer 8-Werte-DFT in vier 2-Werte-DFT

d) Vollständige Zerlegung einer 8-Werte-DFT (FFT)

Abb. 4.5. Signalflussgraphen für die Zerlegung einer DFT in eine FFT (hier: $N = 8$) [39]

Zur Herleitung der allgemeinen Beziehung, d. h. für

$$N = 2^\rho \quad , \quad \rho \in \mathbb{N} \tag{4.27}$$

wird zunächst die Summe halbiert

$$U_k = \sum_{n=0}^{N-1} u_n \cdot W_N^{k \cdot n} =$$

$$= \sum_{n=0}^{\frac{N}{2}-1} u_n \cdot W_N^{k \cdot n} + \sum_{n=\frac{N}{2}}^{N-1} u_n \cdot W_N^{k \cdot n} \tag{4.28}$$

$$= \sum_{n=0}^{\frac{N}{2}-1} u_n \cdot W_N^{k \cdot n} + W_N^{k \cdot \frac{N}{2}} \cdot \sum_{n=0}^{\frac{N}{2}-1} u_{n+\frac{N}{2}} \cdot W_N^{k \cdot n} \quad ,$$

und wegen

$$W_N^{k \cdot \frac{N}{2}} = e^{-j2\pi \frac{k \cdot N}{2 \cdot N}} = \left[e^{-j\pi} \right]^k = (-1)^k \tag{4.29}$$

folgt schließlich

$$U_k = \sum_{n=0}^{\frac{N}{2}-1} \left[u_n + (-1)^k \cdot u_{n+\frac{N}{2}} \right] \cdot W_N^{k \cdot n}. \tag{4.30}$$

Hier treten nun die bereits genannten Paare $u_n, u_{n+N/2}$ auf, wobei das Vorzeichen der Verknüpfung von k abhängt. Der Ausdruck lässt sich weiter zusammenfassen, wenn man zwischen geraden und ungeraden Werten von k unterscheidet. Mit

$$r = 0, 1, \ldots, \frac{N}{2} - 1 \tag{4.31}$$

gilt

$$W_N^{2r \cdot n} = W_{\frac{N}{2}}^{r \cdot n} \tag{4.32}$$

und es ergibt sich für *gerade* k ($k = 2r$):

$$U_{k=2r} = \sum_{n=0}^{\frac{N}{2}-1} \underbrace{(u_n + u_{n+\frac{N}{2}})}_{v_n} \cdot W_N^{2r \cdot n} = \sum_{n=0}^{\frac{N}{2}-1} v_n \cdot W_{\frac{N}{2}}^{r \cdot n}; \tag{4.33}$$

und für *ungerade* k ($k = 2r + 1$):

$$U_{k=2r+1} = \sum_{n=0}^{\frac{N}{2}-1} \underbrace{(u_n - u_{n+\frac{N}{2}})}_{w_n} \cdot W_N^n \cdot W_N^{2r \cdot n}$$

$$= \sum_{n=0}^{\frac{N}{2}-1} w_n \cdot W_{\frac{N}{2}}^{r \cdot n}. \tag{4.34}$$

Hiermit wird die bereits aus dem vorangegangenen Beispiel abzuleitende Vermutung bestätigt, dass eine DFT für N Messwerte auf zwei DFT für jeweils $\frac{N}{2}$ Messwerte zurückgeführt werden kann, welches mit erheblich geringerem Rechenaufwand möglich ist. Wegen $N = 2^\rho$ sind

$$N, \frac{N}{2}, \frac{N}{4}, \frac{N}{8}, \ldots, \frac{N}{2^{\rho-1}} = 2 \qquad (4.35)$$

ganzzahlig und das Halbierungsverfahren lässt sich fortsetzen, bis nur noch sehr einfache DFT für jeweils zwei Messwerte übrig bleiben. Für das eingangs betrachtete Beispiel mit 8 Messwerten kann dieses fortgesetzte Halbierungs-Verfahren der Abb. 4.5a-d, entnommen werden.

Die Vorteile der FFT gegenüber der DFT wachsen mit der Anzahl der zu transformierenden Messwerte. Für 1024 Messwerte ($\rho = 10$) ergibt sich beispielsweise eine Reduzierung von etwa 10^6 zu berechnenden Produkten auf etwa 10^4, also 100-mal weniger. Die sehr leistungsfähigen FFT-Algorithmen gehören daher auch zur Standardsoftware für Digitalrechner, die zur Signalanalyse eingesetzt werden. In MATLAB beispielsweise gehört die Funktion `fft` zum Grundumfang.

4.2.4 Frequenzgangmessung mit stochastischen Signalen

Bei der Bestimmung von Frequenzgängen kann nicht grundsätzlich vorausgesetzt werden, dass die auf den Prozess wirkende Eingangsgröße determiniert, d. h., dass deren zeitlicher Verlauf mathematisch beschreibbar und damit vorhersagbar ist. Soll beispielsweise eine Identifikation im laufenden Betrieb durchgeführt werden, ohne dass spezielle Testsignale eingesetzt werden können, so müssen Ein- und Ausgangssignal als regellose, stochastische Signale angesehen werden. Gleiches gilt, wenn der Prozess zur Identifizierung mit einem Rauschsignal beaufschlagt wird, mit dem - im Gegensatz zu harmonischen Signalen - eine Anregung in einem weiten Frequenzbereich möglich ist.

Zur Beschreibung eines gemessenen stochastischen Signals $u(t)$, für das keine den zeitlichen Verlauf wiedergebende mathematische Beziehung angegeben werden kann, dienen so genannte *Korrelationsfunktionen*, aus denen bestimmte statistische Eigenschaften des Signals abzulesen sind. Die so genannte *Autokorrelationsfunktion* $\Phi_{uu}(\tau)$ beschreibt den inneren Verwandschaftsgrad eines Signals, indem sie Wertepaare $u(t)$ und $u(t+\tau)$ in Beziehung setzt. Die Autokorrelationsfunktion eines Signals $u(t)$ ist definiert durch

$$\Phi_{uu}(\tau) = \lim_{T \to \infty} \frac{1}{2T} \int_{-T}^{T} u(t) \cdot u(t+\tau) dt \qquad (4.36)$$

und gibt daher die gegenseitige mittlere Abhängigkeit von einem Signalwert $u(t)$ und einem um die Zeit τ verschobenen Wert $u(t+\tau)$ wieder. Gewöhnlich wird der Unterschied dieser Werte mit kleiner werdendem τ geringer, für $\tau = 0$ wird die Abhängigkeit am größten. Es gilt daher stets

$$\Phi_{uu}(0) = \lim_{T \to \infty} \frac{1}{2T} \int_{-T}^{T} u^2(t) dt \geq |\Phi_{uu}(\tau)|, 0 \leq \tau < \infty, \qquad (4.37)$$

wobei $\Phi_{uu}(0)$ gerade dem quadratischen Mittelwert von $u(t)$ entspricht, der auch als mittlere Signalleistung bezeichnet wird. Als weiteren wichtigen Kennwert erhält man aus der Autokorrelationsfunktion für $\tau \to \infty$, da dann $u(t)$ und $u(t + \tau)$ völlig unabhängig von einander, d. h. unkorreliert sind, mit

$$\lim_{\tau \to \infty} \Phi_{uu}(\tau) =$$

$$= \lim_{\tau \to \infty} \left\{ \left[\lim_{T \to \infty} \frac{1}{2T} \int\limits_{-T}^{T} u(t)\,dt \right] \cdot \left[\lim_{T \to \infty} \frac{1}{2T} \int\limits_{-T}^{T} u(t + \tau)\,dt \right] \right\} \quad (4.38)$$

$$= \left[\lim_{T \to \infty} \frac{1}{2T} \int\limits_{-T}^{T} u(t)\,dt \right]^2$$

das Quadrat des Mittelwertes von $u(t)$, sodass für mittelwertfreie Signale gilt:

$$\lim_{\tau \to \infty} \Phi_{uu}(\tau) = 0 \quad . \quad (4.39)$$

Neben der inneren Verwandtschaft eines Signals können mit Korrelationsfunktionen auch die gegenseitigen Abhängigkeiten von zwei Signalen, z. B. zwischen Ein- und Ausgangssignal eines zu identifizierenden Prozesses ausgedrückt werden. Hierzu dient die *Kreuzkorrelationsfunktion* $\Phi_{uy}(\tau)$, die durch

$$\Phi_{uy}(\tau) = \lim_{T \to \infty} \frac{1}{2T} \int\limits_{-T}^{T} u(t) \cdot y(t + \tau)\,dt \quad (4.40)$$

definiert ist und die gegenseitige Abhängigkeit der Signale $u(t)$ und $y(t)$ wiedergibt.

Für ein lineares Übertragungssystem mit Eingangsgröße $u(t)$, Ausgangsgröße $y(t)$ und Gewichtsfunktion $g(t)$ gibt das Faltungsintegral

$$y(t) = \int\limits_{-\infty}^{\infty} u(\tau) \cdot g(t - \tau)\,d\tau = \int\limits_{-\infty}^{\infty} g(\tau) \cdot u(t - \tau)\,d\tau \quad (4.41)$$

den Zusammenhang zwischen Eingangs- und Ausgangsgröße im Zeitbereich wieder. Geeignetes Erweitern der Faltungsbeziehung, z. B. mit $u(t - \nu)$

$$u(t - \nu) \cdot y(t) = \int\limits_{-\infty}^{\infty} g(\tau) \cdot u(t - \tau) \cdot u(t - \nu)\,d\tau \quad (4.42)$$

und Bilden von zeitlichen Mittelwerten entsprechend den Gln. (4.36) und (4.40) führt zu der interessanten Aussage

$$\Phi_{uy}(\nu) = \int\limits_{-\infty}^{\infty} g(\tau) \cdot \Phi_{uu}(\nu - \tau) d\tau \, , \tag{4.43}$$

d. h. die Kreuzkorrelationsfunktion Φ_{uy} hängt in der gleichen Weise von der Autokorrelationsfunktion ab wie die Ausgangsgröße $y(t)$ von der Eingangsgröße $u(t)$. Auf dem gleichen Wege kann man die Beziehung

$$\Phi_{yy}(\nu) = \int\limits_{-\infty}^{\infty} g(\tau) \cdot \Phi_{uy}(\tau - \nu) d\tau \tag{4.44}$$

gewinnen. Da die Integrationsvariable τ in beiden Argumenten des Integranden das gleiche Vorzeichen hat, ist diese Gl.(4.44) keine echte Faltung. Durch Vertauschen der Indizes von Φ_{uy} erhält man die Faltungsgleichung

$$\Phi_{yy}(\nu) = \int\limits_{-\infty}^{\infty} g(\tau) \cdot \Phi_{yu}(\nu - \tau) d\tau \, . \tag{4.45}$$

Zur Identifikation eines Prozesses kann man nun Ein- und Ausgangsgrößen messen, daraus Auto- und Kreuzkorrelationsfunktionen bestimmen und damit durch Auflösen (Entfalten) einer der Gln.(4.43) - (4.45) nach $g(\tau)$ die Gewichtsfunktion bestimmen. Zu dieser Verfahrensweise (s.a. Gewichtsfolgenschätzung nach 4.4.1) gibt es allerdings wesentlich effektivere Alternativen im Frequenzbereich.

Die Korrelationsfunktionen bieten gerade bei der Identifikation gestörter Prozesse den Vorteil, dass Störungen, die im Allgemeinen mit den Nutzsignalen nicht korreliert sind, zumindest im Falle hinreichend großer Messzeit nicht in die Korrelationsfunktionen mit eingehen und somit herausgefiltert werden. Der grundsätzliche, die Störsignale herausfilternde Effekt geht aus einer einfachen Betrachtung gemäß Abb. 4.6 hervor. Zur experimentellen Bestimmung der Korrelationsfunktionen können die Näherungen

$$\Phi_{uu}(\tau) \approx \frac{1}{T} \int\limits_{0}^{T} u(t) \cdot u(t + \tau) \, dt$$

$$\Phi_{uy}(\tau) \approx \frac{1}{T} \int\limits_{0}^{T} u(t) \cdot y(t + \tau) \, dt \tag{4.46}$$

$$\Phi_{yy}(\tau) \approx \frac{1}{T} \int\limits_{0}^{T} y(t) \cdot y(t + \tau) \, dt$$

herangezogen werden, sofern das betrachtete Zeitintervall hinreichend groß bemessen ist.

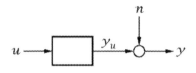

$$y = y_u + n$$
$$\phi_{uy} = \phi_{uy_u} + \underbrace{\phi_{un}}_{=0}$$

für mittelwertfreies, nicht mit $u(t)$ korreliertes $n(t)$

Abb. 4.6. Korrelationsfunktion gestörter Signale

Ähnlich wie bei den determinierten Signalen ist durch Anwendung der Fourier-Transformation eine Beschreibung von stochastischen Signalen im Frequenzbereich möglich. Hierzu werden die Korrelationsfunktionen der Fourier-Transformation unterzogen und man erhält auf diese Weise so genannte *Leistungsspektren*, und zwar durch Transformation der Autokorrelationsfunktion $\Phi_{uu}(\tau)$ das *Autoleistungsspektrum* $S_{uu}(\omega)$, definiert durch

$$S_{uu}(\omega) = \mathscr{F}\{\Phi_{uu}(\tau)\} = \frac{1}{2\pi} \int_{-\infty}^{\infty} \Phi_{uu}(\tau) \cdot e^{-j\omega\tau} d\tau, \qquad (4.47)$$

einer wegen $\Phi_{uu}(\tau) = \Phi_{uu}(-\tau)$ reellwertigen Funktion von ω, die über die Rücktransformation

$$\Phi_{uu}(\tau) = \mathscr{F}^{-1}\{S_{uu}(\omega)\} = \int_{-\infty}^{\infty} S_{uu}(\omega) \cdot e^{j\omega\tau} d\omega \qquad (4.48)$$

wieder in die Autokorrelationsfunktion überführt werden kann. Im Gegensatz zu der für determinierte Signale eingeführten Fourier-Transformation wird der Faktor $1/2\pi$ hier in der Hintransformation anstelle der Rücktransformation berücksichtigt. Für ein auf diese Weise definiertes Autoleistungsspektrum $S_{uu}(\omega)$ gilt (für $\tau = 0$) die der Anschauung nahe liegende Beziehung

$$\Phi_{uu}(0) = \int_{-\infty}^{\infty} S_{uu}(\omega) d\omega, \qquad (4.49)$$

die besagt, dass die Leistung eines Signals dem Integral seines Autoleistungsspektrums entspricht. Entsprechend erhält man durch Fourier-Transformation der Kreuzkorrelationsfunktion das *Kreuzleistungsspektrum* $S_{uy}(\omega)$ mit

$$S_{uy}(\omega) = \mathcal{F}\{\Phi_{uy}(\tau)\} = \frac{1}{2\pi} \int_{-\infty}^{\infty} \Phi_{uy}(\tau) \cdot e^{-j\omega\tau} d\tau \qquad (4.50)$$

und

$$\Phi_{uy}(\tau) = \mathscr{F}^{-1}\{S_{uy}(\omega)\} = \int\limits_{-\infty}^{\infty} S_{uy}(\omega) \cdot e^{j\omega\tau} d\omega, \qquad (4.51)$$

wobei dieses jedoch im Allgemeinen eine komplexe Funktion von ω ist.

Die Zusammenhänge zwischen den Leistungsspektren von Eingangs- und Ausgangsgröße eines linearen Übertragungssystems erhält man durch Fourier-Transformation der entsprechenden Faltungsbeziehungen für die Korrelationsfunktion. Dabei ist besonders vorteilhaft, dass die Faltung im Zeitbereich in eine Multiplikation im Frequenzbereich übergeht (vgl. 4.5). Aus Gl.(4.43) erhält man

$$S_{uy}(\omega) = G(j\omega) \cdot S_{uu}(\omega) \qquad (4.52)$$

und aus Gl.(4.44)

$$S_{yy}(\omega) = G(j\omega) \cdot S_{uy}(-\omega) = G(j\omega) \cdot \overline{S_{uy}}(\omega) \qquad (4.53)$$

und durch Einsetzen von Gl.(4.52) in Gl.(4.53)

$$S_{yy}(\omega) = G(j\omega) \cdot \overline{G(j\omega)} \cdot S_{uu}(\omega) = |G(j\omega)|^2 \cdot S_{uu}(\omega). \qquad (4.54)$$

In Gl.(4.54) ist berücksichtigt worden, dass $S_{uu} = \overline{S_{uu}}$, weil das Autoleistungsspektrum reell ist.

Damit kann man den Frequenzgang aus den Leistungsspektren mit

$$G(j\omega) = \frac{S_{uy}(\omega)}{S_{uu}(\omega)} = \frac{S_{yy}(\omega)}{\overline{S_{uy}}(\omega)} \qquad (4.55)$$

nach Betrag und Phase bestimmen. Aus den beiden Autoleistungsspektren ist über

$$|G(j\omega)|^2 = \frac{S_{yy}(\omega)}{S_{uu}(\omega)} \qquad (4.56)$$

nur der Betrag des Frequenzgangs zu ermitteln.

Das genannte Verfahren findet auf handelsüblichen Spektralanalysatoren, d. h. auf der Basis von Mikro- oder Minirechnern Anwendung, wobei die Integrale numerisch bestimmt oder aber auch zugeschnittene Algorithmen, wie z. B. die im vorigen Abschnitt behandelte schnelle Fourier-Transformation, eingesetzt werden. Da bei der Berechnung der Korrelationsfunktionen die unkorrelierten Störungen weitgehend ausgeblendet werden, liefert die Identifikation selbst bei hohem Störsignalpegel noch brauchbare Ergebnisse.

Alternativ zu den bisher beschriebenen Verfahren können Leistungsspektren auch ohne Berechnung der entsprechenden Korrelationsfunktionen ermittelt werden, indem man die gemessenen Zeitverläufe der Signale $u(t)$ und $y(t)$ in (nicht zu kleine) Segmente der Länge $2T$ aufteilt, diese Abschnitte gemäß

$$U_T(\omega) = \int\limits_{-T}^{T} u_T(t) \cdot e^{-j\omega t} dt$$

$$Y_T(\omega) = \int\limits_{-T}^{T} y_T(t) \cdot e^{-j\omega t} dt$$

$$(4.57)$$

der Fourier-Transformation unterzieht. Aus diesen so genannten Periodogrammen werden dann die gesuchten Leistungsspektren als Scharmittelwerte gebildet, die im Fall einer hinreichend großen Zahl von Segmenten den eigentlich zu bestimmenden Erwartungswerten für unendlich lange Messzeit

$$S_{uu}(\omega) = \frac{1}{2\pi} \cdot \lim_{T \to \infty} E\left\{ \frac{\bar{U}_T(\omega) \cdot U_T(\omega)}{2T} \right\} \quad,$$

$$S_{uy}(\omega) = \frac{1}{2\pi} \cdot \lim_{T \to \infty} E\left\{ \frac{\bar{U}_T(\omega) \cdot Y_T(\omega)}{2T} \right\} \quad,$$

$$(4.58)$$

nahe kommen. Die in Gl.(4.58) beschriebenen Zusammenhänge von Leistungs- und Signalspektren folgt durch Einsetzen und Auflösen der Integraltransformationen gemäß Gln.(4.47) und (4.36) (für $S_{uu}(\omega)$) bzw. gemäß Gln.(4.50) und (4.40) (für $S_{uy}(\omega)$). Der Vorteil dieser Variante zur Ermittlung von Leistungsspektren besteht darin, dass auf die Berechnung von Korrelationsfunktionen verzichtet und damit die Leistungsfähigkeit schneller Fourier-Transformationsalgorithmen uneingeschränkt ausgenutzt werden kann. Störsignalanteile sind durch Mittelung über eine hinreichende Zahl von Segmenten zu kompensieren. Auch dieses Verfahren ist in der Praxis recht verbreitet und findet ebenfalls auf Spektralanalysatoren Anwendung.

4.3 Parametrische Identifikation

4.3.1 Allgemeines

Alternativ zu den nichtparametrischen Modellen kann das dynamische Verhalten eines zu untersuchenden Prozesses auch durch einen Satz von Parametern, z. B. durch die Koeffizienten einer Differentialgleichung oder der entsprechenden Übertragungsfunktion beschrieben werden. Die Angabe dieser Parameter ermöglicht, verglichen mit nichtparametrischen Modellen, eine Verdichtung der Information. Dieses wird jedoch mit dem Zwang erkauft, mehr a priori-Vorkenntnisse in das Identifikationsverfahren einzubringen, sodass die Struktur des Modells sinnvoll vorgegeben werden kann.

Neben der Beschreibung des Übertragungsverhaltens eines linearen, zeitinvarianten Systems im Zeitkontinuierlichen mittels der Übertragungsfunktion

$$G(s) = \frac{Y_u(s)}{U(s)} = \frac{\beta_0 + \beta_1 \cdot s + \ldots + \beta_m \cdot s^m}{1 + \alpha_1 \cdot s + \ldots + \alpha_n \cdot s^n} \cdot e^{-sT_t} \quad, \qquad (4.59)$$

die durch die Laplace-Transformation von Eingangs- und Ausgangssignal entsteht, ist auch eine Beschreibung im Zeitdiskreten möglich, die gerade für den Einsatz von Digitalrechnern vorteilhaft ist. Durch Abtastung der kontinuierlichen Signale $u(t)$ und $y_u(t)$ zu äquidistanten Punkten $k\,T$ gewinnt man die zeitdiskreten Signale u_k und y_{uk}. Mit der Angabe der Totzeit T_t als Vielfachem der Abtastzeit T,

$$T_t = d \cdot T \quad , \tag{4.60}$$

kann das Übertragungsverhalten des Systems durch die zeitdiskrete Differenzengleichung

$$\begin{aligned} y_{u_k} + a_1 \cdot y_{u_{k-1}} + \ldots + a_n \cdot y_{u_{k-n}} = \\ = b_0 \cdot u_{k-d} + b_1 \cdot u_{k-1-d} + \ldots + b_n \cdot u_{k-n-d} \end{aligned} \tag{4.61}$$

beschrieben werden. Ähnlich wie im Zeitkontinuierlichen kann dieses auch durch Angabe einer entsprechenden zeitdiskreten Übertragungsfunktion, der z-Übertragungsfunktion

$$G(z^{-1}) = \frac{Y_u(z^{-1})}{U(z^{-1})} = \frac{b_0 + b_1 \cdot z^{-1} + \ldots + b_n \cdot z^{-n}}{1 + a_1 \cdot z^{-1} + \ldots + a_n \cdot z^{-n}} \cdot z^{-d} \tag{4.62}$$

erfolgen (vgl. Abschnitt 2.9, [3]). Mit der - bei physikalischen Systemen gewöhnlich gerechtfertigten - Annahme $b_0 = 0$ werden sprungfähige Systeme ausgenommen, sodass als parametrisches Modell die z-Übertragungsfunktion

$$\begin{aligned} G(z^{-1}) &= \frac{b_1 \cdot z^{-1} + b_2 z^{-2} + \ldots + b_n z^{-n}}{1 + a_1 z^{-1} + \ldots + a_n z^{-n}} \cdot z^{-d} \\ &= \frac{B(z^{-1})}{A(z^{-1})} \cdot z^{-d} \end{aligned} \tag{4.63}$$

verbleibt. Aufgabe einer parametrischen Identifikation ist es nun, nach vorheriger Festlegung der Modellordnung n und der zeitdiskreten Totzeit d die $2n$ Parameter a_i, b_i auf der Grundlage gemessener Werte von Eingangs- und Ausgangssignal zu bestimmen.

Wären die Signale u und y_u fehlerfrei messbar, so könnten die Parameter des zeitdiskreten Modells nach $3n + d$ Messungen durch Einsetzen der Signalwerte in die Differenzengleichung und Lösung eines linearen Gleichungssystems exakt bestimmt werden. Das ungestörte Ausgangssignal y_u ist jedoch in aller Regel nicht messbar; vielmehr muss mit dem gestörten Signal $y = y_u + n$ gerechnet werden. Wird y_k anstelle y_{uk} in die Differenzengleichung eingesetzt, so unterscheiden sich jedoch die linke und die rechte Seite durch den Gleichungsfehler

$$e_k = y_k + a_1 \cdot y_{k-1} + \ldots + a_n \cdot y_{k-n} - b_1 \cdot u_{k-1-d} - \ldots - b_n \cdot u_{k-n-d} \tag{4.64}$$

Dieser hängt allein von den Störsignalen ab und ist genauso wenig bekannt, wie die noch zu ermittelnden wahren Parameter a_i, b_i. Vielmehr liegen während einer Identifikation lediglich Schätzwerte der Parameter $\hat{a}_i, \hat{b}_i$ vor, sodass auch der Gleichungsfehler nur gemäß

$$\hat{e}_k = y_k + \hat{a}_1 \cdot y_{k-1} + \ldots + \hat{a}_n \cdot y_{k-n} - \hat{b}_1 \cdot u_{k-1-d} - \ldots - \hat{b}_n \cdot u_{k-n-d} \quad (4.65)$$

geschätzt werden kann, was in Abb. 4.7 zum Ausdruck kommt.

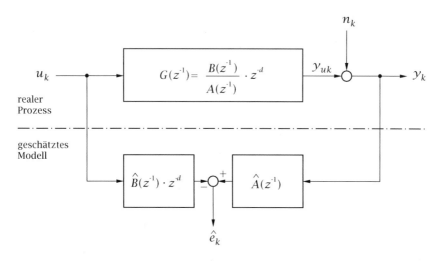

Abb. 4.7. Parametrisches Modell und geschätzter Gleichungsfehler

Im direkten Vergleich der Abb. 4.7 mit der in Abb. 4.1 dargestellten grundsätzlichen Vorgehensweise bei der Identifikation eines dynamischen Prozesses fällt auf, dass hier ein etwas abweichender Ansatz für den zu minimierenden Fehler e gewählt wurde. Der verwendete Ansatz nach Gl.(4.65) bietet den Vorteil, dass der Fehler $\hat{e}_k$ als lineare Funktion der zu schätzenden Parameter a_i, b_i gebildet wird, womit das im Folgenden daraus abzuleitende Ausgleichsproblem überschaubar bleibt. Eine Fehlerdefinition nach Abb. 4.1 wäre - als Differenz zwischen gemessenem und geschätztem Ausgangssignal - zwar anschaulicher, würde jedoch zwangsläufig statt des polynominalen einen gebrochen rationalen Ansatz (mit erheblich größerem Lösungsaufwand) nach sich ziehen.

Der Schätzwert des Gleichungsfehlers $\hat{e}_k$ nach Gl.(4.65) enthält neben den Störsignalen auch diejenigen Fehler, die auf die Abweichungen der geschätzten Parameter $\hat{a}_i$, $\hat{b}_i$ von den wahren Parametern a_i, b_i zurückzuführen sind. Grundsätzliche Idee der Parameterschätzverfahren ist nun, viele Messungen durchzuführen und die geschätzten Parameter $\hat{a}_i, \hat{b}_i$ so zu wählen, dass ein über diese Messungen gebildetes Gütemaß, in das der geschätzte Gleichungsfehler $\hat{e}_k$ eingeht, minimal wird. Für den hier vorausgesetzten Fall mittelwertfreier Störungen n, die zudem nicht mit sich selbst oder dem Eingangssignal korreliert sein dürfen, wird dann das Übertragungsverhalten des zu identifizierenden Prozesses durch die so gewählten Parameter $\hat{a}_i$, $\hat{b}_i$ durch die geschätzte Übertragungsfunktion

$$\hat{G}(z^{-1}) = \frac{\hat{B}(z^{-1})}{\hat{A}(z^{-1})} \cdot z^{-d} =$$
$$= \frac{\hat{b}_1 \cdot z^{-1} + \hat{b}_2 \cdot z^{-2} + \ldots + \hat{b}_n \cdot z^{-n}}{1 + \hat{a}_1 \cdot z^{-1} + \ldots + \hat{a}_n \cdot z^{-n}} \cdot z^{-d} \tag{4.66}$$

im Rahmen der vorgegebenen Modellordnung n und Totzeit d optimal angenähert.

In den folgenden Ausführungen wird ein Parameterschätzverfahren erläutert, dem ein sehr verbreitetes Gütekriterium , das der kleinsten Fehlerquadrate, zugrunde liegt. Hierbei wird sich die gewählte Definition des zu minimierenden Gleichungsfehlers als hilfreich erweisen, weil dieser eine lineare Funktion der gesuchten Parameter $\hat{a}_i$, $\hat{b}_i$ ist. Weiterhin werden die Ansätze für eine rekursive Variante dieses Verfahrens angegeben und einige Hilfen zur Interpretation geschätzter Parameter gegeben. Schließlich wird auf Probleme eingegangen, die bei der Identifikation im geschlossenen Regelkreis auftreten.

4.3.2 Nichtrekursive Parameterschätzung

Werden zur Parameterschätzung wesentlich mehr Messwerte verwendet als Modellparameter zu bestimmen sind, so kann durch Ausnutzen statistischer Eigenschaften von Nutz- und Störsignalen auch die Störung geschätzt, und ihre Wirkung auf die Parameter eliminiert werden. Es sind daher $N \gg 3n + d$ Messungen erforderlich, um brauchbare Ergebnisse für $2n$ Parameter zu erhalten.

Bei nichtrekursiven Verfahren werden zunächst alle N Messungen durchgeführt und anschließend ausgewertet. Hierzu wird der Ausdruck für den Gleichungsfehler $\hat{e}_k$ unter Verwendung der gemessenen Werte u_k und y_k N-mal angeschrieben

$$\begin{aligned}
k = 1 : \quad & \hat{e}_1 = y_1 \quad + \hat{a}_1 \cdot y_0 \quad + \ldots - \hat{b}_n \cdot u_{1-n-d} \\
k = 2 : \quad & \hat{e}_2 = y_2 \quad + \hat{a}_1 \cdot y_1 \quad + \ldots - \hat{b}_n \cdot u_{2-n-d} \\
& \vdots \qquad \vdots \\
k = N : \quad & \hat{e}_N = y_N + \hat{a}_1 \cdot y_{N-1} + \ldots - \hat{b}_n \cdot u_{N-n-d} \quad .
\end{aligned} \tag{4.67}$$

Eine vektorielle Schreibweise bietet eine kompaktere Darstellung; dieses wird möglich durch Definition

- des Parametervektors

$$\hat{\boldsymbol{\Theta}} = (\hat{a}_1 : \hat{a}_2 : \ldots : \hat{a}_n : \hat{b}_1 : \hat{b}_2 : \ldots : \hat{b}_n)^T \quad , \tag{4.68}$$

- sowie des Messgrößenvektors

$$\boldsymbol{m}_k = (-y_{k-1} : -y_{k-2} : \ldots : -y_{k-n} : u_{k-1-d} : u_{k-2-d} : \ldots : u_{k-n-d})^T, \tag{4.69}$$

in dem die zum Zeitpunkt k gemessenen Signalwerte von u und y enthalten sind. Mit diesen Vektoren ergibt sich der Gleichungsfehler schließlich zu

$$\hat{e}_k = y_k - \boldsymbol{m}_k^T \cdot \hat{\boldsymbol{\Theta}} \quad , \quad k = 1, 2, \ldots, N \quad , \tag{4.70}$$

wobei dieser Ausdruck eine sehr anschauliche Interpretation zulässt. Das Skalarprodukt $\boldsymbol{m}_k^T \cdot \hat{\boldsymbol{\Theta}}$ kann nämlich als Vorhersage $\hat{y}_k$ des Ausgangssignalwertes aufgrund der zum Zeitpunkt $k-1$ erfassten Werte angesehen werden. Es wird daher auch als Einschrittprädiktion für y_k bezeichnet und als

$$\hat{y}_k = \hat{y}_{k|k-1} = \boldsymbol{m}_k^T \cdot \hat{\boldsymbol{\Theta}} \tag{4.71}$$

geschrieben. Für den Fall eines verschwindenden Gleichungsfehlers $\hat{e}_k = 0$ ist

$$\hat{y}_k = y_k \quad , \tag{4.72}$$

d. h. die Vorhersage trifft dann den exakten Wert.

Zur Bestimmung der Parameter $\hat{a}_i$, $\hat{b}_i$ muss nun ein Gütemaß gewählt werden, in welches die Gleichungsfehler aller N Gleichungen eingehen und dessen Minimierung die Gleichungsfehler möglichst gering hält. Sehr große Verbreitung hat die *Methode der kleinsten Fehlerquadrate (Least-Squares)* gefunden, da das Gütemaß

$$Q = \frac{1}{N} \cdot \sum_{k=1}^{N} \hat{e}_k^2 \overset{!}{\to} \min \tag{4.73}$$

positive und negative Abweichungen gleichermaßen gewichtet und hinsichtlich der Differentation leichter zu handhaben ist als beispielsweise eine Betragssumme. Die Minimierung des Gütemaßes Q kann als Minimierung der Fehler der N Einschrittprädiktionen angesehen werden. Die N Gleichungen für den Gleichungsfehler können weiter zusammengefasst werden mittels der Definition

- des Gleichungsfehlervektors

$$\hat{\boldsymbol{e}} = (\hat{e}_1 : \hat{e}_2 : \ldots : \hat{e}_N)^T \quad , \tag{4.74}$$

- des Ausgangssignalvektors

$$\boldsymbol{y} = (y_1 : y_2 : \ldots : y_N)^T \quad , \tag{4.75}$$

- sowie der Messwertmatrix

$$M = (\boldsymbol{m}_1 : \boldsymbol{m}_2 : \ldots : \boldsymbol{m}_N)^T = \begin{pmatrix} \boldsymbol{m}_1^T \\ \boldsymbol{m}_2^T \\ \vdots \\ \boldsymbol{m}_N^T \end{pmatrix} \tag{4.76}$$

in der die zuvor definierten N Messwertvektoren $\boldsymbol{m}_k$ zeilenweise angeordnet sind, sodass die Matrix $\boldsymbol{M}$ aus N Zeilen und $2n$ Spalten besteht ($Nx2n$-Matrix). Damit ergibt sich ein überbestimmtes, in aller Regel inkonsistentes Gleichungssystem

$$\hat{\boldsymbol{e}} = \boldsymbol{y} - \boldsymbol{M} \cdot \hat{\boldsymbol{\Theta}} \qquad (4.77)$$

und das Gütemaß lautet

$$Q = \frac{1}{N} \cdot \sum_{k=1}^{N} \hat{e}_k^2 = \frac{1}{N} \cdot \hat{\boldsymbol{e}}^T \cdot \hat{\boldsymbol{e}}$$

$$= \frac{1}{N} \cdot (\boldsymbol{y} - \boldsymbol{M} \cdot \hat{\boldsymbol{\Theta}})^T \cdot (\boldsymbol{y} - \boldsymbol{M} \cdot \hat{\boldsymbol{\Theta}}) \to \min \quad . \qquad (4.78)$$

Es verbleibt, den Parametervektor $\hat{\boldsymbol{\Theta}}$ so zu bestimmen, dass das Gütefunktional Q minimal wird. Eine notwendige Bedingung hierfür lautet

$$\frac{dQ}{d\hat{\boldsymbol{\Theta}}} \overset{!}{=} 0 \quad , \qquad (4.79)$$

sodass zunächst eine vektorielle Differentiation durchgeführt werden muss. Wegen der Produktregel gilt [44]

$$N \cdot \frac{dQ}{d\hat{\boldsymbol{\Theta}}} = \frac{d}{d\hat{\boldsymbol{\Theta}}} \overset{\downarrow}{\left[(\boldsymbol{y} - \boldsymbol{M} \cdot \hat{\boldsymbol{\Theta}})^T \cdot (\boldsymbol{y} - \boldsymbol{M} \cdot \hat{\boldsymbol{\Theta}}) \right]}$$

$$= \frac{d}{d\hat{\boldsymbol{\Theta}}} \overset{\downarrow}{(\boldsymbol{y} - \boldsymbol{M} \cdot \hat{\boldsymbol{\Theta}})^T} \cdot (\boldsymbol{y} - \boldsymbol{M} \cdot \hat{\boldsymbol{\Theta}})$$

$$+ \frac{d}{d\hat{\boldsymbol{\Theta}}} (\boldsymbol{y} - \boldsymbol{M} \cdot \hat{\boldsymbol{\Theta}})^T \cdot \overset{\downarrow}{(\boldsymbol{y} - \boldsymbol{M} \cdot \hat{\boldsymbol{\Theta}})} \quad , \qquad (4.80)$$

wobei der Pfeil $\downarrow$ angibt, auf welchen Klammerausdruck der Differentialoperator angewendet werden soll [33]. Die Produkte der Klammerausdrücke sind jeweils Skalare und können daher transponiert werden, ohne dass sich ihr Wert ändert. Mit zwei Rechenregeln für das Transponieren von Matrizen [44],

$$(\boldsymbol{A} \cdot \boldsymbol{B})^T = \boldsymbol{B}^T \cdot \boldsymbol{A}^T \qquad \text{und} \qquad (\boldsymbol{A}^T)^T = \boldsymbol{A} \quad , \qquad (4.81)$$

ergibt sich somit für das zweite Produkt der Ausdruck

$$(\boldsymbol{y} - \boldsymbol{M} \cdot \hat{\boldsymbol{\Theta}})^T \cdot \overset{\downarrow}{(\boldsymbol{y} - \boldsymbol{M} \cdot \hat{\boldsymbol{\Theta}})} =$$

$$= \left[(\boldsymbol{y} - \boldsymbol{M} \cdot \hat{\boldsymbol{\Theta}})^T \cdot \overset{\downarrow}{(\boldsymbol{y} - \boldsymbol{M} \cdot \hat{\boldsymbol{\Theta}})} \right]^T \qquad (4.82)$$

$$\overset{\downarrow}{=} (\boldsymbol{y} - \boldsymbol{M} \cdot \hat{\boldsymbol{\Theta}})^T \cdot (\boldsymbol{y} - \boldsymbol{M} \cdot \hat{\boldsymbol{\Theta}}) \quad .$$

Offensichtlich stimmt das zweite Produkt also mit dem ersten überein, wodurch sich das gesuchte Differential zu

$$N \cdot \frac{dQ}{d\hat{\Theta}} = 2 \cdot \frac{d}{d\hat{\Theta}} (\boldsymbol{y} - \boldsymbol{M} \cdot \boldsymbol{\Theta})^T \cdot (\boldsymbol{y} - \boldsymbol{M} \cdot \hat{\boldsymbol{\Theta}})$$
$$= 2 \cdot \frac{d}{d\hat{\Theta}} (\boldsymbol{y}^T - \hat{\boldsymbol{\Theta}}^T \cdot \boldsymbol{M}^T) \cdot (\boldsymbol{y} - \boldsymbol{M} \cdot \hat{\boldsymbol{\Theta}}) \tag{4.83}$$

vereinfacht. Wegen

$$\frac{d\hat{\boldsymbol{\Theta}}^T}{d\hat{\boldsymbol{\Theta}}} = \boldsymbol{I} \qquad \text{(Einheitsmatrix)} \tag{4.84}$$

folgt schließlich

$$N \cdot \frac{dQ}{d\hat{\boldsymbol{\Theta}}} = 2 \cdot (\boldsymbol{0} - \boldsymbol{M}^T) \cdot (\boldsymbol{y} - \boldsymbol{M} \cdot \hat{\boldsymbol{\Theta}}) \overset{!}{=} 0 \quad . \tag{4.85}$$

Die Bestimmungsgleichung für den gesuchten Parametervektor $\hat{\boldsymbol{\Theta}}_{Qmin}$ lautet damit

$$\boldsymbol{M}^T \cdot \boldsymbol{M} \cdot \hat{\boldsymbol{\Theta}}_{Qmin} = \boldsymbol{M}^T \cdot \boldsymbol{y} \quad , \tag{4.86}$$

sodass dieser mit

$$\hat{\boldsymbol{\Theta}}_{Qmin} = (\boldsymbol{M}^T \cdot \boldsymbol{M})^{-1} \cdot \boldsymbol{M}^T \cdot \boldsymbol{y} \tag{4.87}$$

in Kenntnis der Messwertmatrix $\boldsymbol{M}$ und des Ausgangssignalvektors $\boldsymbol{y}$ direkt angegeben werden kann.

Die zweite, hinreichende Bedingung für die Existenz eines Minimums

$$\frac{d^2 Q}{d\hat{\boldsymbol{\Theta}} d\hat{\boldsymbol{\Theta}}^T} > 0 \quad , \tag{4.88}$$

entspricht der Forderung

$$\det(\boldsymbol{M}^T \cdot \boldsymbol{M}) > 0 \quad . \tag{4.89}$$

Es kann gezeigt werden, dass diese Bedingung stets erfüllt ist, wenn der Prozess stabil ist und ausreichend angeregt wird [43].

Die hier beschriebene Methode eines nichtrekursiven Parameterschätzverfahrens wird in der Literatur üblicherweise als *DLS-Methode (Direct Least Squares)* bezeichnet. Für den auf diese Weise bestimmten Parametervektor $\hat{\boldsymbol{\Theta}}_{\min}$ verbleibt ein minimales Gütemaß von

$$Q_{\min} = \frac{1}{N} \cdot (\boldsymbol{y} - \boldsymbol{M} \cdot \hat{\boldsymbol{\Theta}}_{Qmin})^T \cdot (\boldsymbol{y} - \boldsymbol{M} \cdot \hat{\boldsymbol{\Theta}}_{Qmin})$$
$$= \frac{1}{N} \cdot (\boldsymbol{y}^T \cdot \boldsymbol{y} - \hat{\boldsymbol{\Theta}}_{Qmin}^T \cdot \boldsymbol{M}^T \cdot \boldsymbol{y})$$
$$- \frac{1}{N} \cdot \hat{\boldsymbol{\Theta}}_{Qmin}^T \cdot \underbrace{(\boldsymbol{M}^T \cdot \boldsymbol{M} \cdot \hat{\boldsymbol{\Theta}}_{Qmin} - \boldsymbol{M}^T \cdot \boldsymbol{y})}_{=0 \,,\, \text{vgl. Gl.(4.86)}} \quad , \tag{4.90}$$

woraus ein mittlerer quadratischer Gleichungsfehler $\hat{e}_k$ abgelesen werden kann. Das bei der Parameterschätzung verbliebene Gütemaß Q_{min} kann genutzt werden, um die Annahmen, die bezüglich Modellordnung n und Totzeit d getroffen werden mussten, zu beurteilen. Selten sind n und d zweifelsfrei bekannt, sodass mehrere Durchläufe zu empfehlen sind, bei denen das Minimum von Q_{min} bezüglich n und d gesucht wird (vgl. Abschnitt 4.3.5).

Die direkte, nichtrekursive Methode der Parameterschätzung erweist sich in der Durchführung als rechentechnisch aufwendig, da eine Ma-trixinversion vorzunehmen ist. Die dabei zu berechnende $(2nx2n)$-Matrix

$$P = (M^T \cdot M)^{-1} \tag{4.91}$$

ist quadratisch und wird auch als *normierte Kovarianzmatrix* bezeichnet. Bei diesem Identifikationsverfahren wurden keine Voraussetzungen über das Eingangssignal getroffen, sodass prinzipiell beliebige Testsignale verwendet werden können, sofern diese den zu identifizierenden Prozess hinreichend anregen.

4.3.3 Rekursive Parameterschätzung

In vielen Anwendungsfällen, so zum Beispiel in adaptiven Regelungssystemen, reicht es nicht aus, zur Identifikation einen Satz vorweg gemessener Daten einmal auszuwerten. Vielmehr muss der aktuelle Parametervektor $\hat{\theta}$ zu jedem Abtastschritt k zur Verfügung stehen. Eine denkbare Lösung bestünde darin, die Messwertmatrix M und den Ausgangssignalvektor y fortlaufend zu aktualisieren und den gesuchten Parametervektor $\hat{\theta}$ gemäß der direkten LS-Lösung zu jedem Abtastschritt neu zu berechnen. Aufgrund der rechenaufwendigen und z.T. problematischen Matrixinversion, die die Berechnung der Kovarianzmatrix P erfordert, ist dieses Verfahren jedoch nicht praktikabel. Abhilfe schafft hier ein rekursives Verfahren; dieses basiert auf der Beziehung

$$M_k^T \cdot M_k = M_{k-1}^T \cdot M_{k-1} + m_k \cdot m_k^T \quad , \tag{4.92}$$

nach der die zu einem Zeitpunkt k zu berechnende Matrix $M_k^T \cdot M_k$ aus ihrer Vorgängerin $M_{k-1}^T \cdot M_{k-1}$ und dem aktuellen Messwertvektor m_k bestimmt werden kann. Hieraus kann die rekursive Lösung eines LS-Schätzproblems abgeleitet werden [43]. Auf die Herleitung wird an dieser Stelle nicht eingegangen; das Ergebnis wird nachfolgend erläutert.

Der zum Zeitpunkt k zu aktualisierende Parametervektor $\hat{\theta}_k$ kann gemäß der rekursiven Rechenvorschrift

$$
\begin{array}{ccccc}
\hat{\Theta}_k & = & \hat{\Theta}_{k-1} & + & g_k & \cdot \left[y_k - m_k^T \cdot \hat{\Theta}_{k-1} \right] \\
\text{neue} & = & \text{alte} & + & \text{Korrektur-} & \cdot \left[\text{neuer} - \text{Vorher-} \right] \\
\text{Schätzung} & & \text{Schätzung} & & \text{vektor} & \left[\text{Messwert} \quad \text{sage} \right]
\end{array} \tag{4.93}
$$

bestimmt werden. Der hierin enthaltene Korrekturvektor g_k, der so genannte Kalmansche Verstärkungsvektor, kann direkt aus der Kovarianzmatrix der bisherigen Schätzung P_{k-1} und dem aktuellen Messwertvektor m_k gemäß

$$g_k = \frac{P_{k-1} \cdot m_k}{1 + m_k^T \cdot P_{k-1} \cdot m_k} \tag{4.94}$$

ermittelt werden. Die aufwendige Matrixinvertierung, die zur direkten Berechnung der Kovarianzmatrix P_{k-1} nötig wäre, kann durch den rekursiven Algorithmus

$$P_k = \left[I - g_k \cdot m_k^T \right] \cdot P_{k-1} \tag{4.95}$$

umgangen werden. In dem hier beschriebenen rekursiven Schätzverfahren werden aktuelle Messwerte und weiter zurückliegende gleich gewichtet berücksichtigt. Hieraus resultiert eine gewisse Trägheit des Schätzergebnisses gegenüber Veränderungen des Prozesses, die beispielsweise durch Arbeitspunktabhängigkeiten bedingt sein können. Durch Einführung eines so genannten *Adaptionsfaktors* $\rho < 1$ in den Rechenvorschriften des Verstärkungsvektors

$$g_k = \frac{P_{k-1} \cdot m_k}{\rho + m_k^T \cdot P_{k-1} \cdot m_k} \tag{4.96}$$

und der Kovarianzmatrix

$$P_k = \frac{1}{\rho} \cdot \left[I - g_k \cdot m_k^T \right] \cdot P_{k-1} \tag{4.97}$$

wird erreicht, dass aktuelle Messwerte stärker bewertet werden, so dass der Schätzer sich ändernden Prozessen schneller folgen kann [42]. Als Nachteil dieser Maßnahme ist die größere Unsicherheit, mit der die Parameter dann behaftet sind, zu nennen. Der Adaptionsfaktor kann daher nicht beliebig klein gewählt werden; übliche Werte liegen bei

$$0,95 \leq \rho \leq 1. \tag{4.98}$$

Als Startwerte für den rekursiven Algorithmus eignen sich für den Parametervektor $\hat{\Theta}$

$$\hat{\Theta}_0 = 0 \tag{4.99}$$

und für die Kovarianzmatrix $\hat{P}$

$$\hat{P}_0 = I \cdot (10^5 \dots 10^6) \quad . \tag{4.100}$$

Das beschriebene rekursive Schätzverfahren wird üblicherweise als RLS-Methode (Recursive-Least-Squares) bezeichnet. Es eignet sich insbesondere zur online-Systemidentifikation. Von den Eingangssignalen wird auch hier lediglich verlangt, dass sie den zu identifizierenden Prozess hinreichend anregen. Auf hiermit im Zusammenhang stehende Probleme wird im Abschnitt 4.3.6 näher eingegangen.

4.3.4 Parameterschätzung am Einfachpendel

Für Systeme, die sich durch rein gebrochen rationale Übertragungsfunktionen mit Totzeit beschreiben lassen, existiert eine Umsetzung der Parametrischen Identifikation in der *Identification-Toolbox* in MATLAB, die in Abschnitt 4.6 kurz vorgestellt wird. Sobald ein System aber von dieser Klasse abweicht, müssen eigene Umsetzungen helfen. Um dies zu demonstrieren, soll im Folgenden die nichtrekursive Parameterschätzung für das Einfachpendel durchgeführt werden.

Bei mechanischen Systemen sind insbesondere die die Reibung repräsentierenden Größen für die Identifikation interessant, da sie nicht direkt gemessen werden können. Um die Effekte voneinander zu separieren, sollen das Trägheitsmoment und die Reib-Kennwerte eines Pendels mit Hilfe eines Ausschwingversuchs ermittelt werden. Neben der eigentlichen Identifikation sind daran Effekte und notwendige Maßnahmen zu sehen, die bei der Identifikation auftreten können.

Für das frei schwingende Pendel ohne Antrieb ergibt sich die Momentenbilanz gemäß Abb. 4.8.

$$0 = \ddot{\Psi} \cdot J + M_R + l \cdot F_R$$

$$F_R = m \cdot g \cdot \sin\Psi$$

$$M_R = B \cdot \dot{\Psi} + \mathrm{sign}(\dot{\Psi}) \cdot M_C$$

Ψ: Auslenkung
m: Pendelmasse
l: Pendellänge
J: Trägheitsmoment
F_R: Rückstellkraft
M_R: Reibmoment
M_C: Coulomb'sches Reibmoment
B: Reibbeiwert
g: Erdbeschleunigung

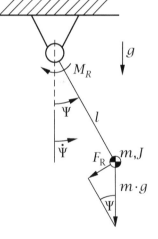

Abb. 4.8. Momentenbilanz am frei schwingenden Pendel

Nach Einsetzen und Diskretisieren

$$\dot{\Psi} \approx \frac{\Psi_k - \Psi_{k-1}}{T_{abt}}$$

$$\ddot{\Psi} \approx \frac{\dot{\Psi}_k - \dot{\Psi}_{k-1}}{T_{abt}} = \frac{\Psi_k - 2\,\Psi_{k-1} + \Psi_{k-2}}{T_{abt}^2}$$

sowie Umstellen erhält man zunächst eine nichtlineare Differenzengleichung in Ψ.

$$
\begin{aligned}
0 = (J + T_{abt} \cdot B) \cdot \Psi_k \quad &+ (-2J - B \cdot T_{abt}) \cdot \Psi_{k-1} \\
+ J \qquad\qquad \cdot \Psi_{k-2} \quad &+ T_{abt}^2 \cdot l \cdot M \qquad\quad \cdot \sin(\Psi_k) \\
+ M_c \cdot T_{abt}^2 \qquad \cdot \operatorname{sign}(\Delta\Psi_k) &
\end{aligned}
\tag{4.101}
$$

Werden alle Kenngrößen zu Koeffizienten zusammengefasst und durch Teilen durch $a_0' = J + T_{abt}B$ normiert auf $a_0 = 1$ ergibt sich

$$
\Psi_k + a_1 \cdot \Psi_{k-1} + a_2 \cdot \Psi_{k-2} + a_3 \cdot \sin(\Psi_k) + a_4 \cdot \operatorname{sign}(\Delta\Psi_k) = 0 \tag{4.102}
$$

mit

$$
\begin{aligned}
a_1 &= \tfrac{-2J - T_{abt} \cdot B}{J + T_{abt} \cdot B} = -1 - \tfrac{J}{J + T_{abt} \cdot B} \\[2mm]
a_2 &= \tfrac{J}{J + T_{abt} \cdot B} \\[2mm]
a_3 &= \tfrac{T_{abt}^2 \cdot l \cdot m \cdot g}{J + T_{abt} \cdot B} \\[2mm]
a_4 &= \tfrac{T_{abt}^2 \cdot M_c}{J + T_{abt} \cdot B}
\end{aligned}
\tag{4.103}
$$

Im Gegensatz zu der bei der Einführung der Parametrischen Identifikation verwendeten Darstellung eines Systems als reine Differenzengleichung fallen hier zwei Dinge auf. Zunächst sind keine von null verschiedenen Eingangsgrößen zu erkennen, da wir den reinen Ausschwingvorgang des Systems betrachten (d. h. die homogene DGL). Dementsprechend ergeben sich nur a_i als kumulierte Parameter; die den Einfluss der Eingangsgröße u beschreibenden Parameter b_i existieren hier nicht. Bei genügend hoher Anregung in der Vorgeschichte (d. h. Auslenkung des Pendels vor dem Ausschwingen) hat dies jedoch keinen Einfluss auf die zu identifizierenden Parameter a_i, die das freie Systemverhalten beschreiben. Weiterhin sind die nichtlinearen Terme $\sin(\Psi_k)$ und $\operatorname{sign}(\Delta(\Psi_k))$ erkennbar, die eine Verwendung des MATLAB-eigenen Identifikationstools *ident* unmöglich machen. Beide Terme sind jedoch aus der Messung direkt berechenbar und lassen sich somit als virtuelle Messgrößen in eine angepasste Messwertmatrix integrieren. Zusätzlich zu den regulär verwendeten linearen Messwerten Ψ_k, Ψ_{k-1} und Ψ_{k-2} werden die nichtlinearen Terme als virtuelle, weiter zurückliegende Messwerte Ψ_{k-3}^* und Ψ_{k-4}^* ergänzt:

$$
\begin{aligned}
\Psi_k^* &= \Psi_k \\
\Psi_{k-1}^* &= \Psi_{k-1} \\
\Psi_{k-2}^* &= \Psi_{k-2} \\
\Psi_{k-3}^* &= \sin(\Psi_k) \\
\Psi_{k-4}^* &= \operatorname{sign}(\Delta\Psi_k)
\end{aligned}
\tag{4.104}
$$

Daraus ergibt sich der angepasste Messvektor

$$
\boldsymbol{m}_k = (-\Psi_{k-1} : -\Psi_{k-2} : -\sin(\Psi_k) : -\operatorname{sign}(\Delta\Psi_k))^T, \tag{4.105}
$$

so dass alle Werte zur Verfügung stehen, die für die Identifikation des Parametervektors

$$\hat{\boldsymbol{\Theta}} = (a_1 : a_2 : a_3 : a_4)^T \qquad (4.106)$$

benötigt werden.

Gemäß dem beschriebenen Vorgehen kann nun die skalare Form des Gleichungsfehlers aufgestellt werden. Mit der Einschrittprädiktion

$$\hat{\Psi}_k = \boldsymbol{m}_k^T \cdot \hat{\boldsymbol{\Theta}} \qquad (4.107)$$

ergibt sich so analog zu Gleichung (4.70)

$$\hat{e}_k = \Psi_k + \hat{a}_1 \cdot \Psi_{k-1} + \hat{a}_2 \cdot \Psi_{k-2} + \hat{a}_3 \cdot \sin(\Psi_k) + \hat{a}_4 \cdot \text{sign}(\Delta\Psi_k). \qquad (4.108)$$

Mit dem ergänzten Messvektor aus Gl.(4.105) kann direkt zur vektoriellen Schreibweise nach Gl.(4.70) übergegangen werden. Durch die Verwendung der virtuellen Messgrößen $\text{sign}(\Delta\Psi_k)$ und $\sin(\Psi_k)$ kann die Gleichung durch die Abhängigkeit vom aktuellen Messwert Ψ_k nicht mehr als echte „Einschrittprädiktion" angesehen werden. Am Verfahren zur Bestimmung vom Θ_{opt} ändert dies jedoch nichts, so dass direkt aus Gl.(4.87) der gesuchte Parametervektor abgelesen werden kann.

Neben der Identifikation der kumulierten Parameter stößt man hier jedoch auf ein Problem, das eine weitere Modifikation des Verfahrens notwendig macht. Gemäß den Gln.(4.103) erhält man vier zu identifizierende Parameter a_i, die von fünf Kennwerten J, B, M_C, m und l abhängen. Das Gleichungssystem zur Bestimmung der Kennwerte aus bekannten Parametern ist also unterbestimmt. Bei näherer Betrachtung fällt aber auf, dass die Kennwerte m und l nur gemeinsam als Produkt in Erscheinung treten und somit nicht getrennt berechenbar sind. Wird das Produkt $l \cdot m$ also als *ein* Parameter angesehen, reduziert sich der Rang des Gleichungssystems (4.103) um eins. Da Gleichungen für a_1 und a_2 jedoch nicht linear unabhängig sind, ist das Gleichungssystem nach wie vor nicht vollständig lösbar. Die Gleichungen für a_1 und a_2 ineinander eingesetzt eliminieren die Abhängigkeit von den Kennwerten, es ergibt sich lediglich die Zwangsbedingung

$$a_1 = -a_2 - 1. \qquad (4.109)$$

Wird das Produkt $l \cdot m$ als bekannt angenommen (Länge messen und Masse bestimmen ist messtechnisch normalerweise einfach durchführbar), so verbleiben nur die drei gesuchten Werte J, B und M_C. In der vorliegenden Form der Gleichungen sind J und B nicht voneinander zu separieren. Beim Rückrechnen der Kennwerte aus den a_i erhält man nun ein überbestimmtes Gleichungssystem. Dies führt dazu, dass das Identifikationsverfahren zwar eine Lösung für die a_i findet, diese jedoch nicht zwingend zu einer sinnvollen oder überhaupt nichttrivialen Lösungen für die Kennwerte führt. Um nun den „überzähligen" Freiheitsgrad in der Identifikation zu entfernen, wird die in Gl.(4.109) enthaltene Information *vor* der Identifikation verwendet, um die das System beschreibende Gl.(4.102) zu modifizieren. Damit ergibt sich

$$
\begin{aligned}
0 = \quad & \Psi_k && + (-a_2 - 1) \cdot \Psi_{k-1} + a_2 \cdot \Psi_{k-2} \\
& + a_3 \cdot \sin(\Psi_k) && + a_4 && \cdot \mathrm{sign}(\Delta\Psi_k)
\end{aligned}
$$

$$
\begin{aligned}
= \quad & \overbrace{\Psi_k - \Psi_{k-1}}^{\Delta\Psi_k} + a_2 && \overbrace{\cdot (\Psi_{k-2} - \Psi_{k-1})}^{-\Delta\Psi_{k-1}} \\
& + a_3 \cdot \sin(\Psi_k) && + a_4 \quad \cdot \mathrm{sign}(\Delta\Psi_k),
\end{aligned} \tag{4.110}
$$

so dass sich eine erneut modifizierte Beschreibung des Gleichungsfehlers ergibt:

$$
\hat{e}_k = \Delta\Psi_k - a_2 \cdot \Delta\Psi_{k-1} + a_3 \cdot \sin(\Psi_k) + a_4 \cdot \mathrm{sign}(\Delta\Psi_k) \tag{4.111}
$$

Mit dem neuen Messvektor

$$
\boldsymbol{m}_k^* = (\Delta\Psi_{k-1} : -\sin(\Psi_k) : -\mathrm{sign}(\Delta(\Psi_k)))^T \tag{4.112}
$$

kann nun der neue Parametervektor

$$
\hat{\Theta}^* = (a_2 : a_3 : a_4)^T \tag{4.113}
$$

mit Hilfe des Gleichungsfehlers in Matrizenschreibweise

$$
\hat{e}_k = \boldsymbol{\Delta\Psi} - \boldsymbol{M}^* \cdot \hat{\boldsymbol{\Theta}}^* \tag{4.114}
$$

identifiziert werden. Es ergibt sich

$$
\hat{\boldsymbol{\Theta}}^*_{Qmin} = (\boldsymbol{M}^{*T} \cdot \boldsymbol{M}^*)^{-1} \cdot \boldsymbol{M}^{*T} \cdot \boldsymbol{\Delta\Psi} \tag{4.115}
$$

Damit lassen sich direkt die gewünschten Kennwerte inklusive des Normierungsparameters a_0' berechnen. Aus den Gln.(4.103) und (4.109) ergibt sich somit

$$
\begin{aligned}
a_0' &= \frac{m \cdot g \cdot l \cdot T_{abt}^2}{a_3} \\
J &= a_2 \cdot a_0' \\
B &= \frac{a_0' - J}{T_{abt}} \\
M_C &= a_4 \cdot \frac{a_0'}{T_{abt}^2}
\end{aligned} \tag{4.116}
$$

Im Folgenden sind Ergebnisse zu sehen, bei denen das Verfahren exakt wie hier beschrieben umgesetzt wurde. Für die vorliegenden Ergebnisse wurde eine Simulation des Pendels verwendet, die ideale, rauschfreie Signale liefert. Liegen reale, verrauschte Messignale vor, müssen diese stark tiefpass-gefiltert werden. Es hat sich gezeigt, dass für das hier verwendete System nur mit guter Signalqualität sinnvolle Ergebnisse erzielen lassen. Durch die nichtlinearen

Terme ist dabei die Anfälligkeit deulich höher als für rein gebrochen rationale Übertragungsfunktionen. Selbst wenn ideale Signale vorliegen, gibt es weitere Effekte, die verhindern, dass auch in der Simulation die exakten Werte für die gesuchten Parameter getroffen werden.

Die Diskretisierung beinhaltet dabei die erste Ungenauigkeit; insbesondere durch die Näherungen für die erste und zweite Ableitung entstehen nicht zu vernachlässigende Modellfehler. Dies ist in Abb. 4.9 zu sehen. Hier wurde die Identifikation bei ansonsten identischen Einstellungen mit 2 ms und mit 0,2 ms Abtastschrittweite durchgeführt. Weiterhin stellt die Matrix-Inversion ein nicht zu unterschätzendes Problem dar. Alleine durch die Inversion von Matrizen tritt eine gewisse numerische Ungenauigkeit auf. Dies führt dazu, dass auch mit idealen Daten, die mit Hilfe einer Simulation generiert wurden, nicht die exakten Parameter identifiziert werden. Auch der Ausschnitt aus den Messdaten, der für die Identifikation verwendet wird, zeigt weiteren Einfluss. Eine Übersicht über die Identifikation mit unterschiedlichen Einstellungen zeigt Tabelle 4.1. Dort aufgeführt sind ebenfalls die Ergebnisse einer Variation des zur Identifikation verwendeten Zeitfensters ΔT_{Ident}.

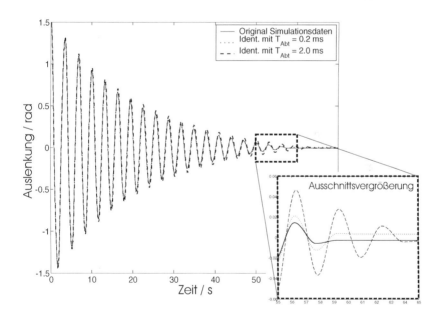

Abb. 4.9. Identifikation des Einzelpendels

Bei Betrachtung der Identifikation am Einzelpendel fällt auf, dass schon bei scheinbar einfachen Aufgaben zahlreiche Besonderheiten beachtet werden müssen, die das Ergebnis beeinflussen. Die Standard-Aufgaben werden dabei üblicherweise von den Rechnerwerkzeugen unterstützt oder automati-

T_{Abt} / ms	ΔT_{Ident} / s	J / kgm^2	B / (kgm^2/s)	M_C / Nm
2	1-65	22,9978	1,8780	0,34088
0,2	1-65	22,9999	2,0037	0,37500
0,2	1-50	22,9998	1,9830	0,39981
0,2	30-50	22,9996	1,9812	0,39979
0,2	1-10	22,9998	1,9801	0,40672
0,2	0-10	23,0000	1,9801	0,40718
0,2	0-30	23,0000	1,9827	0,40006
Ursprungswerte		23	2	0,4

Tab. 4.1. Identifizierte Pendel-Kenngrößen

siert durchgeführt, ein „blindes" Anwenden derselben führt jedoch oft zu unbrauchbaren Lösungen. Sinnvoller Einsatz bekannter Methoden ergänzt mit Systemwissen führt hingegen zu Informationen, die, richtig interpretiert und ausgewertet, auf dem gewünschten Weg weiterhelfen. Je mehr Systemwissen zur Verfügung steht, desto eher werden „Irrwege" vermieden. Wo das jeweilige Systemwissen Einfluss findet, kann jedoch sehr unterschiedlich sein. So ist es beim vorliegenden Beispiel offensichtlich, dass zusätzlich zu den verwendeten Informationen weiterhin alle Kennwerte positiv sein müssen. Dies lässt sich aber mathematisch nur als Ungleichung formulieren und somit nicht direkt in Gl.(4.103) integrieren. Diese Information kann nur als Nebenbedingung der Minimierung der Fehlerquadratsumme (Gl.(4.78)) einfließen. Damit kann die Lösung aber nicht mehr, wie hier, analytisch errechnet werden, sondern ist nur mit Hilfe eines geeigneten Optimierungsverfahrens zu erreichen. Alternativ können die Kennwerte nach der Identifikation bewertet werden; eine Möglichkeit, gezielt eine „ gültige" Lösung zu erhalten, besteht damit aber nicht mehr.

4.3.5 Interpretation geschätzter Parameter

Nachdem Verfahren zur direkten oder rekursiven Parameterschätzung behandelt worden sind, verbleibt die Frage, wie ein Schätzergebnis, der Parametervektor $\hat{\Theta}$, interpretiert werden kann. Wie nachfolgend gezeigt wird, können Parameter entsprechender zeitkontinuierlicher Modelle wie beispielsweise die der Übertragungsfunktion durch Vergleich im Zeitbereich und im Frequenzbereich gewonnen werden.

Die Interpretation eines geschätzten Parametervektors $\hat{\Theta}$ im Zeitbereich soll durch ein einfaches Beispiel begleitet werden. Ergebnis einer Parameterschätzung, in der die Ordnung $n = 2$ und die Totzeit $d = 4$ vorgegeben wurde, sei der Parametervektor

$$\hat{\Theta} = (\hat{a}_1 : \hat{a}_2 : \hat{b}_1 : \hat{b}_2)^T$$
$$= (-0,8 : 0,1 : 0,7 : -0,1)^T \quad , \tag{4.117}$$

sodass die z-Übertragungsfunktion

$$\hat{G}(z^{-1}) = \frac{\hat{Y}(z^{-1})}{\hat{U}(z^{-1})}$$
$$= \frac{0,7 \cdot z^{-1} - 0,1 \cdot z^{-2}}{1 - 0,8 \cdot z^{-1} + 0,1 \cdot z^{-2}} \cdot z^{-4} \qquad (4.118)$$

als zeitdiskretes Modell des zu identifizierenden Prozesses geschätzt worden ist. Erste Erkenntnisse über das dynamische Übertragungsverhalten, welches hiermit beschrieben wird, können aus der Differenzengleichung

$$y_k - 0,8 \cdot y_{k-1} + 0,1 \cdot y_{k-2} = 0,7 \cdot u_{k-1-4} - 0,1 \cdot u_{k-2-4} \qquad (4.119)$$

entnommen werden, die aus der z-Übertragungsfunktion unmittelbar hervorgeht. Mit Hilfe der äquivalenten rekursiven Rechenvorschrift

$$y_k = 0,8 \cdot y_{k-1} - 0,1 \cdot y_{k-2} + 0,7 \cdot u_{k-5} - 0,1 \cdot u_{k-6} \qquad (4.120)$$

kann die Antwort $y(t)$ des Prozesses auf beliebig vorgebbare Eingangssignale $u(t)$ abgeschätzt werden. Durch schrittweise Auswertung erhält man beispielsweise die in Abb. 4.10 dargestellte Übergangsfolge $y_k = h_k$, wenn als Eingangssignal der diskrete Einheitssprung $u_k = 1_k$ gewählt wird.

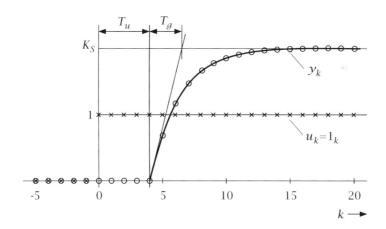

Abb. 4.10. Übergangsfolge und zeitkontinuierliches T_u, T_g-Modell

Sofern der Verlauf der Übergangsfolge dies rechtfertigt, können aus der graphischen Darstellung der Übergangsfolge auch die Parameter des entsprechenden zeitkontinuierlichen T_u, T_g-Modelles abgelesen werden, die für einen ersten Reglerentwurf genutzt werden können. Bei diesem Verfahren wird das dynamische Übertragungsverhalten durch eine Verzögerung erster Ordnung mit Totzeit angenähert [3]. Die Kennwerte der Übertragungsfunktion

$$G(s) = \frac{Y(s)}{U(s)} = K_s \cdot \frac{1}{1 + s \cdot T_g} \cdot e^{-s \cdot T_u} \tag{4.121}$$

ergeben sich für das vorliegende Beispiel zu

$$\begin{aligned} K_s &= 2 \\ T_u &= 4 \cdot T \\ T_g &= 2,4 \cdot T \end{aligned} \tag{4.122}$$

Für Übergangsfolgen, die durch diesen einfachen Ansatz nicht angenähert werden können, bieten sich eine Reihe von Verfahren an, die z. B. aus einer durch Geradenstücke oder Parabelbögen approximierten Übergangsfunktion auf den Frequenzgang schließen [43] [36].

Der statische Übertragungsfaktor K_S kann auch unmittelbar aus dem Parametervektor $\hat{\Theta}$ bestimmt werden. Berücksichtigt man nämlich in der allgemeinen Form der Differenzengleichung

$$\begin{aligned} y_k &+ a_1 \cdot y_{k-1} + \ldots + a_n + \cdot y_{k-n} \\ &= b_1 \cdot u_{k-1-d} + b_2 \cdot u_{k-2-d} + \ldots + b_n \cdot u_{k-n-d} \quad , \end{aligned} \tag{4.123}$$

dass nach Erreichen eines stationären Zustandes

$$y_k = y_{k-1} = \ldots = y_{k-n} = y_\infty \tag{4.124}$$

und

$$u_k = u_{k-1} = \ldots = u_{k-n-d} = u_\infty \tag{4.125}$$

gelten, so ergibt sich der *statische Übertragungsfaktor* K_S wegen

$$y_\infty \cdot (1 + a_1 + \ldots + a_n) = u_\infty \cdot (b_1 + b_2 + \ldots + b_n) \tag{4.126}$$

direkt aus den Parametern des zeitdiskreten Modells zu

$$K_s = \frac{y_\infty}{u_\infty} = \frac{\sum_{i=1}^n b_i}{1 + \sum_{i=1}^n a_i} \quad . \tag{4.127}$$

Für das eingangs betrachtete Beispiel wird der abgelesene Wert von K_S durch

$$K_s = \frac{b_1 + b_2}{1 + a_1 + a_2} = \frac{0,7 - 0,1}{1 - 0,8 + 0,1} = 2 \tag{4.128}$$

bestätigt. Erwähnt werden soll schließlich noch die hier gewagt erscheinende, auf anderem Wege jedoch überzeugender begründbare Schlussfolgerung, dass ein Parametervektor mit der Eigenschaft

$$\sum_{i=1}^{n} a_i = -1 \qquad (4.129)$$

auf *integrierendes* Verhalten hinweist, da die Übergangsfolge in diesem Fall wegen des dann verschwindenden Nennerausdrucks von K_S keinen statischen Endwert besitzt.

Die Ermittlung der Parameter des zeitkontinuierlichen Modells aus denen des zeitdiskreten Modells kann auch direkt im Frequenzbereich, d. h. nicht über den Umweg der Übergangsfolge erfolgen. Hierbei muss jedoch beachtet werden, dass eine geschätzte z-Übertragungsfunktion $\hat{G}(z^{-1})$ einer kritischen Interpretation bedarf, um ein sinnvolles zeitkontinuierliches Modell daraus ableiten zu können. Hierzu zählt im Allgemeinen eine Ordnungsreduktion, da eine vorgegebene Modellordnung n, die oft höher ist als die wahre, von dem Schätzverfahren in der Regel ausgeschöpft wird. An dem Schätzergebnis kann dann nicht unmittelbar abgelesen werden, mit welchem Modellansatz ausschließlich die wesentlichen Merkmale des dynamischen Übertragungsverhaltens erfasst würden.

Eine brauchbare Entscheidungsgrundlage für die Wahl der Modellordnung bietet die Zerlegung des rationalen Anteils der z-Übertragungsfunktion in parallele Zweige mit Hilfe der Partialbruchzerlegung [35]. Hierzu werden zunächst die Polstellen (Nennernullstellen) $\hat{z}_{pi}$ der (mit z^n erweiterten) z-Übertragungsfunktion

$$\begin{aligned} \hat{G}(z^{-1}) &= z^{-d} \cdot \frac{\sum_{i=1}^{n} \hat{b}_i \cdot z^{-i}}{1 + \sum_{i=1}^{n} \hat{a}_i \cdot z^{-i}} = z^{-d} \cdot \frac{\sum_{i=1}^{n} \hat{b}_i \cdot z^{n-i}}{z^n + \sum_{i=1}^{n} \hat{a}_i \cdot z^{n-i}} \\ &= z^{-d} \cdot \frac{\sum_{i=1}^{n} \hat{b}_i \cdot z^{n-i}}{\prod_{i=1}^{n} (z - \hat{z}_{pi})} = z^{-d} \cdot \sum_{i=1}^{n} \hat{G}_i(z^{-1}) \end{aligned} \qquad (4.130)$$

berechnet, was in der Regel auf numerischem Wege geschieht. Für praktische Anwendungen kann von einfachen Polen $\hat{z}_{pi}$ ausgegangen werden, sodass die z-Übertragungsfunktion nach der Partialbruchzerlegung in der Form

$$\hat{G}(z^{-1}) = z^{-d} \cdot \sum_{i=1}^{n} \hat{G}_i(z^{-1}) = z^{-d} \cdot \sum_{i=1}^{n} \frac{\hat{R}_i}{z - \hat{z}_{pi}} \qquad (4.131)$$

geschrieben werden kann, was durch den Wirkungsplan in Abb. 4.11 wiedergegeben wird. Daraus ist ersichtlich, dass eine z-Übertragungsfunktion der Ordnung n durch eine Parallelschaltung von n z-Übertragungsfunktionen jeweils erster Ordnung ersetzt, d. h. in n parallele Zweige zerlegt werden kann.

Die hierin enthaltenen Residuen $\hat{R}_i$ für einfache Polstellen ergeben sich nach dem üblichen Verfahren der Partialbruchzerlegung zu

$$\hat{R}_i = \frac{\sum_{j=1}^{n} b_j \cdot \hat{z}_{pi}^{n-j}}{\prod_{\substack{j=1 \\ j \neq i}}^{n} (\hat{z}_{pi} - \hat{z}_{pj})} \qquad (4.132)$$

Der wesentliche Vorteil der Zerlegung besteht nun darin, dass der Beitrag, den jeder der berechneten Pole $\hat{z}_{pi}$ zum gesamten dynamischen Übertragungsver-

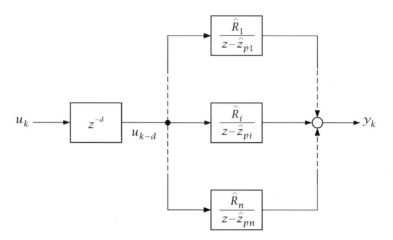

Abb. 4.11. Wirkungsplan des in parallele Zweige zerlegten zeitdiskreten Modells [34]

halten beisteuert, anhand des statischen Übertragungsfaktors $\hat{K}_i$ der z-Übertragungsfunktion $\hat{G}_i$ des betreffenden Zweiges quantifiziert werden kann. Wegen

$$\hat{G}_i(z^{-1}) = \frac{\hat{R}_i}{z - \hat{z}_{pi}} = \frac{\hat{R}_i \cdot z^{-1}}{1 - \hat{z}_{pi} \cdot z^{-1}} \tag{4.133}$$

lässt sich dieser mit der zuvor abgeleiteten Beziehung

$$\hat{K}_i = \frac{\hat{R}_i}{1 - \hat{z}_{pi}} \tag{4.134}$$

berechnen. Der Vergleich der statischen Übertragungsfaktoren untereinander gibt schließlich Aufschluss über mögliche Modellreduktionen. Gerade bei hohen Modellordnungen wird man auf diesem Wege stets Zweige finden, deren Beitrag aufgrund eines signifikant kleineren statischen Übertragungsfaktors gering ist gegenüber dem anderer Parallelzweige. Diese Modellanteile, die oft den miterfassten Störsignalen (Rauschen) zuzuordnen sind, sollten fortan vernachlässigt werden, womit sich die Modellordnung zu $n_{red} \leq n$ reduziert.

Für eine hinreichend klein gewählte Abtastzeit T erhält man somit die gesuchte zeitkontinuierliche Übertragungsfunktion $\hat{G}(s)$ mittels der Beziehung

$$\hat{G}(s) = e^{-s \cdot d \cdot T} \cdot \sum_{i=1}^{n_{red}} \frac{\hat{K}_i \cdot \hat{s}_{pi}}{\hat{s}_{pi} - s} \quad , \tag{4.135}$$

wobei zwischen den Polen $\hat{s}_{pi}$ im Zeitkontinuierlichen und den Polen $\hat{z}_{pi}$ im Zeitdiskreten die Korrespondenz

$$\hat{s}_{pi} = \frac{1}{T} \cdot \ln \hat{z}_{pi} \qquad (4.136)$$

besteht [3].

Zur Erläuterung des Ordnungsreduktionsverfahrens mittels Partialbruchzerlegung soll das eingangs betrachtete Beispiel, die geschätzte z-Übertragungsfunktion

$$\hat{G}(z^{-1}) = \frac{0,7 \cdot z^{-1} - 0,1 \cdot z^{-2}}{1 - 0,8 \cdot z^{-1} + 0,1 \cdot z^{-2}} \cdot z^{-4}$$

$$= \frac{0,7 \cdot z - 0,1}{z^2 - 0,8 \cdot z + 0,1} \cdot z^{-4} \qquad (4.137)$$

$$= \frac{0,7 \cdot z - 0,1}{(z - \hat{z}_{p1}) \cdot (z - \hat{z}_{p2})} \cdot z^{-4}$$

wieder aufgegriffen werden. Das quadratische Nennerpolynom besitzt die beiden einfachen Nullstellen

$$\hat{z}_{p1} = 0,4 + \sqrt{0,4^2 - 0,1} = 0,645$$

$$\hat{z}_{p2} = 0,4 - \sqrt{0,4^2 - 0,1} = 0,155 \quad , \qquad (4.138)$$

sodass die Residuen gemäß

$$\hat{R}_1 = \frac{0,7 \cdot 0,645^1 - 0,1 \cdot 0,645^0}{0,645 - 0,155} = 0,717$$

$$\hat{R}_2 = \frac{0,7 \cdot 0,155^1 - 0,1 \cdot 0,155^0}{0,155 - 0,645} = -0,0174 \qquad (4.139)$$

ermittelt werden können. Die gesuchte Partialbruchzerlegung lautet damit

$$\hat{G}(z^{-1}) = \left[G_1(z^{-1}) + G_2(z^{-1}) \right] \cdot z^{-4}$$

$$= \left[\frac{0,717}{z - 0,645} - \frac{0,0174}{z - 0,155} \right] \cdot z^{-4} \qquad (4.140)$$

$$= \left[\frac{0,717 \cdot z^{-1}}{1 - 0,645 \cdot z^{-1}} - \frac{0,0174 \cdot z^{-1}}{1 - 0,155 \cdot z^{-1}} \right] \cdot z^{-4} \quad ,$$

wobei die beiden Parallelzweige die statischen Übertragungsfaktoren

$$\hat{K}_1 = \frac{0,717}{1 - 0,645} = 2,02$$

$$\hat{K}_2 = \frac{-0,0174}{1 - 0,155} = -0,021 \qquad (4.141)$$

besitzen. Wegen $|\hat{K}_1| \gg |\hat{K}_2|$ trägt der Pol $\hat{z}_{p2}$ offensichtlich nur unwesentlich zum Übertragungsverhalten bei. Der Pol $\hat{z}_{p1}$ erweist sich eindeutig als dominant, sodass die eingangs betrachtete z-Übertragungsfunktion $\hat{G}(z^{-1})$ sehr gut durch das reduzierte Modell

$$\hat{G}_{red}(z^{-1}) = G_1(z^{-1}) \cdot z^{-4} = \frac{0,717 \cdot z^{-1}}{1 - 0,645 \cdot z^{-1}} \cdot z^{-4} \approx \hat{G}(z^{-1}) \qquad (4.142)$$

angenähert wird. Hieraus kann schließlich das zeitkontinuierliche Modell, die Übertragungsfunktion

$$\hat{G}(s) = \frac{\hat{K}_1 \cdot \hat{s}_{p1}}{\hat{s}_{p1} - s} \cdot e^{-s \cdot d \cdot T} = \frac{\hat{K}_1}{1 - \frac{s}{\hat{s}_{p1}}} \cdot e^{-s \cdot d \cdot T} \qquad (4.143)$$

abgeleitet werden, wobei der verbleibende Pol $\hat{s}_{p1}$ mit Hilfe der Korrespondenz

$$\hat{s}_{p1} = \frac{1}{T} \cdot \ln \hat{z}_{p1} = \frac{1}{T} \cdot \ln 0,645 = -\frac{1}{T} \cdot 0,439 \qquad (4.144)$$

zu bestimmen ist. Hiermit ergibt sich die Übertragungsfunktion zu

$$\hat{G}(s) = \frac{2,02}{1 + 2,28 \cdot T \cdot s} \cdot e^{-4 \cdot T \cdot s} \quad , \qquad (4.145)$$

die eine sehr gute Übereinstimmung mit dem zuvor auf graphischem Wege ermittelten T_u, T_g-Modell aufweist:

$$\begin{aligned} \hat{G}(s) &= \frac{K_s}{1 + T_g \cdot s} \cdot e^{-d \cdot T_u \cdot s} \\ &= \frac{2}{1 + 2,4 \cdot T \cdot s} \cdot e^{-4 \cdot T \cdot s} \quad . \end{aligned} \qquad (4.146)$$

Die Modellreduktion mittels Partialbruchzerlegung (oder auch anderer Ordnungsreduktionsverfahren) hilft nicht nur bei der Interpretation der Schätzergebnisse, sie sollte vielmehr als Bestandteil des Identifikationsverfahrens aufgefasst werden. Als praktisch brauchbares Vorgehen bei der Identifikation eines Prozesses empfiehlt sich,

- zunächst einige Auswertungen mit einer hinreichend (aber nicht beliebig) groß gewählten Modellordnung n und unterschiedlichen Totzeitvorgaben d durchzuführen,
- dabei die optimale Vorgabe der Totzeit d_{opt} durch Minimierung des jeweils verbleibenden Gütemaßes Q_{min} zu bestimmen,
- die Modellordnung durch Partialbruchzerlegung und Abspalten unnötiger Therme auf n_{red} zu reduzieren, und ggfs.
- die Schätzung mit entsprechend reduzierter Modellordnung n_{red} und zuvor bestimmter Totzeit d_{opt} zu wiederholen.

Alternativ zu dem oben beschriebenen Vorgehen gibt es in der Literatur eine große Anzahl weiterer Verfahren, die aufgrund statistischer Überlegungen, auf die hier nicht weiter eingegangen werden soll, eine Bewertung der Güte der insgesamt n_θ Parameter aus N Daten vornehmen. Zu nennen ist z. B. Akaike's Final Prediction Error (FPE) Kriterium [10],

$$V_{\text{FPE}} = \frac{1 + \frac{n_\theta}{N}}{1 - \frac{n_\theta}{N}} \cdot \frac{1}{2N} \sum_{k=1}^{N} e_k^2 \quad . \tag{4.147}$$

Durch solche Verfahren wird ein direkter numerischer Vergleich unterschiedlicher identifizierter Modelle möglich.

4.3.6 Identifikation bei adaptiver Regelung

Beim konventionellen Reglerentwurf wird davon ausgegangen, dass sich das Übertragungsverhalten der Regelstrecke durch einen Satz fester Parameter beschreiben lässt. Diese Annahme ist jedoch bei vielen Prozessen nicht gerechtfertigt; vielmehr hängt das Übertragungsverhalten oft vom Arbeitspunkt ab, was mit einem festeingestellten Regler nicht berücksichtigt werden kann. Abhilfe verspricht dann eine sich selbst anpassende, so genannte *adaptive Regelung*, deren Grundstruktur in Abb. 4.12 wiedergegeben wird.

In einer adaptiven Regelung sind hiernach stets die Komponenten

- Identifikation,
- Modifikation und
- Regelung

wieder zu finden, die je nach Anwendungsfall unterschiedlich ausgeführt sein können. Auf denkbare Ausführungsformen soll hier nicht näher eingegangen werden, vielmehr soll das bei adaptiven Regelungen unumgängliche Problem der Identifikation im geschlossenen Regelkreis betrachtet werden.

Im betrachteten Fall, bei dem der Regler befähigt werden soll, sich an Änderungen im Streckenverhalten anzupassen, muss auf die *Rekursive Least-Squares-Methode* zurückgegriffen wird, bei der bereits ermittelte Ergebnisse weiterverwendet und aufgrund neuer Messungen aktualisiert werden. Die rekursive Methode eignet sich zur Online-Identifikation und wird daher häufig in adaptiven Regelungen eingesetzt. Von den Eingangssignalen wird wie auch bei der direkten Schätzung lediglich verlangt, dass sie den zu identifizierenden Prozess hinreichend anregen. Dieser Forderung kann dann leicht entsprochen werden, wenn der Prozess mit vorgebbaren Testsignalen zu beaufschlagen ist.

Schwierig gestaltet sich nun die Identifikation eines Prozesses im geschlossenen Regelkreis, da dann das Eingangssignal nicht beliebig vorgegeben werden kann und zudem wegen der Rückführung durch den Regler vom Ausgangssignal beeinflusst wird. Arbeitet der Regelkreis zufrieden stellend, so erreicht er oft einen stationären Zustand, in dem sich Ein- und Ausgangssignal nicht mehr ändern. Wegen der dann ausbleibenden Anregung wird die

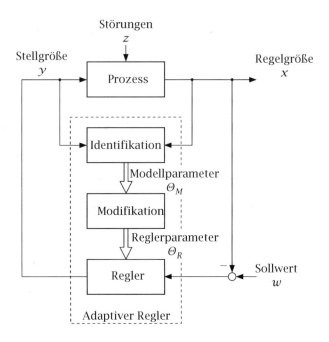

Abb. 4.12. Grundstruktur einer adaptiven Regelung

Schätzung u.U. instabil. Dieses unerwünschte Phänomen, welches auch als *Estimator-Windup* bezeichnet wird, führt in einem adaptiven Regelungssystem zu Schwingungen oder monotonen Instabilitäten, die den Prozess wieder anregen und damit zu verbesserten Schätzungen führen. Hieraus wird ersichtlich, dass die Online-Identifikation im geschlossenen Regelkreis nicht ohne zusätzliche Vorkehrungen, wie beispielsweise eine ständige künstliche Anregung oder eine übergeordnete Steuerung, die eine Strategie zur Identifikation vorgibt, durchgeführt werden kann.

Mit den letzten Bemerkungen wurde ein Interessenkonflikt deutlich, mit dem eine adaptive Regelung stets zu kämpfen hat: Die Regelung soll für möglichst gleichmäßige Verhältnisse sorgen, während die Identifikaton auf eine hinreichende Anregung angewiesen ist. Die Abbildungen 4.13 und 4.14 geben einen Eindruck über diese Problematik, womit die Notwendigkeit einer übergeordneten Steuerung offenbar wird.

Ein weiterer, hiermit eng zusammenhängender Interessenkonflikt zwischen Regelung und Identifikation besteht hinsichtlich der Abtastzeit: Während ein Regelergebnis üblicherweise mit kleiner werdender Abtastzeit zu verbessern ist, bedeuten kleinere Abtastzeiten für die Identifikation geringere verwertbare Änderungen in den gemessenen Signalen. Zudem ergeben sich größere zu verarbeitende Datenmengen, da der zu überblickende Zeitraum von der Prozessdynamik vorgegeben wird und damit unverändert bleibt. Abhilfe schaffen hier unterschiedliche Abtastzeiten für Regelung und Identifikation, was jedoch rechentechnisch sehr aufwendig ist und andere Probleme birgt.

Die bisherigen Ausführungen zu adaptiven Regelungen betrafen anspruchsvolle Einzellösungen, die den damit verbundenen Rechen- und Entwicklungsaufwand rechtfertigen. Oft werden jedoch auch Kompaktregler als adaptiv bezeichnet, womit allerdings nur die Fähigkeit zur Bedarfs-Adaption gemeint sein kann. Damit wird zwar der Aufwand zur Reglereinstellung herabgesetzt; für die eingangs genannte Problematik des veränderlichen Streckenübertragungsverhaltens wird hiermit jedoch keine Lösung angeboten.

Da eine Adaption nur bei Bedarf angestoßen wird, brauchen die entsprechenden Funktionen zur Reglereinstellung nicht notwendigerweise in dem Regler implementiert werden, sondern können auf eine rechnergestützte, oft auf PC-Basis realisierte Einstellhilfe übertragen werden, die nur zeitweise an den Regelkreis mit angeschlossen wird. Solche Einstellhilfen erlauben auch in beschränktem Maße Simulationen durchzuführen, um die Tauglichkeit neuer Reglerparameter zu überprüfen, bevor diese an den Regler übertragen werden.

Aus dem vorher Gesagten lässt sich ableiten, dass adaptive Regler für bestimmte Anwendungsfälle eine sinnvolle Alternative zu den konventionellen, festeingestellten Reglern bieten können. Hingegen erscheint der Einsatz als universelle „Black-Box-Regler", die ohne Vorkenntnisse über die Regelstrecke stets selbständig zu optimalen Einstellungen finden, wenig viel versprechend.

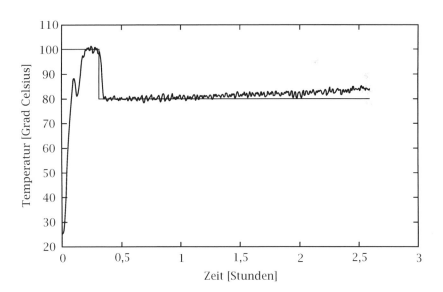

Abb. 4.13. Adaptive Temperaturregelung eines Kunststoffextruders

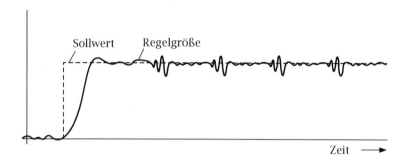

Abb. 4.14. Qualitativer Langzeitverlauf

4.4 Anwendung parametrischer Identifikationsverfahren auf nichtparametrische und nichtlineare Prozessmodelle

4.4.1 Gewichtsfolgenschätzung

Nach der Behandlung von Schätzverfahren für parametrische Modelle soll noch gezeigt werden, wie diese auch zur Schätzung solcher Modelle herangezogen werden können, die – zumindest hinsichtlich ihres zeitkontinuierlichen Ursprungs – zu den nichtparametrischen zu zählen sind. Dieses wird am Beispiel der in Abschnitt 4.3.2 erläuterten nichtrekursiven Parameterschätzung erfolgen, wobei auch die rekursive Variante übertragbar ist.

Als nichtparametrisches Modell eines zu identifizierenden Prozesses wurde bislang der Frequenzgang $G(j\omega)$ als – diskret abgelegter – Kurvenzug betrachtet. Neben diesem frequenzabhängigen Modellansatz ist jedoch auch die Beschreibung eines linearen Systems im Zeitbereich, beispielsweise durch dessen (geschätzte) Gewichtsfunktion $\hat{g}(t)$ möglich. Das Signalübertragungsverhalten von dem Eingangssignal $u(t)$ zu dem (ebenfalls geschätzten) Ausgangssignal $\hat{y}(t)$ ergibt sich aus dem Faltungsintegral

$$\hat{y}(t) = \int\limits_{o}^{t} \hat{g}(\tau) \cdot u(t-\tau) d\tau \qquad (4.148)$$

oder in diskreter Schreibweise bei einer Abtastzeit T aus der Faltungssumme

$$\hat{y}_k = T \cdot \sum_{i=0}^{m} \hat{g}_i \cdot u_{k-i} \quad . \qquad (4.149)$$

Hierbei sind mit $\hat{g}_i$ die Werte der zeitdiskreten Darstellung der Gewichtsfunktion gemeint, die fortan Gewichtsfolge genannt wird. Ferner wird davon ausgegangen, dass das zu identifizierende System kausal und stabil ist, sodass die Gewichtsfunktion für negative Zeiten verschwindet und zudem abklingt

$$\hat{g}(t < 0) = 0$$
$$\hat{g}(t \to \infty) = 0 \qquad (4.150)$$

und dass die Eingangsgröße für negative Zeiten null ist

$$u(t < 0) = 0 \quad . \qquad (4.151)$$

Unter den hier getroffenen Voraussetzungen kann das Signalübertragungsverhalten des zu identifizierenden Systems durch die diskretisierte Faltungsbeziehung in Gl.(4.149) beschrieben werden. Hierbei muss jedoch die Zahl der

Gewichtsfolgenwerte hinreichend groß gewählt werden, sodass der Bereich, in dem die Gewichtsfunktion abgeklungen ist, erreicht wird.

Die Identifikationsaufgabe besteht nun darin, aufgrund der Messung von Eingangssignal u_k und Ausgangssignal y_k die $m+1$ Werte einer geschätzten Gewichtsfolge $\hat{g}_k$ zu bestimmen, welche die Gl.(4.149) bestmöglich erfüllen, d. h. einen Fehler zwischen gemessenem und geschätztem Ausgangssignal

$$e_k = y_k - \hat{y}_k \tag{4.152}$$

minimieren. Zum Ausgleich von Störeinflüssen werden auch hier viele, nämlich $N+m+1$ Messungen durchgeführt, die sich gemäß den Gln.(4.149/4.152) in das Schema

$$
\begin{aligned}
k = 0 : \; e_0 &= y_0 - (\hat{g}_0 u_0 + \hat{g}_1 u_{-1} + \ldots + \hat{g}_m u_{-m}) \cdot T \\
k = 1 : \; e_1 &= y_1 - (\hat{g}_0 u_1 + \hat{g}_1 u_0 + \ldots + \hat{g}_m u_{1-m}) \cdot T \\
\vdots \quad & \quad \vdots \\
k = N : \; e_N &= y_N - (\hat{g}_0 u_N + \hat{g}_1 u_{N-1} + \ldots + \hat{g}_m u_{N-m}) \cdot T
\end{aligned}
\tag{4.153}
$$

eintragen lassen, wobei die zu schätzenden Werte der Gewichtsfolge $\hat{g}_k$ weiterhin unbekannt sind. Gl.(4.153) kann in vektorieller Schreibweise

$$
\begin{pmatrix} e_0 \\ e_1 \\ \vdots \\ e_N \end{pmatrix} = \begin{pmatrix} y_0 \\ y_1 \\ \vdots \\ y_N \end{pmatrix} - \begin{pmatrix} u_0 & u_{-1} & \ldots & u_{-m} \\ u_1 & u_0 & \ldots & u_{1-m} \\ \vdots & \vdots & & \vdots \\ u_N & u_{N-1} & \ldots & u_{N-m} \end{pmatrix} \cdot \begin{pmatrix} \hat{g}_0 \\ \hat{g}_1 \\ \vdots \\ \hat{g}_m \end{pmatrix} \cdot T
\tag{4.154}
$$
$$
\boldsymbol{e} = \boldsymbol{y} - \boldsymbol{U} \cdot \hat{\boldsymbol{g}} \cdot T \; ,
$$

übersichtlicher dargestellt werden, sodass sich aus der Forderung minimaler Fehlerquadrate

$$Q = \boldsymbol{e}^T \cdot \boldsymbol{e} \to \min \tag{4.155}$$

die Lösung für die gesuchte Gewichtsfolge

$$\hat{\boldsymbol{g}}_{\min} = (\boldsymbol{U}^T \cdot \boldsymbol{U})^{-1} \cdot \boldsymbol{U}^T \cdot \boldsymbol{y} \cdot \frac{1}{T} \tag{4.156}$$

direkt bestimmen lässt, sofern die Matrix $\boldsymbol{U}^T \boldsymbol{U}$ regulär ist. Eine geschätzte Gewichtsfolge kann u.a. direkt zur Simulation mittels diskreter Faltung herangezogen werden; auch kann durch Fourier-Transformation auf den Frequenzgang geschlossen werden, wobei die diskrete vorliegende Darstellung die Anwendung der Fast-Fourier-Transformation nahe legt:

$$\hat{\boldsymbol{G}} = FFT(\hat{\boldsymbol{g}}) \quad . \tag{4.157}$$

Der augenscheinliche Vorteil des Gewichtsfolgen-Modellansatzes gegenüber einer Übertragungsfunktion in parametrischer Darstellung besteht darin, dass keinerlei Vorgaben und damit Vorkenntnisse über Modellordnung und Totzeit

erforderlich sind. Erkauft wird dieses jedoch durch wesentlich größere Datenmengen, die zur Darstellung und zur Berechnung des Modells benötigt werden.
Während ein parametrisches Modell in aller Regel mit weniger als 10 Koeffizienten auskommt, so liegt die erforderliche Zahl der Gewichtsfolgenwerte im
Bereich 30-50, was einen erheblich größeren Rechenaufwand nach sich zieht.

4.4.2 Identifikation nichtlinearer Prozesse

Weist ein reales System kein lineares Verhalten auf, oder lässt es sich nicht in
Arbeitspunktnähe linearisieren, muss die Modellstruktur dahingehend erweitert werden, dass auch das nichtlineare Übertragungsverhalten beschrieben
werden kann. Aufgrund der Vielfalt der nichtlinearen Übertragungssysteme
ist es jedoch nicht möglich, mit einem einzigen Modellansatz alle Prozesse
abzubilden. Ein weit verbreiteter Ansatz zur Beschreibung nichtlinearer Systeme besteht darin, die Struktur des Modells aus linearen Dynamiken und
statischen Nichtlinearitäten zusammenzusetzen. Hierdurch lassen sich zwei
nichtlineare Beschreibungsformen, die auf einer Erweiterung der Differenzengleichung und der Faltungssumme basieren, formulieren. Beide Beschreibungsformen beruhen auf der Tatsache, dass sich jede stetige nichtlineare Funktion
innerhalb eines abgeschlossenen Intervalls durch ein Polynom

$$P(x) = p_0 + \sum_{i=1}^{n} p_i x_i + \sum_{i_1=1}^{n} \sum_{i_2=i_1}^{n} p_{i_1 i_2} x_{i_1} x_{i_2} + \ldots$$
$$+ \sum_{i_1=1}^{n} \sum_{i_2=i_1}^{n} \ldots \sum_{i_q=i_{q-1}}^{n} p_{i_1 i_2 .. i_q} x_{i_1} x_{i_2} \ldots x_{i_q} \tag{4.158}$$

beliebig annähern lässt. Die lineare Differenzengleichung (Gl.(4.61)) wird dann
auf ein allgemein gültiges nichtlineares Modell erweitert, indem die Variablen
x_i mit den diskreten zeitverschobenen Ein- u und Ausgangssignalen y gleich-
gesetzt werden.

$$x = [y_{k-1} \ldots y_{k-n} u_k u_{k-1} \ldots u_{k-n}] \tag{4.159}$$

Dies führt auf das allgemeine nichtlineare rekursive Modell (NRM)

$$y_k = K_0 + \sum_{i=0}^{n} b_i u_{k-i} + \sum_{i_1=0}^{n} \sum_{i_2=i_1}^{n} b_{i_1 i_2} u_{k-i_1} u_{k-i_2} + \ldots +$$

$$\sum_{i_1=0}^{n} \sum_{i_2=i_1}^{n} \cdots \sum_{i_q=i_{q-1}}^{n} b_{i_1 i_2 \ldots i_q} u_{k-i_1} u_{k-i_2} \ldots u_{k-i_q} +$$

$$\sum_{i=1}^{n} a_i y_{k-i} + \sum_{i_1=1}^{n} \sum_{i_2=i_1}^{n} a_{i_1 i_2} y_{k-i_1} y_{k-i_2} + \ldots +$$

$$\sum_{i_1=1}^{n} \sum_{i_2=i_1}^{n} \cdots \sum_{i_q=i_{q-1}}^{n} a_{i_1 i_2 \ldots i_q} y_{k-i_1} y_{k-i_2} \cdots y_{k-i_q} + \qquad (4.160)$$

$$\sum_{i_1=0}^{n} \sum_{i_2=1}^{n} c_{i_1 i_2} u_{k-i_1} y_{k-i_2} + \ldots +$$

$$\sum_{i_1=0}^{n} \sum_{i_2=i_1}^{n} \cdots \sum_{i_q=1}^{n} c_{i_1 i_2 \ldots i_q} u_{k-i_1} u_{k-i_2} \cdots y_{k-i_q} + \ldots +$$

$$\sum_{i_1=0}^{n} \sum_{i_2=1}^{n} \cdots \sum_{i_q=i_{q-1}}^{n} c_{i_1 i_2 \ldots i_q} u_{k-i_1} y_{k-i_2} \cdots y_{k-i_q} \quad ,$$

in dem die lineare Differenzengleichung als Sonderfall enthalten ist und in dem sich das Ausgangssignal aus dem momentanen Eingangssignal und zurückliegenden Ein- und Ausgangssignalwerten zusammensetzt. Im Gegensatz dazu hängt das Ausgangssignal bei der diskreten Volterra-Reihe

$$y_k = K_0 + \sum_{i=0}^{m} g_i u_{k-i} + \sum_{i_1=0}^{m} \sum_{i_2=0}^{m} g_{i_1 i_2} u_{k-i_1} u_{k-i_2} + \ldots$$

$$+ \sum_{i_1=0}^{m} \sum_{i_2=0}^{m} \cdots \sum_{i_q=0}^{m} g_{i_1 i_2 \ldots i_q} u_{k-i_1} u_{k-i_2} \ldots u_{k-i_q} \quad , \qquad (4.161)$$

welche die Faltungssumme erweitert, allein von Eingangssignalen ab. Diese Reihe enthält die so genannten Volterrakerne g_i bis zum Grad q und der Dimension m.

Für beide Modellansätze gilt, dass die Anzahl an unbekannten Parametern durch den Übergang zum Nichtlinearen stark zunimmt. Unabhängig davon gelten die gleichen Unterschiede wie bei der Differenzengleichung und der Faltungssumme. Das nichtlineare rekursive Modell wird zu den parametrischen Ansätzen gezählt, die Volterra-Reihe zu den nichtparametrischen. Der Ansatz der Volterra-Reihe benötigt keine Vorkenntnisse über Modellordnung und Totzeit, dafür jedoch eine wesentlich größere Datenmenge zur Darstellung und Berechnung des Modells.

Abschließend seien noch zwei gängige Spezialfälle, das Wiener- und das Hammerstein-Modell vorgestellt. Beide setzen voraus, dass die Lage der statischen Nichtlinearität bekannt ist. Das Hammerstein-Modell besteht aus der Reihenschaltung einer statischen Nichtlinearität und einer dynamischen Linearität (Abb. 4.15), das Wiener-Modell aus der umgekehrten Reihenschaltung dieser beiden Systeme.

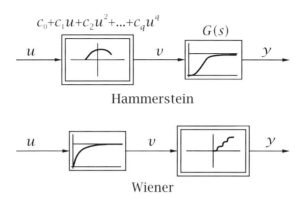

Abb. 4.15. Blockdiagramm eines Hammerstein- (a) und eines Wiener-Modells (b)

Das NRM und die Volterra-Reihe erhält man jeweils durch entsprechende Kombination entweder der Differenzengleichung oder der Faltungssumme mit der Nichtlinearität. Dies sei beispielhaft für das nichtlineare rekursive Modell anhand der Hammerstein-Struktur gezeigt: Nähert man die statische Nichtlinearität durch ein Polynom mit dem Grad q an

$$v = c_0 + c_1 u + c_2 u^2 + \ldots + c_q u^q \qquad (4.162)$$

und setzt dieses in die lineare Differenzengleichung des dynamischen Subsystems

$$y_k = -\alpha_1 y_{k-1} - \ldots - \alpha_n y_{k-n} + \beta_0 v_k + \beta_1 v_{k-1} + \ldots + \beta_n v_{k-n} \qquad (4.163)$$

ein, so erhält man ein nichtlineares Modell mit der Struktur

$$y_k = K_0 + \sum_{i=0}^{n} b_i u_{k-i} + \sum_{i=0}^{n} b_i u_{k-i}^2 + \ldots + \sum_{i=0}^{n} b_i u_{k-i}^q - \sum_{i=1}^{n} \alpha_i y_{k-i} \quad , \quad (4.164)$$

das linear in den Parametern ist. Die b-Parameter sowie K_0 setzen sich aus Produkten der Polynomkoeffizienten c_i und den Parametern β_i der linearen Differenzengleichung zusammen.

Die Identifikationsaufgabe besteht analog zum linearen Fall darin, aufgrund einer Messung von Eingangssignal u_k und Ausgangssignal y_k die unbekannten Parameter zu bestimmen, sodass ein Fehler zwischen gemessenem und geschätztem Ausgangssignal (Gl.(4.152)) minimiert wird. Wählt man einen Modellansatz, der linear in den zu schätzenden Parametern ist und ein Gütemaß aus der Summe der Fehlerquadrate, dann ist das angesetzte überbestimmte Gleichungssystem ebenfalls analog zum linearen Fall eindeutig geschlossen lösbar. Im nichtlinearen Fall müssen zur Lösung des Gleichungssystems Optimierungsalogrithmen herangezogen werden.

4.5 Abtasttheorem nach Shannon

In den vorangegangenen Abschnitten, speziell im Abschnitt 4.2.3, wurden Verfahren zur Analyse zeitkontinuierlicher Signale auf eine zeitdiskrete Schreibweise übertragen, sodass diese unmittelbar von einem Digitalrechner ausgeführt werden können. Beispielsweise wurde aus der im Zeitkontinuierlichen definierten Fourier-Transformation die Diskrete Fourier-Transformation (DFT) gewonnen, indem die Integration durch eine Summation angenähert wurde. Offen blieb bisher die Frage, inwieweit die dabei unvermeidliche Verfälschung der mathematischen Zusammenhänge zulässig ist.

Zunächst soll an einem einfachen Beispiel die grundsätzliche Problematik einer digital ausgeführten Signalanalyse aufgezeigt werden. Betrachtet werde die in Abb. 4.16 skizzierte Aufgabe, ein zeitkontinuierliches Signal, hier eine harmonische Schwingung, in einem festen Zeitraster abzutasten, um beispielsweise auf Grundlage der hiermit gewonnenen Zahlenwerte eine rechnergestützte Signalanalyse durchzuführen.

Gegenübergestellt sind zwei harmonische Signale mit unterschiedlichen Kreisfrequenzen, die beide in gleichem Zeitraster abgetastet werden. Die kleinen Kreise kennzeichnen die jeweils abgetasteten Wertefolgen. Verbindet man nun gedanklich die Abtastpunkte durch einen Polygonzug, so wird deutlich, dass die Wertefolge im Fall a) den Charakter des kontinuierlichen Signals recht gut wiedergibt, während die Abtastung im Fall b) auf ein völlig anderes Signal, dessen Kreisfrequenz deutlich kleiner ist als die des kontinuierlichen, schließen lässt. Offensichtlich würde eine digitale Signalanalyse im Fall a) zu brauchbaren Ergebnissen führen. Im Fall b) hingegen könnte diese Signalanalyse aufgrund der völlig mangelhaften Eingangsinformation nur fehlerhaft sein; im vorliegenden Fall würde beispielsweise eine hohe Signalleistung in einem viel zu niedrigen Frequenzbereich ausgewiesen werden.

Nun soll das aufgezeigte Problem mit mathematischen Methoden der Signaltheorie erfasst werden. Stellvertretend für eine Vielzahl - auch parametrischer - Verfahren soll dabei die Signalanalyse mittels Fourier-Transformation betrachtet werden. Damit lautet die Fragestellung: Inwieweit verfälscht die Abtastung eines zeitkontinuierlichen Signals dessen durch Fourier-Transformation gewonnenes Bild im Frequenzbereich (welches fortan auch kürzer als *Spektrum* bezeichnet wird)? Damit die Übersicht gewahrt bleibt, soll jedoch vorweg die Vorgehensweise erläutert werden, die bei der Beantwortung dieser Fragestellung befolgt wird:

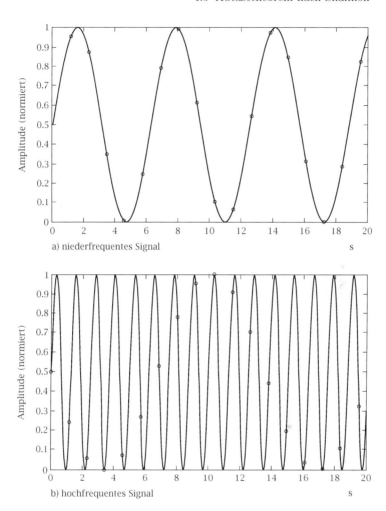

Abb. 4.16. Abtastung harmonischer Signale

I. Faltungstheorem
   Zunächst wird eine bisher noch nicht genannte Rechenregel der Fourier-Transformation erläutert und hergeleitet, die im weiteren Verlauf verwendet wird.

II. Zeitkontinuierliche Beschreibung einer Abtastfolge
   Zum Vergleich mit dem unverfälschten Spektrum wird eine zeitkontinuierliche Beschreibung des abgetasteten Signals benötigt, damit die Spektren von kontinuierlichem und abgetastetem Signal mit identischen Rechenvorschriften ermittelt werden können.

III. Spektrum der Abtastfolge

Das Spektrum der Abtastfolge wird wie bereits angedeutet mit Hilfe der kontinuierlichen Fourier-Transformation ermittelt, wobei die zuvor eingeführte Rechenregel Anwendung findet.

IV. Schlussfolgerungen

Aus dem Vergleich der Spektren von kontinuierlichem und abgetastetem Signal werden Forderungen für die Signalabtastung abgeleitet, in denen u.a. das so genannte Shannon-Theorem enthalten ist.

I. Faltungstheorem

Die Fourier-Transformation kann als Spezialfall der Laplace-Transforma-tion angesehen werden, bei der die unabhängige Variable $s = \sigma + j\omega$ durch $j\omega$ ersetzt wird. Daher gelten für die Fourier-Transformation auch die von der Laplace-Transformation bekannten elementaren Rechenregeln für

- die Addition zweier zeitveränderlicher Signale u(t) und v(t)

$$\mathscr{F}\{u(t) + v(t)\} = U(\omega) + V(\omega), \tag{4.165}$$

- die Multiplikation mit einem konstanten Faktor c

$$\mathscr{F}\{c \cdot u(t)\} = c \cdot U(\omega), \tag{4.166}$$

- die Verschiebung um ein Zeitintervall T

$$\mathscr{F}\{u(t - T)\} = U(\omega) \cdot e^{-j\omega T}, \tag{4.167}$$

- und auch die Korrespondenz für den Einheitsimpuls $\delta(t)$

$$\mathscr{F}\{\delta(T)\} = 1. \tag{4.168}$$

Wie schon angedeutet, werden für die folgenden Überlegungen weitere Rechenregeln benötigt; diese behandeln

- die Multiplikation zweier Signale

$$\mathscr{F}\{u(t) \cdot v(t)\} = U(\omega) * V(\omega) \cdot \frac{1}{2\pi} \tag{4.169}$$

- und deren Faltung

$$\mathscr{F}\{u(t) * v(t)\} = U(\omega) \cdot V(\omega). \tag{4.170}$$

Wie auch die zuvor genannten Beziehungen können die Regeln zur Multiplikation und zur Faltung aus der Definition der Fourier-Transformation, dem sogenannten Fourier-Integral

$$\mathscr{F}\{y(t)\} = \int\limits_{-\infty}^{\infty} y(t) \cdot e^{-j\omega t} dt \qquad (4.171)$$

abgeleitet werden. Betrachtet man zunächst die Faltung, die mit der Faltungsbeziehung

$$y(t) = u(t) * v(t) = \int\limits_{-\infty}^{\infty} u(\tau) \cdot v(t-\tau) d\tau \qquad (4.172)$$

definiert ist, so folgt damit für die Fourier-Transformation gefalteter Signale das Doppelintegral

$$\mathscr{F}\{u(t) * v(t)\} = \int\limits_{-\infty}^{\infty} \int\limits_{-\infty}^{\infty} u(\tau) \cdot v(t-\tau) d\tau \cdot e^{-j\omega t} dt \quad . \qquad (4.173)$$

Vertauscht man nun inneres und äußeres Integral, so kann $u(\tau)$ bezüglich der Integration in t als Konstante angesehen und folglich aus dem inneren Integral herausgezogen werden:

$$\mathscr{F}\{u(t) * v(t)\} = \int\limits_{-\infty}^{\infty} u(\tau) \cdot \left[\int\limits_{-\infty}^{\infty} v(t-\tau) \cdot e^{-j\omega t} dt \right] d\tau \quad . \qquad (4.174)$$

Nach der Substitution $\alpha = t - \tau$ in dem inneren Integral erkennt man in dem Klammerausdruck

$$\int\limits_{-\infty}^{\infty} v(\alpha) \cdot e^{-j\omega(\alpha+\tau)} d\alpha = e^{-j\omega\tau} \cdot \int\limits_{-\infty}^{\infty} v(\alpha) \cdot e^{-j\omega\alpha} d\alpha$$
$$= e^{-j\omega\tau} \cdot V(\omega) \qquad (4.175)$$

u.a. bereits die Fourier-Transformierte des Signals $v(t)$, womit sich die hier nachzuweisende Beziehung

$$\mathscr{F}\{u(t) * v(t)\} = \int\limits_{-\infty}^{\infty} u(\tau) \cdot e^{-j\omega\tau} d\tau \cdot V(\omega) = U(\omega) \cdot V(\omega) \qquad (4.176)$$

ergibt. Auch die zuvor genannte Beziehung für die Multiplikation zweier Signale lässt sich auf ähnlichem Wege verifizieren. Hierzu muss der Beweis sinngemäß rückwärts geführt werden, wobei von der Definition der inversen Fourier-Transformation auszugehen ist.

Offensichtlich führt also die Multiplikation im Zeitbereich zu einer Faltung im Frequenzbereich und umgekehrt. Dieser recht bemerkenswerte und für die Signaltheorie grundlegende Sachverhalt wird auch als *Faltungstheorem* bezeichnet.

II. Zeitkontinuierliche Beschreibung einer Abtastfolge

Zur Abschätzung der Fehler, die durch eine digital ausgeführte Fourier-Transformation entstehen, soll eine zeitkontinuierliche Beschreibung $u^*(t)$ eines abgetasteten Signals aufgestellt werden, damit diese im direkten Vergleich mit dem unverfälschten zeitkontinuierlichen Signal $u(t)$ transformiert werden kann. Die Grundidee ist, den Abtastvorgang mit Hilfe des Einheitsimpulses $\delta(t)$ zu beschreiben, einem unendlich hohen, unendlich kurzem Impuls zum Zeitpunkt $t = 0$ mit der Fläche eins.

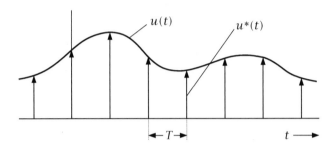

Abb. 4.17. Ersatz eines zeitkontinuierlichen Signals durch eine Impulsfolge

Aus Abb. 4.17 wird deutlich, dass das ursprüngliche Signal $u(t)$ durch die Abtastung mit konstanter Abtastzeit T in eine gewichtete Impulsfolge $u^*(t)$ überführt wird, die sich als zeitkontinuierliches Signal mit

$$u^*(t) = \sum_{n=-\infty}^{\infty} [u(nT) \cdot \delta(t - nT) \cdot T] = u(t) \cdot T \cdot \sum_{n=-\infty}^{\infty} \delta(t - nT) \quad (4.177)$$

beschreiben lässt, wobei beim Herausziehen von $u(t)$ die Ausblendeigenschaft des Einheitsimpulses ausgenutzt wurde. Die Verwendung des Einheitsimpulses $\delta(t)$ ist darin begründet, dass damit einerseits dem Charakter des abgetasteten Signals Rechnung getragen wird und zum anderen wegen

$$\int_{-\infty}^{\infty} \delta(t)\,dt = 1 \quad (4.178)$$

$$\int_{-\infty}^{\infty} u^*(t)dt \approx \int_{-\infty}^{\infty} u(t)\,dt \quad (4.179)$$

gilt; d. h. auch die Leistung des ursprünglichen Signals wird recht gut wiedergegeben.

III. Spektrum der Abtastfolge

Zur Fourier-Transformation des soeben eingeführten Signals $u^*(t)$ kommt nun das Faltungstheorem zur Anwendung, da (neben Addition und Zeitverschiebung) eine Multiplikation von Signalen vorliegt. Als abkürzende Schreibweise wird für die Einheitsimpulsfolge die Bezeichnung

$$i(t) = \sum_{n=-\infty}^{\infty} \delta(t - nT) \tag{4.180}$$

und damit

$$u^*(t) = u(t) \cdot i(t) \cdot T \tag{4.181}$$

verwendet. Daher lautet mit Gl.(4.169) die Fourier-Transformierte des Signals $u^*(t)$

$$U^*(\omega) = U(\omega) * I(\omega) \cdot \frac{T}{2\pi} \quad , \tag{4.182}$$

womit sich schon hier die durch Abtastung bedingte Verfälschung des Spektrums ankündigt. Aber wie lautet nun die Fourier-Tansformierte der Einheitsimpulsfolge? Aus der Korrespondenz für den Einheitsimpuls $\delta(t)$ und dem Verschiebungssatz folgt

$$I(\omega) = \sum_{n=-\infty}^{\infty} \left(1 \cdot e^{-j\omega nT} \right) = e^0 + \sum_{n=1}^{\infty} \left(e^{-j\omega nT} + e^{+j\omega nT} \right) \quad . \tag{4.183}$$

Wegen

$$e^0 = 1 \quad , \quad e^{-j\alpha} = \cos\alpha - j \cdot \sin\alpha \quad , \quad e^{+j\alpha} = \cos\alpha + j \cdot \sin\alpha \tag{4.184}$$

entfallen die imaginären Therme und es verbleibt das rein reelle Spektrum der Einheitsimpulsfolge

$$I(\omega) = 1 + 2 \cdot \sum_{n=1}^{\infty} \cos(\omega nT) \quad . \tag{4.185}$$

Zur Veranschaulichung dieses Ausdrucks dient Abb. 4.18, in der die unendliche Reihe schrittweise, d. h. für eine wachsende Zahl von Impulsen aufgebaut wird. Man erkennt, dass sich das Spektrum $I(\omega)$ für eine zunehmende Anzahl von zu transformierenden Impulsen bei den Kreisfrequenzen

$$\omega = n \cdot \frac{2\pi}{T}, n = -\infty \ldots \infty \tag{4.186}$$

zu Impulsen verdichtet, während sich die überlagerten Schwingungen in den Zwischenräumen gegenseitig auslöschen. Im Grenzfall $N = \infty$ gilt schließlich

$$I(\omega) = \frac{2\pi}{T} \cdot \sum_{n=-\infty}^{\infty} \delta(\omega - n \cdot \frac{2\pi}{T}) \quad , \tag{4.187}$$

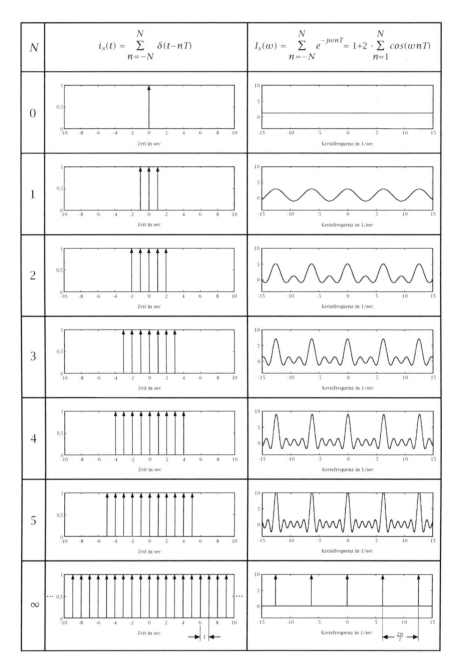

Abb. 4.18. Fourier-Transformation von Impulsfolgen

d. h. die Fourier-Transformierte einer Einheitsimpulsfolge im Zeitbereich (mit Impulsabstand T) ist wieder eine Impulsfolge im Frequenzbereich (mit Impulsabstand $2\pi/T$), wobei jeder dieser Impulse die Fläche $2\pi/T$ besitzt [39].

Damit ist die gesuchte Fourier-Transformierte $U^*(\omega)$ des abgetasteten Signals gefunden; sie lautet nach den Gln. (4.182)/(4.187)

$$U^*(\omega) = U(\omega) * I(\omega) \cdot \frac{T}{2\pi} = U(\omega) * \sum_{n=-\infty}^{\infty} \delta(\omega - n \cdot \frac{2\pi}{T}) \quad , \qquad (4.188)$$

wobei dieser auf den ersten Blick schwer zu interpretierende Ausdruck recht griffig erläutert werden kann. Hierzu wird zunächst die Frage gestellt, was die Faltung eines Spektrums $U(\omega)$ mit einem *einzelnen* Einheitsimpuls $\delta(\omega)$ bewirkt. Nach der Definition des Faltungsintegrals ist

$$U(\omega) * \delta(\omega) = \int_{-\infty}^{\infty} U(\omega - \alpha) \cdot \delta(\alpha) d\alpha \quad . \qquad (4.189)$$

Allein für $\alpha = 0$ ist $\delta(\alpha)$ und damit der Integrand von null verschieden, sodass sich das Faltungsintegral zu

$$U(\omega) * \delta(\omega) = U(\omega) \cdot \int_{-\infty}^{\infty} \delta(0) d\alpha = U(\omega) \qquad (4.190)$$

vereinfacht; d. h. die Faltung mit dem Einheitsimpuls reproduziert das ursprüngliche Spektrum. In gleicher Weise lässt sich die Faltung mit einem um eine Kreisfrequenz Ω *verschobenen* Einheitsimpuls $\delta(\omega - \Omega)$ durch

$$U(\omega) * \delta(\omega - \Omega) = \int_{-\infty}^{\infty} U(\omega - \alpha) \cdot \delta(\alpha - \Omega) d\alpha \qquad (4.191)$$

ausdrücken, wobei der Integrand wiederum ausgeblendet wird, mit Ausnahme der Stelle $\alpha = \Omega$. Folglich ist

$$U(\omega) * \delta(\omega - \Omega) = U(\omega - \Omega) \cdot \int_{-\infty}^{\infty} \delta(0) d\alpha = U(\omega - \Omega) \quad , \qquad (4.192)$$

d. h. die Faltung mit einem verschobenen Einheitsimpuls prägt diese Verschiebung dem Spektrum auf. Mit dieser Erkenntnis wird der bereits genannte Ausdruck für das Spektrum $U^*(\omega)$ des abgetasteten Signals zu

$$U^*(\omega) = U(\omega) * \sum_{n=-\infty}^{\infty} \delta\left(\omega - n\frac{2\pi}{T}\right)$$

$$= \sum_{n=-\infty}^{\infty} U(\omega - n\frac{2\pi}{T}) \qquad (4.193)$$

und damit interpretierbar: Offensichtlich bewirkt die Abtastung des Signals $u(t)$ im festen Zeitintervall T, dass das eigentlich gesuchte Spektrum $U(\omega)$ unendlich oft wiederholt wird, wobei der Koordinatenursprung der einzelnen Spektren bei allen Vielfachen der Kreisfrequenz $2\pi/T$ liegt. Abbildung 4.19 veranschaulicht diesen Sachverhalt, wobei das hier gewählte Spektrum $U(\omega)$ nur qualitativ zu betrachten ist.

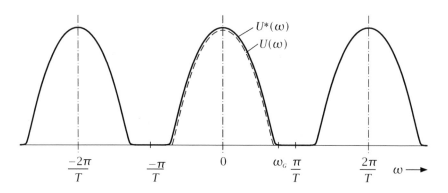

Abb. 4.19. Spektrum eines abgetasteten Signals bei Überabtastung (hinreichend kleine Abtastzeit)

IV. Schlussfolgerungen

Als Anwender einer Diskreten Fourier-Transformation könnte man den in Abb. 4.19 skizzierten Fall recht gelassen betrachten; schließlich kennt man mit der gewählten Abtastzeit T den Frequenzbereich

$$-\frac{\pi}{T} < \omega < \frac{\pi}{T} \quad , \tag{4.194}$$

in dem das interessierende Spektrum zu erwarten ist. Die Wiederholungen könnten somit ignoriert oder auch durch geeignete Filter ausgeblendet werden. Diese Vorgehensweise setzt jedoch voraus, dass die Grenzkreisfrequenz ω_G, d. h. die größte Kreisfrequenz, bei der das Spektrum $U(\omega)$ noch nennenswerte Anteile besitzt, der Bedingung

$$\omega_G < \frac{\pi}{T} \tag{4.195}$$

genügt. Nur in diesem Fall, der auch in Abb. 4.19 vorliegt, ist nämlich sichergestellt, dass keine Überlagerung von ursprünglichem und wiederholtem Spektrum auftritt. Die genannte Forderung ist in der Literatur auch als *Shannon-Theorem* bekannt. Die allein von der Abtastzeit abhängige Kreisfrequenz

$$\omega_S = \frac{\pi}{T} \qquad (4.196)$$

wird auch als *Shannon-Kreisfrequenz* bezeichnet. Das Shannon-Theorem liefert in der umgeformten Darstellung

$$T < \frac{\pi}{\omega_G} \qquad (4.197)$$

einen Anhaltswert für eine maximal zulässige Abtastzeit, die bei der Identifikation eines Prozesses, der eine Grenzkreisfrequenz ω_G besitzt, nicht überschritten werden darf. Wegen

$$\omega_G = \frac{2\pi}{T_G} \qquad (4.198)$$

sagt diese Forderung aus, dass

$$T < \frac{T_G}{2} \qquad (4.199)$$

sein soll, d. h. je Periode soll das zu analysierende Signal mindestens zweimal abgetastet werden. Diese Forderung leuchtet mit Blick auf die eingangs betrachtete Abb. 4.16 unmittelbar ein; schließlich kann nur dann sichergestellt werden, dass die richtige Frequenz des Signals ermittelt wird.

Für die praktische Anwendung sollte jedoch der aus dem Shannon-Theorem folgende Maximalwert nicht voll ausgenutzt werden; es empfiehlt sich eine hinreichende Überabtastung vorzunehmen, z. B. mit Abtastzeiten

$$T \approx \frac{T_G}{6} \dots \frac{T_G}{10} \qquad \text{bzw.} \qquad T \approx \frac{\pi}{3\omega_G} \dots \frac{\pi}{5\omega_G} \quad . \qquad (4.200)$$

Wird das Shannon-Theorem verletzt, so tritt aufgrund der additiven Überlagerung der wiederholten Spektren eine Verfälschung auf, die auch als *Rückfaltungsfehler (engl. aliasing error)* bezeichnet wird. Abbildung 4.20 verdeutlicht diesen Sachverhalt, der bei einer zu groß gewählten Abtastzeit, also im Falle einer Unterabtastung des Signals $u(t)$ eintritt. Erinnert werden soll auch hier an das eingangs betrachtete Beispiel, bei dem durch Unterabtastung eine zu hohe Signalleistung bei kleinen Frequenzen vorgetäuscht wurde.

Das in Abb. 4.20 gezeigte Ergebnis einer digital ausgeführten Signalanalyse ist offensichtlich für die höheren Kreisfrequenzen in der Nähe der Grenzkreisfrequenz ω_G völlig unbrauchbar, da das ermittelte Spektrum $U^*(\omega)$ in diesem Frequenzbereich das gesuchte Spektrum $U(\omega)$ auch nicht näherungsweise wiedergibt, sondern durch Rückfaltungen überlagert wird.

Aber auch für die kleineren Kreisfrequenzen hat das Spektrum $U^*(\omega)$ nur geringe Aussagekraft, da nicht entschieden werden kann, welcher Anteil dem gesuchten Spektrum $U(\omega)$ entspricht und welcher Anteil dem Rückfaltungsfehler unterliegt. Daher kann auch mit einer nachträglichen bandbegrenzenden

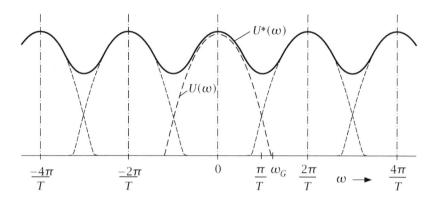

Abb. 4.20. Spektrum eines abgetasteten Signals bei Unterabtastung (zu große Abtastzeit)

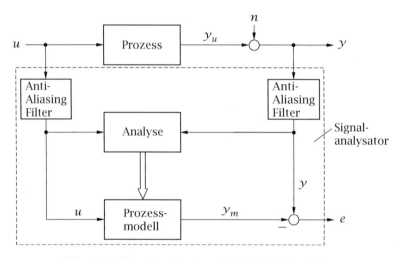

Abb. 4.21. Signalanalysator mit Anti-Aliasing-Filtern

Filterung von $U^*(\omega)$ keine Abhilfe geschaffen werden; vielmehr muss eine solche Filterung, die beispielsweise Frequenzen oberhalb der Shannon-Frequenz abschneidet, *vor* der Abtastung, d. h. mit einem *analogen Filter* erfolgen. Aus diesem Grund verfügen digitale Signalanalysatoren in der Regel über so genannte *Anti-Aliasing-Filter*, die analog ausgeführt und in ihrer Grenzfrequenz an die eingestellte Abtastzeit angepasst sind, wie in Abb. 4.21 (in Abwandlung von Abb. 4.1) dargestellt.

4.6 Praktischer Einsatz mit einem Software-Werkzeug

Die Umsetzung der o. g. Verfahren wird in diesem Abschnitt beispielhaft an der grafischen Oberfläche der „System Identification Toolbox for MATLAB" erläutert. Hiermit lassen sich diverse (lineare) Modelle aus Daten identifizieren. Durch Eingabe von `ident` am MATLAB-prompt wird eine grafische Oberfläche gestartet, die in Abb. 4.22 dargestellt ist.

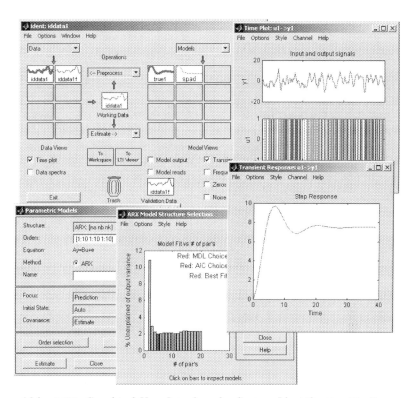

Abb. 4.22. Graphical User Interface der System Identification Toolbox

Die generelle Vorgehensweise bei dem Einsatz lässt sich in die folgenden Schritte einteilen. Ausführlichere Beispiele finden sich in Abschnitt 8.2.

1. Zunächst werden die gemessenen Ein- und Ausgangsdaten, auf deren Grundlage das Verhalten des zu identifizierenden Systems nachgebildet werden soll, eingelesen.
2. Bevor die eigentliche Identifikation startet, bietet es sich in den allermeisten Fällen an, diese Daten vorzuverarbeiten (*Preprocess*), wobei beispielsweise der zu verwendende Datenbereich ausgewählt werden kann, Trends

oder Mittelwerte entfernt oder andere Operationen (z. B. Filtern) durchgeführt werden können. Neben den Rohdaten stehen nach der Vorverarbeitung jeweils neue Daten in der linken Matrix zur Verfügung, die sowohl im Zeit- als auch Frequenzbereich analysiert werden können.

3. Nach der Vorverarbeitung kann die eigentliche Identifikation durchgeführt werden (*estimate*). Hierzu ist zunächst die Modellklasse auszuwählen (*parametric models, spectral models* oder *correlation models*). Für die Identifikation stehen verschiedene Verfahren zur Verfügung. So können bei der Identifikation Parametrischer Modelle beispielsweise unterschiedliche Annahmen über das Störmodell getätigt werden. Neben der Vorgabe einer zu identifizierenden Systemordnung ist auch eine Identifikation einer Schar von Modellen möglich, aus denen anschließend ausgewählt werden muss. Nach erfolgter Identifikation wird ein Platz in der rechten Matrix ausgefüllt.

4. Zu guter Letzt muss anhand verschiedener integrierter Analysemöglichkeiten entschieden werden, welches Modell am geeignetsten erscheint, das in den Messdaten vermutete dynamischen Übertragungsverhalten abzubilden. So können verschiedene Modelle, welche mit unterschiedlichen Methoden identifiziert wurden, verglichen werden. Beispielsweise kann über das Häkchen *Model output* angezeigt werden, wie das identifizierte System auf das Eingangssignal *Validation Data* reagiert. Ferner sind Analysen über z. B. die Übergangsfunktion, den Frequenzgang oder die Lage der Pol- und Nullstellen möglich. Ein Export des Modells an den LTI-Viewer oder in den workspace von MATLAB ist für weiteres Arbeiten mit dem Modell vorgesehen.

Die Modelle, die mit der Toolbox identifiziert werden, sind linear. Aufgrund der besonderen strukturellen Annahmen, die bei der Identifikation nichtlinearer Systeme vorzunehmen sind, wird an dieser Stelle nicht tiefer auf entsprechende Softwarepakete für deren Identifikation z. B. anhand Volterra-Reihen, lokal-linearer Modelle oder Künstlicher Neuronaler Netze eingegangen.

5

Grundzüge des Regelungs- und Steuerungsentwurfs

5.1 Regelungstechnik vs. Steuerungstechnik

Technische Prozesse beinhalten in den meisten Fällen eine Vielzahl an Steuerungen und Regelungen. Eine allgemeine Darstellung eines Gesamtsystems mit Regelung, Vorsteuerung und Ablaufsteuerung ist in Abb. 5.1 dargestellt.

Der Zustand des Prozesses (Strecke) wird durch Veränderung der Eingangsgröße(n) y beeinflusst. Diese Veränderung im Prozess kann kontinuierlich über der Zeit durch die Messung einer Prozessgröße x oder ereignisdiskret durch ein Grenzsignalglied erfasst werden.

Kennzeichen für eine Regelung ist der geschlossene Wirkungsablauf, bei dem die Regelgröße x im Wirkungsweg des Regelkreises fortlaufend sich selbst beeinflusst. Im Gegensatz dazu ist das Kennzeichen für die Steuerung der offene Wirkungsweg oder ein geschlossener Wirkungsweg, bei dem die durch

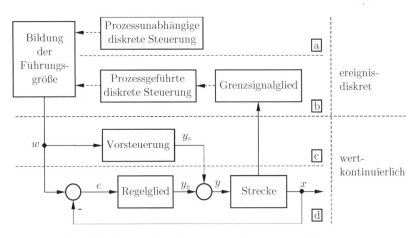

Abb. 5.1. Technisches System mit Regelung und Steuerung

die Eingangsgrößen beeinflußten Ausgangsgrößen nicht fortlaufend und nicht wieder über dieselben Eingangsgrößen auf sich selbst wirken (*offener Wirkungsablauf*).

	Automatisierung		Wirkungsablauf	Wirkungsweg	Wertebereich
a	Prozessunabhängige			offen	Diskret
b	Prozessgeführte	Steuerung	offen	geschlossen	
c	Vor-			offen	Kontinuierlich
d		Regelung	geschlossen	geschlossen	

Tab. 5.1. Begriffszuordnungen in der Automatisierungstechnik bezüglich der horizontalen Einteilung von Abb. 5.1

Bei der Steuerung unterscheidet man zwischen der kontinuierlich ablaufenden Vorsteuerung und der ereignisdiskreten Steuerung, siehe Abb. 5.2. In den meisten Fällen werden die kontinuierlichen Teilsysteme Regelung und die Vorsteuerung gemeinsam und unabhängig davon die diskrete Steuerung entworfen. Aus diesem Grund wird in dem Abschnitt Regelungsentwurf auch die Vorsteuerung behandelt und in dem Abschnitt Steuerungsentwurf die diskrete Steuerung. Es müssen auch nicht alle in Tab. 5.1 und Abb. 5.1 aufgeführten Automatisierungsarten gleichzeitig vorhanden sein. So kommen Systeme mit einer festen Führungsgrößenvorgabe ohne die in Abb. 5.1a und Abb. 5.1b gezeigten diskreten Steuerungen aus, für rein diskret gesteuerte Strecken kann das Signal y_R entfallen und die Vorsteuerung zu 1 gesetzt werden, so dass $y \equiv w$ und die Führungsgröße w die Bedeutung einer Steuergröße hat.

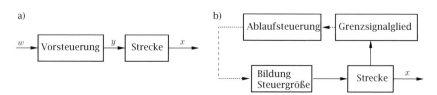

Abb. 5.2. a) Vorsteuerung und b) Ablaufsteuerung

Entsprechend der an den Prozess gestellten Aufgabe und den vorhandenen Kenntnissen über die Strecke und die Störgrößen sind regelungs- und steuerungstechnische Maßnahmen unterschiedlicher Komplexität und unterschiedlichen Aufwands nötig. Vorsteuerungen sind nur bei Strecken mit stabilen Arbeitsbereichen und bekannten oder erfassbaren Störgrößen möglich, siehe Abb. 5.3a. Bei nicht oder nicht ausreichend erfassbaren Störgrößen oder instabilen Regelstrecken sind regelungstechnische Maßnahmen nötig, um die Wirkung der Störgrößen auszugleichen oder auch die Strecke zu stabilisieren, siehe Abb. 5.3b. In den meisten Fällen kommt eine Kombination aus regelungs- und steuerungstechnischen Elementen zum Einsatz.

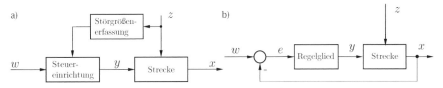

Abb. 5.3. a) Vorsteuerung mit Störgrößenerfassung b) Regelkreis

5.2 Grundlagen Regelkreis

5.2.1 Bezeichnungen

Das „Regeln", die Regelung ist ein Vorgang bei dem fortlaufend die Regel-größe x erfasst, mit einer anderen Größe, der Führungsgröße w, verglichen und im Sinne einer Angleichung an die Führungsgröße durch die Stellgröße y beeinflusst wird, siehe Abb. 5.4. Kennzeichen für das Regeln ist der geschlosse-ne Wirkungsablauf, bei dem die Regelgröße im Wirkungsweg des Regelkreises fortlaufend sich selbst beeinflusst.

Der Vorgang der Regelung ist auch dann als fortlaufend anzusehen, wenn er sich aus einer hinreichend häufigen Wiederholung gleichartiger Einzelvorgänge zusammensetzt (z. B. durch einen Abtaster in einer Abtastregelungen). Auch unstetige Vorgänge können fortlaufend sein (z. B. bei Zweipunktgliedern). Ei-ne Regelung kann auch Übertragungsglieder mit Steuerfunktionen (z. B. Vor-steuerung) enthalten. Die Regelung als Ganzes bildet ein Übertragungsglied, bei dem die Führungsgröße als Eingangsgröße die Regelgröße als Ausgangs-größe steuert.

Die Bezeichnungen der Elemente und Signale eines Regelkreises sind in DIN 19226 genormt. Am Wirkungsplan nach Abb. 5.4 sollen diese im Folgen-den erläutert werden. Als Signalbezeichnungen werden verwendet:

- Die *Führungsgröße* w einer Steuerung oder Regelung ist eine von der be-treffenden Steuerung oder Regelung nicht beeinflusste Größe, die von au-ßen zugeführt wird und der die Ausgangsgröße der Steuerung oder Re-gelung in vorgegebener Abhängigkeit folgen soll. Die Führungsgröße einer Regelung wird häufig über eine Ablaufsteuerung aus Grenzwertmeldungen aus der Regelstrecke gebildet.
- Die *Regelgröße* x ist diejenige Größe der Regelstrecke, die zum Zwecke des Regelns erfasst und über die Messeinrichtung der Regeleinrichtung

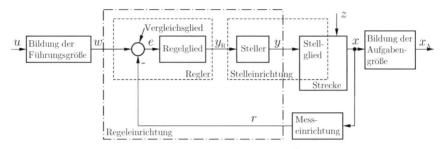

Abb. 5.4. Regelkreiselemente

zugeführt wird. Sie ist die Ausgangsgröße der Regelstrecke und Eingangsgröße der Messeinrichtung.

- Die *Rückführgröße* r ist eine aus der Messung der Regelgröße hervorgegangene Größe, die zum Vergleichsglied zurückgeführt wird.
- Die *Regeldifferenz* e ist die Differenz zwischen der Führungsgröße w und der Rückführgröße r ($e = w - r$). Für diese Definition wird berücksichtigt, dass der Vergleich der Führungsgröße mit der Regelgröße selbst in der Praxis selten möglich ist, sondern nur der Vergleich mit der sie abbildenden Rückführgröße. Für prinzipielle Überlegungen und erste Auslegungsschritte wird für den Vergleich, ohne Berücksichtigung einer Messeinrichtung, in der Regel $e = w - x$ angesetzt.
- Die *Aufgabengröße* x_A ist die Größe, die zu beeinflussen Aufgabe der Steuerung oder Regelung ist. Auch Verknüpfungen von Größen können Aufgabengrößen sein. Die Aufgabengröße ist eine Größe der Aufgabenstellung. Sie muss mit der Regelgröße wirkungsmäßig verknüpft sein, braucht aber nicht unbedingt dem Regelkreis anzugehören. Die Regelgröße ist dagegen immer eine Größe im Regelkreis. Bei Gewährleistungen sind Aufgabengröße und Regelgröße gegebenenfalls zu unterscheiden, z. B. bei der Regelung der Zusammensetzung eines Gemisches kann die Aufgabengröße, die Zusammensetzung, nicht immer unmittelbar erfasst werden. Sie wird dann durch eine von der Zusammensetzung des Gemisches abhängige Eigenschaft (z. B. pH-Wert, Dichte, Trübung, elektrische oder Wärmeleitfähigkeit) abgebildet, die als Regelgröße verwendet wird.
- Die *Reglerausgangsgröße* y_R ist die Eingangsgröße der Stelleinrichtung.
- Die *Stellgröße* y ist die Ausgangsgröße der Steuer- oder Regeleinrichtung und zugleich Eingangsgröße der Strecke. Sie überträgt die steuernde Wirkung der Einrichtung auf die Strecke.
- Eine *Störgröße* z in einer Steuerung oder Regelung ist eine von außen wirkende Größe, die die beabsichtigte Beeinflussung in der Steuerung oder Regelung beeinträchtigt.

Für die Elemente des Regelkreises werden folgende Bezeichnungen verwendet.

- Die *Strecke* (Steuerstrecke, Regelstrecke) ist der aufgabengemäß zu beeinflussende Teil des Systems. Die Eingangsgrößen der Strecke werden, soweit sie nicht Störgrößen sind, im allgemeinen durch Steuer- oder Regeleinrichtungen gebildet.
- Das *Vergleichsglied* ist eine Funktionseinheit, die die Regeldifferenz e aus der Führungsgröße w und der Rückführgröße r bildet.
- Das *Regelglied* ist eine Funktionseinheit, in der aus der vom Vergleichsglied zugeführten Regeldifferenz e als Eingangsgröße die Ausgangsgröße des Reglers so gebildet wird, dass im Regelkreis die Regelgröße - auch beim Auftreten von Störgrößen - der Führungsgröße so schnell und genau wie möglich nachgeführt wird.
- Der *Regler* ist eine Funktionseinheit, die aus Vergleichsglied und Regelglied besteht.
- Die *Messeinrichtung* (Sensor) ist die Gesamtheit aller zum Aufnehmen, Weitergeben, Anpassen und Ausgeben von Größen bestimmten Funktionseinheiten.
- Der *Steller* ist eine Funktionseinheit, in der aus der Reglerausgangsgröße die zur Aussteuerung des Stellglieds erforderliche Stellgröße gebildet wird.
- Das *Stellglied* (Aktuator) ist die am Eingang der Strecke angeordnete zur Regelstrecke gehörende Funktionseinheit, die in den Massenstrom oder Energiefluß eingreift. Ihre Eingangsgröße ist die Stellgröße.
- Die *Stelleinrichtung* ist eine aus Steller und Stellglied bestehende Funktionseinheit.
- Die *Regeleinrichtung* bzw. Steuereinrichtung ist derjenige Teil des Wirkungsweges, der die aufgabengemäße Beeinflussung der Strecke über das Stellglied bewirkt.

Für die Orte an denen einzelne Größen wirken werden entsprechend der Signalbezeichnung folgende Begriffe verwendet. Der *Messort* der Regelgröße ist der Ort der Regelstrecke, an dem der Wert der Regelgröße erfasst wird. Zur Abgrenzung zwischen Regelstrecke und Regeleinrichtung bedarf es einer Vereinbarung über die Lage von Messort und Stellort. Der Stellort ist der Angriffspunkt der Stellgröße. Der Störort ist der Angriffspunkt einer Störgröße.

Außerdem können für die einzelnen Signale Bereiche definiert werden. Der *Regelbereich* X_h einer Regelung ist der Bereich, innerhalb dessen die Regelgröße unter Berücksichtigung vereinbarter Werte der Störgrößen eingestellt werden kann, ohne dass die vereinbarte größte Abweichung der Führungsgröße überschritten wird. Ist der so festgelegte Regelbereich X_h nicht zugleich der vorgesehene Eingangsbereich der Regelgröße in die Regeleinrichtung, so wird der an der Regelstrecke festgelegte Regelbereich mit X_{hS} und der an der Regeleinrichtung mit X_{hR} bezeichnet. Umgekehrt ist der *Störbereich* Z_h

der Bereich, innerhalb dessen die Störgröße liegen darf, ohne dass die vereinbarte größte Abweichung der Führungsgröße der Steuerung oder Regelung überschritten wird. Der *Aufgabenbereich* X_{Ah} bei einer Steuerung oder Regelung ist der Bereich, innerhalb dessen die Aufgabengröße bei voller Funktionsfähigkeit der Steuerung oder Regelung liegen kann. Analog werden für die Führungs- und Stellgröße die Bereiche *Führungsbereich* W_h und *Stellbereich* Y_h definiert.

5.2.2 Eigenschaften

Wenn man, wie in der überwiegenden Mehrzahl der Fälle, davon ausgehen muss, dass die Regelstrecke hinsichtlich ihrer statischen und dynamischen Eigenschaften vorgegeben ist und nicht verändert werden kann, so entsteht für die Regelungstechnik die Aufgabe, eine Regeleinrichtung zu konzipieren, die zusammen mit der Regelstrecke ein System mit den gewünschten Eigenschaften ergibt. Von einem Regelungssystem erwartet man, dass die Regelgröße bei Störungen wenig und nur für kurze Zeit von der Führungsgröße abweicht oder Änderungen der Führungsgröße mit geringen Abweichungen folgt.

Betrachtet man das statische Verhalten eines Regelkreises mit P-Reglern mit der Forderung nach möglichst kleiner bleibender Regelabweichung ist dies nur mit sehr großen Übertragungsfaktoren des Reglers zu erfüllen. Prinzipiell ähnliche Ergebnisse erhält man, wenn man möglichst kleine dynamische Abweichungen fordert und dies gilt auch dann noch, wenn man andere Reglertypen einsetzt.

Der so als wünschenswert anzusehenden Vergrößerung der verschiedenen Reglerübertragungsfaktoren sind Grenzen gesetzt, weil ein System mit in sich geschlossenem Wirkungsablauf, dem von außen Energie zugeführt wird - die meisten Regelkreise fallen in diese Kategorie - der Instabilität fähig ist. Instabile Regelungen sind i. Allg. technisch unbrauchbar. Daher läuft der Entwurf einer Regelung vielfach auf einen Kompromiss hinaus zwischen großen Übertragungsbeiwerten für günstiges Stör- und Führungsverhalten und der Forderung nach Stabilität, der i. Allg. durch kleinere Übertragungsfaktoren Rechnung getragen werden kann.

Meist werden die an ein Regelungssystem zu stellenden Forderungen nur unvollständig erfüllt werden können. Man wird daher beim Entwurf solcher Systeme versuchen, die als besonders wichtig angesehenen Forderungen so weit wie möglich zu erfüllen und in Kauf nehmen, dass als weniger wichtig eingestufte unberücksichtigt bleiben. So ist es vielfach sinnvoll, zwischen Regelungen, die vorwiegend Störungen unterdrücken sollen (Festwertregelung)und solchen, die in erster Linie die Regelgröße einer sich ändernden Führungsgröße nachführen sollen (Folgeregelung), zu unterscheiden und damit bereits beim Entwurf gewisse Prioritäten festzulegen. Hier wird deutlich, dass sich die Forderung nach einem guten Störübertragungsverhalten, dem Verhalten der Regelgröße auf eine Änderung der Störgröße, und die Forderung nach einem guten Führungsverhalten, dem Verhalten der Regelgröße auf eine Änderung der Führungsgröße, widersprechen können.

Da eine technisch brauchbare Regelung außer funktionstüchtig auch unbedingt stabil sein muss, sind Stabilitätsuntersuchungen schon sehr lange fester Bestandteil der Regelungstechnik. Die Regelungstheorie definiert unterschiedliche Arten der Stabilität, von denen hier nur die sog. Übertragungsstabilität als Stabilität schlechthin behandelt werden soll. Diese Art der Stabilität wird auch in Anlehnung an anglo-amerikanische Bezeichnungen BIBO-Stabilität (Bounded Input-Bounded Output) genannt. Sie enthält die Forderung, dass ein stabiles System auf eine beschränkte Eingangsgröße mit einer beschränkten Ausgangsgröße antworten muss.

Die Regelungstheorie hat Hilfsmittel (Stabilitätskriterien) entwickelt, mit denen aus der Beschreibung des dynamischen Verhaltens eines Systems auf dessen Stabilität zu schließen ist. Solche Kriterien werten die das System beschreibenden Differentialgleichungen, Übertragungsfunktionen, Frequenzgänge aus, ohne dass spezielle Zeitfunktionen, etwa die der Regelgröße, ermittelt werden müssen.

Für alle linearen Systeme und damit auch für alle Regelkreise, die ausschließlich lineare Glieder enthalten, gilt das Überlagerungsprinzip, und daraus folgt für das Stabilitätsverhalten, dass die Stabilität solcher Systeme eine Eigenschaft ist, die nicht von den Eingangsgrößen der Systeme abhängt. Ein stabiler linearer Regelkreis ist daher für jede beliebige Eingangsgröße stabil und ein instabiler ist z. B. auch für eine verschwindende Eingangsgröße instabil. Damit genügt es, die Lösung der dem System zugeordneten homogenen Differentialgleichung auf Stabilität zu untersuchen.

Die Forderung nach Stabilität ist zwar eine Voraussetzung für eine sinnvolle Regelung, reicht aber nicht als einzige Anforderung an die Regelung aus. Zur Beurteilung der Güte einer Regelung dienen geeignet definierte Gütemaße. Als Grundlage dafür wird vielfach der Verlauf von Regelgröße und Stellgröße als Folge einer sprungförmigen Änderung der Führungsgröße oder einer Störgröße benutzt. Für einige im Frequenzbereich definierte Gütemaße werden im Prinzip harmonische Signale betrachtet; daneben sind auch Gütemaße für Regelungen bei Erregung durch rampenförmige und durch stochastische Signale definiert.

Gütemaße können einmal als Leitlinien für die Entwurfsarbeit, zum anderen aber auch zur Definition von Forderungen, als Grundlage für Abnahmeversuche, Gewährleistungen, Regressansprüche u.v.a.m. benutzt werden.

Sehr einfache Kennwerte können aus den Sprungantworten des geschlossenen Regelkreises (Abb. 5.5) abgeleitet werden. Man bezeichnet als

- *Anschwingzeit* T_{an} die Zeit, die beginnt, wenn die Regelgröße eine vereinbarte Einschwingtoleranz verlässt, und die endet, wenn sie in diesen Bereich zum ersten Mal wieder eintritt,

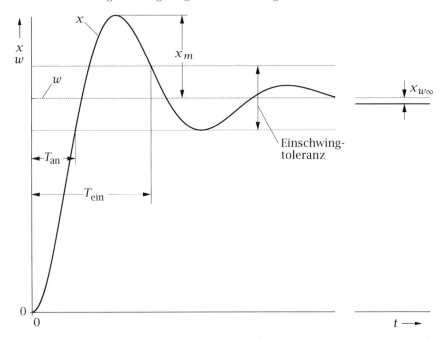

Abb. 5.5. Verhalten einer Regelung im Zeitbereich bei einem Sprung in der Führungsgröße

- *Einschwingzeit* T_{ein} die Zeit, die beginnt, wenn die Regelgröße eine vereinbarte Einschwingtoleranz verlässt, und die endet, wenn sie in diesen Bereich wieder eintritt und dauernd darin verbleibt,
- *bleibende Regelabweichung* $x_{w\infty}$ bzw. x_∞ die nach Abklingen von Einschwingvorgängen verbleibende Differenz von Führungsgröße und Regelgröße,
- *Überschwingweite* x_m den größten Wert, um den die Regelgröße bei Sprüngen der Führungsgröße über ihre Führungsgröße hinaus überschwingt, wobei oft mit einer auf diese Führungsgröße bezogenen Überschwingweite gearbeitet wird. Bei Antworten auf Störgrößensprünge wird statt der Überschwingweite die maximale Regelabweichung x_{max} benutzt.

Aus der bleibenden Regelabweichung x_∞ bzw. $x_{\infty\mathrm{mR}}$ bei Störung gewinnt man mit dem Wert der Abweichung ohne Regler $x_{\infty\mathrm{oR}}$, den Regelfaktor

$$R = \frac{x_{\infty\mathrm{mR}}}{x_{\infty\mathrm{oR}}} \quad . \tag{5.1}$$

Eine einleuchtende Forderung für einen Reglerentwurf wäre T_{an}, T_{ein}, x_m, x_{max} und $x_{w\infty}$ bzw. R zu einem Minimum werden zu lassen. Es zeigt sich jedoch, dass nicht alle Kenngrößen beliebig klein werden können, und dass vielfach die Verringerung der einen eine Vergrößerung der anderen zur Folge hat.

Als Begriffe für Gütekriterien im Frequenzbereich sind zu nennen die Dämpfung, Phasenreserve und Betragsreserve. Für genauere Informationen sei auf [3] verwiesen.

Für eine direkte Optimierung besser geeignete Kennwerte liefern sog. Integral- oder Flächenkriterien, die die Güte einer Regelung mit einem einzigen Zahlenwert erfassen, der ggf. zu minimieren ist. Sie gehen von der Sprungantwort für Sprünge der Führungsgröße aus und bewerten die Regelabweichung $e = x - w$ oder von der Sprungantwort für Störgrößensprünge und bewerten die Abweichung x, weil dann $w = 0$ gesetzt werden kann. In jedem Fall wird vorausgesetzt, dass keine bleibenden Regelabweichungen auftreten, d. h. $e(t \to \infty)$ bzw. $x(t \to \infty)$ müssen Null sein. Die wichtigsten dieser Gütemaße sind die quadratische Regelfläche

$$I = \int_{0}^{\infty} e^2 \mathrm{d}t \qquad (5.2)$$

und die zeitbeschwerte betragslineare Regelfläche (ITAE-Kriterium, integral of time-multiplied absolute value of error)

$$I = \int_{0}^{\infty} |e| \cdot t \mathrm{d}t \quad . \qquad (5.3)$$

Eine Regelung gilt dann als optimal im Sinne eines dieser Gütemaße, wenn sie so ausgelegt bzw. eingestellt ist, dass das betreffende Gütemaß einen minimalen Wert annimmt.

5.3 Entwurfsverfahren für Regelungen

Dieser Abschnitt soll einen Überblick über die Entwurfsverfahren für einschleifige Regelkreise geben. Dabei werden sowohl heuristische, d. h. Reglerauslegung mittels Einstellregeln für bestimmte Systemklassen, als auch analytische Entwurfsverfahren im Zeit- und Bildbereich vorgestellt. Der endgültige Reglerentwurf kann als Ergebnis eines komplexen Entscheidungs- und Simulationsprozesses interpretiert werden.

Grundsätzlich müssen zur Lösung von Regelungsaufgaben folgende Entscheidungen getroffen werden ([67]):

I. Wahl der Regelkreisstruktur: Es müssen die Regelgröße und Stellgröße und die Regelkreisstruktur (z. B. Standardregelkreis oder allgemeinere Rückführstrukturen) festgelegt werden.

II. Wahl der Reglerstruktur: Es muss entschieden werden, welche Reglerstruktur eingesetzt werden soll, z. B. *P-*, *PI-*, *PD-*, oder *PID*-Struktur zur Stabilisierung, phasenanhebende oder phasensenkende Glieder.

III. Wahl der Reglerparameter: Die Reglerparameter sind so zu wählen, dass die an den Regelkreis gestellten Güteanforderungen erfüllt werden. Das wichtigste Kriterium ist hierbei die Stabilität.

Das Ergebnis dieser Schritte ist es einen Regler zu entwerfen, der die durch die Regelungsaufgabe gestellten Güteanforderungen erfüllt. Der Reglerentwurf wird hierbei stets durch Rechner unterstützt beispielsweise zur Ausführung numerischer Operationen bei Optimierungsaufgaben und zur grafischen Aufbereitung von Daten. Weiterhin wird die Reglerparametrierung durch eine Simulation begleitet, um die Erfüllung gestellter Anforderungen beurteilen zu können. Dabei gilt es zu beachten, dass zunächst verbal formulierte Anforderungen, z. B. Überschwingweite und Einschwingzeit, in mathematisch nutzbare Forderungen übersetzt werden müssen. Eine mögliche Übersetzung kann z. B. anhand der Modellvorstellung eines PT_2-Gliedes erfolgen, da hier sowohl Überschwingweite und Einschwingzeit direkt in mathematische Forderungen an Dämpfung und Eigenkreisfrequenz formuliert werden können. Diese Vorstellung kann durchaus beim Regelungsentwurf bemüht werden, da bei einigen Systemen, trotz höherer Systemordnung, eine hinreichende Charakterisierung des Systemverhaltens anhand des sog. dominanten Polpaares erfolgen kann.

Zur Einteilung von Regelungskonzepten und Entwurfsverfahren können eine Vielzahl von Kriterien herangezogen werden, wobei die Aufgabenstellung eine wichtige Rolle spielt. Beispielsweise kann eine Einteilung nach Systemklassen erfolgen, indem zwischen linearen und nichtlinearen, zeitvarianten und zeitinvarianten, totzeitfreien und totzeitbehafteten Systemen unterschieden wird um nur einige zu nennen aber auch nach der Regelkreisstruktur oder anhand des Entwurfsverfahrens (im Zeit- oder Frequenzbereich). Eine Einteilung anhand der an den zu entwerfenden Regelkreis gestellten Anforderungen wie Robustheit o.ä. ist ebenfalls möglich. Dies macht eine allgemeingültige Einteilung schwierig, weshalb im Folgenden einige klassische Regelungsverfahren für lineare Systeme kurz vorgestellt und vornehmlich anhand der Regelkreisstruktur eingeteilt werden. Die weitere Einteilung erfolgt dann innerhalb der Kapitel.

5.3.1 Entwurf der Regelkreisstruktur

Der Festlegung der Regelkreisstruktur basiert auf einer Analyse der zu lösenden Regelungsaufgabe hinsichtlich der vorhandenen Stell-, Regel, und Störgrößen. Dies soll im Folgenden anhand einiger Beispiele erläutert werden.

- Stehen mehrere Stell- und Regelgrößen zur Verfügung kann entsprechend der Struktur des Systems z. B. eine Kaskadenregelung oder eine Struktur für eine Mehrgrößenregelung gewählt werden.

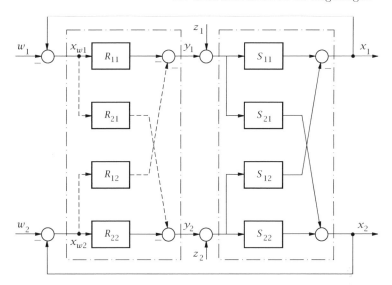

Abb. 5.6. Zweigrößen-Regelung mit Entkopplungsreglern

- Wirken messbare Störungen auf den Prozess ist sinnvoll eine Regelkreisstruktur mit Störgrößenaufschaltung zu wählen.

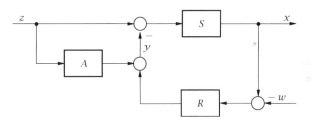

Abb. 5.7. Störgrößenaufschaltung

- Handelt es sich um stark totzeitbehaftete Systeme kann die Struktur eines Smith Predictors eingesetzt werden, um den Effekt der Totzeit bei der Regelung zu kompensieren (Abschnitt 5.3.4).

Es sei darauf hingewiesen, dass es sich bei dem Regelungsentwurf um einen iterativen Prozess handelt. Erkenntnisse aus den zwei Folgenden Schritten des Regelungsentwurfes können eine erneute Anpassung der Regelkreisstruktur nötig machen.

5.3.2 Entwurf der Reglerstruktur

Wurde die Regelkreisstruktur festgelegt, muss im nächsten Schritt die Reglerstruktur entworfen bzw. festgelegt werden. Mit der Reglerstruktur ist das Übertragungsverhalten zwischen Führungs- und Regelgröße auf die Stellgröße gemeint und die Reglerstruktur legt somit das Verhalten des geschlossenen Regelkreises fest. Neben dem Übertragungsverhalten des Reglers spielen auch andere Randbedingungen wir Kosten der Regeleinrichtug, Rechenaufwand, Sicherheitsaspekte etc. eine entscheidende Rolle bei der Wahl der Reglerstruktur.

Beispiele für mögliche Reglerstrukturen sind:

- Schaltender Regler z. B. Zweipunktregler
- P, I, PI, PD, PID-Regler
- Modellgestützte Regelungen
- Internal Model Control
- Smith Predictor
- Adaptive Regelung

Für weitere Details sei auf einschlägige Literatur [67, 3] verwiesen. Im Folgenden werden nun einige dieser Reglerstrukturen im Rahmen des Entwurfes der Reglerparameter im Detail vorgestellt.

5.3.3 Entwurf der Reglerparameter einschleifiger Regelkreise

Beim Entwurf einschleifiger Regelkreise, wie in Abb. 5.8 dargestellt, können folgende Verfahren unterschieden werden:

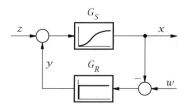

Abb. 5.8. Regelkreis

- Entwurf mit Einstellregeln
  Viele regelungstechnische Aufgabenstellungen sind dadurch gekennzeichnet, dass mit minimalen Kenntnissen über das zu regelnde Objekt ohne ein vorhandenes Modell eine Regelung einzustellen ist. Diese Aufgabe stellt sich z. B. dann, wenn ein Betrieb ohne Regelung nicht möglich oder zulässig ist, die endgültige Reglereinstellung aber durch Betriebsversuche

ermittelt werden soll, oder wenn die betreffende Regelung von so untergeordneter Bedeutung ist, dass der Entwurfsaufwand auf ein Minimum zu beschränken ist. In diesen Fällen sind die an den Regelkreis gestellten Güteanforderungen schwach. Voraussetzung für die Auslegung der Reglerparameter mit Hilfe von Einstellregeln ist die Möglichkeit mit der Strecke experimentieren zu können und bei einigen Einstellregeln zusätzlich die Stabilität der Regelstrecke. Der Vorteil dieser Art der Reglereinstellung liegt darin, dass kein Modell der Strecke erforderlich ist und damit der Modellierungsaufwand entfällt, jedoch ist die Methode nur auf einfache Aufgabenstellungen beschränkt.

- Reglerentwurf anhand des Pol-Nullstellen-Diagramms
  Die dynamischen Eigenschaften eines linearen Systems und damit seine Ausgangsgröße sind weitgehend durch die Polstellen der Übertragungsfunktion bzw. durch die Eigenwerte der Systemmatrix bestimmt. Dies gilt gleichermaßen für die Regelstrecke, als auch für den Regelkreis. Die Idee des Reglerentwurfs anhand des Pol-Nullstellen-Bildes besteht darin, durch geeignete Wahl der Reglerparameter die Eigenwerte der Systemmatrix bzw. die Pole der Übertragungsfunktion des geschlossenen Kreises direkt zu beeinflussen um die dynamischen Eigenschaften des Regelkreises festzulegen. Hierdurch können an den Regelkreis gestellte Anforderungen z. B. an die Stabilität (alle Pole in der linken s-Halbebene) sichergestellt werden. Da Anforderungen an Dämpfung und Einschwingverhalten nur bedingt festgelegt werden können, folgt meist nachträglich eine Simulation zur Optimierung der Reglerparameter. Der Ausgangspunkt dieser im Allgemeinen systematischen Entwurfsmethoden ist ein Zustandsraummodell oder die Übertragungsfunktion der Regelstrecke, weshalb eine Modellbildung erforderlich ist.

- Reglerentwurf anhand der Frequenzkennlinie des offenen Kreises
  Die Stabilität des geschlossenen Regelkreises kann mit Hilfe des Nyquist-Kriteriums ausgehend von dem Frequenzgang des offenen Kreises geprüft werden. Weiterhin können der Stör- und Führungsfrequenzgang aus dem Frequenzgang des offenen Kreises bestimmt werden. Daher können auch bestimmte dynamische Anforderungen an das Verhalten des geschlossenen Kreises mit Hilfe von $G_0(jw)$ überprüft werden. Hierauf beruhen Methoden des Reglerentwurfs, die gezielt die Ortskurve oder die Frequenzkennlinie durch die Auswahl eines geeigneten Reglers beeinflussen. Der Frequenzgang des Reglers wird aus dem Vergleich der Frequenzkennlinie der Regelstrecke und der gewünschten Frequenzkennlinie für den offenen Kreis ermittelt. Zudem kann auch hier auf die Vorstellung des dominanten Polpaares zurückgegriffen werden, um zu einem Zusammenhang zwischen Phasenreserve und Dämpfung zu gelangen.

PID-Reglerentwurf anhand heuristischer Einstellregeln

Viele Regelstrecken, die eine aperiodische Übergangsfunktion (vgl. Abschnitt 2.7.3) besitzen, kann man näherungsweise durch ein PT_1T_t-Modell

$$G(s) \approx \hat{G}(s) = \frac{K_s}{1 + T_g s} \cdot e^{-T_u s} \qquad (5.4)$$

beschreiben. Es handelt sich hierbei um die Reihenschaltung aus Verzögerungs- und Totzeitglied. Die Beschreibung der Eigenschaften ergeben sich durch Multiplikation der Übertragungsfunktion in einfacher Weise (vgl. Kap. 2.7).

Auf Arbeiten von Chien, Hrones und Reswick (1952) beruhen Empfehlungen, die von der Übergangsfunktion der Regelstrecke ausgehen. Dabei wird der Verlauf der Regelgröße zugrunde gelegt, der sich aufgrund einer sprungförmigen Änderung des vom Regler abgegebenen Stellsignals ergibt, und zwar so wie sie vom Regler erfasst wird, d. h. unter Berücksichtigung evtl. vorhandener Messwertumformer und Stellgeräte (Abb. 5.9).

Wie Abb. 5.9 zeigt, werden durch Konstruktion der Wendetangente die Ersatzgrößen Verzugszeit T_u und Ausgleichszeit T_g gewonnen, die zusammen mit dem Übertragungsfaktor

$$K_S = \frac{\Delta x}{\Delta y} \qquad (5.5)$$

das dynamische und statische Verhalten der Regelstrecke ausreichend genau beschreiben.

Auf den ermittelten Kennwerten basieren Empfehlungen für die Einstellung von Reglern für günstiges Verhalten bei Stör- bzw. Führungsgrößenänderung. So werden für $T_u/T_g < 1/3$ als günstige bzw. brauchbare Einstellwerte die in Tab. 5.3 wiedergegebenen Parameterwerte empfohlen. Die Beschränkung auf $T_u/T_g < 1/3$ besagt, dass die mit diesen Formeln ermittelten Werte sich weniger gut für Regelstrecken mit ausgeprägtem Totzeitverhalten (große Werte von T_u/T_g) eignen.

Die Kennwerte K_S, T_u, T_g können u. U. statt durch Messungen auch aus Überschlagsrechnungen oder qualifizierten Schätzungen, z. B. basierend auf Erfahrungen mit ähnlichen Anlagen, ermittelt werden. Wenn man die soeben eingeführten Einstellregeln auf den Regelkreis nach Abb. 5.8 anwendet, so kann man für die Regelstrecke einen Wert $T_g/T_u \simeq 5$ erhalten. Nach Tab. 5.3 sollte ein P-Regler für einen Regelverlauf mit 20% überschwingen demnach auf $K_R \simeq 3,5$ eingestellt werden. Die in Abb. 5.2 dargestellte Störübergangsfunktion für einen Wert von $K_R = 4$ lässt erwarten, dass diese Einstellung zu brauchbaren Ergebnissen führen wird.

Ein anderer Satz von Empfehlungen basiert auf Arbeiten von Ziegler und Nichols (1942) und geht davon aus, dass die Kenntnisse über die Regelstrecke durch einen Versuch beschafft werden. Der Regler wird dazu als P-Regler betrieben (ggf. $T_n \to \infty$, $T_v \to 0$) und der Regelkreis geschlossen. Ausgehend von

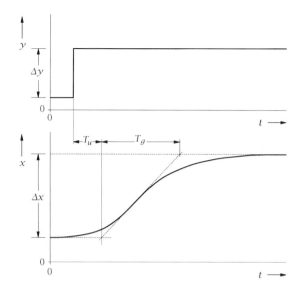

Abb. 5.9. Sprungantwort und Kennwerte

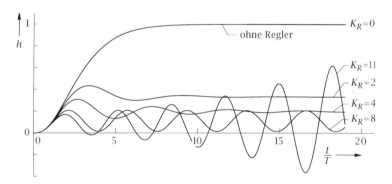

Tab. 5.2. Störübergangsfunktionen des Regelkreises nach Bild 5.8 mit P-Regler

einem stabilen Betrieb der Regelung wird der Übertragungsfaktor des Reglers K_R so weit vergrößert (bzw. der Proportionalbereich X_P verringert), bis das System aus Regler und Regelstrecke Dauerschwingungen ausführt (Stabilitätsrand). Von dem dabei erreichten Übertragungsfaktor $K_{R\,krit}$ und der Periodendauer der sich ergebenden Schwingung T_{krit} wird nach Tab. 5.10 auf empfehlenswerte Reglereinstellungen geschlossen. Das Verfahren eignet sich gut für Regelungen mit unübersichtlichen Mess- und Stellgeräteketten, weil deren Eigenschaften im Schwingversuch mit erfasst werden. Man kann aber

Regler		Aperiodischer Regel- verlauf		Regelverlauf mit 20% Überschwingen	
		Störung	Führung	Störung	Führung
P	K_R	$\dfrac{0,3\,T_g}{K_S\,T_u}$	$\dfrac{0,3\,T_g}{K_S\,T_u}$	$\dfrac{0,7\,T_g}{K_S\,T_u}$	$\dfrac{0,7\,T_g}{K_S\,T_u}$
PI	K_R	$\dfrac{0,6\,T_g}{K_S\,T_u}$	$\dfrac{0,35\,T_g}{K_S\,T_u}$	$\dfrac{0,7\,T_g}{K_S\,T_u}$	$\dfrac{0,6\,T_g}{K_S\,T_u}$
	T_n	$4\,T_u$	$1,2\,T_g$	$2,3\,T_u$	$1\,T_g$
PID	K_R	$\dfrac{0,95\,T_g}{K_S\,T_u}$	$\dfrac{0,6\,T_g}{K_S\,T_u}$	$\dfrac{1,2\,T_g}{K_S\,T_u}$	$\dfrac{0,95\,T_g}{K_S\,T_u}$
	T_n	$2,4\,T_u$	$1\,T_g$	$2\,T_u$	$1,35\,T_g$
	T_v	$0,42\,T_u$	$0,5\,T_u$	$0,42\,T_u$	$0,47\,T_u$

Tab. 5.3. Einstellwerte für Reglereinstellung nach Sprungantwort der Regelstrecke

auch $K_{R\,\text{krit}}$ und T_{krit} aus einer Analyse des Frequenzganges ohne eigentlichen Betriebsversuch gewinnen.

Auf den Regelkreis nach Abb. 5.8 mit P-Regler angewandt, erhält man ein $K_{R\,\text{krit}} = 8$ und mit Tab. 5.10 die Empfehlung $K_R = 4$.

Regler	K_R	T_n	T_v
P	$0,5 \cdot K_{R\,\text{krit}}$	-	-
PI	$0,45 \cdot K_{R\,\text{krit}}$	$0,85 \cdot T_{\text{krit}}$	-
PID	$0,6 \cdot K_{R\,\text{krit}}$	$0,5 \cdot T_{\text{krit}}$	$0,12 \cdot T_{\text{krit}}$

Abb. 5.10. Einstellwerte für Reglereinstellung nach einem Schwingversuch

Eine nachfolgende Korrektur der Reglerparameter nach einer experimentellen Erprobung des Regelkreises ist oftmals erforderlich, da die Parameter heuristisch gewonnen werden.

Reglerentwurf anhand des Pol-Nullstellen-Diagramms

Der Reglerentwurf anhand des Pol-Nullstellen-Diagramms orientiert sich an der Lage der Pole in der komplexen Ebene. Meist wird hierbei die sog. Wurzelortskurve (vgl. [3]) bemüht, die die Abhängigkeit der Pole des geschlossenen Regelkreises in Abhängigkeit von der Reglerverstärkung darstellt. Mit Hilfe der Wurzelortskurve können aus gegebenen Forderungen an die Lage der Pole des geschlossenen Kreises sowohl die Reglerstruktur, als auch die Reglerparameter bestimmt werden. Eine weitere Entwurfsmöglichkeit stellt im Zeitbereich ausgehend von der Zustandsraumbeschreibung des Systems der Reglerentwurf mittels Polvorgabe dar. Diese Vorgehensweise führt auf einen Zustandsregler, der die Systemdynamik gezielt beeinflussen kann.

Um zu einer Vorstellung über dem Zusammenhang zwischen denen das Zeitverhalten betreffenden Gütekriterien des geschlossenen Kreises und der Lage der Pole des geschlossenen Kreises zu gelangen wird im Folgenden dieser Zusammenhang anhand der näherungsweisen Beschreibung des Regelkreises als PT_2-Glied untersucht.

Für die Führungsübertragungsfunktion gilt:

$$G_w(s) = \frac{G_0(s)}{1 + G_0(s)} \approx \hat{G}_w(s) = \frac{\omega_0^2}{s^2 + 2D\omega_0 s + \omega_0^2} \tag{5.6}$$

Der statische Übertragungsfaktor ist hier auf 1 gesetzt um der Forderung nach exakter Sollwertfolge stationär nachzukommen. Das Verhalten des PT_2-Gliedes ist vollständig charakterisiert durch die Dämpfung D und die Kennkreisfrequenz ω_0.

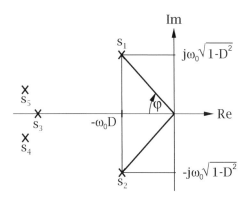

Abb. 5.11. Regelkreis mit dominantem Polpaar

Ausgehend von Gl.(5.6) sind die Pole des Regelkreises für $D < 1$ gegeben durch

$$s_{1,2} = -\omega_0 D \pm j\omega_0 \sqrt{1 - D^2} \tag{5.7}$$

Die Lage dieser Pole in der komplexen Ebene ist in Abb. 5.11 gezeigt. Für den Winkel φ gilt:

$$\cos(\varphi) = D \tag{5.8}$$

Sofern die Dämpfung D oder die entsprechende Resonanzüberhöhung des Führungsfrequenzgangs vorgegeben sind, so erhält man mit Gl.(5.8) direkt eine Forderung an den Winkel φ des dominanten Polpaars im Pol-Nullstellen Diagramm. Meist ist jedoch eine obere und untere Schranke für D gegeben, wodurch sich eine obere und untere Schranke für φ ergibt. Entsprechend kann man eine Forderung an ω_0 durch den Betrag des Zeigers der Pole ausdrücken

$$|s_{1,2}| = \omega_0 \tag{5.9}$$

Ausgehend von der zu Gl.(5.6) zugehörigen Übergangsfunktion:

$$\hat{h}_w(t) = 1 - \frac{1}{\sqrt{1 - D^2}} e^{-D\omega_0 t} \sin\left(\omega_0 \sqrt{1 - D^2} t + \arccos(D)\right) \tag{5.10}$$

kann man die Überschwingweite x_m bestimmen durch

$$x_m = \hat{h}_w(T_m) - 1 \tag{5.11}$$

wobei die Überschwingzeit, also der Zeitpunkt des ersten Maximums bestimmt werden kann zu

$$T_m = \frac{\pi}{\omega_0 \sqrt{1 - D^2}} = \frac{\pi}{\omega_e} \tag{5.12}$$

Daraus ergibt sich, dass die Überschwingzeit nur vom Imaginärteil des dominanten Polpaares abhängig ist. Mit Gl.(5.12) ergibt sich ein Ausdruck für x_m

$$x_m = e^{-\frac{\pi D}{\sqrt{1 - D^2}}} = e^{\pi \cot(\varphi)} \tag{5.13}$$

womit deutlich wird, dass die Überschwingweite nur von φ abhängt. Zudem kann man man eine Einschwingzeit $T_{95\%}$ als Zeitpunkt, bei dem die Übergangsfunktion $\hat{h}_w(t)$ zum letzten Mal in einen 5% breiten Schlauch um den statischen Endwert eintaucht, näherungsweise bestimmen zu

$$T_{95\%} \approx \frac{3}{D\omega_0} \tag{5.14}$$

Diese Einschwingzeit $T_{95\%}$ hängt also nur vom Realteil des dominanten Polpaares ab.

Mit Forderungen an Intervalle für T_m, $T_{95\%}$ und D oder entsprechenden Forderungen ω_0 kann nun ein Gebiet (vgl. Abb. 5.12) für die Lage des dominierenden Polpaares in der komplexen Ebene gefunden werden und damit auch für $\hat{G}_w(s)$, so dass der Regelkreis das gewünschte Zeitverhalten aufweist.

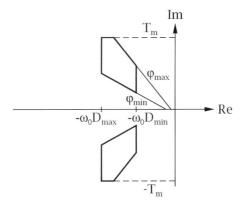

Abb. 5.12. Gebiete für das dominante Polpaar entsprechend der Forderungen an den Regelkreis

Für eine gegebene Regelstrecke muss demnach nach einem Regler $G_R(s)$ gesucht werden, so dass die Führungsübertragungsfunktion $\hat{G}_w(s)$ die gewünschte Form besitzt.

Ähnliche Forderungen können an die Störübertragungsfunktion gestellt werden, da für den Standardregelkreis nach Abb. 5.8 gilt:

$$h_z(t) = 1 - h_w(t) \tag{5.15}$$

Hinsichtlich dieser Vorgehensweise ist jedoch zu beachten, dass Regelkreise im Allgemeinen nicht von zweiter Ordnung sind, so dass es sich bei den angegebenen Beziehungen lediglich um Approximationen handelt und diese daher nur als Anhaltspunkt dienen können. Aus diesem Grund schließt sich an diese Art des Entwurfs eine Erprobung an.

Die Wurzelortskurve

Die Wurzelortskurve ist ein halbgrafisches Verfahren zur Bestimmung der Polstellen der Übertragungsfunktion des geschlossenen Regelkreises. Für diesen ergeben sich die Pole als Lösungen des charakteristischen Polynoms:

$$1 + G_0(s) = 1 + G_R(s) \cdot G_S(s) \tag{5.16}$$

Es wird damit deutlich, dass die Pollage abhängig von den Reglerparametern ist. Unter diesen Annahmen ist die Übertragungsfunktion $G_0(s)$ eine gebrochen rationale Funktion, die durch ihre Null- und Polstellen beschrieben werden kann.

$$G_0(s) = K \cdot G_0'(s) \tag{5.17}$$

Die Wurzeln des charakteristischen Polynoms beschreiben in der komplexen Ebene geometrische Orte in Abhängigkeit vom Verstärkungsfaktor K. Die Gesamtheit dieser Bahnen bezeichnet man als Wurzelortskurve des Regelkreises.

Zur Konstruktion der Wurzelortskurve können Regeln angegeben werden. Hierauf wird jedoch an dieser Stelle nicht eingegangen. Nähere Angaben zu diesem Thema findet man in [3]. Die Wurzelortskurve kann für einen gegebenen Regelkreis auch mit Hilfe von CAE-Tools bestimmt werden. Hierzu dient beispielsweise der Befehl *rlocus* von MATLAB. Beim Reglerentwurf geht man nun davon aus, dass die Dynamikanforderungen an das Zeitverhalten des geschlossenen Kreises in Forderungen an die Lage des dominanten Polpaares übersetzt sind. Für eine Regelstrecke mit gegebener Übertragungsfunktion $G_S(s)$ wird dann nach einem Regler mit der unbekannten Übertragungsfunktion $G_R(s) = K \cdot G'_R(s)$ gesucht, so dass die Übertragungsfunktion des geschlossenen Kreises das gewünschte Verhalten aufweist. Die Wurzelortskurve unterstützt dieses Vorgehensweise durch folgende Eigenschaften:

- Für gegebene Pole und Nullstellen des offenen Kreises, ist aus dem Verlauf der Wurzelortskurve bekannt, wie sich die Pole des geschlossenen Kreises in Abhängigkeit von K verändern. Daraus kann man ableiten, welche Pole bzw. Nullstellen in den offenen Kreis durch entsprechende Wahl des dynamischen Teils von $G'_R(s)$ eingeführt werden müssen, damit der geschlossenen Kreis ein dominantes Polpaar mit vorgegebenen Werten haben kann.

- Für eine gegebene Übertragungsfunktion des offenen Kreises kann mit Hilfe der Wurzelortskurve eine Reglerverstärkung bestimmt werden, dass das dominante Polpaar die geforderte Lage im Pol-Nullstellendiagramm besitzt.

Die Pole und Nullstellen von $G'_R(s)$ müssen dabei so gewählt werden, dass die Äste der Wurzelortskurve so verbogen werden, dass das dominante Polpaar in die gewünschte Stelle in der komplexen Ebene rückt und dass dieses Polpaar auch dominant ist, insofern dass alle anderen Pole des geschlossenen Kreises weit genug links in der komplexen Ebene liegen.

Reglerentwurf anhand der Frequenzkennlinie des offenen Regelkreises

Ähnlich wie beim Reglerentwurf anhand des Pol-Nullstellen-Diagramms werden beim Entwurf mit der Frequenzkennlinie ausgehend von Dynamikanforderungen an den geschlossenen Regelkreis Bedingungen an die Frequenzkennlinie des geschlossenen Kreises gestellt, die durch geeignete Wahl des Reglers erfüllt werden müssen.

Auch hier muss zunächst der mathematische Zusammenhang zwischen der Frequenzkennlinie des offenen Kreises und den Güteanforderungen im Zeitbereich hergeleitet werden. Dies erfolgt durch eine Approximation der Übertragungsfunktion des geschlossenen Regelkreises mit einem PT_2-Glied. Hierbei wird ausgenutzt, dass die Störübertragungsfunktion $G_z(s)$ und die Führungsübertragungsfunktion $G_w(s)$ in Abhängigkeit von $G_0(s)$ dargestellt werden können. Ziel ist es, durch geeignete Wahl des Reglers $G_0(s)$ so zu beeinflussen, dass die an den Regelkreis gestellten Anforderungen erfüllt werden. Für

$G_w(s)$ gilt demnach:

$$G_w(s) \approx \hat{G}_w(s) = \frac{\omega_0^2}{s^2 + 2D\omega_0 s + \omega_0^2} \tag{5.18}$$

Die Übertragungsfunktion $\hat{G}_0(s)$ des offenen Kreises, die dieses Verhalten des geschlossenen Kreises erzeugt, ergibt sich zu

$$\hat{G}_0(s) = \frac{\hat{G}_w(s)}{1 - \hat{G}_w(s)} \tag{5.19}$$

$$= \frac{\omega_0^2}{s^2 + 2D\omega_0 s} \tag{5.20}$$

$$= \frac{1}{\frac{2D}{\omega_0}s} \cdot \frac{1}{\frac{1}{2D\omega_0}s + 1} \tag{5.21}$$

$$= \frac{1}{T_I s (T_1 s + 1)} \tag{5.22}$$

mit

$$T_I = \frac{2D}{\omega_0} T_1 = \frac{1}{2D\omega_0} \tag{5.23}$$

Daraus ergibt sich, dass der offenen Kreis näherungsweise IT_1-Verhalten haben muss, damit der geschlossene Kreis durch ein Schwingungsglied approximiert werden kann. Im Folgenden wird von einer Dreiteilung des Frequenzbereichs ausgegangen. Der Bereich der niedrigen Frequenzen bestimmt im Wesentlichen das statische Verhalten des geschlossenen Kreises, der mittlere Bereich wesentliche dynamische Eigenschaften und der Bereich der hohen Frequenzen ist der Bereich, indem die Regelung praktisch keine Wirkung hat. Daher wird angenommen, dass die gewählte Approximation im mittleren Bereich Gültigkeit besitzt.

Aufgrund des I-Anteils der Approximation bleibt für sprunghafte Störungen der Führungs- oder Störgrösse keine bleibende Regelabweichung. Dies ergibt sich ebenso durch Bildung des Grenzwertes für $t \to \infty$ der Regelabweichung. Hat der offene Kreis P-Verhalten, so kann $G_0(s)$ nicht auf diese Art und Weise für kleine Frequenzen approximiert werden, weshalb der Regelkreis dann für sprungförmige Eingangsgrößen eine bleibende Regelabweichung besitzt.

Für den Amplitudengang von $\hat{G}_0(j\omega)$ gilt:

$$\omega_1 = \frac{1}{T_1} \tag{5.24}$$

ω_d bezeichnet die Durchtrittsfrequenz. Ob nun die Eckfrequenz ω_1 rechts oder links von ω_d liegt, hängt entscheidend von der Wahl von D und ω_0 ab. Aufgrund von Stabilitätsbetrachtungen ist zu fordern, dass $\omega_d < \omega_1$ ist. Dies hat Auswirkungen auf das dynamische Verhalten des Regelkreises, welches aus der Beziehung $\left|\hat{G}_0(j\omega_d)\right| = 1$ abgeleitet werden kann. Unter Berücksichtigung von Gl.(5.22) ergibt sich

$$\left|\frac{1}{j2D\frac{\omega_d}{\omega_0} - \left(\frac{\omega_d}{\omega_0}\right)^2}\right| = 1 \tag{5.25}$$

$$\frac{\omega_d}{\omega_0} = \sqrt{\sqrt{4D^4 + 1} - 2D^2} \tag{5.26}$$

mit

$$\omega_1 = \frac{1}{T_1} = 2D\omega_0 \tag{5.27}$$

Die Forderung $\omega_d < \omega_1$ ist eingehalten, wenn gilt:

$$\sqrt{\sqrt{4D^4 + 1} - 2D^2} < 2D \tag{5.28}$$

Dies ist erfüllt für $D > 0,42$.

Man kann nun das qualitative Führungsverhalten genauer untersuchen, indem man die Überschwingweite in Abhängigkeit der Parameter von $\hat{G}_0(s)$ darstellt. Hierzu wird $\hat{G}_0(s)$ in

$$\hat{G}_0(s) = \frac{1}{aT_1s(T_1s + 1)} \tag{5.29}$$

umgeformt, wobei ein Einstellfaktor gemäß

$$a = \frac{T_I}{T_1} = 4D^2 \tag{5.30}$$

eingeführt wurde. $\lg a$ bestimmt hierbei näherungsweise den Abstand der Eckfrequenz von der Durchtrittsfrequenz ω_d.

$$\log \omega_1 - \log \omega_d = \log \frac{\omega_1}{\omega_d} \approx \log a \tag{5.31}$$

Für die Führungsübertragungsfunktion $\hat{G}_w(s)$ erhält man mit dem eingeführten Einstellfaktor folgende Beziehungen:

$$D = \frac{\sqrt{a}}{2} \quad , \tag{5.32}$$

$$\omega_0 = \frac{1}{\sqrt{4D^2}T_1} \quad . \tag{5.33}$$

Für die Überschwingweite x_m ($D < 1$) gilt:

$$x_m = e^{-\frac{\pi D}{\sqrt{1 - D^2}}} \tag{5.34}$$

$$= e^{-\frac{\pi \sqrt{a}}{2\sqrt{1 - \frac{a}{4}}}} \tag{5.35}$$

$$a = 4\frac{(\ln x_m)^2}{\pi^2 + (\ln x_m)^2} \quad . \tag{5.36}$$

Dies bedeutet, dass die Überschwingweite nur von D bzw. a abhängt und nun – bei vorgegebener Überschwingweite x_m – a bestimmt werden kann.

Es ist auch möglich eine Abschätzung für die Überschwingzeit T_m anzugeben. Hier gilt die Näherung:

$$T_m \approx \frac{\pi}{\omega_d} \tag{5.37}$$

Das heißt mit steigender Durchtrittsfrequenz ω_d wird die Überschwingzeit kleiner.

Im oberen Frequenzbereich, also für $\omega > \omega_1$ wird meist gefordert, dass der Amplitudengang möglichst große Neigung, d. h. hinreichendes Tiefpassverhalten besitzt. Dieser Bereich hat nur geringen Einfluss auf das Übergangsverhalten des Regelkreises.

Man kann nun auch Forderungen an den Phasengang stellen, der in Zusammenhang mit der Dämpfung D steht. Für die IT_1-Approximation kann man die Phasenreserve bei ω_d berechnen:

$$\alpha_r = \arctan \frac{2D}{\sqrt{\sqrt{4D^4 + 1} - 2D^2}} \tag{5.38}$$

Im für den Regelungsentwurf interessanten Bereich von $D = 0,4 \ldots 0,8$ liegt die Phasenreserve bei $\alpha_r = 40° \ldots 70°$.

Aufgrund der Beziehung zwischen α_r und D, sowie der Beziehung zwischen D und x_m erkennt man, dass mit steigender Phasenreserve die Dämpfung steigt und die Überschwingweite sinkt. Ausgehend von diesen Betrachtungen kann man Forderungen an das dynamische Verhalten im Zeitbereich in Forderungen an den Frequenzbereich umsetzen und somit die Reglerübertragungsfunktion durch Korrekturglieder (z. B. PD, PT_1) anpassen, damit die beschriebene Approximation Gültigkeit besitzt. Die hier angegebenen Zusammenhänge sind gut geeignet bei stabilen Regelstrecken, bei denen der Entwurf für sprungförmige Eingangsgrößen im Vordergrund steht und damit der offene Kreis I-Verhalten besitzt.

Beispiel

Ausgehend von der Streckenübertragungsfunktion

$$G_s(s) = \frac{K_S}{s(1 + T_1 s)(1 + T_2 s)} \tag{5.39}$$

$$= \frac{1}{T_I s(1 + T_1 s)(1 + T_2 s)} \qquad T_I > T_1 > T_2 \tag{5.40}$$

$$T_I = \frac{1}{K_S} \tag{5.41}$$

soll das Übergangsverhalten verändert werden, damit die Überschwingweite $x_m = 0,1$ beträgt. Um die Forderung an die Überschwingweite in eine Forderung für die Frequenzkennlinie umzusetzen, wird versucht durch die Reglerübertragungsfunktion die PT_2-Approximation für den geschlossenen Regelkreis zu gewinnen (vgl. Gl.(5.18)). Dies bedeutet, dass $G_0(s)$ durch ein IT_1-Glied angenähert werden muss (vgl. Gl.(5.22)). Zu diesem Zweck wird ein PD-Regler mit der Reglerübertragungsfunktion

$$G_R(s) = K_R(1 + T_v s) \tag{5.42}$$

gewählt. Für die Übertragungsfunktion des offenen Kreises ergibt sich damit:

$$G_0(s) = \frac{K_R(1 + T_v s)}{T_I s(1 + T_1 s)(1 + T_2 s)} \quad . \tag{5.43}$$

Wird nun $T_v = T_1$ gewählt, erhält man für den offenen Regelkreis das geforderte IT_1-Glied, weshalb die Ergebnisse dieses Abschnitts angewendet werden können:

$$G_0(s) = \frac{1}{T_{I^*} s(1 + T_2 s)} \qquad \omega_2 = \frac{1}{T_2} \tag{5.44}$$

mit $T_{I^*} = \frac{1}{K_R K_S} = \frac{1}{\omega_d}$.

Nun kann mit der Reglerverstärkung K_R die Einstellung der Regelung angepasst werden, damit die gestellten Anforderungen erfüllt sind.

Anhand von Gl.(5.36) kann man nun den bei einer geforderten Überschwingweite $x_m = 0,1$ notwendigen Einstellfaktor a berechnen:

$$a = 4\frac{(\ln 0,1)^2}{\pi^2 + (\ln 0,1)^2} = 1,3979 \tag{5.45}$$

Mit Gl.(5.31) ergibt sich

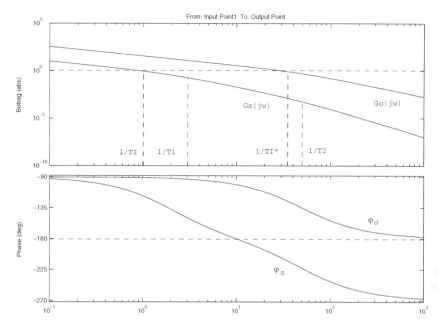

Abb. 5.13. Bode-Diagramm von $G_s(jw)$ und $G_0(jw)$ erzeugt mit dem LTI-Viewer von MATLAB

$$\log a \approx \log \omega_2 - \log \omega_d \qquad (5.46)$$

$$\log a \approx \log \frac{\omega_2}{\omega_d} \qquad (5.47)$$

$$a \approx \frac{\omega_2}{\omega_d} \qquad (5.48)$$

$$\omega_d = \frac{1}{T_{I^*}} = K_R K_S \approx \frac{\omega_2}{a} \qquad (5.49)$$

$$\Rightarrow K_R \approx \frac{\omega_2}{aK_S} = \frac{1}{aK_S T_2} \qquad (5.50)$$

Mit den Zeitkonstanten T_1, T_2 und dem Proportionalbeiwert der Strecke K_S, sowie dem bereits bestimmten Einstellfaktor a (vgl. Gl.(5.45)) kann nun die Reglerverstärkung berechnet werden:

$$K_S = 1 \qquad (5.51)$$

$$T_1 = 0,5\,\text{sec.} \qquad (5.52)$$

$$T_2 = 0,02\,\text{sec.} \qquad (5.53)$$

$$\Rightarrow K_S = 35,7679 \qquad (5.54)$$

In Abb. 5.14 ist die Sprungantwort der Strecke, sowie die Sprungantwort des geschlossenen Regelkreises mit dem entworfenen Regler dargestellt. Man sieht deutlich, dass die Überschwingweite $x_m \approx 0,1$ beträgt.

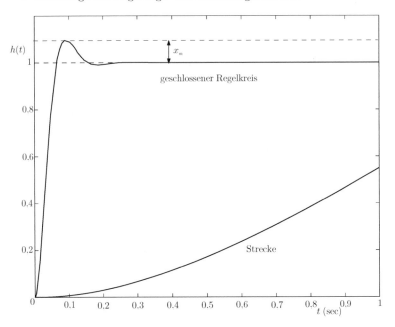

Abb. 5.14. Sprungantwort des geschlossenen Regelkreises $G_w(s)$ und der Regelstrecke $G_s(s)$

5.3.4 Weitere Entwurfsverfahren

Stabilität und Regelung im Zustandsraum

Die Pole der Übertragungsfunktion (die Nullstellen ihres Nenners) bestimmen bekanntlich die dynamischen Eigenschaften des Systems, insbesondere seine Stabilität und seine Dämpfungseigenschaften. Diese Aussage ergibt, dass die Wurzeln der Gleichung

$$\det(s \cdot \boldsymbol{I} - \boldsymbol{A}) = 0 \tag{5.55}$$

für das dynamische Verhalten des Systems wesentlich sind. Die Determinante in Gl.(5.55) ist ein Polynom n-ten Grades in s und entspricht dem charakteristischen Polynom. Die Wurzeln der Determinante werden auch als Eigenwerte der Matrix $\boldsymbol{A}$ bezeichnet; sie müssen sämtlich negative Realteile aufweisen, wenn das durch die Matrix $\boldsymbol{A}$ beschriebene System stabil sein soll.

Die Gl.(5.55) lässt sich am Beispiel des Eingrößensystems mit der Systemmatrix in der Jordanschen Normalform besonders gut veranschaulichen. Einsetzen der Systemmatrix in Gl.(5.55) ergibt

$$s \cdot \boldsymbol{I} - \boldsymbol{A} = \begin{bmatrix} s & & & 0 \\ & s & & \\ & & \ddots & \\ 0 & & & s \end{bmatrix} - \begin{bmatrix} \lambda_1 & & & 0 \\ & \lambda_2 & & \\ & & \ddots & \\ 0 & & & \lambda_n \end{bmatrix} = \begin{bmatrix} s - \lambda_1 & & & 0 \\ & s - \lambda_2 & & \\ & & \ddots & \\ 0 & & & s - \lambda_n \end{bmatrix} \tag{5.56}$$

und daraus wird mit

$$\det(s \cdot \boldsymbol{I} - \boldsymbol{A}) = (s - \lambda_1) \cdot (s - \lambda_2) \cdots (s - \lambda_n) \qquad (5.57)$$

das charakteristische Polynom mit den Nullstellen λ_i.

Diese die Eigenschaften des Systems charakterisierenden Eigenwerte kann man beeinflussen, indem man, wie Abb. 5.15 zeigt, durch eine proportional wirkende Rückführung den Vektor $\boldsymbol{u}$ der Eingangsgrößen mit dem Zustandsgrößenvektor $\boldsymbol{x}$ verbindet. Die Übertragungsfaktoren dieser Verbindung sind in der $(p \times n)$-Matrix $\boldsymbol{K}$ zusammengefasst, die als (Zustands-) Reglermatrix bezeichnet wird.

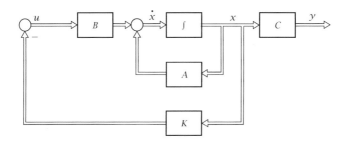

Abb. 5.15. Wirkungsplan für ein System mit Zustandsrückführung

Das System wird durch die Gleichungen

$$\begin{aligned} \dot{\boldsymbol{x}} &= \quad \boldsymbol{A} \cdot \boldsymbol{x} + \boldsymbol{B} \cdot \boldsymbol{u} \\ \boldsymbol{u} &= -\boldsymbol{K} \cdot \boldsymbol{x} \end{aligned} \qquad (5.58)$$

beschrieben, die zusammengefasst

$$\dot{\boldsymbol{x}} = (\boldsymbol{A} - \boldsymbol{B} \cdot \boldsymbol{K}) \cdot \boldsymbol{x} \qquad (5.59)$$

ergeben. Gl.(5.59) beschreibt ein System ohne Eingangsgrößen mit der Systemmatrix

$$\boldsymbol{A}_K = \boldsymbol{A} - \boldsymbol{B} \cdot \boldsymbol{K} \quad . \qquad (5.60)$$

Polvorgabe

Eine Möglichkeit des Reglerentwurfs besteht nun darin, die Eigenwerte der Matrix $\boldsymbol{A}_K$ vorzugeben und damit aus den bekannten Matrizen $\boldsymbol{A}$ und $\boldsymbol{B}$ die Regler- bzw. Rückführmatrix $\boldsymbol{K}$ zu bestimmen.

Als Beispiel soll für ein Übertragungssystem mit einer Eingangs- und einer Ausgangsgröße eine Zustandsrückführung nach dem erwähnten Verfahren der

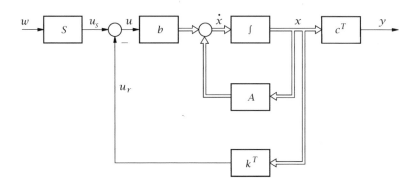

Abb. 5.16. Eingrößensystem mit Zustandsrückführung

Polvorgabe bestimmt werden. Abbildung 5.16 zeigt den Wirkungsplan des Systems mit Rückführung.

Das Übertragungssystem möge in Regelungsnormalform beschrieben sein. Die Zustandsgrößen der Regelungsnormalform lassen sich hierfür durch Transformation aus den ursprünglichen Zustandsgrößen gewinnen. Die Systemmatrix $\boldsymbol{A}_K$ des Übertragungssystems mit Rückführung ergibt sich nach Gl.(5.60) zu

$$\boldsymbol{A}_K = \boldsymbol{A} - \boldsymbol{b} \cdot \boldsymbol{k}^T = \begin{bmatrix} 0 & 1 & 0 & \cdots & 0 \\ 0 & 0 & 1 & & 0 \\ \vdots & & & \ddots & \vdots \\ 0 & 0 & 0 & & 1 \\ -a_0{-}k_1 & -a_1{-}k_2 & -a_2{-}k_3 & \cdots & -a_{n-1}{-}k_n \end{bmatrix} \quad (5.61)$$

und hat wiederum Regelungsnormalform. Eine Eigenschaft der Systemmatrix in Regelungsnormalform ist, in der letzten Zeile die Koeffizienten des charakteristischen Polynoms zu enthalten. Damit kann das Polynom

$$\det(s \cdot \boldsymbol{I} - \boldsymbol{A}_K) = s^n + (a_{n-1} + k_n)s^{n-1} + \ldots + (a_0 + k_1) \quad (5.62)$$

unmittelbar angeschrieben werden.

Wenn als Polstellen Werte $s_1, \ldots, s_n$ vorgegeben sind, bedeutet dies, dass das charakteristische Polynom

$$(s - s_1) \cdot (s - s_2) \cdots (s - s_n) = s^n + p_{n-1}s^{n-1} + \cdots + p_0 \quad (5.63)$$

lauten soll. Mit den so bestimmten Koeffizienten p_i ergibt sich durch Koeffizientenvergleich der Rückführvektor zu

$$\boldsymbol{k}^T = [\, p_0{-}a_0 \ p_1{-}a_1 \ \cdots \ p_{n-1}{-}a_{n-1} \,] \quad . \quad (5.64)$$

Der Übertragungsfaktor S wird oft aus der Forderung bestimmt, dass im eingeschwungenen Zustand $y = w$ ist. Im eingeschwungenen Zustand ist

$$\dot{x} = A_K \cdot x + b \cdot S \cdot w = 0 \tag{5.65}$$

und daraus folgt

$$x = -A_K^{-1} \cdot b \cdot S \cdot w \quad . \tag{5.66}$$

Für die Ausgangsgröße gilt

$$y = c^T \cdot x = -c^T \cdot A_K^{-1} \cdot b \cdot S \cdot w = w \tag{5.67}$$

und das führt zu der gesuchten Aussage

$$S = -(c^T \cdot A_K^{-1} \cdot b)^{-1} \quad . \tag{5.68}$$

Optimale Zustandsregelung

Eine andere Möglichkeit des Reglerentwurfs im Zustandsraum ist die optimale Zustandsregelung. Dabei wird als Ziel angestrebt, das Regelkreisverhalten im Sinne eines Gütekriteriums zu optimieren.

Ausgegangen wird von der Zustandsraumbeschreibung

$$\begin{aligned} \dot{x} &= A \cdot x + B \cdot u \\ y &= C \cdot x \end{aligned} \tag{5.69}$$

eines linearen zeitinvarianten dynamischen Systems mit mehreren Eingangs- und Ausgangsgrößen und der Anfangsbedingung $x(t = 0) = x_0$. Das System ist nicht sprungfähig ($D = 0$).

Alle Zustände seien messbar und können deshalb mit einer vollständigen Zustandsrückführung auf die Eingänge u zurückgeführt werden.

$$u = -K \cdot x \tag{5.70}$$

Ziel der Regelung ist es, die Systemzustände in geeigneter Weise auf den Eingang zurückzuführen, sodass ein selbstgewähltes positives Gütemaß minimiert wird. Für die Reglerauslegung geht man davon aus, dass der Regler in der Lage sein soll, das System aus jedem beliebigen Anfangszustand x_0 in den Nullzustand (alle $x_i = 0$) zurückzuführen. Je schneller und mit je weniger Stellenergie dieses Ziel erreicht werden kann, desto besser ist die Regelung. Deshalb wird als Gütemaß, häufig auch Kostenfunktion genannt, meistens ein Zeitintegral der quadrierten Verläufe der Zustandsgrößen x und der Eingangsgrößen u verwendet.

$$J = \int_0^\infty (x^T \cdot Q \cdot x + u^T \cdot R \cdot u)\mathrm{d}t \tag{5.71}$$

Die allgemeine Form der skalaren Kostenfunktion J enthält die symmetrischen Gewichtungsmatrizen Q und R. Diese Gewichtungsmatrizen Q und R

müssen so gewählt werden, dass beide Terme immer positiv werden, damit auch die Kosten positiv bleiben. Solche Matrizen, für die der quadratische Term mit jedem beliebigen Vektor x immer positiv ist, z. B. $x^T Q x$, heißen positiv definit. Häufig sind Q und R nur auf der Hauptdiagonalen mit positiven Werten besetzt, sodass lediglich die gewichteten Quadrate der x_i und der u_i übrig bleiben. Dann bewertet der erste Term von J die gewichteten Flächen unter den quadrierten Zustandsgrößen und bietet damit ein Maß für die Abweichung der Zustandsgrößen vom Arbeitspunkt. Der zweite Term enthält ein Maß für die Stellenergien der einzelnen Eingänge.

Gesucht ist nun diejenige Funktion $u_{\mathrm{opt}}(t)$, aus der Menge aller möglichen Funktionen $u(t)$, welche diese Kostenfunktion J minimiert. Hierzu muss J nach u abgeleitet und zu null gesetzt werden unter gleichzeitiger Berücksichtigung der Zustandsdifferentialgleichung. Es lässt sich zeigen, dass die minimale Kostenfunktion

$$J_{\mathrm{opt}} = \int\limits_{0}^{\infty} (x^T \cdot Q \cdot x + u_{\mathrm{opt}}^T \cdot R \cdot u_{\mathrm{opt}}^T) \mathrm{d}t = x_0^T \cdot P_{\mathrm{opt}} \cdot x_0 \qquad (5.72)$$

mit einer konstanten Matrix P_{opt} und der Anfangsbedingung x_0 berechnet werden kann.

Die noch unbestimmte Matrix P_{opt} ist die Lösung der so genannten stationären Riccati-Gleichung

$$0 = -A^T \cdot P - P \cdot A + P \cdot B \cdot R^{-1} \cdot B^T \cdot P - Q \quad , \qquad (5.73)$$

die bei dem Minimierungsproblem entsteht. P_{opt} muss numerisch ermittelt werden, da keine geschlossene Lösung existiert. Dies braucht jedoch nur einmal bei jeder Reglerauslegung zu geschehen. Für die Berechnung der Riccati-Gleichung gibt es eine Reihe von numerischen Lösungsverfahren, auf die hier nicht näher eingegangen werden soll. Die stationäre Riccati-Gleichung ist unabhängig von der gewählten Anfangsbedingung x_0. Die tatsächlich auftretenden Kosten sind dagegen abhängig von den Anfangsbedingungen, haben aber eine untergeordnete Bedeutung für die Regelung und müssen meist nicht explizit berechnet werden.

Mit Hilfe der Lösung der Riccati-Gleichung P_{opt} kann aber das optimale Stellgesetz direkt angegeben werden mit

$$u_{\mathrm{opt}} = -R^{-1} \cdot B^T \cdot P_{\mathrm{opt}} \cdot x \quad . \qquad (5.74)$$

und die Rückführmatrix lässt sich direkt angeben als

$$K_{\mathrm{opt}} = R^{-1} \cdot B^T \cdot P_{\mathrm{opt}} \quad . \qquad (5.75)$$

Der durch K_{opt} eindeutig beschriebene Zustandsregler wird dieses lineare System optimal in Bezug auf die gewählte Kostenfunktion J regeln. Es bleibt die Wahl der Gewichtungsmatrizen Q und R. Von besonderem Interesse ist dabei das Verhältnis der beiden Terme unter dem Integral zueinander. Wird die Abweichung der Zustandsgrößen vom Arbeitspunkt stark gewichtet, so erhält man eine schnelle Regelung mit großen Stellausschlägen. Wird dagegen der zweite Term, der als Maß für die Stellenergie gilt, höher bewertet, so wird es länger dauern bis Störungen ausgeregelt sind, dafür wird aber auch weniger Stellaufwand nötig sein. Die Stabilität eines derartig ausgelegten Reglers ist theoretisch garantiert. Hiermit ist aber noch keine Aussage über die praktische Brauchbarkeit der Regelung verbunden.

Das Verfahren der Reglerauslegung mit einer quadratischen Gütefunktion führt zu der gleichen Regelkreisstruktur, der vollständigen Zustandsrückführung, wie das zuvor behandelte Verfahren mit Polvorgabe. Deshalb ist jeder so entworfene Zustandsregler auch mit dem Polvorgabeverfahren synthetisierbar. Die Unterschiede liegen in der Form, in der die gewünschten Systemeigenschaften angegeben werden. Bei der Polvorgabe können direkt Parameter des Zeitverhaltens, wie Abklingkonstante oder Dämpfungsgrad einzelner Pole oder Polpaare vorgewählt werden, jedoch ist der Einfluss der Nullstellen nur schwierig vorherzusagen. Dagegen kann mit einer Gütefunktion der gesamte Einschwingvorgang gezielt bewertet werden. Praktisch ist man bei der Wahl der Gewichtungsmatrizen, wie bei der Wahl der Pole, auf Erfahrungen und auf Simulationen angewiesen.

Beispiel

Ausgehend vom Modell für das Doppelpendel (vgl. Abschnitt 3.1.1, Seite 85), soll nun ein optimaler Zustandsregler für die inverse Gleichgewichtslage entworfen werden. Eine Lösung der Riccati-Gleichung (Gl.(5.73)) ist im Allgemeinen nur numerisch möglich. MATLAB stellt hierzu den Befehl *lqr2* zur Berechnung der Reglermatrix K zur Verfügung. Die zur Berechnung ebenfalls erforderlichen Gewichtungsmatrizen Q und R werden meistens ausgehend von

$$Q = R = I \qquad (5.76)$$

im Versuch an der realen Regelstrecke ermittelt. Für das vorliegende System wurden Q und R gewählt zu:

$$Q = \begin{bmatrix} 100 & 0 & 0 & 0 & 0 & 0 \\ 0 & 100 & 0 & 0 & 0 & 0 \\ 0 & 0 & 100 & 0 & 0 & 0 \\ 0 & 0 & 0 & 0 & 0 & 0 \\ 0 & 0 & 0 & 0 & 0 & 0 \\ 0 & 0 & 0 & 0 & 0 & 0 \end{bmatrix} \qquad (5.77)$$

$$R = [1] \qquad (5.78)$$

Damit ergibt sich die Reglermatrix K zu:

$$K = [10 \quad -174,1 \quad 246 \quad 12,9 \quad -2,6 \quad 36,8] \qquad (5.79)$$

Schätzung des Zustandsvektors

Eine (vollständige) Zustandsrückführung entsprechend Abb. 5.15 setzt voraus, dass die Zustandsgrößen in der physikalischen Wirklichkeit messbar sind. Das ist häufig nicht der Fall, sodass man versuchen muss, aus den Eingangs- und den Ausgangsgrößen mit Kenntnis der Eigenschaften des Systems auf die Zustandsgrößen zu schließen. Eine Einrichtung, die dies leistet, wird (Zustands-)Beobachter genannt. Ein solcher Beobachter kann außer zur Regelung auch für Überwachungsaufgaben nützlich sein. Daher soll das Prinzip eines vollständigen Zustandsbeobachters skizziert werden.

Abbildung 5.17 zeigt den Wirkungsplan eines linearen Übertragungssystems mit angeschlossenem vollständigen Zustandsbeobachter, der den Zustand $\boldsymbol{x}$ des Übertragungssystems in der Form des geschätzten Zustandes $\hat{\boldsymbol{x}}$ wiedergibt.

Wenn man verlangt, dass

$$\hat{\boldsymbol{x}}(t \to \infty) = \boldsymbol{x}(t \to \infty) \quad , \tag{5.80}$$

so bedeutet dies, dass die Differenz der Zustandsgrößen von System und Beobachter

$$\tilde{\boldsymbol{x}} = \boldsymbol{x} - \hat{\boldsymbol{x}} \tag{5.81}$$

für wachsende Zeit gegen null strebt.

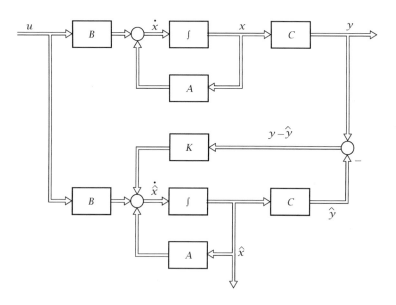

Abb. 5.17. Wirkungsplan für System mit vollständigem Zustandsbeobachter

Für das System gilt

$$\dot{x} = A \cdot x + B \cdot u \qquad (5.82)$$

und für den Beobachter

$$\dot{\hat{x}} = A \cdot \hat{x} + B \cdot u + K \cdot (C \cdot x - C \cdot \hat{x}) \quad . \qquad (5.83)$$

Subtrahiert man Gl.(5.83) von Gl.(5.82), so ergibt sich

$$\begin{aligned} \dot{x} - \dot{\hat{x}} &= A \cdot x - A \cdot \hat{x} + B \cdot u - B \cdot u - K \cdot C \cdot (x - \hat{x}) \\ \dot{\tilde{x}} &= \quad A \cdot \tilde{x} \qquad\qquad\qquad - K \cdot C \cdot \tilde{x} \quad . \end{aligned} \qquad (5.84)$$

Mit

$$F = A - K \cdot C \qquad (5.85)$$

geht Gl.(5.84) über in die (homogene) Gleichung

$$\dot{\tilde{x}} = F \cdot \tilde{x} \qquad (5.86)$$

und hat damit als Lösung

$$\tilde{x}(t) = e^{F \cdot t} \cdot \tilde{x}(0) \quad . \qquad (5.87)$$

Wenn also die Matrix F so gewählt wird, dass der durch Gl.(5.87) beschriebene Einschwingvorgang stabil ist und genügend rasch abläuft, und danach die Matrix K gemäß Gl.(5.85) dimensioniert wird, nähert der Zustandsvektor $\hat{x}$ des Beobachters den Zustandsvektor x des Systems mit wachsender Zeit immer besser an, auch wenn die Anfangszustände von System und Beobachter voneinander verschieden waren und auch wenn die Eingangsgrößen u sich fast beliebig ändern.

Modellgestützte Regelung

Die zuletzt behandelte Zustandsregelung mit Beobachter zeigte, dass die Kenntnis eines Regelstreckenmodells sinnvoll in einem Regelungsgesetz verwendet werden kann. Hierbei wurde jedoch das Modell nur mittelbar in die Regelung einbezogen, indem es Schätzwerte für die zurückzuführenden Zustandsgrößen lieferte. Aber auch der direkte Einbezug ist denkbar, beispielsweise zur Linearisierung nichtlinearer Regelstrecken, zur Entkopplung von Mehrgrößensystemen oder zur Prädiktion, d. h. zur Vorhersage zukünftiger Regelgrößenverläufe. Letztgenanntes bietet besonders dann Vorteile, wenn die Regelstrecke ausgeprägt verzögerndes Verhalten aufweist, weil konventionelle Regelungen dann nur sehr vorsichtig eingestellt werden können.

Abbildung 5.18 zeigt als Beispiel einer modellgestützten Regelung die Grundstruktur eines Smith-Predictors. Dieses Regelungskonzept ist speziell für stark totzeitbehaftete Regelstrecken ausgelegt, die beispielsweise in verfahrenstechnischen Prozessen auftreten, in denen die Totzeiten auf den Stofftransport über lange Rohrleitungen zurückzuführen sind.

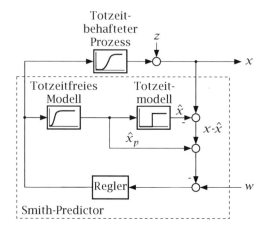

Abb. 5.18. Grundstruktur eines Smith-Predictors

Das grundsätzliche Problem bei der Regelung totzeitbehafteter Prozesse besteht darin, dass eine Regelung, bedingt durch die totzeitbedingte starke Phasenabsenkung im Frequenzgang des aufgeschnittenen Regelkreises, schon bei kleinen Werten des Reglerübertragungsfaktors zu instabilem Verhalten führt und in Folge dessen nur sehr schwach eingestellt werden kann. Dieses zieht jedoch eine nur mäßige Dynamik des geschlossenen Regelkreises nach sich, sodass Störungen nur langsam ausgeregelt und neue Führungsgrößen nur langsam angefahren werden können.

Die Grundidee des Smith-Predictors besteht nun darin, durch ein im Regler enthaltenes Parallelmodell der Regelstrecke eine Vorhersage $\hat{x}_P$ über den zukünftigen Regelgrößenverlauf zu erzeugen; hierzu wird in dem Parallelmodell der totzeitfreie und der totzeitbehaftete Anteil getrennt berechnet. Dann wird anstelle der eigentlichen Regelgröße x deren Vorhersage, d. h. die Prädiktion $\hat{x}_P$ zur Regelung verwendet, sodass der Regler an die totzeitfreie Streckendynamik angepasst und damit wesentlich stärker eingestellt werden kann. Durch Modellfehler und Störungen verursachte Abweichungen zwischen wirklicher und geschätzter Regelgröße machen eine weitere Korrekturmaßnahme nötig: Der Prädiktor wird mit Hilfe des Totzeitmodells zeitlich an die Regelstrecke angepasst und seine dadurch verzögerte Ausgangsgröße wird mit der wirklichen Regelgröße verglichen; eine auftretende Abweichung $x - \hat{x}$ wird dann zusätzlich zum Prädiktor in der Regelung berücksichtigt.

Modellgestützte Prädiktive Regelung

Allgemein bezeichnet die Modellgestützte Prädiktive Regelung (MPR) Regelungsverfahren, die ein Modell des Prozesses nutzen, um das Verhalten relevanter Prozessgrößen in der Zukunft zu prädizieren. Die zukünftigen Auswirkungen der augenblicklich auf den Prozess einwirkenden Stellgrößen werden abgeschätzt und können somit in dem Regelalgorithmus optimiert werden. Charakteristische Einsatzfelder der MPR-Verfahren sind neben Mehrgrößenprozessen mit starken Kopplungen der verschiedenen Stell- und Regelgrößen auch stark verzögernde oder totzeitbehaftete Prozesse.

Zur Beschreibung der in der prädiktiven Regelung verwendeten Größenverläufe wird folgende Schreibweise eingeführt:

$a\,(k+j\,|k\,)$ bezeichnet eine Größe a zum Zeitpunkt $k+j$, die vom Zeitpunkt k aus bestimmt wurde. Soll zusätzlich nicht nur für einen Zeitpunkt $k+j$, sondern für einen Zeitabschnitt der Verlauf einer Größe in der Zukunft prädiziert werden, so wird die Vektordarstellung $\boldsymbol{a}\,(\,\cdot\,|k\,)$ genutzt. Der Punkt kennzeichnet den gesamten zukünftigen Zeitbereich, in dem die Größe a definiert ist.

Bei allen Modellgestützten Prädiktiven Regelungsverfahren wird mit einem geeigneten Prozessmodell das Verhalten des Prozesses in Abhängigkeit von zukünftigen Stellgrößenverläufen prädiziert. Diese Prädiktion kann jedoch bei technischen Anwendungen niemals fehlerfrei sein. Daher kann der zum Abtastschritt k berechnete zukünftige Wert der Regelgröße nur als Schätzwert $\hat{y}\,(k+j\,|k\,)$ aufgefasst werden. Um einen möglichst realistischen Verlauf der Regelgrößen zu erhalten, ist eine regelmäßige Fehleranpassung durch Abgleich des Modell- und Prozesszustands notwendig.

Ziel der prädiktiven Regelung ist, die geschätzten zukünftigen Regeldifferenzen zwischen der prädizierten Regelgröße $\hat{\boldsymbol{y}}\,(\,\cdot\,|k\,)$ und der zukünftigen Führungsgröße $\boldsymbol{w}\,(\,\cdot\,|k\,)$ klein zu halten. Diese Forderung bezieht sich auf ein zukünftiges Zeitintervall und wird um die Forderung nach kleinen Änderungen der zukünftigen Stellgröße ergänzt. Ein Maß dafür, wie gut diese Forderungen erfüllt werden, gibt die Gütefunktion

$$
\begin{aligned}
J\,(\boldsymbol{u}\,(\,\cdot\,|k\,)) = \sum_{j=N_1}^{N_2} &\,|\hat{y}\,(k+j\,|k\,) - w\,(k+j\,|k\,)|^2 \\
&+ \lambda \sum_{j=0}^{N_u-1} |\Delta u\,(k+j\,|k\,)|^2
\end{aligned}
\tag{5.88}
$$

mit den zeitabhängigen Größen
$w\,(k+j\,|k\,)$ zukünftige Führungsgröße
$\hat{y}\,(k+j\,|k\,)$ geschätzte zukünftige Regelgröße
$\Delta u\,(k+j\,|k\,)$ Änderung der zukünftigen Stellgröße
und den festen Parametern
λ Wichtungsfaktor
N_1 unterer Prädiktionshorizont
N_2 oberer Prädiktionshorizont
N_u Stellhorizont.

Die geschätzten zukünftigen Regeldifferenzen und die Änderungen der zukünftigen Stellgröße

$$\Delta u\left(k+j\,|k\,\right) = u\left(k+j\,|k\,\right) - u\left(k+j-1\,|k\,\right) \qquad (5.89)$$

werden quadriert und gewichtet aufsummiert. Ein kleiner Wert der Güte-funktion steht für eine gute Erfüllung der aufgestellten Forderungen. Da die zukünftigen Führungsgrößen oft bekannt sind und die anhand des Prozessmo-dells geschätzte Regelgröße nur von Größen aus der Vergangenheit und den zukünftigen Stellgrößenänderungen abhängt, sind in der Gütefunktion nur noch die zukünftigen Stellgrößenänderungen unbekannt. Mit einem geeigne-ten Optimierungsverfahren bestimmt man nun diejenige zukünftige Stellfolge, bei der die Gütefunktion ein Minimum annimmt.

Der prädiktive Regler gibt zu jedem Abtastschritt nur den ersten Wert $u\left(k\,|k\,\right)$ der optimalen zukünftigen Stellgrößenfolge an die Regelstrecke aus. Im nächsten Abtastschritt wird die Berechnung der optimalen zukünftigen Stellfolge wiederholt. Dabei wird das Zeitfenster, über das die Gütefunktion gebildet wird, mit jedem Abtastschritt um ein Abtastintervall verschoben. Die Zeithorizonte zeigt Abb. 5.19.

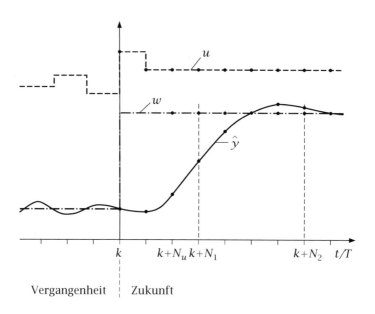

Abb. 5.19. Zeithorizonte der prädiktiven Regelung

Die Parameter λ, N_1, N_2, N_u der Gütefunktion Gl.(5.88) stellen die Ein-stellparameter der prädiktiven Regelung dar und müssen beim Reglerentwurf festgelegt werden. Mit dem Wichtungsfaktor λ wird die Forderung nach klei-nen Stellgrößenänderungen im Verhältnis zur Forderung nach kleinen zukünf-tigen Regeldifferenzen innerhalb der Gütefunktion gewichtet. Ein großer Wert für λ führt zu einem ruhigeren Stellgrößenverlauf, macht die Regelung aber auch langsamer.

Der untere Prädiktionshorizont N_1 sollte gleich der Streckentotzeit gewählt werden, da eine Änderung der aktuellen Stellgröße sich erst nach Ablauf dieser Totzeit auf die Regelgröße auswirkt. Der obere Prädiktionshorizont N_2 sollte so groß sein, dass die wesentlichen Auswirkungen der aktuellen Stellgrößenänderung auf den zukünftigen Regelgrößenverlauf erfasst werden. Im Allgemeinen sollte der obere Prädiktionshorizont bis zum Maximum der Gewichtsfolge reichen.

Der Stellhorizont wird in der Regel zu 1, 2 oder 3 gewählt. Alle zukünftigen Stellgrößenänderungen über den Stellhorizont hinaus werden zu null gesetzt. Am Ende des Stellhorizonts wird daher die zukünftige Stellgröße ihren Wert beibehalten. Der Stellhorizont bestimmt die Freiheitsgrade bei der Minimierung der Gütefunktion.

Ein geeigneter Modellansatz liefert die Gleichung für die prädizierte Regelgröße $\hat{y}\,(k+j\,|k)$. Dieser Prädiktionsansatz wird in die Gütefunktion eingesetzt. Damit ist in der Gütefunktion nur noch der zukünftige Stellvektor $\boldsymbol{\Delta u}\,(\cdot\,|k)$ unbekannt. Für ein Minimum der Gütefunktion bezüglich $\boldsymbol{\Delta u}\,(\cdot\,|k)$ verschwindet die erste Ableitung. Im Fall eines linearen Prädiktionsansatzes (lineares Prozessmodell) ergibt sich die optimale zukünftige Stellfolge $\boldsymbol{\Delta u}_{\mathrm{opt}}\,(\cdot\,|k)$ aus

$$\frac{\partial J\left(\boldsymbol{\Delta u}\,(\cdot\,|k)\right)}{\partial \boldsymbol{\Delta u}\,(\cdot\,|k)} = 0\,. \tag{5.90}$$

Von dieser optimalen Stellgrößenfolge werden nur die aktuellen Stellgrößen $\boldsymbol{\Delta u}\,(k\,|k)$ zur Regelung eingesetzt, die restlichen verfallen.

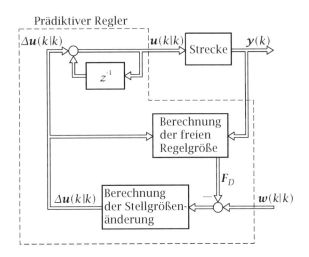

Abb. 5.20. Struktur der prädiktiven Regelung

Abbildung 5.20 zeigt die Struktur einer linearen prädiktiven Regelung. Der Regler lässt sich in drei Blöcke unterteilen. Ein Block berechnet den Vektor der so genannten freien Regelgröße F_D aus vorangegangenen Stellgrößenänderungen und gemessenen Werten der Regelgröße. Die freie Regelgröße beschreibt den Verlauf der zukünftigen Regelgröße, wenn die aktuelle und alle zukünftigen Stellgrößenänderungen null sind und geht in die Lösung für $\Delta u\,(k\,|k\,)$ mit ein. Ein zweiter Block bestimmt die aktuelle Stellgrößenänderung aus der Differenz zwischen zukünftigen Sollwerten und der freien Regelgröße. Ein dritter Block integriert die Stellgrößenänderung zu der Stellgröße auf, die auf die Strecke gegeben wird.

Abschließend sei angemerkt, dass üblicherweise die gemessenen Werte der Regelgröße und die Stellgrößenänderungen zur Berechnung der freien Regelgröße noch mit geeigneten Filtern gefiltert werden, um das Störverhalten des Reglers zu verbessern.

Das Verfahren der prädiktiven Regelung kann auch für stark nichtlineare Strecken eingesetzt werden, indem beim Reglerentwurf ein entsprechendes nichtlineares Modell angesetzt wird. Das Minimum der Gütefunktion ist dann nicht mehr geschlossen zu bestimmen, sondern muss in jedem Abtastschritt numerisch berechnet werden. Trotz des damit verbundenen Rechenaufwands wird das Verfahren in großem Umfang zur Regelung großer, komplexer verfahrenstechnischer Anlagen und Prozesse eingesetzt.

Adaptive Regelung

Wie auch die konventionell ausgeführten gingen die zuvor erläuterten Regelungskonzepte davon aus, dass das Signalübertragungsverhalten der Regelstrecke bekannt ist und keinen Änderungen unterliegt. Bei vielen Prozessen hängt jedoch das statische und dynamische Verhalten stark vom Arbeitspunkt oder sonstigen Betriebsbedingungen ab, was mit einer – wie auch immer – fest eingestellten Regelung nur im Sinne einer „worst-case-Abschätzung" berücksichtigt werden kann. Damit muss hingenommen werden, dass in vielen Betriebspunkten die Regelung schwächer eingestellt ist, als dies eigentlich nötig wäre.

Nahe liegt daher der Wunsch nach einer *Adaptiven Regelung*, die sich einem sich ändernden Prozess selbständig anpasst. Abbildung 5.21 zeigt den grundsätzlichen Aufbau eines adaptiven Reglers, der zusätzlich zu der konventionell ausgeführten Regelungskomponente noch eine Identifikations- und eine Modifikationskomponente besitzt.

Die Aufgabe der Identifikationskomponente besteht darin, aus der fortlaufenden Beobachtung von Ein- und Ausgangssignal des zu regelnden Prozesses auf dessen statisches und dynamisches Übertragungsverhalten zu schließen und damit ein Modell des Prozesses zu bestimmen. Dabei sollen Änderungen, denen der Prozess unterliegt, auch möglichst gleichzeitig im Modell sichtbar werden. Mit der Modifikationskomponente werden dann die Einstellparameter des konventionellen Reglers an die aktuellen Modellparameter angepasst.

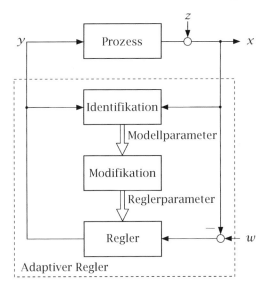

Abb. 5.21. Grundstruktur einer adaptiven Regelung

5.4 Grundlagen Steuerkreis

Bereits im einleitenden Abschnitt 5.1 wurde deutlich, dass eine diskrete Steuerung zwar einen offenen Wirkungsablauf besitzt, die Steuereinrichtung in den meisten Fällen aber dennoch in einem geschlossenen Wirkungsweg oder -kreis arbeitet. Ähnlich wie bei einem Regelkreis hängt die Funktionsfähigkeit einer Steuerung, d. h. das richtige Zusammenwirken von Steuereinrichtung und Steuerstrecke, somit nicht allein von der Steuereinrichtung, sondern auch vom dynamischen Verhalten der Steuerstrecke ab. Da sich viel versprechende Synthesemethoden für diskrete Steuerungen zum größten Teil noch in der Entwicklung befinden, verbleibt oft nur die Möglichkeit, die Funktionsfähigkeit des Gesamtsystems durch Analyse oder Austesten, d. h. durch Anschluss der Steuerung an den (realen oder simulierten) Prozess, zu überprüfen und anschließend Änderungen am Steuerungsentwurf vorzunehmen.

Während diese Vorgehensweise bei rein sequentiellen Prozessen leicht durchzuführen ist, so wird die Fülle denkbarer Situationen schnell unüberschaubar, wenn zeitlich parallele, d. h. nebenläufige Prozesse auftreten. Werden durch nebenläufige Prozesse gemeinsame Betriebsmittel genutzt, so besteht zudem die Gefahr von Verklemmungssituationen, sogenannten Deadlocks, die im Allgemeinen nicht einfach vorherzusehen sind. Dies liegt insbesondere an der Tatsache, dass die Zahl der diskreten Signale von der Steuerungseinrichtung zur Steuerstrecke (siehe auch Abb. 5.1) – und im Falle prozessgeführter Steuerungen auch in Rückrichtung – im Vergleich mit Regelungen deutlich größer ist. Deshalb sind die Signalpfeile in Abb. 5.1 so wie in Abb. 5.22 als vektorwertige Signale zu verstehen.

Abb. 5.22. Signalflussplan einer Steuerungseinrichtung nach VDI-Richtlinie 3683

Der Entwurf prozessunabhängiger diskreter Steuerungen wird im Rahmen der Lehrveranstaltung nicht weiter erläutert, kann aber ebenfalls mit den hier vorgestellten Verfahren zum Entwurf diskreter prozessgeführter Steuerungen erfolgen. Hier werden sie meist mit zuvor kontinuierlich oder hybrid modellierten Strecken gekoppelt. Damit ergeben sich zwangsläufig hybride Modellbeschreibungen der Systeme. Das bedeutet nicht, dass diese Systeme im Sinne der Definition hybrider Systeme auf S. 120 *hybrid* sind, da sie oft auch mit diskreten Modellen repräsentiert werden können (siehe Kap. 3.4). Aus diesem Grunde müssen im Anschluss einige Begriffe der Steuerungstechnik definiert und erläutert werden, bevor allgemeine Ziele beim Entwurf diskreter Steuerungen und die Grundlagen für Entwurfsverfahren vorgestellt werden.

5.4.1 Begriffsdefinitionen

Sollen mehrere Steuerungen im Verbund zusammenarbeiten und die Ausgangssignale einer Steuerung anderen Steuerungen als Eingangssignale zugeführt werden, um diese als untergeordnete Steuerungen zu führen, so spricht man von einer Steuerungshierarchie. Steuerungen, deren Ausgänge die Stellbefehle an Geräte oder Antriebe geben, befinden sich auf der untersten Ebene (*Einzelsteuerungsebene*). Die oberste Ebene heißt *Hauptsteuerungsebene*. Dazwischen befindet sich die *Gruppensteuerungsebene*, die hierarchisch auch noch weiter unterteilt werden kann. Diese Hierarchieeinteilung bedeutet im Übrigen nicht, dass die unterschiedlichen Hierarchieebenen nicht in der gleichen Steuerungseinrichtung untergebracht werden können. Neben einer Aufteilung auf verschiedene Steuergeräte können die Hierarchieebenen auch durch eine entsprechende Strukturierung des Steuerungsprogramms erfolgen.

Die Begriffe Steuerung, Steuereinheit, Steuergerät und Steuerungseinrichtung werden synonym verwandt. Der Begriff Steuerung kann auch für das Gesamtsystem aus Steuerungseinrichtung und Steuerstrecke verwendet werden, wird im Folgenden aber auf die Automatisierungseinrichtung ohne Strecke beschränkt. Bezüglich Steuerkreisen gelten weiterhin die Begriffe Strecke, Messeinrichtung/Messglied/Sensor und Stellglied/Aktor/Aktuator, wie sie auf S. 201f definiert wurden. Weitere notwendige Begriffe sind:

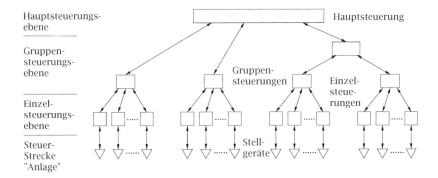

Abb. 5.23. Hierarchieebenen einer Steuerung nach VDI-Richtlinie 3683

- Ein *Grenzsignalglied* vergleicht den Wert einer Ausgangsgröße mit einem *Grenzwert*. Beim Wechsel vom Bereich oberhalb des Grenzwertes in den darunter liegenden Bereich ändert sich das *Grenzsignal*, das binäre Ausgangssignal des Grenzsignalgliedes.
- Die Befehle *Setzen (S)* und *Rücksetzen (R)* bedeuten im Bereich der Steuerungstechnik, dass der Wert einer booleschen Variable zu 1 bzw. 0 gesetzt wird.
- Eine festgelegte Folge von diskreten booleschen Zuständen heißt im Bereich der Steuerungstechnik auch *Ablaufkette*. Die einzelnen Zustände bezeichnet man auch als *Schritte*.
- *Eingabesignale* wirken über ein *Eingabeglied*, durch dass die Eingabesignale aufgenommen und aufbereitet werden, auf die Signalverarbeitung. Als Summe mehrerer Eingabgeglieder werden *Eingabeeinheiten* bezeichnet, die in *analoge*, *binäre* oder *digitale Eingabeeinheiten* eingeteilt werden.
- *Ausgabesignale* werden von einem *Ausgabeglied* ausgegeben, das Signale aus der Signalverarbeitung aufbereitet. Als Summe mehrerer Ausgabegeglieder werden *Ausgabeeinheiten* bezeichnet, die in *analoge*, *binäre* oder *digitale Ausgabeeinheiten* eingeteilt werden.
- Als *Störsignal* wird ein Signal bezeichnet, das ungewollt durch kapazitive, induktive oder galvanische Kopplung auf den Leitungen einer Steuerung auftritt.
- *Zähler* sind Funktionsglieder, deren Wert bei Auftreten eines Ereignisses inkrementiert werden.
- In einer *sicherheitsgerichteten Steuerung* werden durch zusätzliche Maßnahmen das Auftreten von Menschen oder Material gefährdenden Fehlern vermieden. Hierfür kommen Fehlerkonzepte bezüglich Steuerungshardware, -software, Sensorik und Aktorik in Frage. Softwareseitig können hierzu *Verriegelungen* definiert werden, die Signale oder Befehle blockieren, oder *Freigaben* gefordert werden, unter denen Signale und Befehle erst zugelassen werden.

- Neben der *Betriebsart Automatik* existieren meist auch *Teilautomatik* und *Handbetrieb*, so dass die Steuerung in Abhängigkeit von Eingriffen des Bedienenden arbeitet. In der Betriebsart *Einrichten* werden vorhandene Verriegelungen umgangen. Außerdem existieren oftmals Möglichkeiten, den Übergang auf einen Folgezustand oder einen beliebigen Zustand manuell durchzuführen.

5.4.2 Steuerungsziel

Beim Entwurf diskreter prozessabhängiger Steuerungen werden zumeist mehrere Ziele definiert, die von der Steuerung gewährleistet werden müssen. Die Lösung dieser Steuerungsaufgabe besteht in einer Steuerungseinrichtung, welche die Folge diskreter Zustände am Eingang der Steuerstrecke in Abhängigkeit der gemessenen Streckenausgabe genau so wählt, dass das Steuerungsziel erreicht wird. Auch bei den als kontinuierlich modellierten Strecken soll davon ausgegangen werden, dass für diese eine diskrete Approximation gefunden wurde (vgl. Kap. 3.4). Häufig besteht das Steuerungsziel einer praktischen Aufgabe aus sehr unterschiedlichen Anforderungen, die unter anderem aus den folgenden Möglichkeiten bestehen:

- Mit dem *Zielzustand* wird ein Endzustand oder -wert für die Steuerstrecke definiert, der erreicht werden soll.

- Beim *Zustandsverbot* muss eine Menge von Zuständen der Steuerstrecke vermieden werden. Steuerungen, welche dieses Steuerungsziel exklusiv umsetzen, heißen auch *Verriegelungssteuerungen*. Typische verbotene Zustände sind z. B. *Deadlocks*, also Zustände, aus denen keine weiteren Zustandsübergänge mehr herausführen.

- Mit dem *Transitionsverbot* sind bestimmte Zustandsübergänge innerhalb der Steuerstrecke bzw. bestimmte Ereignisse als unerlaubt deklariert.

- Bei einer *vorgegebenen Zustandsfolge* soll die Steuerstrecke die Folge einmal oder mehrfach zyklisch nachvollziehen.

Bei einer Darstellung der Steuerungsziele in einer festen formalisierten Form spricht man auch von der *Spezifikation*. Verfahren der *Verifikation* ermöglichen den Beweis, dass das Gesamtsystem der Spezifikation genügt. Verfahren zur Generierung des Steuerungsgesetzes aus der Streckenbeschreibung und der Spezifikation werden unter dem Begriff *Synthese* geführt. Verfahren zur vollständigen Steuerungssynthese existieren zur Zeit nur für kleine Anwendungsbereiche der Automatisierungstechnik.

5.4.3 Steuerungsarten

Im Folgenden werden kurz die verschiedenen Arten von Steuerungen vorgestellt.

- digital
  Die Erfassung der Steuersignale erfolgt in digitaler Form.
- binär
  Die binäre Steuerung ist ein Sonderfall der digitalen. Binäre Eingangssignale werden zu binären Ausgangssignalen verarbeitet unter Zuhilfenahme von logischen Verknüpfungen wie UND-, ODER- und NICHT-Glieder.
- analog
  Die innerhalb der Steuerung verarbeiteten Signale sind Größen analoger Art, wie z. B. Amplituden und Vorzeichen von Strömen, Spannungen und pneumatische Drücke. Diese Art der Steuerung ist heute allerdings so gut wie nicht mehr zu finden. Gründe dafür sind geringes Auflösungsvermögen, starke Störempfindlichkeit, schlechte Signalübertragungseigenschaften sowie eine schwierige Speicherfähigkeit.

Digitale Steuerungen unterscheidet man in Verknüpfungs- und Ablaufsteuerungen. Im Rahmen dieses Buches soll vorrangig die Ablaufsteuerung, die bei weitem wichtigste Kategorie der Steuerungsarten besprochen werden, die mit höheren grafischen Beschreibungsmitteln wie Statecharts oder Petrinetzen programmiert werden können. Die Automatisierungsgeräte, auf denen solche Steuerungen im industriellen Bereich exklusiv realisiert werden, besitzen einen RAM- oder ROM-Speicher und heißen deshalb *speicherprogrammierte Steuerung* (SPS), natürlich ist aber auch die Umsetzung innerhalb dafür geeigneter Prozessleitsysteme, auf digitalen Signalprozessoren oder echtzeitfähigen PC-basieren Steuerungen möglich. Neben diesen SPSen gibt es auch die hier nicht weiter behandelten *verbindungsprogrammierten Steuerungen*, deren Programm durch die Wahl und Verbindung der Funktionsglieder festgelegt wird. Internationaler herstellerübergreifender Standard zu Programmiersprachen für SPSen ist die DIN/EN 61131-3..

Der wesentliche Unterschied zwischen beiden Steuerungsarten besteht darin, dass Verknüpfungssteuerungen im Gegensatz zu Ablaufsteuerungen keine Speicherfähigkeit benötigen, da sie keine inneren Zustände besitzen.

Verknüpfungssteuerungen

Bei einer Verknüpfungssteuerung werden die Signalzustände derart verknüpft, dass die Ausgangssignale zu jedem Zeitpunkt allein von den Zuständen der Eingangssignale abhängen: $A_i = f(\mathbf{E})$. Diese Steuerungen beruhen vorwiegend auf der Anwendung und Kombination der logischen Grundverknüpfungen und werden auch Schaltnetze genannt. Den Signalzuständen der Eingangssignale werden durch boolesche Verknüpfungen Ausgangssignale zugeordnet. Vorwiegend werden sie mit den bereits bekannten Verknüpfungen UND, ODER oder NICHT aufgebaut.

Mit Verknüpfungssteuerungen werden sehr einfache Sicherheitsfunktionen oder Steuerungsaufgaben realisiert. Das Steuergesetz einer Verknüpfungssteuerung kann als Wahrheitstabelle oder als boolesche Funktion geschrieben werden, die jeder Ausgabe der Steuerstrecke eine zugehörige Eingabe zuordnet. Zur Zeit der Realisierung von Verknüpfungssteuerungen als verbindungsprogrammierte Steuerungen waren Verfahren zur Reduktion der bei der Umsetzung der Wahrheitstabelle benötigten booleschen Glieder sehr interessant, um möglichst wenige steuerungstechnische Glieder verbauen zu müssen. Bei der Umsetzung auf Digitalrechnern ist dieser Aspekt aber nur von untergeordnetem Interesse, stattdessen ist eine gut strukturierte Darstellung wichtig, um bei notwendigen Reengineeringmaßnahmen die Verständlichkeit des Quelltexts zu erhöhen.

Ablaufsteuerungen

Ablaufsteuerungen sind Steuerungen mit einem zwangsweisen Ablauf in einzelnen Schritten. Da die Steuerung mit der Aktivität der einzelnen Schritte innere Zustände besitzt, muss sie mit *Speicherelementen* ausgestattet sein. Dabei hängt das Weiterschalten von einem auf den – durch das Steuerungsprogramm bestimmten – nachfolgenden Schritt von *Weiterschaltbedingungen* ab. Dies entspricht begrifflich dem Wechsel von Zuständen eines Automaten oder Statecharts oder Petrinetzes. Innerhalb der Schrittfolge sind Verzweigungen, Zusammenführungen, Aufspaltungen und Sammlungen möglich. Vielfach wird innerhalb der Steuerung auch ein diskretes Modell der Strecke nachgeführt, wenn nur der Wechsel zwischen den diskreten Zuständen der Strecke beobachtet werden kann, die eigentlichen Zustände aber nicht.

Vorteile der Ablaufsteuerungen sind:

- einfache und zeitsparende Projektierung und Programmierung
- übersichtlicher Programmaufbau
- leichtes Ändern des Funktionsablaufs
- bei Störungen schnelles Erkennen der Fehlerursache
- einstellbare unterschiedliche Betriebsarten

Eine häufige Ursache für das Blockieren einer Steuerung sind nicht erfüllte Weiterschaltbedingungen. Diese können bei einer Ablaufsteuerung schnell erkannt werden. Aufgrund dieser Vorteile werden in der Praxis viele Steuerungsaufgaben mit Ablaufsteuerungen gelöst. Innerhalb von Ablaufsteuerungen kann eine Unterscheidung zwischen prozesgeführten und prozessunabhängigen Ablaufsteuerungen getroffen werden:

- Prozessgeführte Ablaufsteuerung
  Bei einer prozessgeführten Ablaufsteuerung sind die Weiterschaltbedingungen von den Signalen der gesteuerten Anlage (Prozess) abhängig. Die Rückmeldung aus dem Prozessgeschehen können Ventilstellungen, Antriebsüberwachungen, Durchflussmessungen, Druck, Temperatur, Leitwert, Viskosität usw. sein. In vielen Fällen müssen die Prozessrückmeldungen in binäre elektrische Signale umgesetzt werden.

- Prozessunabhängige Steuerung
  Das Schalten der einzelnen Transitionen hängt nicht vom gesteuerten Prozess ab. Der Steuerkreis ist also nicht geschlossen. Diese Steuerungsart diskreter Systeme ist deshalb analog zum Begriff der *kontinuierlichen Vorsteuerung*[1] zu sehen (vgl. Abb. 5.1). Zwei wichtige Klassen prozessunabhängiger Steuerungen sind *zeitgeführte Ablaufsteuerungen* und *Steuerungen mit Zählern*.
  - Zeitgeführte Ablaufsteuerung
    Bei dieser Art der Ablaufsteuerung besteht eine Abhängigkeit der Weiterschaltbedingungen nur bezüglich der Zeit.
  - Steuerungen mit Zählern
    Sollen bestimmte Zustandsfolgen zyklisch und mehrfach hintereinander ausgeführt werden, benutzt man Zähler, die an bestimmten Stellen des Programms erhöht werden, um an einer Verzweigungsstelle des Steuerungsprogramms bis zum Erreichen eines Grenzwertes im Programmablauf zurückzuspringen.

5.5 Entwurfsverfahren diskreter Steuerungen

Ausgangspunkt für den Steuerungsentwurf ist die funktionale Vorgabe dessen, was das gesteuerte System tun soll. Im Gegensatz zum Regelungsentwurf ist sie allerdings aufgrund der Vielzahl möglicher Vorgaben sehr viel umfangreicher und aufwändiger. Bei der Lösung eines regelungstechnischen Problems ist die Beschreibung des Ziels mit $\mathbf{e} = \mathbf{0}$ oder $\mathbf{e} \approx \mathbf{0}$ und wenigen weiteren Anforderungen bezüglich Zeitspanne, Dynamik etc. gegeben, oft werden sogar nur Eingrößensysteme betrachtet. Die hierbei benutzten Modelle sind vielfach kompakt und zum Teil existieren die benutzten Entwurfsverfahren schon seit vielen Jahrzehnten und sind entsprechend ausgereift. Auf den weiteren Seiten dieses Kapitels soll nun das konventionelle Vorgehen für den Entwurf diskreter Steuerungen erläutert und anschließend systematischen Ansätzen gegenüber gestellt werden.

5.5.1 Heuristischer Entwurf

Diskret modellierte Systeme besitzen zwar mit den wertediskreten Zuständen grundsätzlich einfacher zu handhabende Elemente, sind aber aufgrund der zugrunde liegenden Komplexität wesentlich aufwändiger. Dies führt dazu, dass die Anforderungsbeschreibung vielfach nicht formal sondern nur als informelle Spezifikation in Form von verbalen Beschreibungen und freien Ablaufdiagrammen vorliegt. Die Spezifikation enthält zudem meist keine genaue

---

[1] Im Englischen spricht man in beiden Fällen von *open-loop control*, während der geschlossene Regel- oder Steuerkreis als *closed-loop (control)* bezeichnet wird.

Beschreibung der Steuerungsaufgabe, sondern ist eine kaum trennbare Vermischung von Beschreibungen des ungesteuerten Prozesses, Anforderungen an den gesteuerten Prozess und Anforderungen an den Steueralgorithmus.

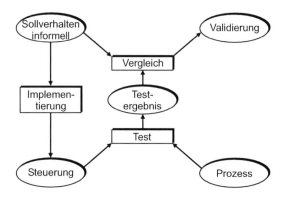

Abb. 5.24. Vorgehensweise beim heuristischen Steuerungsentwurf

Im ersten Schritt der klassischen Vorgehensweise für den Steuerungsentwurf wird die vorliegende informelle Anforderungsbeschreibung – das Sollverhalten – bei der Implementierung direkt in ein Programm umgesetzt, das von der Steuerung verarbeitet werden kann (vgl. Abb. 5.24). Hierbei wird ein Modell der Steuerstrecke benutzt, welches das Sollverhalten der Strecke wiedergibt und damit bereits sinnvoll gewählte Eingangssignale voraussetzt. Der Vorteil dieser unexakten Form der „Modellbildung" liegt auf der Hand: die Anzahl der zu modellierenden Zustände und Zustandsübergänge verringert sich hierbei dramatisch.

Dieser Schritt ist bereits stark fehleranfällig, da die direkte Umsetzung auch beim Einsatz eines hierarchischen Aufbaus mit einzelnen Modulen sehr schnell komplex, unübersichtlich und intransparent wird. Das Steuerungsprogramm oder das Gesamtsystem wird anschließend mit Hilfe von Tests in Form von Simulationen bzw. durch den Anschluss der Steuerung an den realen Prozess überprüft. Die Tests und Simulationen umfassen dabei mehr oder weniger systematische Szenarienentwürfe aus heuristischen Abschätzungen von kritischen Aspekten und Situationen. Vielfach beziehen sich diese aber nur auf einzelne Aspekte oder Module des Systems. Anhand der gewonnenen Testergebnisse und des vorliegenden informellen Sollverhaltens erfolgt dann abschließend eine *Validation* der Steuerung. Im Vergleich zur Verifikation, innerhalb derer der Beweis der Einhaltung einer formalen Spezifikation durch das System geführt wird, wird bei der Validation überprüft, ob das System das informell – z. B. als Text gegebene – Sollverhalten besitzt.

Im Grunde lässt sich das hier beschriebene Verfahren auf drei Schritte reduzieren. Diese Schritte entsprechen den rechteckig eingerahmten Begriffen in Abb. 5.24:

I. **Implementierung:** Modellbeschreibung der gesteuerten Strecke und Programmierung einer Steuerung, welche die notwendigen Eingabesignale für die Strecke erzeugt.

II. **Test:** Aufzeichnung des Verhaltens der Steuerung und der simulierten oder realen Strecke in verschiedenen Szenarien.

III. **Vergleich:** Bewertung, ob die im Sollverhalten definierten Anforderungen erüllt werden. Anderenfalls muss Modell oder Steuerungsentwurf geändert und das Verfahren mit Schritt 1 erneut begonnen werden.

Mit der beschriebenen Validation ist, wie bereits angedeutet, das Ziel einer korrekt arbeitenden Steuerung aber häufig noch nicht erreicht. Aufgrund der schon mehrfach erwähnten kombinatorischen Explosion kann selbst mit den umfangreichsten und ausgeklügeltsten Testszenarien nur ein Teil des tatsächlich möglichen Systemverhaltens überprüft werden. Vor allem bei komplexeren Prozessen mit nebenläufigen Teilprozessen und einer hierarchisch aufgebauten Steuerung kann es so leicht geschehen, dass mögliche kritische Kombinationen und Wechselwirkungen von Steuerungs- und Prozesskomponenten übersehen werden. Fehler treten hierdurch bei der klassischen Vorgehensweise vielfach erst bei der Inbetriebnahme oder im eigentlichen Betrieb auf, was insbesondere beim Einsatz in sicherheitskritischen Bereichen nicht zu akzeptieren ist. Von einer eigentlich noch anzustrebenden Optimierung des Gesamtsystems kann bislang nicht die Rede sein. Trotzdem muss das hier geschilderte Verfahren, das zu Systemänderungen während der Inbetriebnahme und sogar zu späteren Zeitpunkten führt, für viele Bereiche der Automatisierung als *Stand der Technik* bezeichnet werden.

Die eigentliche Arbeit des Steuerungsentwurfs liegt hier bereits im ersten Schritt des Verfahrens, von dem die Modellbildung nicht getrennt ist. Da weder der Entwurf noch die Modellierung formalen Ansprüchen genügen, kann es auch keine allgemeingültige und systematische Unterstützung dieses Schrittes geben. Kommerziell erhältliche Softwarewerkzeuge beschränken sich deshalb darauf, die Durchführung der Analyse des entworfenen Systems zu erleichtern.

5.5.2 Modellgestützte Entwurfsverfahren

Um den in Abschnitt 5.5.1 beschriebenen Problemen begegnen zu können, ist es ähnlich wie beim Reglerentwurf notwendig, formale Methoden auf der Basis von formalen Modellen und von theoretisch motivierten Algorithmen in den Steuerungsentwurf einzubeziehen. Während sich dies in der Halbleiter- und Kommunikationsindustrie mit dem formalen Nachweis der Korrektheit von integrierten Schaltungen und Netzwerkprotokollen als Ergänzung zu umfangreichen Tests immer mehr durchsetzt, werden entsprechende Verfahren im Steuerungsentwurf wegen der großen Vielfalt unterschiedlicher Strecken bisher selten angewendet. In den vergangenen Jahren wurden deshalb insbesondere im universitären Bereich zahlreiche Verfahren für den modellgestützten Steuerungsentwurf entwickelt. Diese haben den Status theoretischer Untersuchungen zum Teil verlassen und können protoypisch auf Beispiele nichttrivialer Größenordnung angewendet worden. Nur in Einzelfällen haben die entsprechenden Verfahren allerdings auch in kommerziellen Werkzeugen Eingang gefunden. In der Praxis werden diese Werkzeuge noch selten eingesetzt.

Die Basis für die modellgestützten Verfahren ist hierbei die Trennung der Schritte von Prozessmodellierung und Darstellung des Sollverhaltens, die beim heuristischen Entwurf gleichzeitig durchgeführt werden. Hieraus ergeben sich die drei prinzipiell zu unterscheidenden Vorgehensweisen *Analyse*, *Verifikation* und *Synthese*, die in Abb. 5.25 dargestellt sind und in den folgenden Abschnitten erläutert werden.

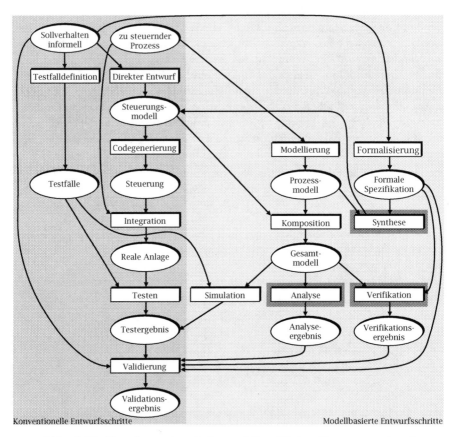

Abb. 5.25. Vorgehensweisen beim modellgestützten Steuerungsentwurf

Bei der *Modellierung* des Prozesses ist darauf zu achten, dass das *ungesteuerte Verhalten* beschrieben wird. Hierzu gehören alle Verhaltensweisen, die nicht schon an irgendeiner Stelle Steuereingriffe voraussetzen, d. h. auch Reaktionen des Prozesses auf unsinnige Steuereingriffe, Verhaltensweisen, die offensichtlich nicht erlaubt sind, sowie alle möglichen relevanten Störungen. Liegen Steuerungs- und Prozessmodell vor, kann aus beiden ein Modell des gesteuerten Prozesses durch Komposition gebildet werden. Dieses kann nun formal auf gewünschte oder möglicherweise unerwünschte Eigenschaften hin untersucht werden.

Ausgangspunkt aller Vorgehensweisen ist das gewünschte *Sollverhalten* des Prozesses, welches normalerweise als informelle Anforderungsbeschreibung vorliegt. Zur Analyse kann dieses wie beim heuristischen Entwurf direkt – aber entsprechend fehleranfällig – durch die Implementation in ein Steuerungsprogramm umgesetzt werden. Für Verifikation und Synthese ist es erforderlich, das Sollverhalten in eine mathematische Darstellung (Spezifikation) zu bringen. Aufgrund des informellen Charakters des Sollverhaltens kann dies zwar rechnergestützt, aber ebenfalls nicht automatisch erfolgen. Entwurf und Formalisierung bleiben eine Leistung von einer oder mehreren Personen und sind durch unterschiedliche Interpretationsmöglichkeiten entsprechend fehleranfällig. Allerdings wird der Entwurf durch die gleichzeitige Umsetzung der Anforderungen in ein lauffähiges Programm unter Berücksichtigung der gesamten Anlagenkomplexität im Allgemeinen von einer viel höheren Fehlerzahl begleitet als die Formalisierung. Das für Analyse und Verifikation auf jeden Fall benötigte Steuerungsmodell kann auch alternativ aus einer bereits implementierten Steuerung durch Rückübersetzung in eine geeignete, mathematische Beschreibung gewonnen werden.

Ähnlich wie beim heuristischen Steuerungsentwurf in Abb. 5.24 muss auch der modellgestützte Steuerungsentwurf prinzipiell validiert werden. Das umfasst die Überprüfung von Prozessmodell und formaler Spezifikation auf Korrektheit und Vollständigkeit und die mögliche Interpretation von Analyse- oder Verifikationsergebnissen, die auch nach einer Steuerungssynthese erzielt werden können. Da es hierfür keine formalen Methoden als Hilfsmittel gibt, ist es umso wichtiger, in allen Bereichen des modellgestützten Steuerungsentwurfes möglichst Beschreibungsmittel einzusetzen, die interdisziplinär und intuitiv leicht verständlich sind. Auf diese Weise können Teile der informellen Spezifikation für alle Beteiligten zugänglich durch eine formale Spezifikation ersetzt werden.

Analyse

Die Analyse wird, wie oben beschrieben, im Wesentlichen zur Untersuchung allgemeiner Eigenschaften des entworfenen Gesamtsystems eingesetzt. Typische Aufgabenstellungen sind das Auffinden möglicher Verklemmungssituationen und der Nachweis von Reversibilität oder Lebendigkeit des gesteuerten

Systems. Der wesentliche Unterschied zum heuristischen Entwurf liegt – wie beschrieben – in der vollständigen Modellierung der ungesteuerten Strecke. Ihren Ursprung haben die meisten der Analyseverfahren im Bereich der Modellierung mit Petrinetzen, wo die entsprechenden Fragestellungen effektiv mit den Mitteln der Netztheorie beantwortet werden können. Im Rahmen dieser Lehrveranstaltung soll auf die Besprechung von Verfahren verzichtet werden, die wie die algebraische Analyse nur auf Petrinetze angewendet werden können.

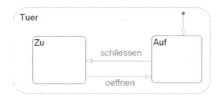

Abb. 5.26. Ausschnitt aus einem STATEFLOW-Diagramm

Folgende Werkzeugunterstützung unter STATEFLOW kann bei Modellierung der ungesteuerten Strecke ebenfalls zur Analyse eingesetzt werden. Mit der Anzeige des *Model Coverage*, zu der die SIMULINK Performance Toolbox benötigt wird, können zu einem Statechart Informationen z. B. bezüglich der Verweildauer in einzelnen Zuständen angezeigt werden.

In Abb. 5.26 wird mit Blick auf das Aufzugsbeispiel in Abschnitt 1.9, Seite 15 der Ausschnitt von einem Superstate *Tuer* angezeigt. Innerhalb dieses Superstates befinden sich zwei exklusive Substate *Auf* und *Zu* – die Tür kann nicht gleichzeitig offen und geschlossen sein. Da sich die Tür bei Einschalten des Aufzugs im sicheren offenen Zustand befinden soll, ist die Standardtransition innerhalb des Superstates *Tuer* an den Substate *Auf* gezeichnet. Der Zustand der Tür kann beim Auftreten der Ereignisse *schliessen* und *oeffnen* in den jeweils anderen Zustand versetzt werden. Der zum Superstate *Tuer* gehörende Abschnitt des *Model Coverage Reports* ist in Abb. 5.27 dargestellt. Dort ist unter anderem zu erkennen, dass dieser Superstate während der gesamten Simulationsdauer aktiv war, also in 277 von 277 Schritten. Zu 115 Zeitschritten war die Tür *Auf*, und in drei Zeitschritten wurde die Transitionsbedingung zum *schliessen* der Tür zu `true` ausgewertet.

Mit dem Model Coverage Report ist es somit im Rahmen einer Analyse möglich, festzustellen, inwiefern bestimmte Zustände überhaupt erreicht und ausgeführt wurden, allerdings gibt es unter STATEFLOW keine Möglichkeit etwa des automatischen Vergleichs, ob verbotene Zustände oder geforderte Zielzustände erreicht werden.

5. State "Tuer"

Parent: aufzughybrid/Chart

Metric	Coverage (this object)	Coverage (inc. descendents)
Cyclomatic Complexity	1	3
Decision (D1)	100% (2/2) decision outcomes	100% (6/6) decision outcomes

Decisions analyzed:

Substate executed	100%
State "Auf"	115/277
State "Zu"	162/277

Transition "oeffnen" from "Zu" to "Auf"

Parent: aufzughybrid/Chart.Tuer

Metric	Coverage
Cyclomatic Complexity	1
Decision (D1)	100% (2/2) decision outcomes

Decisions analyzed:

Transition trigger expression	100%
false	159/162
true	3/162

Transition "schliessen" from "Auf" to "Zu"

Parent: aufzughybrid/Chart.Tuer

Metric	Coverage
Cyclomatic Complexity	1
Decision (D1)	100% (2/2) decision outcomes

Decisions analyzed:

Transition trigger expression	100%
false	112/115
true	3/115

Abb. 5.27. Ausschnitt aus einem *Model Coverage Report* zu einem STATEFLOW-Diagramm

Verifikation

Einen deutlich größeren Anteil als die Analyse nimmt die Verifikation beim modellgestützten Steuerungsentwurf ein. Die meisten Fragestellungen in diesem Bereich lassen sich auf das Problem der Erreichbarkeit eines bestimmten erwünschten oder unerwünschten Bereichs im diskreten oder hybriden Zustandsraum zurückführen. Die formale Definition dieser Bereiche findet sich in der Spezifikation. Die Verfahren zur Verifikation stammen im Wesentlichen aus der Informatik, wo sie zur Überprüfung von z. B. Kommunikationsprotokollen und Betriebssystemen, aber auch zum Entwurf von integrierten Schaltungen eingesetzt werden.

Bei diesen Verifikationsverfahren wird zwischen zwei Vorgehensweisen unterschieden, dem *Theorem Proving* und dem *Model Checking*. Ausgangspunkt ist eine Beschreibung des Systemverhaltens und der Spezifikation als Zustandsübergangssystem (Automat) oder in Temporaler Logik, einer Erweiterung der Aussagenlogik um zeitliche Operatoren.

Beim Theorem Proving werden die Eigenschaften des Systems mit Hilfe von Beweisen nachgewiesen. Der Benutzer muss hierzu neben der Modellierung von System und Spezifikation eine Reihe von Hilfssätzen im mathematischen Sinn aufstellen, mit denen dann in einem Beweisverfahren auf die Eigenschaften des Systems geschlossen werden kann. Der große Vorteil des Theorem Proving ist, dass dieses wie die algebraische Analyse ohne die Berechnung der Erreichbarkeitsmenge auskommt und nicht auf Systeme mit einer endlichen Zustandsmenge beschränkt ist. Auf der anderen Seite erfordert die Durchführung der Beweise vom Benutzer sehr viel Intuition, Kreativität und Wissen über den Beweisvorgang. Dies gilt auch, wenn ein rechnergestütztes Beweissystem eingesetzt wird – wird der benötigte Beweis nicht gefunden, erhält man *keine* Hinweise auf die Korrektheit der Steuerung.

Beim Model Checking hingegen werden die Beschreibung des Systems und der Spezifikation einem Model-Checker als Eingabe gegeben, der dann anhand eines Algorithmus automatisch und ohne weitere Benutzerinteraktion die Eigenschaften nachprüft. Der Model-Checker durchsucht hierzu den kompletten Zustandsraum, das heißt, er berechnet hierzu alle möglichen Folgen von erreichbaren Zuständen, und überprüft die Einhaltung der Eigenschaften auf allen möglichen Trajektorien des Zustandsraums (siehe auch *Zustandsexplosion* auf S. 109). Das Model Checking kann also als Analyse unter Einbeziehung der Spezifikation aufgefasst werden. Findet der Model-Checker einen Pfad, der die Eigenschaften verletzt, wird der Algorithmus abgebrochen und der Pfad als Gegenbeispiel ausgegeben. Dieser kann dann zur Fehlersuche verwendet werden. Beim Model Checking sind somit im Gegensatz zum Theorem Proving keine genaueren Kenntnisse des Benutzers über den eigentlichen Analysevorgang erforderlich.

Synthese

Die Aufgabe der Synthese besteht letztlich darin, bei einem System, welches die geforderten Eigenschaften nicht besitzt, das erwünschte Verhalten durch die Beeinflussung des Auftretens von Ereignissen und die Veränderung von Parametern zu erzwingen. Auf diese Weise werden im Zustandsraum des Systems alle unerwünschten Trajektorien verhindert. Andererseits bedeutet dies aber auch, dass dieses Ziel nur erreicht werden kann, wenn das gewünschte Verhalten eine Teilmenge des Verhaltens des Systems ist. Mit Syntheseverfahren ist es somit nicht möglich, strukturelle Veränderungen am System zu generieren.

Bei der Supervisory Control Theory werden der Prozess und das gewünschte Verhalten des geschlossenen Kreises z. B. als Automaten oder Petrinetze modelliert. Über zusätzliche Eingänge kann die Steuerung Zustandsübergänge im Modell des Prozesses ermöglichen oder verhindern. Die Steuerung ergibt sich hierbei direkt aus Prozessmodell und Spezifikation, ohne dass Erreichbarkeitsuntersuchungen oder andere Analyse- oder Verifikationsverfahren durchgeführt werden müssen. Die zusätzliche Nutzung dieser Verfahren zur Validierung ist aber anhand der generierten Steuerung möglich. Bei der Supervisory Control Theory wird das Systemverhalten nur so wenig wie möglich eingeschränkt, d. h. der Algorithmus lässt alles nicht verbotene Verhalten des gesteuerten Systems zu. Die entworfene Steuerung wird daher auch als *maximal permissive* bezeichnet.

Ein typisches graphentheoretisches Verfahren zur Steuerungssynthese für Automatengraphen auf Basis einer Erreichbarkeitsanalyse soll hier kurz vorgestellt werden. Die Strecke muss hierzu als Automat $A = (E, A, Z, \delta, Z_o)$ modelliert sein, für den Ein- und Ausgänge E bzw. A vorhanden sind, so dass die Steuerung einerseits Möglichkeiten zur Beeinflussung der Strecke als auch zur Beobachtung besitzt.

Mit der Spezifikation für den Automaten wird die Menge der verbotenen Zustände $\overline{Z}$ und die Menge der verbotenen Zustandsübergänge $\overline{\delta}$ festgelegt. Auch soll ein Zielzustand Z_e gefordert werden, der Anfangszustand ist mit Z_0 gegeben. Voraussetzung für dieses Verfahren ist eine vollständige Modellierung der Strecke. Ebenfalls soll davon ausgegangen werden, dass alle Zustände des Automaten beobachtbar sind. Anderenfalls muss innerhalb der Steuerung eine Zustandsbeobachtung stattfinden.

Mit dem Verfahren wird im Vorgriff auf die eigentliche Erreichbarkeitsanalyse ein *reduzierter Automat* konstruiert, in dem durch die Spezifikation verbotene Zustände und Zustandsübergänge nicht mehr vorkommen. Hierzu werden in einem ersten Schritt alle verbotenen Zustandsübergänge aus dem Automatengraphen entfernt. Das entspricht dem grafischen Entfernen der nicht erwünschten Transitionspfeile und der Bildung der neuen Zustandsübergangsfunktion als Differenzmenge $\delta_{red.} = \delta \backslash \overline{\delta}$.

Im zweiten Schritt werden die verbotenen Zustände aus dem Automatengraphen gestrichen (Bildung der Differenzmenge $Z_{red.} = Z \backslash \overline{Z}$. Gleichzeitig müssen alle Zustandsübergänge entfernt werden, die zu diesen Zuständen führen oder von ihnen ausgehen, da in einem gerichteten Graphen alle Kanten einen Anfangs- und einen Endknoten besitzen müssen. Hierdurch wird die Zustandsübergangsfunktion $\delta_{red.}$ des reduzierten Automaten noch einmal verringert.

Der hiermit gewonnene reduzierte Automat beschreibt nun einen Automaten, der den Verboten in der Spezifikation genügt. Um der Zielvorgabe in der Spezifikation zu genügen, schließt sich nun eine *Erreichbarkeitsanalyse* an die Reduktion an. Hierzu sucht man einen Pfad im Automatengraphen, der im Anfangszustand Z_0 beginnt und im Endzustand Z_e endet. Im Falle eines deterministischen Automaten, in dem für den Zustand z immer nur ein Nachfolgezustand existiert, kann es hierfür nur genau einen oder keinen Pfad geben. Im zweitgenannten Fall kann es also keine Steuerung geben, welche die Strecke unter Beachtung der Verbote durch die Spezifikation in den Zielzustand bringt. Im Falle nicht-deterministischer Automaten ist dies natürlich ebenfalls möglich, es können aber auch mehrere Wege zum Zielzustand führen. An dieser Stelle lassen sich z. B. Optimierungskriterien in den Steuerungsentwurf integrieren, um einen möglichst kostengünstigen Pfad des Automatengraphen auszuwählen.

Um im letzten Schritt – nach Reduktion und Erreichbarkeitsanalyse – den Steuerungsalgorithmus zu finden, liest man an den Kanten des gewählten Pfades die Eingaben an die Strecke ab, mit denen die Zustandsübergänge auf dem gewählten Pfad erfolgen. Erzeugt die Steuerung diese benötigten Eingaben an die Strecke, während diese sich in den vor der Kante liegenden Zuständen befindet, kann hiermit der Pfad durch den Automatengraphen der Strecke realisiert werden, mit dem sie vom Zustand Z_0 in den Zustand Z_e überführt wird.

Beispielentwurf einer Sicherheitssteuerung

Unabhängig vom gewählten Regelungsverfahren muss für eine Anlage, von der während des Betriebes Gefahren ausgehen, eine Sicherheitssteuerung entworfen werden. Eine solche Sicherheitssteuerung greift dann ein, wenn vom Anlagentyp abhängige Prozessparameter den zulässigen Betriebsbereich verlassen. Das Ziel einer solchen Steuerung ist die Überführung in einen gefahrlosen Zustand der Anlage, unter Umständen müssen für diese Aufgabe sogar eigene Regelungen entworfen werden, die von der Steuerung aktiviert werden.

Der Entwurf einer einfachen Sicherheitssteuerung soll hier am Beispiel des Modells für den Doppelpendelschlitten in Abb. 5.28 demonstriert werden. Dessen Verfahrweg von 1m auf den Linearführungen wird durch Anschläge rechts und links bei $+0,5$m bzw. $-0,5$m begrenzt.[2] Deren Berührung durch den Schlitten führt im Modell in Abb. 5.29 zum Übergang vom Zustand Rand

---

[2] Die Vorzeichen bei der Beschreibung des Schlittens sind so gewählt, dass der rechten Seite positive Werte zugeordnet sind.

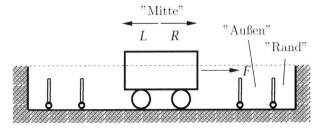

Abb. 5.28. Beispielsystem Doppelpendelschlitten

zum Zustand `Kontakt`, der nicht beeinflusst werden kann. Vorgelagert sind auf beiden Seiten jeweils zwei Schalter, deren Hebel durch den Schlitten umgelegt werden, wodurch ihr Ausgangssignal verändert wird. Die äußeren Schalter sitzen bei $XR + 2 \cdot X_{grenz}$ und $XL - 2 \cdot X_{grenz}$ ($\pm 0,42$m), die inneren Schalter bei XR und XL ($\pm 0,3$m). Zwischen diesen beiden Schaltern befindet sich der Schlitten im Zustand `Aussen`, weiter außerhalb im `Rand`bereich. In Abb. 5.29 sind die Verhältnisse für die rechte Seite des Verfahrweges dargestellt, die linke Seite wurde lediglich angedeutet, ergibt sich allerdings durch eine Spiegelung der Zustände auf der anderen Seite. Die Kraft F ist eine Funktion der am Antriebsmotor anliegenden Spannung UA und wird durch einen Zahnriemen vom Motor auf den Schlitten übertragen.

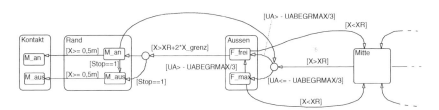

Abb. 5.29. Diskretes Streckenmodell für Antrieb und Doppelpendelschlitten

Die für dieses Beispiel benutzten Statecharts stellen das Verhalten der ungesteuerten Strecke dar und sind *nicht* als ausführbare STATEFLOW-Diagramme zu verstehen. Insbesondere gibt es für die abgedruckten Statecharts keine Regel, nach der bei mehreren gültigen Transitionen nur eine von beiden ausgeführt werden darf – die abgedruckten Statecharts sind nicht-deterministisch. Ebenfalls muss eine gültige Transition nicht direkt ausgeführt werden – im Gegensatz zum Ablauf unter STATEFLOW – und sie kann sogar gar nicht ausgeführt werden. Es ist also auch möglich, dass der aktive Zustand nie verlassen wird. Wie beim modellbasierten Entwurf notwendig, finden sich auch nicht erwünschte oder vom Standpunkt des Anlagenbetreibers unsinnige Zustände in den Statecharts wieder, welche erst bei durch das Schließen des Steuerkreises eliminiert werden.

Verfährt der Schlitten aus der Anlagen-Mitte heraus über den inneren Schalter ($X > XR$) in den Bereich Aussen, ist im Statechart in Abb. 5.29 einer von zwei Zuständen als Folgezustand möglich. In F_frei wird die durch den Motor auf den Pendelschlitten aufgebrachte Kraft nicht eingeschränkt. Von diesem Zustand aus können neben Mitte auch die beiden Substates von Rand erreicht werden. Aus der Anlagen-Mitte kann auch der zweite Substate innerhalb von Aussen erreicht werden. Dieser Zustand Aussen/F_max, in dem die Motorspannung UA zur Beschleunigung des Schlittens in Richtung Anlagenmitte der Ungleichung $UA \leq -UABEGRMAX/3$ genügen muss, kann bei Verletzung dieser Forderung – also nicht ausreichender Beschleunigung zur Mitte hin – in Richtung F_frei verlassen werden. Anderenfalls wird der Zustand mit Erreichen des Mittenbereichs verlassen.

Wird aus dem Zustand Aussen/F_frei heraus auch der äußere Schalter überfahren ($X > XR + 2 \cdot X_{grenz}$), kann über den Zustand Rand/M_an bei eingeschaltetem Motor der Aussenbereich erreicht werden, ein Kontakt des Pendelschlittens mit dem rechten Anschlag ist ebenfalls möglich. Wird der Motor gestoppt ($Stop = 1$), so ist es ebenfalls möglich, dass der Schlitten aus dem Zustand Rand/M_aus den rechten Anschlag Kontakt/M_aus erreicht.[3]

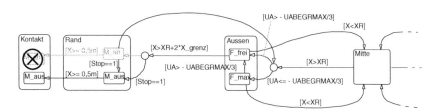

Abb. 5.30. Entwurf einer Sicherheitssteuerung mittels Zustandsverbot – erstes Steuerungsziel

Ein Ziel beim Entwurf der Sicherheitssteuerung ist die Verhinderung der Situation, in welcher der Doppelpendelschlitten einen der beiden Anschläge berührt und durch am Motor anliegende Spannung ein Moment aufgebracht wird, ohne den Schlitten weiter bewegen zu können. Diese Situation muss unter anderem verhindert werden, da hierbei wichtige Anlagenteile dauerhaft beschädigt werden können. In Abb. 5.30 ist dargestellt, welche Auswirkungen das Verbot des Zustandes Kontakt/M_an besitzt. Der Zustand Rand/M_an darf nun ebenfalls nicht mehr erreicht werden, da nicht steuerbar ist, welcher Folgezustand erreicht wird. Eine Möglichkeit, das Erreichen

---

[3] Nach den obigen Erläuterungen zu nicht-deterministischen Statecharts kann der Schlitten allerdings auch im Randbereich verweilen, ohne die Zustände Kontakt oder Aussen zu erreichen.

von `Rand/M_an` zu verhindern, liegt darin, beim Erreichen des äußeren Schalters $(X > XR + 2 \cdot X_{grenz})$ den Halt des Motors zu veranlassen, indem *Stop* zu 1 gesetzt wird. Hierdurch entfallen auch die weiteren von `Rand/M_an` wegführenden Transitionen, wie es in Abb. 5.31 berücksichtigt wurde.

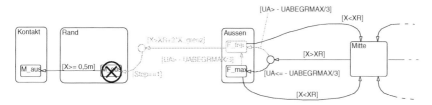

Abb. 5.31. Entwurf einer Sicherheitssteuerung mittels Zustandsverbot – zweites Steuerungsziel

Ein zweites Ziel der Steuerung ist es, das zwangsweise Abschalten des Motors durch die Sicherheitssteuerung zu vermeiden. Tatsächlich wird die zuvor entworfene Steuerung durch einen Schütz realisiert, der wie ein Not-Aus von Hand erneut in Betrieb gesetzt werden muss. Deshalb wurde in Abb. 5.31 der Zustand `Rand/M_aus` ebenfalls als unerwünscht gekennzeichnet. Da die einzige Möglichkeit der Einwirkung auf die Schlittenposition die Spannung UA ist, muss diese Spannung beim Überschreiten des inneren Schalters $(X > XR)$ zur Beschleunigung in Richtung Anlagenmitte auf einen festen Wert gesetzt werden. Das geschieht, um den Zustand `Aussen/F_frei` sicher zu vermeiden, von dem aus wiederum `Rand/M_aus` erreichbar ist.

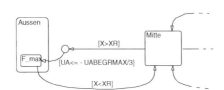

Abb. 5.32. Modell der gesteuerten Strecke

Als resultierendes Modell ergibt sich für den geschlossenen Steuerkreis die Darstellung in Abb. 5.32. Im resultierenden Statechart gibt es neben einer vollkommen uneingeschränkten Bewegung des Schlittens im Bereich der Anlagen-`Mitte` nur noch Bereiche, in denen der Schlitten mit einer festen Motorspannung in Richtung Anlagenmitte beschleunigt wird. Die zugehörige Steuerung ist in Abb. 5.33 dargestellt. Obwohl sich im Laufe des Entwurfs gezeigt hat, dass der Zustand `Aussen/F_frei` nicht mehr erreichbar ist, werden die bei der Verwirklichung des ersten Steuerungsziels entworfenen Teile der Steuerung nicht entfernt, um Fehlern der Modellbildung entgegenzuwirken und auch bei Verfehlung des zweiten Steuerungsziels das erste zu erreichen.

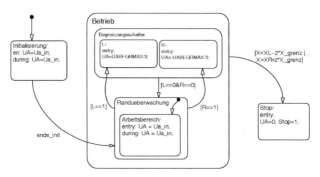

Abb. 5.33. Entworfene Sicherheitssteuerung für den Antrieb des Doppelpendelschlittens

6

Simulation

6.1 Modelle und Ziele der Simulation

In sehr unterschiedlichen Ausprägungen werden Simulationen in vielen Zweigen der Wissenschaft, der Technik und der Wirtschaft benutzt, um Voraussagen und Kenntnisse über Prozesse und Systeme zu gewinnen. Kennzeichen einer jeden Simulation ist nun, dass die als Simulation bezeichneten Untersuchungen nicht an dem Prozess oder System selbst, sondern an einer Nachbildung, d. h. an einem Modell erfolgen. Die VDI-Richtlinie 3633 „Simulation von Logistik-, Materialfluss- und Produktionssystemen" gibt die folgende Definition:

„Simulation ist das Nachbilden eines Systems mit seinen dynamischen Prozessen in einem experimentierfähigen Modell, um zu Erkenntnissen zu gelangen, die auf die Wirklichkeit übertragbar sind."

Eine recht ähnliche Aussage ist:

Simulation ist die experimentelle Untersuchung von Eigenschaften eines tatsächlichen oder gedachten (technischen, wirtschaftlichen, biologischen) Prozesses (Systems) an einem Modell des Prozesses. Auch wenn der Aufbau einer Simulation beträchtlichen Aufwand verursachen kann, gibt es vielfältige Gründe, Simulationen anstelle von Experimenten am realen Prozess einzusetzen. Z. B. weil

- Experimente aufgrund mangelnder Beeinflussbarkeit nicht durchführbar sind,
- zeitliche, kostenmäßige oder sicherheitstechnische Erwägungen dieses verbieten oder
- ein reales System nicht existiert, vielleicht weil es noch in der Entwicklung ist.

Grundlage jeder Simulation ist offenbar ein Modell des zu simulierenden Sachverhalts. Ein solches Modell kann aufgrund der

- physikalischen Ähnlichkeit

- physikalischen Analogie
- mathematischen Prozessbeschreibung

aufgebaut werden.

Die physikalische Ähnlichkeit wird z. B. genutzt bei Strömungsuntersuchungen mit Windkanalmodellen von Fahr- oder Flugzeugen, bei der Erprobung verfahrenstechnischer Prozesse in sog. Technikumsanlagen, Training von Astronauten an Holzmodellen von Raumfahrzeugen. Diesen Beispielen ist gemeinsam, dass der eigentlich interessierende Vorgang am Modell in der gleichen Weise abläuft wie im Prozess selbst.

Bei der physikalischen Analogie wird die Tatsache genutzt, dass sehr unterschiedliche physikalische Vorgänge oft den gleichen mathematisch formulierbaren Gesetzen gehorchen. Dies gilt etwa für die Leitung von Wärme und für die von elektrischem Strom, sodass Wärmeströme und Temperaturverteilungen in ebenen Platten recht genau und meist wesentlich einfacher durch entsprechende elektrische Ströme und Potentialverteilungen an ggfs. maßstäblich verkleinerten Modellen ermittelt werden können. Elektrische Netzwerke lassen sich vielfach so auslegen, dass ihr statisches und dynamisches Verhalten weitgehend dem eines interessierenden Prozesses entspricht; so entspricht etwa das Laden eines Kondensators mit konstantem Strom dem Füllen eines Behälters mit konstantem Massenstrom. Auf dieser Grundlage sind elektronische Analogrechner gebaut und von etwa 1940 bis 1980 für eine große Vielfalt von Simulationsaufgaben eingesetzt worden, bis sie durch die Fortschritte bei Bau, Programmierung und Betrieb von Digitalrechnern von diesen verdrängt wurden.

Die mathematische Prozessbeschreibung ist die - nicht nur in der Automatisierungstechnik - am häufigsten benutzte Grundlage für Simulationen. Sie führt zu mathematischen Modellen, die das dynamische Verhalten der nachzubildenden Systeme wiedergeben. Die mathematischen Modelle werden meist aus Teilmodellen auf der Grundlage der Erhaltungssätze für Masse, Energie, Impuls usw. und einfachen physikalischen, chemischen usw. Beziehungen aufgestellt und zusammengefügt. Zum Wesen eines Modells gehört, dass es jeweils nur die eine oder wenige Eigenschaften des modellierten Prozesses wiedergibt, die vorher als Ziel der Modellbildung spezifiziert worden sind. Mathematische Modelle können in Form von:

- Differentialgleichungen und Systemen von Differentialgleichungen,
- Übergangs- und Gewichtsfunktionen bzw. -folgen,
- Differenzengleichungen,
- Frequenzgängen und Übertragungsfunktionen,
- Wirkungsplänen in Verbindung mit vorgenannten Beschreibungsformen,
- diskreten Automaten, Zustandsgraphen und Petri-Netzen,
- Wahrscheinlichkeitsaussagen u.v.a.m.

wie in Kapitel 2, 3 und 4 beschrieben angegeben werden.

Zur Simulation werden die mathematischen Modelle auf Rechner übertragen, womit dann der zeitliche Verlauf von Zustandsänderungen, die sich aufgrund beliebig vorgebbarer Beeinflussungen ergeben, ermittelt werden kann. Entsprechend der Eigenart der zu simulierenden Prozesse sind diese Zustandsänderungen stetig oder schrittweise, sodass zwischen

- kontinuierlichen und
- diskreten

Simulationen unterschieden werden kann. Weil alle in Digitalrechnern ablaufenden Prozesse prinzipbedingt diskret sind, werden auch kontinuierliche Prozesse zeitdiskret nachgebildet. Von diesen deutlich zu unterscheiden sind die ereignisdiskreten Prozesse. In den folgenden Unterkapiteln werden Verfahren und Werkzeuge vorgestellt, die zum Aufbau rechnergestützter Simulationen herangezogen werden können. Dabei stehen die kontinuierlichen Simulationen zwar im Vordergrund der Betrachtung, die ereignisdiskreten sollen aufgrund ihrer großen technischen und wirtschaftlichen Bedeutung angemessen berücksichtigt werden.

6.2 Simulation kontinuierlicher Prozesse

6.2.1 Verfahren zur Simulation kontinuierlicher Prozesse

Allgemeines

Im Folgenden werden Verfahren zur Simulation kontinuierlicher Prozesse betrachtet, die auf frei programmierbaren Universalrechnern einsetzbar sind. Von den Prozessen wird als Grundlage der Simulation ein mathematisches Modell meist in Form einer Differentialgleichung oder eines Systems von Diffenrentialgleichungen benötigt.

Digitale Rechner zeichnen sich aus durch

- Signaldarstellung durch Ziffern → Amplitudendiskretisierung,
- sequentielle Arbeitsweise → Zeitdiskretisierung.

Bei der in heutigen Digitalrechnern üblichen Darstellung von Ziffern durch Rechnerworte mit ≥ 16 Bit beeinflusst die Amplitudendiskretisierung die Simulationsergebnisse und daher auch die Entwicklung und Auswahl von Simulationsmethoden nur wenig. Im Gegensatz dazu hat die unvermeidliche Diskretisierung der Zeit erheblichen Einfluss auf Ergebnisse und Methodenauswahl und -entwicklung.

Die im Folgenden behandelten Methoden gestatten auf unterschiedliche Weise, die mit der Zeitdiskretisierung verbundenen Nachteile zu vermeiden bzw. zu vermindern. In der Reihenfolge der Bedeutung für die Simulationspraxis sind dies die

- Numerische Lösung von Differentialgleichungen,

- Analytische Lösung mittels Transitionsmatrix,
- Simulation mit Differenzengleichungen,
- Simulation durch diskrete Faltung.

Numerische Lösung von Differentialgleichungen

Sehr viele digitale Simulationsverfahren beruhen auf der numerischen Lösung von Differentialgleichungen bzw. von Systemen von Differentialgleichungen. Grundlage aller Verfahren ist die Darstellung des Zusammenhangs zwischen Eingangsgröße u und Ausgangsgröße y durch Zustandsdifferentialgleichungen

$$\dot{x}_1 = f_1(x_1, x_2, \ldots, x_n, u, t) \qquad (6.1)$$
$$\dot{x}_2 = f_2(x_1, x_2, \ldots, x_n, u, t)$$
$$\vdots$$
$$\dot{x}_n = f_n(x_1, x_2, \ldots, x_n, u, t)$$

mit den Zustandsgrößen $x_1, \ldots, x_n$ und der Ausgangsgleichung

$$y = f_y(x_1, x_2, \ldots, x_n, u, t) \quad . \qquad (6.2)$$

Ein solches Gleichungssystem kann z. B. auch anstelle einer einzigen Differentialgleichung n-ter Ordnung den zu simulierenden Prozess beschreiben. Bei der Umsetzung in ein Rechenprogramm bereitet die Ausgangsgleichung, weil sie eine rein algebraische ist, meist keine besonderen Schwierigkeiten. Daher wird die Aufmerksamkeit jetzt der Lösung, d. h. der Integration des Systems von Zustandsdifferentialgleichungen zuzuwenden sein.

Betrachtet wird zunächst der einfache Fall nur einer Zustandsdifferentialgleichung mit einer Eingangsgröße $u(t)$ und einer Zustandsgröße $x(t)$

$$\dot{x}(t) = f(x(t), u(t)) \qquad (6.3)$$

mit der Anfangsbedingung

$$x(t = 0) = x_0 \quad . \qquad (6.4)$$

Die angestrebte Lösung muss zwangsläufig eine Folge von Werten x_k sein, weil ein Digitalrechner nur zeitdiskret arbeiten kann. Hier soll von gleich großen Zeitschritten der Länge T ausgegangen werden, sodass

$$x_k = x(k \cdot T) \quad . \qquad (6.5)$$

Integration von Gl.(6.3) ergibt

$$x(t) = x_0 + \int_0^t f(x(\tau), u(\tau)) d\tau \qquad (6.6)$$

oder mit Rücksicht auf die angestrebte zeitdiskrete Lösung

$$x_{k+1} = x_0 + \int\limits_{0}^{k \cdot T} f(x, u) d\tau + \int\limits_{k \cdot T}^{(k+1) \cdot T} f(x, u) d\tau$$

$$x_{k+1} = x_k + \int\limits_{k \cdot T}^{(k+1) \cdot T} f(x, u) d\tau = x_k + I_{k+1} \quad , \tag{6.7}$$

wobei im Vorgänger x_k der Startwert x_o sowie das Integrationsergebnis bis zum Zeitpunkt $k \cdot T$ enthalten ist. Damit wird ein rekursiver Algorithmus erkennbar, mit dessen Hilfe die Folge $\{x_k\}$ schrittweise bestimmt werden kann, sofern es gelingt, die Funktion $\dot{x}(\tau)$ über einen Zeitschritt numerisch zu integrieren.

$$I_{k+1} = \int\limits_{k \cdot T}^{(k+1) \cdot T} \dot{x}(\tau) d\tau \tag{6.8}$$

Eine solche Integration ist dann leicht durch so genannte Quadraturformeln durchzuführen, wenn der Integrand unabhängig vom momentanen Wert des Integrals ist. Dies ist aber gerade wegen

$$\dot{x}(t) = f(x(t), u(t)) \tag{6.9}$$

normalerweise nicht so. Auch im Fall einer ganz einfachen linearen Differentialgleichung

$$T_s \cdot \dot{x} + x = K_s \cdot u \tag{6.10}$$

ist wegen

$$\dot{x} = -\frac{1}{T_s} \cdot x + \frac{K_s}{T_s} \cdot u = f(x, u) \tag{6.11}$$

in dem Ausdruck für den Integranden der Momentanwert x des Integrals enthalten.

Zur Integration von Gl.(6.8) gibt es eine große Zahl von Verfahren, von denen hier nur einige vorgestellt werden sollen. Dabei wird hier vorrangig und beispielhaft der einfache Fall der Integration einer einzigen Differentialgleichung beschrieben, während in der Anwendungspraxis meist Systeme von Differentialgleichungen vorliegen, die simultan zu integrieren sind.

Das **Euler-Verfahren** beruht auf der sehr einfachen Annahme, dass sich der Integrand während eines Zeitschrittes nicht ändert. Mit

$$\dot{x}(\tau) = \dot{x}_k = \text{konst.} \quad , \qquad \text{für} \quad k \cdot T \leq \tau \leq (k+1) \cdot T \tag{6.12}$$

geht Gl.(6.7) in die sog. Euler-Formel

$$x_{k+1} = x_k + T \cdot \dot{x}_k \tag{6.13}$$

über, die mit Gl.(6.3) sofort ausgeführt werden kann. Die Approximation mit der Annahme in Gl.(6.12) ist jedoch so fehlerhaft, dass die mit der Euler-Formel gewonnenen Ergebnisse nur selten brauchbar sind. In Abb. 6.1 ist qualitativ dargestellt, wie sich die Fehler im Endergebnis durch die Annahme, dass die Steigung während eines Zeitschrittes beibehalten bleibt, aufaddieren können.

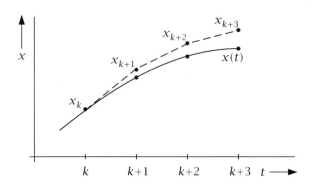

Abb. 6.1. Integration nach dem Euler-Verfahren (— Lösung, - - - Approximation)

Eine Verbesserung des Euler-Verfahrens bietet das **Heun-Verfahren**. Es arbeitet nach dem sog. Prädiktor-Korrektor-Prinzip. Dazu wird zunächst ein Prädiktor-Schritt nach den Regeln des Euler-Verfahrens ausgeführt

$$\dot{x}_k = f(x_k, u_k)$$

$$x_{k+1}^P = x_k + T \cdot \dot{x}_k \quad . \tag{6.14}$$

Mit dem so gewonnenen Prädiktor-Wert x_{k+1}^P, der als erste Vorhersage für x_{k+1} angesehen werden kann, wird der Integrand am Ende des Integrationsintervalls nach Gl.(6.3) berechnet

$$\dot{x}_{k+1}^P = f(x_{k+1}^P, u_{k+1}) \tag{6.15}$$

und mit dem Mittelwert aus dem Integranden am Anfang und am Ende des Integrationsintervalls wird der eigentliche Rechenschritt (Korrektor-Schritt) ausgeführt.

$$x_{k+1} = x_k + \frac{T}{2}(\dot{x}_k + \dot{x}_{k+1}^P) \tag{6.16}$$

Die im Heun-Verfahren benutzte Technik des Mittelns von Ableitungswerten ist ein sehr wirksames Werkzeug. So beruhen auf diesem Prinzip auch die sehr leistungsfähigen Integrationsverfahren nach Runge-Kutta.

Eines der bekanntesten Verfahren dieser Gruppe ist das **Runge-Kutta-Verfahren 4. Ordnung**. Der eigentliche Rechenschritt dieses Verfahrens ist

$$x_{k+1} = x_k + \frac{T}{6}[K_1 + 2K_2 + 2K_3 + K_4] \tag{6.17}$$

mit den Ableitungswerten

$$K_1 = f(x_k, u_k) = \dot{x}_k$$

$$K_2 = f(x_k + \frac{T}{2} \cdot K_1, u_{k+1/2}) = \dot{x}_{k+1/2}^{P1}$$

$$K_3 = f(x_k + \frac{T}{2} \cdot K_2, u_{k+1/2}) = \dot{x}_{k+1/2}^{P2}$$

$$K_4 = f(x_k + T \cdot K_3, u_{k+1}) = \dot{x}_{k+1}^{P} \quad . \tag{6.18}$$

Man erkennt, dass K_2 und K_3 Prädiktorwerte für den Integranden in der Mitte des Intervalls sind und dass sie das größte Gewicht erhalten. Man sieht auch, dass dazu der Wert der Eingangsgröße in der Mitte des Intervalls bekannt sein muss.

Die behandelten Verfahren nach Euler, Heun und Runge-Kutta sind so genannte Einschrittverfahren, weil sie vom Wert x_k ausgehend den nächstfolgenden Wert x_{k+1} bestimmen. Sie werden auch selbststartende Verfahren genannt, weil sie auch für $k = 0$ ausgeführt werden können. Einige, ebenfalls sehr leistungsfähige Verfahren benötigen, um x_{k+1} zu bestimmen, auch Aussagen für $k-1, k-2, \ldots$ und müssen daher mit einer Anlaufrechnung gestartet werden.

Ein Mehrschrittverfahren von etwa gleicher Genauigkeit wie das klassische Runge-Kutta-Verfahren 4. Ordnung ist das **explizite Verfahren nach Adams-Bashforth** in einer Variante

$$x_{k+1} = x_k + \frac{T}{24}[55\dot{x}_k - 59\dot{x}_{k-1} + 37\dot{x}_{k-2} - 9\dot{x}_{k-3}] \quad , \tag{6.19}$$

die den nächstfolgenden Funktionswert aus einer Linearkombination des momentanen Wertes des Integranden $\dot{x}_k$ und dreier vorhergehender Werte bestimmt. Der Vorteil gegenüber dem Runge-Kutta-Verfahren ist der meist wesentlich geringere Rechenaufwand (infolge größerer möglicher Intervalle T), ein wesentlicher Nachteil ist, dass die Fehler mit zu groß gewähltem Intervall T rasch ansteigen (weil das Verfahren praktisch ein Extrapolationsverfahren ist). Wenn das Verfahren mit einer automatischen Schrittweitensteuerung eingesetzt wird, ist dieser Nachteil allerdings kaum sichtbar.

Eine Verbesserung der Genauigkeit bei mäßiger Steigerung des Rechenaufwands ist zu erwarten, wenn die Formel nach Adams-Bashforth als Prädiktor benutzt (ähnlich wie die Euler-Formel im Verfahren nach Heun) und mit einer Korrektorformel kombiniert wird. Dies geschieht im **Verfahren nach Adams-Moulton** mit

$$x_{k+1}^0 = x_k + \frac{T}{24}[55\dot{x}_{xk} - 59\dot{x}_{k-1} + 37\dot{x}_{k-2} - 9\dot{x}_{k-3}]$$

$$\dot{x}^0_{k+1} = f(x^0_{k+1}, u_{k+1}) \tag{6.20}$$

$$x^1_{k+1} = x_k + \frac{T}{720}[251\dot{x}^0_{k+1} + 646\dot{x}_k - 264\dot{x}_{k-1} + 106\dot{x}_{k-2} - 19\dot{x}_{k-3}]$$

Dabei kann der zweite Schritt, der Korrektorschritt, bei Bedarf auch wiederholt werden (iteratives Verfahren), indem x^1_{k+1} anstelle von x^0_{k+1} gesetzt und damit ein x^2_{k+1} bestimmt wird.

Bei der Integration so genannter steifer Differentialgleichungen ergeben die bisher behandelten Verfahren u.U. ungenaue Lösungen oder/und erfordern einen hohen Rechenaufwand. Steife Differentialgleichungen, bzw. Differentialgleichungen, die steife Systeme beschreiben, zeichnen sich dadurch aus, dass sie Lösungsanteile mit sehr unterschiedlichen Zeitkonstanten bzw. Eigenfrequenzen enthalten. In solchen Fällen muss das Intervall T mit Rücksicht auf die kleinste Zeitkonstante klein gewählt werden, während sich die Gesamtdauer der Simulation an der größten Zeitkonstanten orientiert. Eine für derartige Probleme geeignete Klasse von **Verfahren** ist **nach Gear** benannt. Es handelt sich um ein Mehrschritt-Prädiktor-Korrektor-Verfahren. Als Beispiel soll hier lediglich die Korrektorformel der Ordnung vier angegeben werden.

$$x^{v+1}_{k+1} = \frac{1}{25}[48x_k - 36x_{k-1} + 16x_{k-2} - 3x_{k-3} + 12T\dot{x}^v_{k+1}] \tag{6.21}$$

Zum Start kann man als Prädiktor jede geeignete Formel benutzen, z. B. die Euler-Formel oder die des Adams-Bashforth-Verfahrens. Gear selbst hat eine besonders einfache Formel, nämlich

$$x^0_{k+1} = x_k \tag{6.22}$$

vorgeschlagen. Daraus ist zu ersehen, dass die Verfahrensgenauigkeit durch mehrfache Anwendung der Korrektorformel gewonnen wird. Viele Einzelheiten von der Wahl der Schrittweite T bis zur Zahl der Iterationen mit der Korrektorformel können hier nicht erörtert werden.

Andere Verfahren zur Integration steifer Differentialgleichungen benutzen Integrationsformeln mit den Ableitungen der rechten Seiten nach den Zustandsgrößen. (Bei der Integration von Differentialgleichungssystemen muss dazu die sog. Jacobi-Matrix entweder formelmäßig oder näherungsweise durch entsprechende Differenzenquotienten bestimmt werden.)

Bei den meisten Programmpaketen zur digitalen Simulation kann der Benutzer aus mehreren Integrationsverfahren dasjenige auswählen, welches er als besonders geeignet für sein jeweiliges Problem hält. In der Regel sind die so bereitgestellten Integrationsverfahren mit einer Schrittweitensteuerung versehen, die die Länge des Integrationsintervalls T automatisch so einstellt, dass eine begleitend durchgeführte Fehlerrechnung ausweist, dass der Fehler der Integration unterhalb einer vorgegebenen Schranke bleibt. In speziellen Fällen, etwa bei der Echtzeitsimulation, bei der die Simulation im Rechner in strikter Synchronisation mit der wahren Zeit ablaufen soll, wird mit festem Integrationsintervall gearbeitet und auf die Vorteile der Schrittweitensteuerung verzichtet.

Simulation des Einzelpendels

Auch bei einfachen Systemen hat die Wahl des Integrationsalgorithmus' und der Schrittweite T_{abt} spürbaren Einfluss auf die Simulationsergebnisse, wie im Folgenden zu sehen ist. Als Beispiel wurde ein frei ausschwingendes Einzelpendel gewählt. Dieses System wird in Abb. 4.8 beschrieben; die dazu gehörigen Gleichungen wurden als Simulationsmodell unter SIMULINK umgesetzt. Das Modell ist in Abb. 6.2 zu sehen.

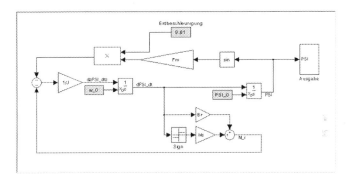

Abb. 6.2. Simulationsmodell des ausschwingenden Pendels

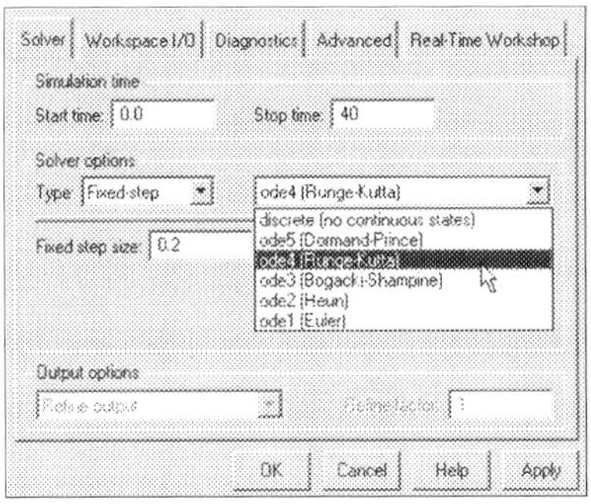

Abb. 6.3. Simulationsparameter in SIMULINK

Über den Dialog *Simulation → Simulation Parameters...* (Abb. 6.3) können Schrittweite und Integrationsmethode eingestellt werden. Bei ansonsten gleichen Einstellungen wurde der Ausschwingvorgang über 40 Sekunden simuliert und der Einfluss von Abtastzeit und Integrationsmethode untersucht. In Abb. 6.4 ist der Einfluss verschiedener fester Schrittweiten beim Euler-Algorithmus zu sehen. Deutlich erkennbar sind die starken Abweichungen zu größeren Abtastzeiten T hin.   In Abb. 6.5 sind die Ergebnisse bei einer festen

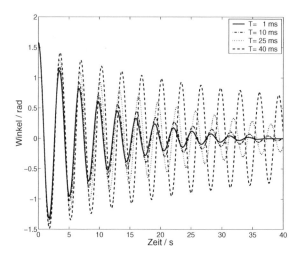

Abb. 6.4. Simulation des Pendels mit Euler-Verfahren bei verschiedenen Abtastzeiten

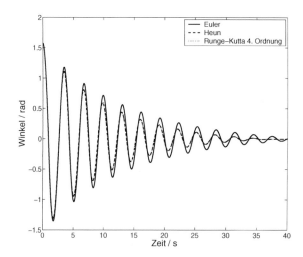

Abb. 6.5. Simulation des Pendels mit verschiedenen Integrationsalgorithmen

Schrittweite von 20 ms für unterschiedliche Integrationsalgorithmen dargestellt. Deutlich sticht das Euler-Verfahren heraus; Heun und Runge-Kutta zeigen erst bei deutlich höheren Schrittweiten sichtbare Unterschiede. Die höhere

Genauigkeit fordert allerdings immer an anderer Stelle Tribut: Neben schlechter konditionierten Matrizen, die zu numerischen Problemen führen können, benötigen kleinere Schrittweiten auch mehr Simulationszeit. Mit dem Euler-Algorithmus benötigt das vorliegende Modell auf einem Rechner der 2-Ghz-Klasse bei 40 ms Abtastzeit 70 ms Simulationsdauer; bei 1 ms Schrittweite liegt diese bereits bei über 1100 ms. Bei längeren simulierten Zeiträumen oder komplexeren Modellen werden diese Unterschiede schnell deutlich spürbar, so dass davon auch abhängt, ob ein vernünftiges Arbeiten mit einem zu simulierenden System überhaupt möglich ist oder nicht. Großrechner für Simulation komplexer strömungstechnischer oder thermodynamischer Prozesse benötigen auch heute noch mehrere Stunden oder gar Tage für bestimmte Aufgaben, so dass auch ein daraus ableitbarer finanzieller Effekt sofort ersichtlich ist.

Analytische Lösung mittels Transitionsmatrix

Zur Vervollständigung soll noch der Sonderfall behandelt werden, dass das zu simulierende System durch ein lineares Differentialgleichungssystem mit konstanten Koeffizienten beschrieben werden kann. In diesem Fall können die Zusammenhänge in matrizieller Form, nämlich durch die lineare Zustandsraumbeschreibung

$$\dot{x} = A \cdot x + B \cdot u \qquad (6.23)$$
$$y = C \cdot x + D \cdot u$$

dargestellt werden, wobei hier mehrere Eingangs- und Ausgangsgrößen zugelassen seien. Dann bezeichnet entsprechend x den Vektor der Zustandsgrößen, u den Vektor der Eingangsgrößen, y den Vektor der Ausgangsgrößen, A die System-, B die Eingangs-, C die Ausgangs- und D die Durchgangsmatrix. Mit der bereits angegebenen Lösung

$$x(t) = e^{A(t-t_0)} \cdot x(t_0) + \int_{t_0}^{t} e^{A(t-\tau)} \cdot B \cdot u(\tau) d\tau \quad . \qquad (6.24)$$

kann der zeitliche Verlauf von $x(t)$ ausgehend von einem beliebigen Startzeitpunkt t_0 bei bekanntem Zustand $x(t_0)$ berechnet werden. Für den Spezialfall $t_0 = 0$ ergibt sich somit die Lösung in Abhängigkeit vom Anfangszustand. Mit Blick auf die aus dieser Lösung abzuleitende rekursive Rechenvorschrift ist es jedoch zweckmäßiger, die Integration nur über das letzte Zeitintervall laufen zu lassen, sodass die Integrationsgrenzen

$$t_0 = k \cdot T \qquad (6.25)$$
$$t = (k+1) \cdot T$$

zu setzen sind. Wird ferner angenommen (was keine große Einschränkung ist), dass sich die Eingangssignale während eines Zeitintervalls nicht ändern

$$u(\tau) = u(k \cdot T) = \text{konst. für} \quad k \cdot T < \tau < (k+1) \cdot T \quad , \tag{6.26}$$

so kann die Stammfunktion des Integranden und damit die zeitdiskrete Rechenvorschrift

$$x_{k+1} = e^{A \cdot T} \cdot x_k + [-A^{-1} \cdot e^{A((k+1) \cdot T - \tau)}]_{k \cdot T}^{(k+1) \cdot T} \cdot B \cdot u_k \tag{6.27}$$

direkt angegeben werden. Daraus folgt die hier interessierende rekursive Formel

$$x_{k+1} = e^{A \cdot T} \cdot x_k + A^{-1} \cdot (e^{A \cdot T} - I) \cdot B \cdot u_k \quad . \tag{6.28}$$

Diese Formel liefert die exakten Werte der Lösung unter der Annahme nach Gl.(6.26), weil die Integration nicht approximiert sondern geschlossen ausgeführt wird. Dabei spielt die Matrix-Exponentialfunktion, die ähnlich wie im skalaren Fall durch die Reihenentwicklung

$$e^{A \cdot T} = \sum_{n=0}^{\infty} \frac{A^n T^n}{n!} = I + \frac{A \cdot T}{1!} + \frac{A^2 \cdot T^2}{2!} + \dots \tag{6.29}$$

definiert ist, eine wichtige Rolle. Sie hat die Dimension der (quadratischen) Systemmatrix A und wird auch als *Transitionsmatrix* bezeichnet. Zur Bestimmung dieser Matrix gibt es zahlreiche Verfahren, die alle auf Reihenentwicklungen beruhen, aber schneller konvergieren als die Vorschrift in Gl.(6.29).

Die rekursive Rechenvorschrift in Gl.(6.28) wird übersichtlicher, wenn man hieraus in Analogie zu Gl.(6.23) eine zeitdiskrete Zustandsraumdarstellung der Form

$$x_{k+1} = A_D \cdot x_k + B_D u_k \tag{6.30}$$
$$y_k = C_D \cdot x_k + D_D u_k$$

ableitet. Der Vergleich mit den genannten Gln.(6.23/6.28) bestimmt die zeitdiskreten Zustandsraummatrizen zu

$$A_D = e^{A \cdot T} = I + \frac{A \cdot T}{1!} + \frac{A^2 \cdot T^2}{2!} + \dots \tag{6.31}$$

$$B_D = A^{-1} \cdot (e^{A \cdot T} - I) \cdot B = (\frac{I \cdot T}{1!} + \frac{A \cdot T^2}{2!} + \dots) \cdot B$$
$$C_D = C$$
$$D_D = D \quad .$$

Eine grobe Näherung kann zum Verständnis der hier gewonnenen zeitdiskreten Zustandsraumdarstellung, insbesondere der darin enthaltenden Matrix-Exponentialfunktion beitragen. Leitet man nämlich die zeitdiskrete Beschreibung nicht, wie hier geschehen, aus der exakten analytischen Lösung ab, sondern wendet die Euler-Näherung

$$x_{k+1} = x_k + T \cdot \dot{x}_k \tag{6.32}$$

auf Gl.(6.23) an, so liefert dies die rekursive Rechenvorschrift

$$\boldsymbol{x}_{k+1} = \boldsymbol{x}_k + T \cdot (\boldsymbol{A} \cdot \boldsymbol{x}_k + \boldsymbol{B} \cdot \boldsymbol{u}_k) \tag{6.33}$$
$$= (I + \boldsymbol{A} \cdot T) \cdot \boldsymbol{x}_k + \boldsymbol{B} \cdot T \cdot \boldsymbol{u}_k$$

und damit die Näherungen für die zeitdiskreten Zustandsraummatrizen

$$\tilde{\boldsymbol{A}}_D = I + \boldsymbol{A}T \tag{6.34}$$
$$\tilde{\boldsymbol{B}}_D = \boldsymbol{B} \cdot T$$
$$\tilde{\boldsymbol{C}}_D = \boldsymbol{C}$$
$$\tilde{\boldsymbol{D}}_D = \boldsymbol{D} \quad .$$

Der Vergleich mit der exakten Lösung nach Gl.(6.31) zeigt, dass die Euler-Näherung nach Gl.(6.34) damit übereinstimmt, wenn die Reihenentwicklung für die Matrix-Exponentialfunktion $e^{\boldsymbol{A}T}$ nach dem linearen Glied abgebrochen wird.

Differenzengleichungen

Die zeitdiskrete Arbeitsweise von Digitalrechnern eignet sich natürlich besonders gut zur Behandlung zeitdiskreter Modelle von zeitdiskreten oder zeitkontinuierlichen Prozessen. Diese Modelle können als Differenzengleichung

$$a_0 y_k + a_1 y_{k-1} + \ldots + a_n y_{k-n} = b_0 u_k + b_1 u_{k-1} + \ldots + b_n u_{k-n} \tag{6.35}$$

bzw. kürzer gefasst

$$\sum_{i=0}^{n} a_i y_{k-i} = \sum_{i=0}^{n} b_i u_{k-i} \tag{6.36}$$

oder mit den gleichen Koeffizienten als z-Übertragungsfunktion

$$G(z) = \frac{Y(z)}{U(z)} = \frac{b_0 + b_1 z^{-1} + \ldots + b_n z^{-n}}{a_0 + a_1 z^{-1} + \ldots + a_n z^{-n}} \tag{6.37}$$

dargestellt werden. Aus Gl.(6.35) erhält man durch einfaches Umstellen die Rechenvorschrift

$$y_k = \frac{1}{a_0} \cdot (b_0 u_k + b_1 u_{k-1} + \ldots - a_1 y_{k-1} - a_2 y_{k-2} - \ldots) \quad , \tag{6.38}$$

die unmittelbar in einen Algorithmus überführt werden kann. Die Schwierigkeiten beim Anwenden der Differenzengleichungsverfahren liegen daher weniger in der Lösung als in der Aufstellung der Differenzengleichungen. Auf dieses Problem soll aber hier nicht näher eingegangen werden.

Zeitdiskrete Faltung

Lineare Übertragungssysteme können außer durch Differentialgleichungen, Frequenzgänge, Übertragungsfunktionen auch durch ihre Gewichtsfunktionen beschrieben werden. Die Gewichtsfunktion $g(t)$ eines Übertragungssystems entspricht der Antwort des Systems auf eine Anregung mit dem Einheitsimpuls $\delta(t)$. Mit Kenntnis der Gewichtsfunktion kann die Antwort $y(t)$ des Übertragungssystems auf beliebige Eingangssignale $u(t)$ durch das Faltungsintegral

$$y(t) = \int\limits_{-\infty}^{\infty} u(\tau) \cdot g(t-\tau)d\tau = \int\limits_{-\infty}^{\infty} g(\tau) \cdot u(t-\tau)d\tau$$

$$y(t) = u(t) * g(t) \tag{6.39}$$

beschrieben werden [3]. Falls das Übertragungssystem kausal ist ($g(t < 0) = 0$), das Eingangssignal für negative Werte der Zeit verschwindet ($u(t < 0) = 0$) und der Anfangswert des Ausgangssignals ebenfalls null ist ($y(t = 0) = 0$), so geht Gl.(6.39) über in

$$y(t) = \int\limits_{0}^{t} u(\tau) \cdot g(t-\tau)d\tau = \int\limits_{0}^{t} g(\tau) \cdot u(t-\tau)d\tau \quad . \tag{6.40}$$

Die Anwendung dieser Faltungsbeziehung auf das zur Herleitung der Transitionsmatrix betrachtete Beispiel, die lineare skalare Differentialgleichung

$$\dot{x} = a \cdot x + b \cdot u \quad , \tag{6.41}$$

kann das Verständnis erleichtern. Mit der hieraus abzuleitenden Gewichtsfunktion

$$g(t) = b \cdot e^{at} \tag{6.42}$$

ergibt sich die Lösung $x(t)$ mit Gl.(6.40) zu

$$x(t) = b \cdot \int\limits_{0}^{t} u(\tau) \cdot e^{a(t-\tau)}d\tau \quad . \tag{6.43}$$

Dieser über einen völlig anderen Weg gewonnene Ausdruck entspricht offenbar der analytisch gewonnenen Lösung nach Gl.(6.24) für den Spezialfall einer verschwindenden Anfangsbedingung

$$t_0 = 0$$

$$x(t_0) = 0 \quad . \tag{6.44}$$

Die digitale Simulation benutzt nun eine diskrete Lösung des Integrals in Gl.(6.40), die einfacher ist als die diskrete Integration bei der numerischen

Lösung von Differentialgleichungen, weil nun der Integrand unabhängig vom Wert des Integrals ist. Eine zeitdiskrete Darstellung benutzt anstelle der Zeitfunktionen Folgen der Eingangsgröße u_k, der Ausgangsgröße y_k und der Gewichtsfolge g_k. Für viele Zwecke ausreichend genaue Lösungen liefert hier die Euler-Integrationsformel, die zu der Rechteckintegration

$$y_k = T \cdot \sum_{i=0}^{k} g_i \cdot u_{k-i} \qquad (6.45)$$

führt, oder man verwendet die genauere Trapezformel mit

$$y_k = T \cdot (\frac{1}{2}g_0 \cdot u_k + \sum_{i=1}^{k-1} g_i \cdot u_{k-i} + \frac{1}{2}g_k \cdot u_0) \quad . \qquad (6.46)$$

Die diskrete Faltung ist als Sonderverfahren zur Simulation von Übertragungssystemen anzusehen, die mit anderen Verfahren schlecht darstellbar sind. Beispiele sind Systeme mit Totzeiten und solche mit verteilten Speichern. Besonders effektiv ist die diskrete Faltung bei Systemen mit Ausgleich, weil deren Gewichtsfunktionen von endlicher Länge sind.

6.2.2 Werkzeuge zur Simulation kontinuierlicher Prozesse

Überblick

Eine wesentliche Voraussetzung für die Simulation kontinuierlicher Prozesse ist ein Modell des betrachteten Systems. Dieses Modell ist ein vereinfachtes Abbild der besonders interessierenden Eigenschaften des kontinuierlichen Prozesses und hat zum Ziel, das Verhalten des Prozesses in Abhängigkeit zeitlich veränderlicher Umgebungseinflüsse zu beschreiben (siehe Kap. 3).

Komplexe dynamische Simulationsmodelle werden allgemein durch gekoppelte Teilsysteme gebildet, deren Verhalten durch Differentialgleichungen beschreibbar sind. Das Gesamtsystem ist dann ein Differentialgleichungssystem in expliziter oder impliziter Form. Die Differentialgleichungen basieren dabei auf physikalischen Gesetzmäßigkeiten der Teilsysteme, sodass das Simulationsmodell mit einem dem Anwender vertrauten Hilfsmittel aufgebaut werden kann.

Ausgehend von der Art der Abbildung des Simulationsmodells in Differentialgleichungen haben sich im Laufe der Zeit unterschiedliche Werkzeuge etabliert, die anhand der Modellformulierung klassifiziert werden können und deren wichtigste Vertreter im Folgenden kurz vorgestellt werden.

Die Modellierung von kontinuierlichen Systemen auf Digitalrechnern geht zurück auf die Sprachdefinition der „Continuous System Simulation Language" (CSSL) aus dem Jahre 1967 [27]. Eine kurze Beschreibung dieser gleichungsbasierten Vorgehensweise, auf der erste allgemein einsetzbare Simulationsprogramme beruhten, wird in Kapitel 6.2.2 gegeben.

Der Wunsch des Anwenders nach einer übersichtlicheren Formulierung komplexer Modelle führte zur Entwicklung so genannter blockorientierter Simulationswerkzeuge, die eine grafische Eingabe der Differentialgleichungssysteme gestatten. Wichtige Vertreter dieser Klasse sind die Programme SIMULINK und SYSTEMBUILD. In Kapitel 6.2.2 wird ein kurzer Einblick in diese Werkzeuge gegeben. Diese Programme sind die heute am weitesten verbreiteten Hilfsmittel zur Simulation kontinuierlicher Systeme.

Die Verwendung von Blöcken, in denen die einzelnen Teilsysteme beschrieben werden, führt jedoch zu einer großen Anzahl von Signalpfaden zwischen den Blöcken, mit denen Informationen weitergeleitet werden. Diese erschweren oftmals das Erkennen der physikalischen Struktur des Gesamtsystems im Simulationsmodell. Abhilfe sollen hier die seit kurzer Zeit verfügbaren Simulationswerkzeuge schaffen, die wie die Programme DYMOLA oder SPEEDUP an der physikalischen Struktur des zu modellierenden Systems orientiert sind. Eine kurze Einführung zu diesen Werkzeugen findet sich in Kapitel 6.2.2.

In allen Simulationswerkzeugen sind Verfahren zur numerischen Berechnung des kontinuierlichen Modells vorhanden, bei denen der Anwender in den meisten Fällen das Integrationsverfahren sowie die verwendete Schrittweite für sein Modell frei wählen kann. Die Programme bieten weiterhin Zusatzfunktionen zur Darstellung der Simulationsergebnisse.

CSSL

Die Modellierung von kontinuierlichen Systemen nach der Sprachdefinition „Continuous System Simulation Language" (CSSL) beruht auf einer Darstellung des Modells als System gewöhnlicher Differentialgleichungen 1. Ordnung in der allgemeinen expliziten Form

$$\dot{x} = f(u, x, t)$$

mit x als Zustands- und u als Eingangsgrößenvektor.

Die Lösung des Simulationsproblems ist die Lösung des Anfangswertproblems für den Startzustand x_0

$$x(t_0) = x_0 \quad .$$

Die Ausgangsgrößen y hängen üblicherweise in algebraischer Form von den Größen x und u ab und führen auf die Form eines differentialalgebraischen Systems mit folgender Struktur, dessen algebraische Gleichungen allerdings direkt berechenbar sind.

$$\dot{x} = f(u, x, t)$$
$$y = g(u, x, t)$$

Zur Lösung dieses Gleichungssystems werden effiziente Algorithmen sowohl für Einprozessorrechner, insbesondere aber auch für Vektorrechner bereitgestellt. Die Beschreibung des Problems mit einer Simulationssprache lässt die

Formulierung nahezu beliebiger nichtlinearer, evtl. auch nichtfunktionaler Zusammenhänge für f und g zu, da prinzipiell die gesamte Sprachsyntax einer Programmiersprache zur Verfügung steht. Auf diese Weise sind beispielsweise Kennfelder oder auch unstetige Verläufe problemlos zu realisieren.

Wichtige Vertreter der CSSL-basierten Simulationswerkzeuge sind ACSL, DARE-P und DESIRE [27], bei denen die Formulierung des Simulationsmodells jeweils in nahezu gleicher Art und Weise erfolgt.

Aufgrund der vergleichsweise benutzerunfreundlichen Programmierung sind solche Simulationswerkzeuge heute kaum noch im Einsatz. Auf ihnen basieren jedoch die in den folgenden Kapitel vorgestellten Werkzeuge, die über eine grafische Eingabemöglichkeit verfügen. Einige CSSL-Programme wurden durch eine graphische Oberfläche erweitert (z. B. ACSL), die meisten wurden durch andere Simulationswerkzeuge abgelöst.

Blockorientierte Modellierung

Bei der blockorientierten Modellierung wird zunächst das Gesamtsystem, bestehend aus miteinander gekoppelten Teilsystemen, durch miteinander verbundene Blöcke dargestellt. Dann wird das Ein-/Ausgangsverhalten jedes einzelnen Blocks festgelegt. Zulässig ist lineares oder nichtlineares statisches oder dynamisches Verhalten, sodass die Blöcke die allgemeine Darstellung nach Abb. 6.6 besitzen. Komplexe Teilsysteme können durch Blöcke dargestellt werden, die aus (Unter-)Blöcken gebildet werden.

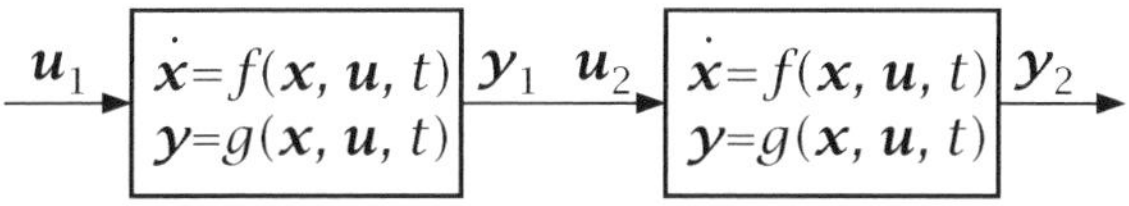

Abb. 6.6. Gekoppelte dynamische Blöcke

In jedem Block sind Ein- und Ausgänge eindeutig bestimmt. Die Verschaltung mehrerer Blöcke ergibt ein Blockschaltbild, das einen gerichteten Graphen darstellt. Durch die gerichteten Verbindungen ist gleichzeitig die Kausalität des Systems festgelegt. Gekoppelte Blöcke erzwingen die Gleichheit der korrespondierenden Ein- und Ausgangsgrößen, z. B. in Abb. 6.6: $y_1 = u_2$.

Die Zustands- und Ausgangsgrößen eines Blocks können im Allgemeinen erst dann berechnet werden, wenn seine aktuellen Eingangssignale vorliegen [1]. Dadurch ist relativ einfach eine Reihenfolge zu ermitteln, in der die einzelnen

---

[1] Ausnahmen bilden Elemente ohne direkten Durchgriff (Speicher), die den Signalfluss aufbrechen.

Blöcke zu bearbeiten sind (topologische Sortierung). Im interpretierenden Modus eines Simulationsprogramms werden die Zustands- und Ausgangsgrößen der einzelnen Blöcke in dieser Reihenfolge nacheinander berechnet.

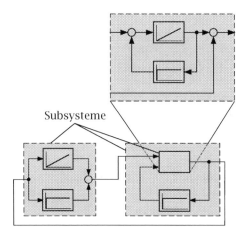

Abb. 6.7. Hierarchisches Blockschaltbild

Da die einzelnen Blöcke durch explizite DGLS beschrieben werden müssen, ist auch das durch Verknüpfung von Blöcken entstehende Gesamtsystem ein explizites DGLS. Ein mehrstufiger hierarchischer Aufbau der Modelle nach Abb. 6.7 durch geschachtelte Subsysteme ändert dies nicht. Ein solcher Aufbau ist besonders bei komplexen Modellen vorteilhaft, denn er ist übersichtlicher und leichter zu handhaben.

Zum Aufbau einer Simulation muss der Benutzer die Aufgabe durch Anweisungen

- zur Struktur (z. B. Verknüpfung von Funktionsblöcken),
- zu Parametern (z. B. Anfangswerte, Koeffizienten),
- zum Ablauf der Simulation (z. B. Wahl des Integrationsverfahrens, der Zeitschrittweite, der auszugebenden Werte)

beschreiben. Dabei bieten Sprachen wie ACSL (Advanced Continous Simulation Language) eine große Zahl von parametrierbaren Funktionsblöcken an, mit deren Hilfe ein vorliegender Wirkungsplan sofort in eine Simulation umgesetzt werden kann.

Neben den Simulationssprachen , die eine formale Beschreibung des zu simulierenden Systems verlangen, werden zunehmend Simulationsprogramme angeboten, bei denen die Systembeschreibung graphisch erfolgt (z. B.: SIMULINK, SYSTEMBUILD). Gewöhnlich ist die Beschreibungsform direkt der Syntax eines Wirkungsplans nachempfunden, erweitert um zusätzliche programmtechnische Elemente, die beispielsweise zur Koordination mit der Simulationszeit oder zur Datenablage erforderlich sind.

Der Vorteil der graphischen Beschreibung gegenüber einer textbasierten tritt hier offen zutage, weil das z.T. komplexe Zusammenwirken der Komponenten wesentlich besser zu überblicken ist als dies in einer gleichungsorientierten Beschreibung möglich wäre. Ferner können sehr komplexe, hochgradig nichtlineare Systeme schnell aufgebaut und simuliert werden. Andererseits geht mit dieser Vorgehensweise bei deutlich komplexeren Modellen die Übersichtlichkeit schnell verloren, da eine Vielzahl von Signalpfaden trotz Einführung von Hierarchiestufen eine physikalische Interpretation des Simulationsmodells oft nicht mehr zulässt.

Zur eigentlichen Simulation nutzen Programme wie SIMULINK numerische Integrationsalgorithmen, zu denen z. B. auch das Runge-Kutta-Verfahren gehört. Ähnlich wie bei den in 6.2.2 genannten Simulationssprachen werden dem Benutzer zahlreiche Varianten solcher Integrationsverfahren zur Wahl gestellt, die problemspezifische Vorteile oder zusätzliche Funktionen wie beispielsweise eine automatische Schrittweitensteuerung besitzen.

Bei solchen blockorientierten Simulationswerkzeugen werden nach der Modelleingabe durch den Benutzer automatisch zwei Schritte vor dem eigentlichen Simulationslauf durchgeführt. Zunächst wird die Reihenfolge festgelegt, in der die einzelnen Blöcke bearbeitet werden, wobei aus den in den Teilsystemen enthaltenen Verzögerungen eine Abarbeitungsreihenfolge ermittelt wird. Weiterhin ist zu prüfen, ob so genannte algebraische Schleifen, d. h. geschlossene Wirkungskreise mit direktem Durchgriff vorhanden sind, die numerisch meist mit Hilfe iterativer Verfahren gelöst werden. Diese Behandlung algebraischer Schleifen stellt einen prinzipiellen Nachteil blockorientierter Modellierungsansätze dar, die durch im nächsten Abschnitt beschriebene objektorientierte Modellierungsansätze teilweise umgangen werden können.

Objektorientierte Modellierung

Die physikalische Modellierung basiert im Gegensatz zur blockorientierten Modellierung auf der Verknüpfung von physikalischen Grundelementen bzw. Komponenten, zwischen denen im Normalfall Leistung übertragen wird. An den Verbindungsstellen werden zwei Variablentypen unterschieden. *Flussgrößen* f wie Kraft, Strom oder Moment bezeichnen Größen, die über die Verbindung übertragen werden. Am Knoten gilt die Bilanzgleichung

$$\sum_{i=1}^{n} f_i = 0 \,, \tag{6.47}$$

die z. B. im elektrischen Fall der 1. Kirchhoffschen Gleichung und im translatorischen mechanischen Fall der Newtonschen Kräftebilanz entspricht. Für *Potentialgrößen* a wie Geschwindigkeit, elektrisches Potential und Winkelgeschwindigkeit gilt an Knotenpunkten die Äquivalenzbeziehung

$$a_1 = a_2 = \ldots = a_n .$$ (6.48)

Tabelle 6.1 fasst die Analogien der Fluss- und Potentialgrößen verschiedener Systeme zusammen.

	Flussgröße f	Potentialgröße a
Mechanik (Translation)	Kraft F	Geschwindigkeit v
Mechanik (Rotation)	Moment M	Winkelgeschwindigkeit ω
Elektrotechnik	Strom I	Spannung U
Hydraulik	Volumenstrom Q	Druck p

Tab. 6.1. Analogien bei der Modellierung verschiedener Systeme

Aus der Darstellung in Tabelle 6.1 folgt unmittelbar eine Analogie für die einfachen elektrischen und mechanischen Grundelemente nach Tabelle 6.2, in der jeweils die differentielle Schreibweise verwendet wird. Eine Verschaltung der Elemente mit Anregung f_0 bzw. i_0 ergibt z. B. schwingungsfähige gedämpfte Systeme, die als physikalische Modelle nach Abb. 6.8 anschaulich darstellbar sind.

Kapazität C	$\frac{du_C}{dt} = \frac{1}{C} i_C$	Masse m	$\frac{dv}{dt} = \ddot{x} = \frac{1}{m} \sum_{\forall i} f_i$
Induktivität L	$\frac{di_L}{dt} = \frac{1}{L} u_L$	Feder c	$\frac{df_C}{dt} = c \cdot v$
Widerstand R	$i_R = \frac{1}{R} u_R$	Dämpfer b	$f_b = b \cdot v$

Tab. 6.2. Elektrische und mechanische Grundelemente

Die Reihenfolge der Berechnungen wird erst durch Anwendung der Bilanzgleichungen für die Flussgrößen festgelegt. Das grafische Modell ist daher nicht kausal, was auch schon dadurch zum Ausdruck kommt, dass keine Pfeile an Verbindungen verwendet werden. Die verwendeten Pfeile stellen frei wählbare Zählpfeilsysteme dar, keine Signalflussrichtungen. Der zugehörige Graph ist, von Zählpfeilen abgesehen, ungerichtet.

Die korrekte Berechnung muss das Simulationswerkzeug durch geeignetes Auflösen und Sortieren der einzelnen Gleichungen sicherstellen, wobei ins-

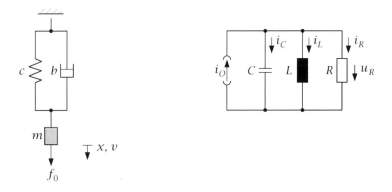

Abb. 6.8. Mechanisches und elektrisches Modell

besondere die oben angesprochenen algebraischen Schleifen – falls möglich – eliminiert werden können, wodurch sich aufgrund der entfallenen Notwendigkeit deren iterativer Lösung teilweise erhebliche Vorteile in Hinblick auf die Rechenzeit ergeben können. Beispiele solcher Simulationswerkzeuge sind SPEEDUP und DYMOLA. Im Vergleich zu SPEEDUP, das zur dynamischen Simulation verfahrenstechnischer Prozesse dient und eher ein spezielles effizientes Werkzeug mit überlegener Genauigkeit und Benutzerfreundlichkeit darstellt, ist DYMOLA (Dynamic Modeling Laboratory) eine fachübergreifende Modellbeschreibungssprache, die einheitlich neben den Aspekten der Regelungstechnik, Elektronik, Mechanik und Verfahrenstechnik auch die Behandlung kontinuierlich-ereignisdiskreter Modelle ermöglicht.

Zur Berechnung verwendet DYMOLA graphentheoretische Verfahren zur Analyse der Abhängigkeiten der Modellgleichungen und ist in der Lage, symbolische Umformungen einzelner Gleichungen vorzunehmen. Besonders deutlich wird die Notwendigkeit symbolischer Umformungen bei den statischen Beziehungen der Elemente Widerstand bzw. Dämpfer. Während dynamische Elemente die in Tabelle 6.2 verwendete Vorzugskausalität besitzen, sodass die Lösung der zugehörigen DGL durch ein numerisches Integrationsverfahren möglich ist, ergibt sich die Kausalität statischer Beziehungen erst aus dem Kontext des Gesamtmodells.

DYMOLA stellt damit ein Werkzeug dar, das eine nichtkausale Modellierung mittels expliziter oder impliziter Differentialgleichungen und algebraischer Gleichungen ermöglicht. Dabei wird die Komposition von Modellen sowohl aus Grundelementen als auch aus hierarchisch aufgebauten Komponenten unterstützt. Erst durch die symbolische Aufbereitung und Sortierung der Gleichungen des Gesamtmodells, was automatisch erfolgt, wird ein zuweisungsorientierter, verarbeitbarer Code erzeugt. Die Kausalität ist also erst im Code vorhanden. Während der Aufbereitung der Gleichungen wird ein evtl. vorhandenes implizites algebraisches Gleichungssystem erkannt und separiert, sodass eine Ordnungsreduktion und infolgedessen eine effiziente Behandlung von Differential-Algebraischen Gleichungssystemen (*differential-algebraic equations*, DAE-Systeme) möglich ist [27].

Objektorientierte Modellierung mit Dymola

Aufgrund der in den letzten Jahren stark gestiegenen Bedeutung von DYMOLA soll im Folgenden anhand eines Beispiels näher auf die objektorientierte Modellbildung und Simulation anhand dieses Programms eingegangen werden. DYMOLA bietet eine Besonderheit in Form einer Trennung der Modellbeschreibung und der grafischen Bedienoberfläche mit dem Simulator: Um die Modellbeschreibungen festzuhalten, bedient DYMOLA sich der frei verfügbaren, objektorientierten Modellierungssprache *Modelica*. Damit liegen die Modelle als „Quelltext" vor und können somit auch in andere Programme, die diese Sprache unterstützen, übernommen werden. DYMOLA selbst stellt somit zum einen den grafischen Aufsatz zum Erstellen dieser Modelle dar; zum anderen ist es der Interpreter, um aus den ASCII-Quellen Simulationsergebnisse zu erzeugen.

Für den Benutzer gliedert sich das Arbeiten mit DYMOLA in drei Schritte: Die *Umsetzung der Modelle* kann sowohl grafisch als auch textuell vorgenommen werden; beide Varianten werden dabei von DYMOLA unterstützt. Elementarer Unterschied zur signal-orientierten Modellbildung ist die Verbindung von Objekten anhand realitätsnaher Schnittstellen, die *nicht* den Signalfluss repräsentieren. Details können hierzu dem weiter unten aufgeführten Beispiel entnommen werden.

Wie jedes Computerprogramm benötigt auch DYMOLA eine numerisch integrierbare Zustandsraumdarstellung des Modells. Die dazu notwendige Umformung geschieht beim sog. *Übersetzen* ohne Zutun des Bedieners. Dabei kommen nicht nur wirksame Algorithmen zur Matrixreduktion zum Einsatz, sondern DYMOLA bedient sich dabei der algebraischen Gleichungsmanipulation. So werden sehr kompakte und schnell zu simulierende Systeme erzeugt. Die intern vorliegende Zustandsraumbeschreibung wird anschließend *in C-Code übersetzt und compiliert*. Die eigentliche Simulation geschieht dann durch Ausführung der erzeugten Programmdatei. Für den Benutzer bleibt als Systemschnittstelle die objektorientierte Oberfläche bestehen; intern wird das zu simulierende System vollständig neu erstellt.

Als einführendes Modellierungsbeispiel dient das frei hängende Doppelpendel (Abb. 6.9). Dieses besteht aus einem schwerkraftbehaftetem Intertialsystem, zwei Gelenken (*Revolute*), zwei Masse-Stäben (*BoxBody*) sowie zwei Dämpfern (*Damper*), die als Reib-Elemente den Gelenken hinzugefügt werden. Zentrale Elemente der MODELICA-Modelle sind die Schnittstellen (`connector`). Dort werden sämtliche Größen festgelegt, die die Grenzen der Teilmodelle, der sogenannten Objekte, überschreiten sollen. Dabei wird im Gegensatz zur signalorientierten Modellbildung, wie in Abschnitt 6.2.2 beschrieben, zwischen zwei Signaltypen unterschieden: *Potentialgrößen* sind diejeni-

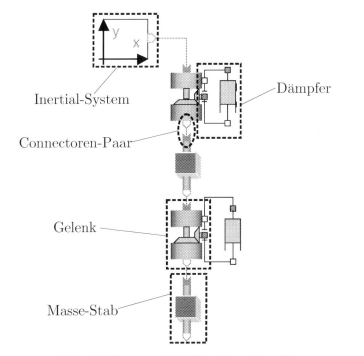

Inertial-System

Connectoren-Paar

Dämpfer

Gelenk

Masse-Stab

Abb. 6.9. DYMOLA-Modell des Doppelpendels

gen Größen, die an Verknüpfungspunkten immer gleich sind, typischerweise physikalische Zustände, *Flussgrößen* lassen sich durch eine „Nullsumme" als Erhaltungssatz beschreiben (vgl. Tabelle 6.1). Die zugehörigen Beschreibungen sind fest in MODELICA vorgegeben. Indem eine Variable als Instanz eines bestimmten `connectors` definiert wird, werden die entsprechenden Gleichungen automatisch ohne weiteren Benutzereingriff eingebunden. Daraus wird ersichtlich, dass diesen Schnittstellen-Elementen eine zentrale Bedeutung zukommt. Sämtliche für den jeweiligen Anwendungsfall relevanten Größen eines Systems müssen hier integriert werden. Im Fall rotatorischer Bewegung, wie für den Dämpfer relevant, sind dies die Potentialgröße *Winkel* sowie die Flussgröße *Moment*, so dass sich ein möglicher `connector` wie in Abb. 6.10 darstellt. Alle nicht explizit als *Flow*, also Flussgrößen deklarierten Variablen sind automatisch Potentialgrößen. Das eigentliche Modell besteht nun aus einem Deklarationsteil zu Beginn und einem `equation`-Abschnitt, in dem die Beschreibung der Modelle stattfindet und alle vorhandenen Größen mathematisch verknüpft werden. Dabei spielt es keine Rolle, wie vorliegende Gleichungen „sortiert" werden, der Benutzer kann sämtliche Ausdrücke in beliebiger – auch impliziter – Form vorgeben.

Für den Dämpfer des Pendel-Modells ist dies in Abb. 6.11 zu sehen. Es werden zunächst einige innere Variablen sowie mehrere Instanzen der Schnitt-

```
connector Flange
    Real phi;
    Flow Real tau;
end Flange;
```

Abb. 6.10. connector der Dämpfer-Elemente des Pendels

stelle definiert, ebenso die *Parameter*, deren Werte später über Maskendialoge verändert werden können, wie hier der Dämpfungsbeiwert d. Anschließend werden die Größen der einzelnen Instanzen miteinander verknüpft. Dabei werden zunächst die Schnittstellen mit den inneren Variablen verknüpft, bevor die Beziehung der inneren Variablen zueinander beschrieben werden. Wie hier zu sehen ist, gestaltet sich dabei selbst die Darstellung von Differential-Gleichungen durch Verwendung des Differentialoperators (der) denkbar einfach. In der gleichen Weise können andere benötigte Elemente modelliert wer-

```
model Damper
    parameter Real d;
    Real w_rel;
    Real phi_rel;
    Flow Real tau;
    Flange flange_a;
    Flange flange_b;
equation
    phi_rel = flange_b.phi - flange_a.phi;
    flange_b.tau = tau;
    flange_a.tau = -tau;
    w_rel = der(phi_rel);
    tau = d*w_rel;
end Damper;
```

Abb. 6.11. MODELICA-Code des Dämpfers in der MODELICA-Library

den, wenn sie nicht in einer der zahlreichen Bibliotheken (*Libraries*) vorhanden sind. Wie bei einer einfachen Variablendefinition werden eine oder mehrere Instanzen der Teilmodelle erzeugt. Stehen diese zur Verfügung, so können sie ebenfalls mit einem einzigen Befehl (connect) verbunden werden. Der vollständige Code des Gesamtmodells des Pendels ist in Abb. 6.12 zu sehen. Das Inertialsystem, die Masse-Stäbe und die Drehgelenke werden zunächst durch Verbindung der sie beschreibenden Koordinatensysteme an den jewei-

```
model Doppelpendel
    InertialSystem InertialSystem;
    Revolute R1;
    BoxBody B1;
    Revolute R2;
    BoxBody B2;
    Damper Damper1;
    Damper Damper2;
equation
    connect(R1.frame_b, B1.frame_a);
    connect(B1.frame_b, R2.frame_a);
    connect(R2.frame_b, B2.frame_a);
    connect(R1.axis, Damper1.flange_b);
    connect(R1.bearing, Damper1.flange_a);
    connect(R2.axis, Damper2.flange_b);
    connect(R2.bearing, Damper2.flange_a);
    connect(InertialSystem.frame_b, R1.frame_a);
end Doppelpendel;
```

Abb. 6.12. Vollständiger MODELICA-Code des Pendel-Modells

ligen Körperenden (`frame_a` bzw. `frame_b`) verbunden. Die Integration der Dämpfer erfolgt durch Verbindung ihrer Connectoren mit den entsprechenden Schnittstellen der Drehgelenke (`axis` bzw. `bearing`). Es soll nicht verschwiegen werden, dass gerade beim verwendeten Beispiel der sogenannten *Mehrkörper-Systeme (MKS)* andere, auch verwendete Teilmodelle, wie z. B. *BoxBody* deutlich weniger intuitiv zu modellieren sind, als dies beim gezeigten Dämpfer der Fall ist. Liegt eine Modellierung für ein Bauteil aber einmal vor, wie z. B. in der *ModelicaAddons*-Bibliothek, so ist es deutlich flexibler einzusetzen, als bei signal-orientierter Darstellung, wo jedesmal erneut die Rückwirkungen mit in Betracht gezogen werden. Details zur Erstellung dieser MKS-Bibliothek können z. B. in [70] nachgelesen werden.

Bei MODELICA und DYMOLA wurde besonders Wert auf die Verwendbarkeit über die Grenzen unterschiedlicher Arbeitsgebiete hinweg gesetzt. Für eine Kombination von elektrischen, hydraulischen, mechanischen oder anderen Systemen ist DYMOLA geradezu ideal. Selbst die Simulation von kontinuierlich-diskret hybriden Systemen ist von vornherein vorgesehen. Während bei anderen Simulationsprogrammen diskrete Ergänzungen nachträglich zugefügt und entsprechend der eigentlich kontinuierlichen Sichtweise „übergestülpt" wurden, existieren in MODELICA unmittelbar Ereignisse (*event*), mit deren Hilfe auch sprunghafte Übergänge und Diskontinuitäten ohne weitere Hilfsmittel exakt beschrieben werden können.

Objektorientierte Modellierung mit Matlab

Offensichtlich bietet die objektorientierte Modellierung in DYMOLA eine ganze
Reihe Vorteile gegenüber dem signalbasierten Vorgehen in MATLAB/SIMU-
LINK. MATLAB bietet hingegen unzählige Erweiterungen, die beim täglichen
Arbeiten unerlässlich sind. Seit kurzer Zeit existieren auch für MATLAB die
Toolboxen *SimMechanics* und *SimPowerSystems*, die für mechanische bzw.
elektrische Systeme objektorientierte Modellierung in SIMULINK ermöglichen.
In Abb. 6.13 ist eine in MATLAB enthaltene Demo eines Einzel-Pendels in
SimMechanics zu sehen. Neben der den DYMOLA-Modellen ähnlichen Struktur
fallen hier die zur Visualisierung zwingend notwendigen virtuellen Sensoren
auf, die als separate Blöcke ins Modell integriert werden müssen.

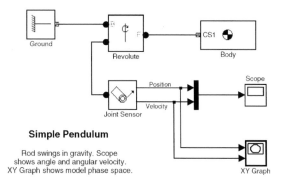

Abb. 6.13. SimMechanics-Modell eines Einzelpendels

Bezüglich Erweiterbarkeit und Umfang der verfügbaren Modelle bietet
DYMOLA allerdings bessere Möglichkeiten. Auch eine Kombination von DY-
MOLA und MATLAB wird unterstützt. Es gibt für DYMOLA ein Interface, das
es ermöglicht, das in eine dll kompilierte DYMOLA-Modell in MATLAB als
s-function einzubinden. So kann man die Vorteile beider Programme ideal
kombinieren.

6.3 Diskrete Simulation

Im Rahmen dieses Buches werden diskrete Systeme behandelt, die z. B. eine
Steuerung repräsentieren können. Deshalb beschränkt sich dieser Abschnitt
auf den Bereich ereignisorientierter Systeme, die mit den angesprochenen Beschreibungsmitteln wie Statecharts, Petrinetzen etc. dargestellt werden können. Neben ereignisorientierten Systemen unterscheidet man die diskreten ereignisgesteuerten Systeme in aktivitäts-, prozess- und transaktionsorientierte
Systeme. Deren Komplexität und Abstraktionsgrad bezüglich des Prozesses

steigt mit Reihenfolge der Nennung an, so dass z. B. in der transaktionsorientierten Darstellung nur noch Bausteine verknüpft werden. Diese Bausteine sind aktive Elemente, die Funktionalität wie innere Ablauflogik vor dem Anwender verstecken, der die Bausteine nur noch geeignet parametrieren muss. Auf der Ebene der Ablauflogik kann ein Anwender je nach Simulator auch eigene Programme umsetzen. Auf dieser Ebene des Detaillierungsgrades finden sich aber auch die hier besprochenen diskreten Beschreibungsmittel, während die stärker abstrahierten ereignisgesteuerten Systembeschreibungen nicht für einen direkten Steuerungsentwurf eingesetzt werden können.

Die hier besprochenen diskreten Systeme oder Steuerungen werden im Rahmen des Rapid Control Prototyping immer in Verbindung mit kontinuierlichen oder hybriden Systemen behandelt. Hierbei entstehen hybrid modellierte Systeme, deren Simulation in Abschnitt 6.4 behandelt wird. Da mit der Modellbildung gemäß Abschnitt 3.2 die exakten Berechnungsvorschriften für den Folgezustand eines diskreten Systems feststehen, stellen sich bezüglich der Simulation keine Probleme, die mit der Wahl des Integrationsalgorithmus' vergleichbar wären. Im Folgenden soll aber das Ergebnis der Umsetzung eines STATEFLOW-Diagramms in C-Code diskutiert werden, das bei der Simulation unter MATLAB/SIMULINK benötigt wird.

Das Beispiel aus der Sicherheitssteuerung des Doppelpendels in Abb. 6.14 zeigt mit Initialisierung, Betrieb und Stop drei Superstates auf der obersten Ebene des Statecharts. Innerhalb des Zustandes Betrieb befindet sich unter anderem der Substate Begrenzungsschalter, der mit einem seiner beiden Substates aktiv wird, wenn der Schlitten des Doppelpendels den rechten oder linken Begrenzungsschalter in Form eines Hebels umlegt, so dass sich das Signal R bzw. L von 0 auf 1 ändert. Wenn der Schlitten den Bereich der Begrenzung verlässt, wird das entsprechende Signal wieder auf den Wert 0 gesetzt. Befindet sich der Schlitten in einem der Begrenzungsbereiche, wird eine Beschleunigung des Schlittens in Richtung Anlagenmitte vorgenommen, indem die Ausgangsspannung UA mit der hierfür vorgesehenen Spannung $\pm$ UABEGRMAX/3 belegt wird. Anderenfalls wird der Wert Ua_in, den die Regelung vorgibt, zum Ausgang des Statecharts durchgeschleift ($UA = Ua_{in}$). Befindet sich das Signal für die Position des Schlittens außerhalb eines größeren definierten Bereichs wird das Signal für Anlagenstop gesetzt (Stop=1) und der Ausgangsspannung UA wird der Wert Null zugewiesen.

Ein Ausschnitt aus der zentralen C-Quelltext-Datei ist im Weiteren abgedruckt. Zu Beginn werden einige benötigte Headerdateien über mehrere #include-Befehle (Zeile 13f) eingefügt.

```
1. /*
3. * Stateflow code generation for chart:
4. * sicherheitssteuerung/Ausschnitt
...
11.*/
...
13.#include "sicherheitssteuerung_sfun.h"
14.#include "sicherheitssteuerung_sfun_c1.h"
```

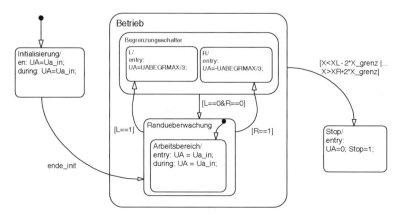

Abb. 6.14. Ausschnitt der Sicherheitssteuerung einer Doppelpendelanlage

Durch #define-Anweisungen werden Compiler-Variablen festgelegt, die bei der Kompilierung ersetzt werden. Die zugehörigen Variablennamen (Zeile 23ff) geben bereits eine gewisse Struktur wieder. Jedes SIMULINK-Modell besitzt eine Statemachine, die zu einer ausführbaren *s-function* kompiliert wird und in der alle einzelnen Statecharts enthalten sind. Das erste und einzige Statechart c1 befindet sich in der ersten Statemachine (m0 – die Nummerierung beginnt hier bei Null). Die Zustände werden durchnummeriert von s1 bis s8. Da sich das Chart auf der obersten Ebene aber neben dem Zustand IN_NO_ACTIVE_CHILD nur in den drei Zuständen Initialisierung, Betrieb oder Stop befinden kann, werden diese entsprechend mit Zahlen von 1 bis 3 versehen. Der Zustand IN_NO_ACTIVE_CHILD darf auf der obersten Chartebene oder innerhalb eines Superstates nur vor der Initialisierung des Charts und während der Ausführung einer Transition auftreten und ist ansonsten ungültig. Innerhalb von Stop befinden sich die zwei Substates Randueberwachung und Begrenzungsschalter. In letzterem kann ebenfalls nur einer der beiden Zustände L bzw. R aktiv sein, weswegen die entsprechenden Variablen zu 1 bzw. 2 definiert werden.

```
23.#define IN_NO_ACTIVE_CHILD              (0)
24.#define IN_m0_c1_s1_Betrieb             1
25.#define IN_m0_c1_s7_Initialisierung     2
26.#define IN_m0_c1_s8_Stop                3
27.#define IN_m0_c1_s2_Begrenzungsschalter 1
28.#define IN_m0_c1_s5_Randueberwachung    2
29.#define IN_m0_c1_s3_L                   1
30.#define IN_m0_c1_s4_R                   2
31.#define IN_m0_c1_s6_Arbeitsbereich      1
```

Für Konstanten (Zeile 32ff) und Eingangs- (Zeile 38ff) und Ausgangssignale (Zeile 42f) werden ebenfalls Compiler-Variablen definiert, in denen die Indizes der Portnummern zu erkennen sind.

```
32.#define m0_c1_d8_XL          chartInstance.ConstantData.m0_c1_d8_XL
```

```
33.#define m0_c1_d9_XR          chartInstance.ConstantData.m0_c1_d9_XR
34.#define m0_c1_d10_X_grenz     chartInstance.ConstantData.m0_c1_d10_X_grenz
35.#define m0_c1_d7_UABEGRMAX    chartInstance.ConstantData.m0_c1_d7_UABEGRMAX
...
38.#define InputData_m0_c1_d1_Ua_in
  (((real_T *)(ssGetInputPortSignal(chartInstance.S,0)))[0])
39.#define InputData_m0_c1_d2_X
  (((real_T *)(ssGetInputPortSignal(chartInstance.S,1)))[0])
40.#define InputData_m0_c1_d3_L
  (((real_T *)(ssGetInputPortSignal(chartInstance.S,2)))[0])
41.#define InputData_m0_c1_d4_R
  (((real_T *)(ssGetInputPortSignal(chartInstance.S,3)))[0])
42.#define OutputData_m0_c1_d5_UA
  (((real_T *)(ssGetOutputPortSignal(chartInstance.S,1)))[0])
43.#define OutputData_m0_c1_d6_Stop
  (((real_T *)(ssGetOutputPortSignal(chartInstance.S,2)))[0])
```

Zur Ausführung des Statecharts werden Funktionen definiert (Zeile 45ff), welche bei Ausführung einzelner Transitionen aufgerufen werden können.

```
45.static void exit_atomic_m0_c1_s1_Betrieb(void);
46.static void exit_internal_m0_c1_s1_Betrieb(void);
47.static void enter_atomic_m0_c1_s2_Begrenzungsschalter(void);
48.static void exit_atomic_m0_c1_s2_Begrenzungsschalter(void);
49.static void exit_internal_m0_c1_s2_Begrenzungsschalter(void);
50.static void m0_c1_s5_Randueberwachung(void);
51.static void enter_atomic_m0_c1_s5_Randueberwachung(void);
52.static void enter_internal_m0_c1_s5_Randueberwachung(void);
53.static void exit_atomic_m0_c1_s5_Randueberwachung(void);
54.static void exit_internal_m0_c1_s5_Randueberwachung(void);
55.static void exit_atomic_m0_c1_s7_Initialisierung(void);
```

Die zentrale Funktion des Statecharts (Zeile 56ff) lässt ebenfalls die Struktur des Diagramms erkennen. Das Chart wird bei der ersten Ausführung initialisiert (Zeile 59-77), wenn das nicht bereits geschehen ist und die Auswertung (Zeile 59) ergibt, dass einer der drei Zustände Initialisierung, Betrieb oder Stop aktiv ist. Ist bereits einer der drei Substates des Charts aktiv, wird über case-Anweisungen entsprechend verzweigt (Zeile 81 bzw. 161 bzw. 191). Der aktive Zustand Betrieb kann bei Erfüllung der Transitionsbedingung $X < XL - 2 \cdot X_{grenz}$ oder $X > XR + 2 \cdot X_{grenz}$[2] verlassen werden (Zeile 86f), indem zuerst den inneren Zuständen (Zeile 93) und anschließend dem Zustand Betrieb selber (Zeile 94) die Aktivität entzogen wird. Anschließend wird die oberste Chartebene in den Zustand Stop versetzt (Zeile 99). Ist der Zustand Betrieb aktiv und die Transitionsbedingung nicht erfüllt, werden die Substates ausgewertet (Zeile 111 bzw. 150) usw.

```
56.void sicherheitssteuerung_sfun_c1(void)
57.{
...
59.  if(chartInstance.State.is_active_sicherheitssteuerung_sfun_c1 == 0) {
...
61.     chartInstance.State.is_active_sicherheitssteuerung_sfun_c1 = 1;
...
68.     if(chartInstance.State.is_sicherheitssteuerung_sfun_c1 !=
```

---

[2] Eine der beiden Ungleichungen ist erfüllt, wenn sich der Schlitten außerhalb eines vordefinierten Bereichs befindet, der die Begrenzungsschalter und ein weiteres Wegstück rechts und links davon umfasst.

```
69.     IN_m0_c1_s7_Initialisierung) {
70.        chartInstance.State.is_sicherheitssteuerung_sfun_c1 =
71.           IN_m0_c1_s7_Initialisierung;
...
77.     }
...
79.  } else {
80.     switch(chartInstance.State.is_sicherheitssteuerung_sfun_c1) {
81.        case IN_m0_c1_s1_Betrieb:
...
86.           if(CV_TRANSITION_EVAL(6, (_SFD_CCP_CALL(6,0,(InputData_m0_c1_d2_X <
87.              m0_c1_d8_XL - 2.0 * m0_c1_d10_X_grenz)) != 0
88.              ) || (_SFD_CCP_CALL(6,1,(InputData_m0_c1_d2_X > m0_c1_d9_XR + 2.0 *
89.              m0_c1_d10_X_grenz)) != 0)) != 0) {
...
93.              exit_internal_m0_c1_s1_Betrieb();
94.              exit_atomic_m0_c1_s1_Betrieb();
...
97.              if(chartInstance.State.is_sicherheitssteuerung_sfun_c1 !=
98.              IN_m0_c1_s8_Stop) {
99.                 chartInstance.State.is_sicherheitssteuerung_sfun_c1
99...                 = IN_m0_c1_s8_Stop;
...
107.             }
...
109.          } else {
110.             switch(chartInstance.State.is_m0_c1_s1_Betrieb) {
111.                case IN_m0_c1_s2_Begrenzungsschalter:
...
150.                case IN_m0_c1_s5_Randueberwachung:
...
154.                default:
...
157.             }
158.          }
...
161.       case IN_m0_c1_s7_Initialisierung:
...
191.       case IN_m0_c1_s8_Stop:
...
200.    }
201.  }
...
203.}
```

Die benötigten Funktionen für den Superstate Begrenzungsschalter (Zeile
233ff) geben wieder

- auf welchen Wert die Variable des Elternzustands **Betrieb** gesetzt wird,
  wenn eine Transition in den Zustand **Begrenzungsschalter** hinein ausgeführt wird (Zeile 233-240),
- auf welchen Wert die Variable des Elternzustands **Betrieb** gesetzt wird,
  wenn eine Transition aus dem Zustand **Begrenzungsschalter** heraus ausgeführt wird (Zeile 242-249),
- auf welchen Wert die Variable des Zustands **Begrenzungsschalter** gesetzt wird, wenn der Zustand verlassen wird, weil eine Transition aus
  Begrenzungsschalter heraus ausgeführt wird (Zeile 251-274).

```
233.static void enter_atomic_m0_c1_s2_Begrenzungsschalter(void)
234.{
...
237.    chartInstance.State.is_m0_c1_s1_Betrieb
```

```
237... = IN_m0_c1_s2_Begrenzungsschalter;
...
240.}
...
242.static void exit_atomic_m0_c1_s2_Begrenzungsschalter(void)
243.{
...
246.   chartInstance.State.is_m0_c1_s1_Betrieb = IN_NO_ACTIVE_CHILD;
...
249.}
...
251.static void exit_internal_m0_c1_s2_Begrenzungsschalter(void)
252.{
253.   switch(chartInstance.State.is_m0_c1_s2_Begrenzungsschalter) {
254.   case IN_m0_c1_s3_L:
...
258.     chartInstance.State.is_m0_c1_s2_Begrenzungsschalter
258...      = IN_NO_ACTIVE_CHILD;
...
261.     break;

262.   case IN_m0_c1_s4_R:
...
266.     chartInstance.State.is_m0_c1_s2_Begrenzungsschalter
266...      = IN_NO_ACTIVE_CHILD;
...
269.     break;

270.   default:
...
272.     break;
273.   }
274.}
...
```

Bereits dieses einfache Statechart umfasst mehr als 1000 Zeilen Code ohne die benötigten Headerdateien mit weiteren Compiler-Makros und SIMULINK-Schnittstellen. Deren Anteil am Gesamtquelltext sinkt mit steigender Komplexität des Charts. Auch wird aufgrund der automatisierten Quelltexterzeugung oftmals umständlicher Code für einzelne Zustände oder Transitionen erzeugt, der von Hand deutlich effizienter geschrieben werden könnte. Der Komfort-Gewinn bei der grafischen Modellerstellung wiegt diesen Overhead in der Regel auf.

6.4 Hybride Simulation

6.4.1 Problemstellung

Bei der Simulation rein kontinuierlicher Systeme wird davon ausgegangen, dass es sich bei dem Modell um ein stetiges und differenzierbares System handelt. Auf diesen Voraussetzungen bauen alle klassischen, numerischen Integrationsalgorithmen auf. Stetigkeit und Differenzierbarkeit gehen bei hybriden Systemen aber im Normalfall verloren, wenn sich durch das Auftreten von Ereignissen die Zustandsvariablen oder die Dynamik des Systems ändern. Schon eine einfache Unstetigkeit, wie das Zweipunktglied aus Abb. 6.15a, führt bei der numerischen Simulation eines im übrigen kontinuierlichen Systems zu erheblichen Schwierigkeiten bei der Integration der Differentialgleichungen. Wird ein Integrationsalgorithmus mit fester Schrittweite verwendet, so wird der *Umschaltzeitpunkt* nicht richtig ermittelt und es kommt zu sogenannten *timing errors*, die zu grob fehlerhaften Ergebnissen führen können. Eine genauere Bestimmung des Umschaltzeitpunktes ist bei Verfahren mit *Schrittweitenanpassung* möglich. Bei diesen wird mit Erreichen des Umschaltzeitpunktes durch den bei der Integration auftretenden Fehler die Schrittweite verkleinert. Bei entsprechend eingestellter Genauigkeit und den daraus resultierenden sehr kleinen Schrittweiten wird allerdings ein Großteil der Rechenzeit einer Simulation zum Auffinden von Umschaltzeitpunkten verbraucht.

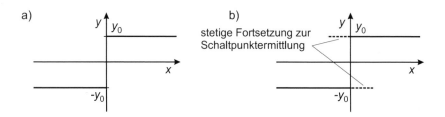

Abb. 6.15. a) Unstetiges Element mit b) stetiger Fortsetzung zur Schaltpunktermittlung

Die Integration mit den im Umschaltzeitpunkt erforderlichen, extrem kleinen Schrittweiten hat aber auch noch weitere Nachteile. Die Schrittweitensteuerung beruht normalerweise auf dem Vergleich der Ergebnisse zweier Integrationsverfahren mit unterschiedlicher Ordnung. Bei sehr kleinen Schrittweiten verhalten sich aber alle Algorithmen wie das Euler-Verfahren und zusätzlich wird die Konditionierung des Problems schlecht, wodurch eine korrekte Schrittweitensteuerung nicht mehr gewährleistet ist und nur noch mit erster Ordnung integriert wird. Auf diese Weise können völlig fehlerhafte Ergebnisse entstehen. Die gleichen numerischen Probleme treten auf, wenn man versucht die Diskontinuitäten, die, wie im vorrangegangenen Kapitel beschrieben, vielfach durch Abstraktion entstehen, durch einen hohen lokalen Gradienten oder eine exaktere Modellierung der tatsächlichen physikalischen Gegebenheiten zu vermeiden. Durch letzteres entstehen sogenannte *steife Systeme* mit stark unterschiedlichen maßgeblichen Zeitkonstanten und es wird vielfach auch nur die Simulationszeit vergrößert, ohne die angestrebte Genauigkeit zu erreichen.

Um ein hybrides System korrekt simulieren zu können, muss letztlich verhindert werden, dass der kontinuierliche Integrationsalgorithmus über eine Diskontinuität hinweg integriert, da er aus den oben genannten Gründen hierfür nicht geeignet ist. Eine Vorgehensweise zur Simulation hybrider Systeme, die diesen Umstand berücksichtigt, ist die Ermittlung der Umschaltzeitpunkte oder die *Ereignisdetektion*, wie in Abb. 6.15b dargestellt, zunächst mit der stetigen Fortsetzung von y vor der Umschaltung über die Schaltbedingung hinweg integriert. Wird während eines Simulationsschrittes die Verletzung einer Schaltbedingung festgestellt, wird die Simulation unterbrochen und der genaue Schaltzeitpunkt durch Iteration bestimmt. Die Iteration selbst kann als Nullstellensuche einer Funktion formuliert werden, wodurch im Prinzip alle Nullstellensuchverfahren (Regula Falsi, Bisektionsverfahren, etc.) zur Lösung in Frage kommen. Anschließend wird die Simulation mit den neuen Bedingungen fortgesetzt bzw. wieder gestartet. Auf diese Weise wird es auch ohne Probleme möglich, erforderlichenfalls nach dem Schalten die Modellstruktur und -ordnung zu ändern wenn gleichzeitig die geänderte Bedeutung der einzelnen Zustände bei ihrer (Re-) Initialisierung berücksichtigt wird.

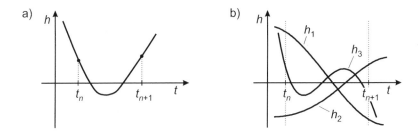

Abb. 6.16. a) Unbemerktes Ereignis und b) mehrere Ereignisse in einem Simulationsschritt

In einigen Fällen kann aber auch die beschriebene Vorgehensweise zur Ermittlung des Umschaltzeitpunktes zu Problemen führen. Im allgemeinen Fall wird eine Schaltbedingung durch die Funktion

$$h\bigl(t, \mathbf{x}(t)\bigr) = 0 \qquad (6.49)$$

beschrieben, deren Nullstellen den Ereigniszeitpunkten entsprechen. Hat eine solche Funktion mehrere Nulldurchgänge in einem Simulationsschritt, kann es, wie in Abb. 6.16a dargestellt, vorkommen, dass ein Ereignis nicht bemerkt wird. Diesem kann nur durch eine Verringerung der maximalen Schrittweite begegnet werden.

Abbildung 6.16b zeigt den Fall von mehreren Ereignissen infolge mehrerer Schaltbedingungen in einem Simulationsschritt. Hier muss durch ein entsprechendes Iterationsverfahren sichergestellt werden, dass das zuerst auftretende Ereignis ermittelt wird. Letztlich ist die Integration mit dem Modell vor dem Umschaltzeitpunkt über diesen hinweg in einen eigentlich nicht zulässigen Bereich nicht ganz unproblematisch. Insbesondere, wenn das Modell bzw. die Schaltbedingung h dort nicht definiert ist (wie z. B. eine Wurzelfunktion, deren

Argument nach der Schaltbedingung negativ wird), kann es zu Fehlermeldungen während der Simulation oder zum Abbruch der Simulation kommen.

6.4.2 Matlab/Simulink/Stateflow

In den Abbildungen 6.17 bis 6.21 werden mehrere Möglichkeiten gezeigt, ein Chart unter STATEFLOW aufzuwecken (zu aktivieren). Simuliert wird ein sinusförmiger Verlauf der Position des Doppelpendelschlittens. Der zur Verfügung stehende Verfahrweg beträgt $1\,m$, allerdings werden bei einer Position betragsmäßig größer als $\pm 0,3\,m$ die Begrenzungsschalter in Form eines Hebels umgelegt, so dass parallel hierzu im entsprechenden Statechart der Zustand `Begrenzungsschalter/Links` bzw. `/Rechts` aktiv werden soll, bis der mittlere Bereich der `Randueberwachung` (RÜ) wieder erreicht ist.

In allen Fällen ist das Chart auf die Aufweck-Methode *Triggered/Inherited* eingestellt (sh. Abschnitt 3.3.1), als Löser wurde ein Runge-Kutta-Algorithmus mit Schrittweitenanpassung gewählt. Die Abbildungen sind jeweils gleich aufgebaut, oben befindet sich die Ansicht des SIMULINK-Modells, darunter das eingebundene Statechart und unten in der Abbildung ist der Verlauf der Schlittenposition und die Auswertung durch das Statechart zu sehen, welche die Position in einen der drei Bereiche einteilt. In der Tabelle 6.3 werden einige wichtige Eigenschaften der Modelle zusammengefasst.

In Abb. 6.17 wird die Schlittenposition x über einen kontinuierlichen Eingang eingelesen. Da das Chart keine Triggereingänge besitzt, wird es nur abgearbeitet, wenn der Löser entscheidet, dass der vorhergehende Block, der das Sinussignal ausgibt, neu berechnet werden muss. Zu diesen Zeitpunkten, die im Zeitverlauf eingekreist sind, wird auch das Chart abgearbeitet und z. B. im Zustand `Randueberwachung` überprüft, ob $X < XL$ oder $X > XR$. Allerdings erkennt man deutlich, dass der exakte Umschaltpunkt von $X = XL$ bzw. $X = XR$ meist deutlich verfehlt wird, da das Chart zu spät ausgeführt wird. Dieser Fehler wird bei den weiteren vier Varianten vermieden.

Werden bereits im kontinuierlichen Teil über den Block *Zero Crossing Detection* Nulldurchgänge erkannt und daher zusätzliche Schritte eingefügt (Abb. 6.18), können die Umschaltzeitpunkte exakt bestimmt werden. Diese Lösung liefert die größte Übersicht im SIMULINK-Modell.

Die Erzeugung von Ereignissen am Triggereingang (Abb. 6.19) ist unter SIMULINK – insbesondere wenn andere Werte als Null mit steigender oder fallender Flanke passiert werden – etwas unübersichtlicher als die vorhergehende Lösung. Allerdings ist diese Modellierung des Statecharts von Vorteil im Sinne einer ereignisorientierten Darstellung und liefert unter STATEFLOW ein besser zu überblickendes Chart. Besonders im Hinblick auf die Rechenzeit liefert diese Modellierungsform die besten Ergebnisse, da das Chart nur bei Nulldurchgängen ausgeführt wird. Diese Form ist – zumindest für rechenzeitkritische Anwendungen – die empfohlene Variante, wenn nicht während jedes Simulationsschritts Berechnungen innerhalb des Statecharts ausgeführt werden sollen.

In Abb. 6.20 liegt das Ausgangssignal der Blöcke zur *Zero Crossing Detection* als Eingangssignal mit dem Wert 1 oder 0 am Statechart an. Bei dieser Modellierungsart wird im Vergleich zu der eher simulationsorientierten Darstellung in Abb. 6.17 und Abb. 6.18 berücksichtigt, dass an der Doppelpendelanlage tatsächlich die Signale der Begrenzungsschalter von der Steuerung verarbeitet werden müssen und diese nicht aus der Schlittenposition x erzeugt werden.

Beispielhaft ist in Abb. 6.21 dargestellt, wie – bei gleichem SIMULINK-Modell im Vergleich mit Abb. 6.20 und bei kontinuierlichen Eingängen – eine ereignisorientierte Modellierung unter STATEFLOW erfolgen kann. Das geschieht, indem bei jedem Nulldurchgang, der durch ein Signal mit dem Wert 1 angezeigt wird, das entsprechende Ereignis in einem parallel abgearbeiteten Superstate erzeugt wird. Der zusätzliche Aufwand bei der Erstellung geht mit weiteren Elementen auf der obersten Statechartebene einher, welche die Verständlichkeit des zuvor sehr übersichtlichen Statecharts verschlechtern. Bei großen hierarchisch aufgebauten Statecharts ist diese Methode allerdings vorteilhaft einzusetzen.

Abb.	6.17	6.18	6.19	6.20	6.21
Zero Crossing Detection	-	+	+	+	+
Übersichtlichkeit unter SIMULINK	+	o	-	-	-
Ereignisorientierung unter STATEFLOW	-	-	+	-	+
geringe Rechenzeit und Aufweckanzahl	-	-	+	-	-

Tab. 6.3. Vergleich der Aufweckmethoden der Modelle Abb. 6.17 bis 6.21

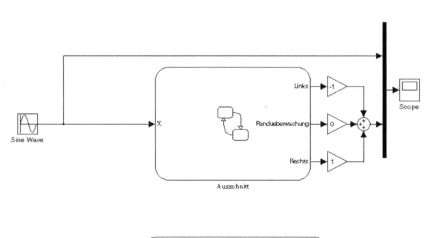

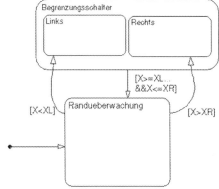

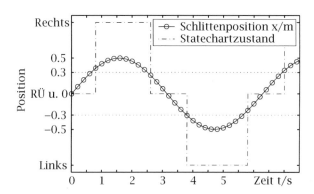

Abb. 6.17. Aufwecken bei Berechnung des kontinuierlichen Modellteils

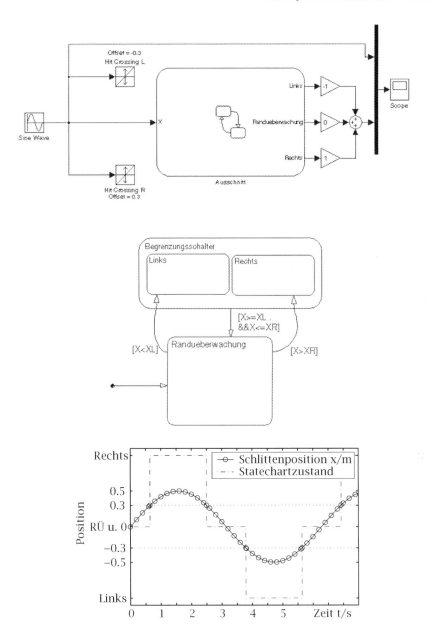

Abb. 6.18. Aufwecken bei Berechnung des kontinuierlichen Modellteils mit Zero-Crossing-Detection

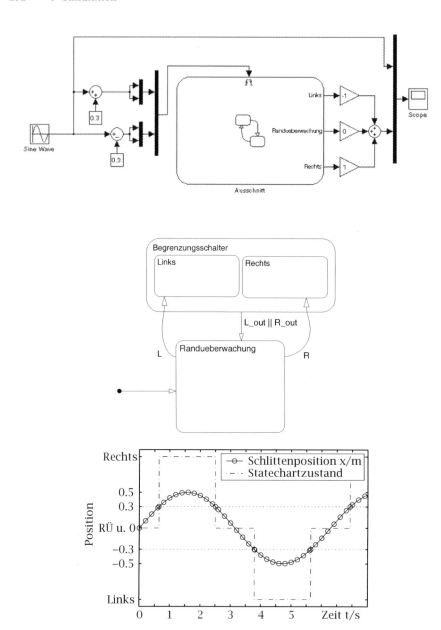

Abb. 6.19. Aufwecken über Triggereingang bei Nulldurchgang mit steigender oder fallender Flanke

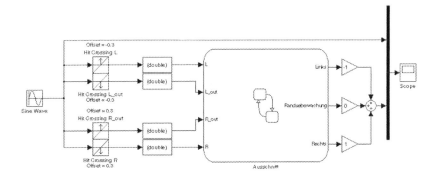

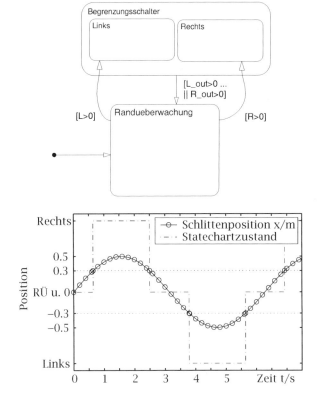

Abb. 6.20. Kontinuierliche Signaleingänge aus Zero-Crossing-Detection

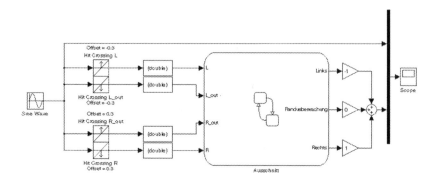

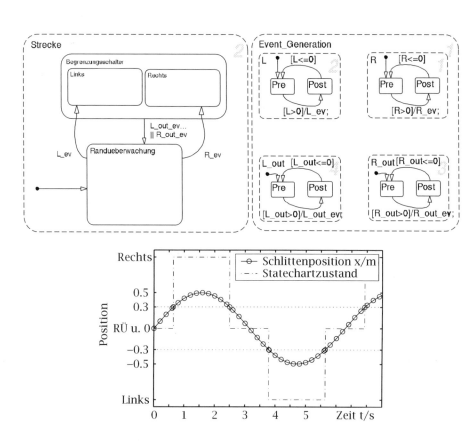

Abb. 6.21. Kontinuierliche Signaleingänge aus Zero-Crossing-Detection und Ereignis-Generierung

7

Rapid Control Prototyping

7.1 Anforderungen an ein RCP-System

Die in den vorangehenden Kapiteln 2 bis 6 dargestellten Methoden und Verfahren werden genutzt, um bei dem Rapid Control Prototyping anhand erstellter Modelle mit breiter Software-Unterstützung modellbasierte Funktionsentwicklung zu betreiben und automatisiert Tests durchführen zu können.

Die technischen Rahmenbedingungen sind hierfür zunächst in einem Lastenheft festzuhalten. Hierbei ist genau zu spezifizieren, welche Funktionen entwickelt werden sollen und unter welchen technischen Rahmenbedingungen (Signalverarbeitung, Rechenleistung der verwendeten Hardware, Sicherheitsaspekte, Echtzeitanforderungen, ...) dies geschehen kann. Im Lastenheft werden alle Spezifikationen festgehalten, die der Auftraggeber fordert.

Nachdem alle gewünschten Anforderungen im Lastenheft durch den Auftraggeber festgehalten wurden, wird in einem Pflichtenheft vom Auftragnehmer dessen Lösung definiert, die dann im Folgenden umzusetzen bzw. zu entwickeln ist. Prinzipiell ist es möglich, dass im Lastenheft nicht realisierbare Anforderungen formuliert werden. Beispielsweise kann vorkommen, dass während der Entwicklung festgestellt wird, dass getroffene Annahmen nicht gültig sind, sich Rahmenbedingungen geändert haben oder Ähnliches. Dies führt dann zu iterativen Modifikationen der Spezifikationen.

Die wesentliche Anforderung an ein RCP-System besteht daher darin, die Entwicklungsschritte zum Entwurf einer Automatisierungsfunktion durch eine durchgängige Werkzeugkette abzubilden. Einzelne Schritte sind dabei

I. Modellbildung und Simulation der Aufgabenstellung in einer grafischen Programmierumgebung (im Idealfall führt dies zu einer ausführbaren Spezifikation).

II. Entwurf der Automatisierungsfunktion ausgehend vom Modell der Strecke.

III. Grafische Programmierung der Regelung/ Steuerung. Die Symbolik soll für einen möglichst großen Anwenderkreis leicht verständlich sein.

IV. Erprobung mit Hilfe eines echtzeitfähigen Rapid-Prototyping-Rechners (sog. Software-in-the-Loop).

V. Portierung, Codegenerierung und Optimierung für die Zielhardware.

VI. Erprobung der programmierten Zielhardware am simulierten Prozess (sog. Hardware-in-the-Loop).

VII. Dokumentation der entworfenen Lösung.

Die Reihenfolge der Schritte kann dabei auch anders gestaltet sein. Beispielsweise kann die Erprobung mit Hilfe eines Rapid-Prototyping-Rechners entfallen oder es kann nötig werden, nach der Code-Generierung den Regel-/Steuerungsalgorithmus anzupassen und aus diesem Grunde die ersten Schritte zu wiederholen. Die Forderung nach Echtzeitfähigkeit wird in Abschnitt 7.2 vertieft.

Der Grad der Standardisierung und Automatisierung soll möglichst hoch sein, um den Entwicklern wiederkehrende Arbeiten abzunehmen und dadurch Fehlerquellen auszuschalten. Durch die Erhöhung des Abstraktionsgrades, wie es durch grafische Programmierung geschieht, kann in der gleichen Zeit von einem Programmierer effizienter gearbeitet werden. Beispielsweise ist die Programmierung in höheren Programmiersprachen bezüglich einer Problemstellung häufig[1] einfacher und effizienter als die Lösung der Aufgabe auf Assembler-Ebene. Gleiches gilt für die grafische Programmierung, durch welche der Entwurfsingenieur sich mehr auf die Problemlösung als auf die programmiertechnische Umsetzung konzentrieren kann. Andererseits muss durch eine RCP-Umgebung sichergestellt werden, dass eine Einbindung vorhandenen (C-)Codes ebenso wie eine händische Nachoptimierung – wenn auch in dem Entwicklungsprozess nicht vorgesehen – möglich ist.

Durch den Einsatz der grafischen Programmierung wird auch die Dokumentation vereinfacht, da diese Art der Softwareentwicklung auf hohem, gut lesbaren Abstraktionsniveau bereits als Dokumentation dienen kann. Bei der C-Code-Generierung soll der erstellte Quelltext automatisch kommentiert werden, damit dieser für den Benutzer besser lesbar wird. Die Kommentierung soll dabei vom Benutzer beeinflussbar sein, um sie den individuellen Erfordernissen anpassen zu können. Erwähnenswert ist, dass eine Rückdokumentation „nach oben", also in die grafische Programmierumgebung, bei Änderungen von Strukturen oder Parametern „unten", also im generierten C-Code, in der Regel nicht möglich ist. Problematisch wird dies, wenn der Source-Code manuell modifiziert wird, und diese Änderungen im weiteren Verlauf nicht im grafischen Modell sichtbar sind.

---

[1] Ausnahmen bilden Anwendungen, die hinsichtlich Speicherbedarf und Ausführungszeit in höchstem Maße optimiert sein müssen.

7.2 Echtzeitprogrammierung

Bevor die einzelnen Entwurfsphasen detaillierter diskutiert werden, soll in diesem Abschnitt soll auf besondere Probleme bei der Echtzeitprogrammierung eingegangen werden. Ziel ist es hier nicht, eine umfassende und vollständige Darstellung zu geben, vielmehr soll dafür sensibilisiert werden, welche Randbedingungen für Echtzeitanwendungen existieren.

Echtzeit bedeutet nach Definition **nicht**, dass das betreffende Automatisierungssystem verzugsfrei antworten muss. Vielmehr ist ausschlaggebend, dass das System innerhalb einer definierten Zeit auf ein bestimmtes Ereignis reagiert hat. Dies muss in Echtzeitumgebungen sichergestellt sein. Man spricht in diesem Zusammenhang auch von deterministischem Verhalten. Bei langsamen Prozessen (Kohlekraftwerke, Hochöfen, usw.) können dabei auch Zeiten im Sekunden- oder Minutenabstand ausreichend sein. Bei Lageregelungen in Flugzeugen oder beispielsweise in ABS-Systemen sind bedeutend kleinere Antwortzeiten notwendig.

Bei den Anforderungen an das zeitliche Verhalten von Echtzeit-Programmen wird unterschieden zwischen

- Forderungen nach Rechtzeitigkeit und
- Forderungen nach Gleichzeitigkeit.

Die Forderung nach *Rechtzeitigkeit* der Datenverarbeitung bedeutet, dass Eingabedaten rechtzeitig abgerufen werden und dass die aus den Eingabedaten ermittelten Ausgabedaten rechtzeitig verfügbar sein müssen. „Rechtzeitig" bezieht sich hierbei immer auf die Anforderungen des betreffenden technischen Prozesses. Die auf diese Weise umschriebenen Zeitbedingungen lassen sich einteilen in

- Absolutbedingungen, d. h. Bedingungen, die bezogen auf die Uhrzeit festliegen (Signal zur Abfahrt eines Zuges zu einer bestimmten Uhrzeit), und
- Relativzeitbedingungen, d. h. Bedingungen, die relativen, noch bevorstehenden stochastischen Ereignissen gelten (z. B. Ausgabe eines Abschaltsignals 10 Sekunden nach Grenzwertüberschreitung eines Messwertes).

Die Forderung nach *Gleichzeitigkeit* ergibt sich aus der Tatsache, dass Echtzeit-Rechensysteme auch auf Vorgänge in ihrer „Umwelt" reagieren müssen, die gleichzeitig ablaufen. So müssen beispielsweise bei den Regelungen der Temperatur eines Heizungssystems mehrere gleichzeitig anfallende Messwerte erfasst und ausgewertet werden, gegebenenfalls müssen auch gleichzeitig mehrere Stellsignale ausgegeben werden.

Ein grundsätzliches Problem der Verarbeitung von Daten in Echtzeit ist nach [74] die Problematik, dass eine seriell arbeitende CPU quasi gleichzeitig auf mehrere Ereignisse reagieren soll. Dies wird im Allgemeinen dadurch erreicht, dass die CPU gegenüber der Dynamik des zu regelnden Prozesses ausreichend schnell ist.

Für die Auslegung einer Rechnerhardware, auf welcher ein Echtzeitsystem realisiert werden soll, ist im Vorfeld zu spezifizieren, welchen Randbedingungen das System genügen muss. Dabei ist beispielsweise festzulegen, mit welchen Abtastfrequenzen gearbeitet werden soll, wie groß die Reaktionszeit auf ein Ereignis sein darf, usw. Häufig sind solche Systemen auch mechanischen und thermischen Belastungen ausgesetzt, die unter keinen Umständen zum Ausfall des System führen dürfen.

Für die Auslegung muss die maximale Prozessorbelastung abgeschätzt werden, was häufig a priori schwer fällt, da erst im Laufe der Softwareentwicklung der tatsächliche Rechenbedarf genau bekannt wird. Einen Ausweg hieraus werden möglicherweise nach [75] UML (Unified Modeling Language) oder ähnliche Ansätze (beispielsweise über Giotto, einen Compiler [80], welcher für Echtzeitanwendungen entwickelt wurde) bieten, welche durch Angabe von Randbedingungen bereits während der Softwareentwicklung die Untersuchung der Software auf Erfüllung der Vorgaben durchführen können. In wie weit sich allerdings solche Konzepte in RCP-Umgebungen integrieren lassen (ein einfaches Problem ist beispielsweise die Verwendung von C-Code, welcher in UML nicht problemlos einzubinden wäre) und durchsetzen werden, ist unklar.

Die Programmierung von echtzeitfähiger Software kann entweder *synchron* oder *asynchron* erfolgen. Die einzelnen Software-Module werden im Folgenden als Tasks bezeichnet (eine Task soll nach [74] als eine „[...] Programmeinheit, die dem Betriebssystem bekannt ist und eine eindeutige Priorität besitzt. Die Priorität wird entweder physikalisch [...] oder logisch vergeben." verstanden werden). Die *synchrone* Programmierung zeichnet sich dadurch aus, dass alle abzuarbeitenden Tasks immer in der gleichen Reihenfolge, nacheinander in einem regelmäßigen Zeittakt abgearbeitet werden. Dabei ist es möglich, einzelne Tasks nur in Vielfachen des Zeittaktes aufzurufen. Die synchrone Programmierung wird erfolgreich für zyklische Aufgaben eingesetzt. Wichtig ist, dass der Programmablauf (also die Aufrufreihenfolge der einzelnen Tasks) *vor* der Ausführung bekannt ist. Dadurch gelingt es bei synchroner Programmierung leichter zu beurteilen, ob die Zielhardware leistungsfähig genug ist, da ein „worst-case" als Abschätzung einfach durch Addition der Einzelausführzeiten der Tasks bestimmt werden kann, die im ungünstigsten Fall aufgerufen werden. Die synchrone Programmierung wird häufig über einen Timer realisiert. Ein solcher löst in regelmäßigen Zeitabständen einen Interrupt aus, welcher vom System in der Ausführung einer sogenannten Interrupt Service Routine (ISR) mündet. Der Programmcode der ISR dient dem Aufrufen der einzelnen Tasks. Der Programmierer muss sicherstellen, dass die Ausführung der ISR, inklusive der von dieser aufgerufenen Tasks, bis zum Auslösen des nächsten Interrupts beendet ist. Die synchrone Programmierung bietet sich an für kleinere Projekte und solche, bei welchen kein Echtzeitbetriebssystem zur Verfügung steht. Die Anforderungen an ein Echtzeitbetriebssystem, welches für die synchrone Programmierung eingesetzt werden kann, sind gering. Weitgehend besteht die Echtzeitunterstützung in der Programmierung eines

Timers, welcher in regelmäßigen Abständen einen Interrupt auslöst und die ISR aufruft. Eine Berücksichtigung von Prioritäten usw., wie es im Folgenden bei der asynchronen Programmierung beschrieben wird, findet beim synchronen Programmieren nicht statt.

Die *asynchrone* Programmierung wird unter anderem eingesetzt, wenn auf unvorhersehbare Ereignisse reagiert werden muss. Beispielsweise soll eine Anlage über einen Not-Aus-Schalter jederzeit in einen sicheren Zustand überführt werden können. Mit den Mitteln der synchronen Programmierung müsste in zyklischen Abständen dieser Schalter abgefragt werden, was erstens zu einer Erhöhung der Zykluszeit führt und zweitens zu einer maximalen Verzögerung von einem Zyklus, bis das Programm auf den Schalter reagieren kann. Bei der asynchronen Programmierung werden nun verschiedene Ereignisse (externe, wie z. B. Not-Aus, Benutzereingaben oder interne, wie beispielsweise das Starten einer Task für das Aufnehmen von Messwerten durch das Hauptprogramm) durch Interrupt-Anforderungen oder ähnliche Mechanismen direkt bei deren Eintreten bearbeitet. Dabei kommt es vor, dass mehrere Tasks um die Rechenzeit konkurrieren. Es wird nach einem Prioritätensystem entschieden, welche Task Rechenzeit bekommt. In asynchron gestalteten Programmen besteht durch die *nicht* deterministische Task-Aufrufreihenfolge die Gefahr, dass sich einzelne Tasks gegenseitig überholen.

Grundlegend für Echtzeitbetriebssysteme sind zum einen die Eigenschaft, bestimmte Tasks in definierten Zeitabschnitten auszuführen und zum anderen, auf auftretende Ereignisse direkt (bzw. in einem definierten Zeitraum) zu reagieren. Sowohl das Wechseln zwischen Tasks wie auch die Reaktion auf Ereignisse ist häufig prioritätsgesteuert. Beispielsweise besitzen Tasks, die Sicherheitsaspekte überwachen, eine hohe Priorität, da deren Funktionieren gewährleistet werden muss. Wird eine niederpriore Task ausgeführt und soll ein höherpriore Task ausgeführt werden (beispielsweise, weil ein Ereignis eingetreten ist, auf welches reagiert werden muss, oder weil das Zeitraster für die höherpriore Task eingehalten werden muss), wird die Task mit der niederen Priorität durch den Scheduler des Betriebssystems unterbrochen, die höherpriore Task ausgeführt und anschließend die unterbrochene Task weiter abgearbeitet (siehe dazu Abb. 7.1). Der Scheduler übernimmt in einem Echtzeitbetriebssystem die Aufgabe, zu entscheiden, welche Task den Prozessor zugeordnet bekommt. Diese Entscheidung wird häufig nach Priorität getroffen.

In Abb. 7.1 wird die Task 1 mit niedriger Priorität regelmäßig aufgerufen. Zum Zeitpunkt t_1 wird durch ein externes Ereignis über eine Unterbrechung (Interrupt) dem Scheduler mitgeteilt, dass ein Ereignis auf Bearbeitung wartet. Da die auszuführende Task 2 eine höhere Priorität als die Task 1 hat, wird letztere unterbrochen und Task 2 anschließend ausgeführt. Nach deren Ende zum Zeitpunkt t_2 wird mit dem Rest der Task 1 fortgefahren. Zum Zeitpunkt t_3 wird die laufende Task 1 durch die Task 3 unterbrochen. Zum Zeitpunkt t_4 wird dem Scheduler gemeldet, dass Task 2 aufgerufen werden soll. Da diese eine niedrigere Priorität als Task 3 hat, wird dem Gesuch nach Prozessorleistung hier nicht entsprochen. Erst nach dem Ende der Task 3 (t_5) kann die Task 2 ausgeführt werden und anschließend (t_6) die anfänglich unterbrochene Task 1 beendet werden.

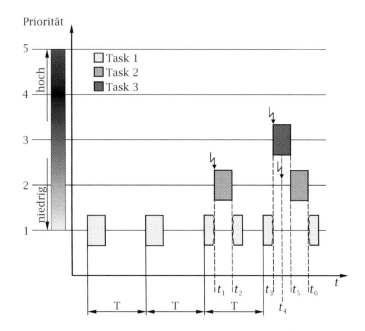

Abb. 7.1. Aufrufschema priorisierter Tasks durch den Scheduler

Die Abarbeitung nach dem Prioritätsprinzip birgt Gefahren. Man stelle sich eine hochpriore Task vor, die von niederprioren Tasks aufbereitete Daten weiterverarbeitet. Diese Task bekommt vom Scheduler den Prozessor zugeteilt. Im Folgenden wartet diese Task (z. B. durch regelmäßiges Abfragen einer Variablen oder durch Funktionsaufruf), bis bestimmte Daten zur Verfügung gestellt werden. Da die Daten durch Tasks mit niedrigerer Priorität bereitgestellt werden, diese aber durch die wartende Task mit der höheren Priorität keine Prozessorzeit zugeteilt bekommen, „hängt" das System. Auswege ergeben sich durch eine abweichende Prioritätsverteilung (Tasks zur Datenaufbereitung bekommen höhere Priorität) oder dadurch, dass sich die wartende Task für kurze Zeiten „schlafen legt" und damit Prozessorkapazität freigibt.

Eine weitere Gefahr bei der Verwendung mehrerer parallel arbeitender Tasks ist der Zugriff auf gemeinsame, globale Datenbereiche. Greifen zwei Tasks gleichzeitig unkoordiniert auf einen gemeinsamen Speicherbereich zu, ist der Zustand dieses Bereichs nicht mehr definiert. So kann beispielsweise ein Schreibzugriff einer Task unterbrochen werden, die unterbrechende Task schreibt ihre Werte in den Speicher, überschreibt damit die Daten der unterbrochenen Task. Setzt anschließend die unterbrochene Task den Schreibvorgang fort, liegen ungültige Daten vor. Auswege sind die Benutzung von Betriebssystemfunktionen zum Datenzugriff und die massive Einschränkung globaler Variablen. Diese Betriebssystemfunktionen bedienen sich beispielsweise Mailboxen: Daten werden vom Betriebssystem geschrieben und erst nach erfolgreicher Ablage für andere Tasks freigegeben. Dabei kommen unter anderem Semaphoren zum Einsatz. Dies sind Flags, welche über Betriebssystemfunktionen gesetzt und ausgelesen werden können und damit beispielsweise Auskunft über das Vorhandensein von Daten geben.

In der Praxis ist die Verwendung globaler Variablen häufig einfacher. Von Fall zu Fall ist abzuwägen, ob das Risiko vertretbar ist oder etwas mehr Programmieraufwand betrieben werden soll.

Ein weiteres Problem, welches der Programmierer von Echtzeitapplikationen beachten muss, ist die gleichzeitige Benutzung von Ressourcen (z. B. Bildschirm, Datenspeicher, Drucker, usw.) durch mehrere Tasks. Sollten beispielsweise zwei Tasks gleichzeitig auf dem Drucker etwas ausgeben und wird dies nicht entsprechend durch das Betriebssystem unterstützt bzw. koordiniert, ist leicht ersichtlich, dass das Ergebnis nicht das gewünschte sein wird.

Desweiteren ist die Fehlersuche unter Echtzeitbedingungen beachtenswert. Durch Haltepunkte (sogenannte Breakpoints) oder das schrittweise Durchgehen von Programmen, welches unter nicht echtzeitfähigen Programmen ein hilfreiches Werkzeug ist, sind einzelne Tasks durchaus zu untersuchen. Allerdings erfolgt dies dann nicht mehr in Echtzeit, da die Task an entsprechender Stelle angehalten wird! Auch ist das Zusammenspiel verschiedener Tasks untereinander, das Timing, auf diese Weise nicht zu untersuchen.

Es existieren Geräte zur Untersuchung bestimmter Signale auf Bussen. Mit diesen kann beispielsweise das Auslösen von Unterbrechungen (Interrupts) überprüft werden. Möglichkeiten zum Debuggen ergeben sich auch durch Ausgeben bestimmter Signale an bestimmten, definierten Code-Stellen. Dabei können relevante Informationen (Zeitpunkt, Merkmal zur Identifikation, Werte verschiedener Variablen) beispielsweise in eine Datei geschrieben werden oder ausgedruckt werden. Diese beiden Verfahren eignen sich für eher langsame Prozesse. Das Ansprechen von digitalen Ausgängen oder ähnliche Verfahren ist auch für schnellere Tasks geeignet. Der Programmierer kann auf diese Weise den Programmablauf verfolgen und kontrollieren. Es können dabei beispielsweise die Inhalte bestimmter Variable, der Zeitpunkt oder andere interessante Informationen ausgegeben und kontrolliert werden.

Aufgrund der dargestellten Problematiken ist ersichtlich, dass möglichst viele Tests mit geeigneten Szenarien bereits in frühen Entwicklungsschritten zu definieren sind, um im Bereich der Echtzeitanwendung einen vergleichsweise hohen Reifegrad der entwickelten Lösung zu erzielen.

7.3 Entwicklungsphasen

7.3.1 Systemsimulation

Der Begriff der Systemsimulation wird in unterschiedlichen Disziplinen – nicht nur im Zusammenhang mit der Erstellung von Regelungskonzepten – verwendet. Hierunter fällt zunächst einmal das Bestreben, ein real existierendes oder sich noch in der Entwicklung befindliches System anhand von Gleichungen abzubilden und in Simulationsstudien untersuchen zu können. Mit unterschiedlichen Zielen der Modellierung werden beispielsweise mechanische oder thermische Vorgänge, chemische Reaktionen o. ä. abgebildet. Oftmals stellen bei der Simulation von verfahrenstechnischen Prozessen oder Fertigungsprozessen geeignete Parametersätze, die als Stellgrößen zu gewünschten Produkteigenschaften führen, ein Ergebnis der Untersuchung dar.

Hieraus ist auch ersichtlich, dass in diesem Kontext direkt ein Regelungskonzept untersucht werden kann, das die entsprechenden Stellgrößen nutzt, um die Wirkung von Störungen auf die Ausgangsgrößen zu unterdrücken bzw. den Prozess veränderlichen Führungsgrößen trotz Unsicherheiten folgen lässt.

Das Verhalten einer Regelung wird entscheidend von der Dynamik der Regelkreisglieder bestimmt; daher ist es für die Untersuchung bzw. Auslegung eines Regelungskonzepts erforderlich, die Dynamik des Prozesses zu modellieren. Die in Abschnitt 5.3 beschriebenen Entwurfsverfahren können anhand der Simulation des Prozessmodells durchgeführt werden. Ziel ist der Entwurf einer den Anforderungen genügenden Regelung bzw. Steuerung. Hierzu steht zunächst einmal die volle Rechenleistung der Simulationsplattform zur Verfügung, die es erlaubt, auch anspruchsvollere Algorithmen für die Regelung zu verwenden und zu untersuchen, in wie weit beispielsweise die Anwendung aufwändigerer Verfahren durch ein besseres Gesamtverhalten des geregelten Prozesses den ggf. erforderlichen gerätetechnischen Mehraufwand gegenüber z. B. der Anwendung konventionellen Verfahren rechtfertigen kann. Entsprechend gibt es keine Forderung nach Echtzeitverhalten in der Abarbeitung des Regelalgorithmus, da die Prozesssimulation in der selben Entwicklungsumgebung implementiert ist.

Eine Begrenzung der Rechengenauigkeit, die ein reales Regel- oder Steuergerät mit sich bringen kann, kann bei Bedarf während der Systemsimulation bereits z. B. in SIMULINK durch die Verwendung des Fixed-Point-Blocksets simuliert werden. Von einigen Tools wird die Möglichkeit unterstützt, komfortabel zwischen verschiedenen Datentypen wählen zu können. In der Simulation kann auf diese Weise hohe Genauigkeit durch Fließkomma-Zahlen erreicht oder auch die bei der Realisierung des Reglers auf diesem verfügbare Datentypen verwendet werden.

Ein weiterer Simulationsschritt ist Simulation von Prozess und Regelhardware. Dabei wird die später einzusetzende Zielhardware auf dem Simulationsrechner simuliert. Dies ermöglicht zu einem frühen Zeitpunkt eine Einschätzung und Untersuchung bezüglich der Eignung der ausgewählten Hardware für die gestellte Aufgabe (vgl. Abb. 7.2).

7.3.2 Software-in-the-Loop

Unter „Software-in-the-Loop" wird die prototypische Implementierung des Regelalgorithmus' auf einer Echtzeit-Zielplattform verstanden. Hierzu werden idealerweise Tools verwendet, die es erlauben, für den in der Systemsimulation verwendeten, ggf. grafisch implementierten Algorithmus, automatisch Binär-Code zu generieren (vgl. Abschnitt 7.4). Die Zielplattform wird i. d. R. mit dem realen Prozess verbunden. Ziel ist es, die Robustheit und Anwendbarkeit der verwendeten Algorithmen am Prozess zu untersuchen, und das in der Systemsimulation erzielte Verhalten der Regelung zu verifizieren. Die Zielplattform wird dabei zunächst mit sehr leistungsfähigen Komponenten bestückt, so dass in Bezug auf Rechenleistung, Speicherkapazität, Auflösung der Messaufnehmer, usw. keine oder nur geringe Einschränkungen für den verwendeten Algorithmus entstehen. Die Untersuchung des Algorithmus steht hierbei im Vordergrund.

Alternativ oder sukzessive kann auch die für das Seriengerät vorgesehene Hardware eingesetzt werden, wodurch die Anforderungen an die Realisierbarkeit des Algorithmus steigen. Auf dem Markt existieren sogenannte Evaluierungs-Boards, die speziell für das Testen von Mikroprozessoren bereitgestellt werden. Diese Boards bieten sich in diesem Status an, um die Entwicklung von Platinen mit daraus resultierendem Aufwand zu vermeiden. Unter Zuhilfenahme dieser Evaluierungsboards wird bereits der Zielprozessor verwendet, aber noch nicht in seiner endgültigen Hardwareumgebung (beispielsweise auf einer Platine).

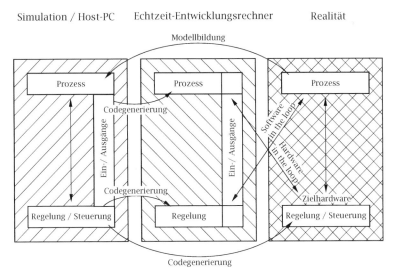

Abb. 7.2. Topologie einer RCP-Umgebung

Bei Verfügbarkeit des realen Prozesses ergänzt dieses Vorgehen die Systemsimulation bei der iterativen Auswahl eines geeigneten Algorithmus. Durch die Verbindung von abstrakter Modellebene und realer Anwendung mit automatischer Code-Generierung stellt „Software-in-the-Loop" einen wesentlichen Schritt im Rapid Control Prototyping dar.

Vorteile von „Software-in-the-Loop":

- Das Regelungskonzept kann am realen Prozess verifiziert werden, ohne dass hierfür ein Seriengerät mit einem speziellen Microcontroller angepasst werden muss, was mit höheren Kosten verbunden ist.
- Die Reglereinstellung kann gestützt auf Erkenntnisse aus der Systemsimulation online am realen Prozess verfeinert werden.
- Die verwendeten Komponenten sind flexibel, wiederverwendbar und zeichnen sich durch eine hohe Rechenleistung aus, so dass der Fokus bei der Entwicklungsarbeit ganz auf den Algorithmus gerichtet werden kann.
- Die verwendeten Algorithmen sind durch entsprechende Tool-Unterstützung leicht auf Fehler zu untersuchen und vor Ort anzupassen.
- Durch die schnelle und flexible Realisierung und Erprobung eines Algorithmus lassen sich neue Konzepte schnell umsetzen und demonstrieren.

Im Bereich der Forschung und Vorentwicklung kann die „Software-in-the-Loop-Lösung" bereits das Ergebnis des gesamten Entwicklungsprozesses darstellen (z. B. bei der Untersuchung von Prototypen und alternativen Konzepten).

Die Einschränkung, dass der reale Prozess verfügbar ist, entfällt, wenn anstelle des Prozesses eine Prozesssimulation verwendet wird, die jedoch Echtzeitverhalten aufweist und mit den gleichen Kommunikationsmöglichkeiten (Sensorik- und Aktorik-Schnittstellen) ausgestattet ist. Diese wird auf separaten hochleistungsfähigen Echtzeit-Simulationsrechnern implementiert und kann verwendet werden, wenn der Prozess z. B. aus Sicherheitsgründen nicht verfügbar ist.

7.3.3 Hardware-in-the-Loop

Unter „Hardware-in-the-Loop" wird die Untersuchung eines Regelungs- bzw. Steuerungs-Prototypen auf der Zielhardware verstanden, der mit einem simulierten Prozess, der wie oben beschrieben auf einem Echtzeit-Simulationsrechner implementiert ist, verbunden ist. Ziel ist es, den Prototypen auf seine vollständige Funktionsfähigkeit, Robustheit und Sicherheit hin zu untersuchen, was anhand von automatisierbaren Tests leichter und risikofreier mit einer Prozesssimulation durchführbar ist.

In der Automobilindustrie spricht man auch von „Hardware-in-the-Loop", wenn ein Motorsteuergerät durch ein entsprechendes Hard-/Software-Paket auf Funktionstüchtigkeit überprüft wird. Dabei muss diese Hard-/Software-Einheit keineswegs das tatsächliche Verhalten des Fahrzeugs simulieren, sondern lediglich Stimuli für den Test des Steuergeräts generieren können.

Vorteile von „Hardware-in-the-Loop":

- Die Funktionstests können automatisiert durchgeführt werden.
- Auch kritische Szenarien können gezielt getestet werden.
- Das Testverfahren ist kostengünstig, da keine Eingriffe in reale Prozesse erfolgen und ist je nach Anwendung schneller, wenn das Szenario real nur aufwändig zu konstruieren ist.
- Die Reglertests können auch an modifizierten Regelstrecken (ähnlichen Prozessen oder Varianten) durchgeführt werden.
- Das Verfahren ist für Abnahme bzw. allgemein im Kontakt mit den Kunden vorteilhaft, da die Durchführung gut verständlich und ohne Risiken ist.
- Die verwendete Hardware kann ggf. gleichzeitig unter verschiedenen Umwelteinflüssen getestet werden (Nässe, Feuchte, Hitze, Kälte, Erschütterungen, ...).

7.3.4 Zusammenfassung Entwicklungsphasen

Durch die konsequente Nutzung von Entwurfswerkzeugen in der Systemsimulation, ausgehend von einer gegebenen ausführbaren Spezifikation bzw. einer geeigneten Modellierung des Systems, wird eine modellbasierte Entwicklung von Automatisierungslösungen ermöglicht, die bereits umfangreiche Testmöglichkeiten in der Simulation eröffnet. Software-in-the-Loop und Hardware-in-the-Loop sind darüberhinaus hilfreiche Methoden, eine schnelle, sichere und effiziente Umsetzung und Erprobung durchzuführen. Einerseits wird der Regelalgorithmus (auf einem RCP-Rechner-System) am realen Prozess getestet, ohne Einschränkungen bezüglich Rechenleistung, Speicherkapazität, Rechengenauigkeit usw. (Software-in-the-Loop) hinnehmen zu müssen. Auf diese Weise wird untersucht, ob die Regelung oder Steuerung den Anforderungen gerecht wird. Durch die Verwendung eines RCP-Rechner-Systems können dabei interne Größen online visualisiert oder geändert werden (z. B. Reglerparameter). Andererseits werden Einschränkungen und Besonderheiten der für das Serienprodukt verwendeten Hardware berücksichtigt (Hardware-in-the-Loop), indem diese an dem simulierten Prozess betrieben und ausgiebig getestet wird.

7.4 Codegenerierung

Die automatische Codegenerierung ist Kernbestandteil des RCP-Entwicklungsprozesses und nimmt aufgrund der hierdurch möglichen Effizienzsteigerung in der Industrie einen immer größer werdenden Stellenwert ein (siehe [72]). Neben der Zeitersparnis durch den Entfall händischer Programmierung und Tests wurden Qualität und Speicherbedarf automatisch generierten Codes kontinuierlich optimiert.

In Abb. 7.3 sind verschiedene Abstraktionsebenen der Software-Entwicklung dargestellt inklusive der notwendigen Transformationen von höheren auf niedrigere Ebenen. Grafisch programmierte Software wird über einen Code-Generator in eine Zwischenstufe auf Basis einer Hochsprache – meist C – übersetzt. Ausgehend von dieser Ebene der Hochsprache wird der Code durch einen Compiler *kompiliert* und damit in Assembler übersetzt. Durch *Assemblieren* dieses Assembler-Codes entsteht schließlich der *Binär-Code*, welcher auf der Zielhardware ausführbar ist. Häufig findet die Kompilierung und Assemblierung in einem Schritt statt. Unter *Codegenerierung* wird häufig der Gesamtvorgang von der grafischen Programmierung bis zur Implementierung auf der Zielhardware verstanden (speziell, wenn dies durch ein durchgängiges Tool in *einem* für den Benutzer sichtbaren Schritt durchgeführt wird).

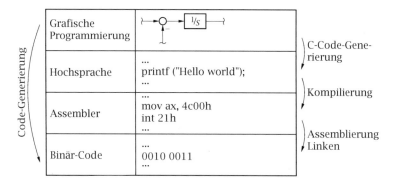

Abb. 7.3. Abstraktionsebenen der Softwareentwicklung

Große Vorteile der automatischen Codegenerierung ergeben sich dadurch, dass die Qualität des Codes gleichbleibend und reproduzierbar ist. Insbesondere ist sie nicht abhängig von den individuellen Fähigkeiten und Erfahrungen ggf. wechselnder Programmierer. Codefehler, welche durch Fehler im Codegenerator hervorgerufen werden und anschließend entdeckt werden, können an zentraler Stelle behoben werden. Der Generator wird beständig verbessert, je mehr Fehler durch immer komplexere Prüfverfahren entdeckt werden. Desweiteren wird die Zeitspanne für die Umsetzung komplexer Regelalgorithmen durch die Verwendung grafischer Programmierumgebungen mit anschließender Codegenerierung stark verkürzt. Die Möglichkeit die Codegenerierung unterschiedlichen Anforderungen anzupassen ist ein weiterer Vorteil. Der Codegenerator kann beispielsweise speziell für Testzwecke auf einem RCP-Rechner abgestimmten Source-Code generieren oder Seriencode für die Zielhardware. Ersterer dient der Untersuchung des programmierten Algorithmus und der Fehlersuche auf Funktionsebene. Letzterer optimiert bezüglich Speicherbedarf, Rechenzeit und Ressourcen, da in der Serienanwendung bei großen Stückzahlen die vorhandene, geringe Kapazität möglichst ausgeschöpft werden muss.

Durch die Verwendung grafischer Programmierwerkzeuge wird die Abstraktionsebene (beispielsweise von der Programmiersprache C ausgehend) um eine weitere Stufe angehoben. Man spricht in diesem Zusammenhang auch von Programmiersprachen der vierten Generation (4GL, fourth generation language). In der gleichen Bearbeitungszeit lassen sich gewöhnlich auf diese Weise komplexere Aufgaben lösen, als dies in der klassischen, händischen Programmierung in einer Hochsprache wie C (3GL, third generation language) möglich ist.

Für die Systembeschreibung und -simulation werden häufig Oberflächen verwendet, welche grafisches Programmieren unterstützen (z. B. Dymola, MATLAB/SIMULINK, LabVIEW, VisSim, ...). Diese Tools werden i. d. R. auf einem gewöhnlichen Büro-PC als sog. Host-PC betrieben und auch für die Programmierung der Zielhardware eingesetzt. Über C-Codegenerierung sind hierbei viele Zielplattformen, auch in Verbindung mit echtzeitfähigen Betriebssystemen, programmierbar. Der automatisch erstellte, voroptimierte und kommentierte Source-Code muss hierfür durch einen vom Zielsystem abhängigen Compiler übersetzt werden. Dabei können häufig weitere Optimierungen, beispielsweise in Bezug auf Programmgröße oder Ausführgeschwindigkeit, durch den Compiler vorgenommen werden.

Folgende Komponenten sind entsprechend erforderlich:

- **Grafische Programmierumgebung** (z. B. SIMULINK, LABVIEW, DYMOLA, VISSIM, ...). Hier wird signalorientiert (z. B. SIMULINK/LABVIEW) mit Blöcken oder objektorientiert (DYMOLA) programmiert[2].

- **Codegenerator** (z. B. Real-Time Workshop oder TargetLink). Hier wird automatisch C-Code für ein auswählbares Zielsystem[3] generiert, der bereits optimiert (bezüglich Geschwindigkeit, Speicherbedarf) und dokumentiert ist. Meist ist dies C-Code als portierbarer Standard. Bei Beschränkungen der zu verwendenden Arithmetik (Festpunkt) ist durch den Nutzer eine geeignete Skalierung vorzunehmen und die zur Verfügung stehende Auflösung zu beachten. Hierbei werden teilweise Hilfsmittel angeboten, die den Entwickler bei dieser Arbeit unterstützen. Codegeneratoren wie der Real-Time Workshop oder TargetLink gehen über die bloße C-Code-Generierung hinaus, indem diese durch durch Automatisierung der anschließenden Kompilierung und Bindung (Linker) ein ausführbares Programm erstellen.

- **Echtzeit-Schnittstelle/ Betriebssystem (Realtime Interface)**. Auf dem Zielsystem ist ein minimales Echtzeit-Betriebssystem zu implementieren. Dies sorgt beispielsweise für die Speicherverwaltung, für die Mög-

---

[2] Ansätze bestehen, auch unter SIMULINK objektorientiert zu programmieren, beispielsweise mit SimMechanics, vgl. Abschnitt 6.2.2

[3] Verschiedene Mikrocontroller-Typen, Standalone PCs, ...

lichkeit auf Ressourcen zuzugreifen, einen definierten Zeittakt einzuhalten, usw. Dieses System liegt für einige Zielplattformen (abhängig davon, ob beispielsweise TargetLink oder der Real-Time Workshop eingesetzt werden, da diese z.T. unterschiedliche Mikroprozessoren unterstützen) entweder als C-Code oder bereits vorkompiliert vor. Ist eine entsprechende Schnittstelle nicht vorhanden, muss diese durch den Benutzer erstellt werden.

- **(C-)Compiler für das Zielsystem** (PC: z. B. Visual C++). Der C-Code wird in Maschinensprache des Zielsystems übersetzt; wird dies für eine von der Host-Plattform verschiedene Zielhardware durchgeführt, spricht man von einem Cross-Compiler.
- **Linker** (PC: z. B. link). Zusammensetzen der einzelnen vom Compiler erstellten Objektdateien zu einem ausführbaren Programm.
- **Übertragungsmedium** (Netzwerk, Diskette, EPROM, ...). Über ein entsprechendes Medium wird das Programm auf das Zielsystem übertragen. Dies kann über ein Netzwerk, Disketten, CD-ROMs, EPROM oder Ähnliches realisiert werden.

Anhand eines kleinen Beispiels (Simulation der Sprungantwort eines PT_1, welches durch einen Integrierer mit einer Rückführung erzeugt wird, vgl. Abb. 7.4), soll im Folgenden gezeigt werden, wie der Real-Time Workshop C-Code aus dem SIMULINK-Modell erzeugt.

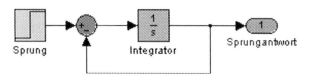

Abb. 7.4. Modell zur Sprungantwort eines durch Simulation der Rückführung erzeugten PT_1

In der Funktion *MdlOutputs* wird der Ausgang des Systems berechnet. Dazu wird zunächst der Ausgang des Integrierers auf dessen aktuellen Wert gesetzt (Zeile 13). Anschließend wird der Ausgang des Systems berechnet (Zeile 16). Der Status des Sprungblockes wird je nach Simulationszeitpunkt gesetzt (Zeilen 19-25). Der Ausgang des Sprungblockes wird je nach dessen zuvor eingestellten Status gesetzt (Zeile 27). Dann wird in dieser Funktion noch das Ergebnis nach dem Summenpunkt berechnet (Zeile 30).

In der Funktion *MdlDerivatives* (Zeile 43 ff.) wird die aktuelle Geschwindigkeit der Änderung des Intergriererwerts, also die Ableitung des Integriererwerts, gesetzt. Diese ist gleich dem Ergebnis hinter dem Summenpunkt (dieser Wert gilt bis zum Ende des nächsten Simulationsschrittes).

In der Funktion *rt_ODEUpdateContinuousStates*, welche dem ODE1-Solver von SIMULINK (Euler-Verfahren) entnommen ist (ab Zeile 54), kann nachvollzogen werden, wie der Integrierer in SIMULINK realisiert wird. Es sei darauf hingewiesen, dass die Zeilen ab Zeile 54 einer anderen Quellcode-Datei entnommen sind. In der Zeilen 75-78 wird der Wert des Integrierers durch die Formel

$$Y_{Integrierer,k+1} = Y_{Integrierer,k} + \dot{Y}_{Integrierer,k} * t_{Sample}$$

berechnet. Durch die for-Schleife werden mehrere Integrierer aktualisiert.

```
1 /* Outputs for root system: '<Root>' */
2 void MdlOutputs(int_T tid)
3 {
4   /* local block i/o variables */
5   real_T rtb_Integrator;
6   real_T rtb_Sprung;
7
8   /* tid is required for a uniform function interface. This
9    * system is single rate, and in this case, tid is not accessed. */
10   UNUSED_PARAMETER(tid);
11
12   /* Integrator: '<Root>/Integrator' */
13   rtb_Integrator = rtX.Integrator_CSTATE;
14
15   /* Outport: '<Root>/Sprungantwort' */
16   rtY.Sprungantwort = rtb_Integrator;
17
18   /* Step: '<Root>/Sprung' */
19   if (ssIsMajorTimeStep(rtS)) {
20     if (ssGetT(rtS) {$\geq$} rtP.Sprung_Time) {
21       rtDWork.Sprung_MODE = 1;
22     } else {
23       rtDWork.Sprung_MODE = 0;
24     }
25   }
26   /* Output value */
27   rtb_Sprung = (rtDWork.Sprung_MODE == 1) ? rtP.Sprung_YFinal : rtP.Sprung_Y0;
28
29   /* Sum: '<Root>/Sum' */
30   rtB.Sum = rtb_Sprung - rtb_Integrator;
31 }
...
42 /* Derivatives for root system: '<Root>' */
43 void MdlDerivatives(void)
44 {
45   /* simstruct variables */
46   StateDerivatives *rtXdot = (StateDerivatives*) ssGetdX(rtS);
47
48   /* Integrator Block: <Root>/Integrator */
49   {
50
51     rtXdot->Integrator_CSTATE = rtB.Sum;
52   }
53 }
...
...
54 void rt_ODEUpdateContinuousStates(RTWSolverInfo *si)
55 {
56   time_T    h    = rtsiGetStepSize(si);
57   time_T    tnew = rtsiGetSolverStopTime(si);
58   IntgData  *id   = rtsiGetSolverData(si);
59   real_T    *f0   = id->f0;
60   real_T    *x    = rtsiGetContStates(si);
61   int_T     i;
62
63 #ifdef NCSTATES
```

```
64      int_T    nXc  = NCSTATES;
65 #else
66      int_T    nXc  = rtsiGetNumContStates(si);
67 #endif
68
69      rtsiSetSimTimeStep(si,MINOR_TIME_STEP);
70
71      DERIVATIVES(si);
72
73      rtsiSetT(si, tnew);
74
75      for (i = 0; i < nXc; i++) {
76        *x += h * f0[i];
77        x++;
78      }
79
80      PROJECTION(si);
81
82      rtsiSetSimTimeStep(si, MAJOR_TIME_STEP);
83
... }
```

7.5 Hardware-/Software-Konfigurationen

In diesem Abschnitt werden exemplarisch Beispiele für Hard- und Software vorgestellt, mit denen die oben genannten Schritte (teilweise) kombiniert durchgeführt werden können. Die Auswahl erhebt keinen Anspruch auf Vollständigkeit und soll einen Überblick über vorhandene Lösungen mit möglichst breitem Einsatzbereich bieten. Die beschriebenen Eigenschaften unterliegen kurzen Innovationszyklen und können daher nicht mehr als eine Momentaufnahme sein.

Speziell für die modellbasierte automatisierungstechnische Funktionsentwicklung geeignet ist das Programmpaket MATLAB/SIMULINK von The MathWorks. Alternativen sind LABVIEW von National Instruments oder – zumindest zur grafischen Programmierung und Generierung von C-Code – DYMOLA von Dynasim.

Mit den Tools von dSPACE (siehe Kapitel 7.5.2) und The MathWorks (siehe Kapitel 7.5.1) ist RCP von der Modellierung bis zu der Implementierung auf verschiedenen Zielsystemen (z. B. auf Mikrocontroller-Basis) möglich. Mit den Produkten der Firma National Instruments (siehe Kapitel 7.5.3) ist eine grafische Modellierung möglich, auch die echtzeitfähige Implementation, allerdings nicht auf beliebigen Mikrocontrollern, sondern auf speziell dafür vorgesehener Hardware. Mit dem Werkzeug DYMOLA (siehe 7.5.5) ist eine grafische Programmierung insofern möglich, als dass generierter C-Code in die Werkzeugkette von The MathWorks und dSPACE eingebunden werden kann. Mit VISSIM (siehe Kapitel 7.5.4) von Visual Solutions steht eine weitere Möglichkeit von der grafischen Programmierung und Simulation bis zur Codegenerierung zur Verfügung.

7.5.1 The MathWorks

Die Firma The MathWorks bietet mit der Produktpalette MATLAB/SIMULINK, dem Real-Time Workshop und der xPC-Target-Box eine weitere Möglichkeit, eine RCP-Umgebung aufzubauen.

Die grafische Modellierung erfolgt mit Hilfe von MATLAB/SIMULINK (ergänzt durch STATEFLOW). Als Codegenerator wird der Real-Time Workshop angeboten, der unterschiedliche Zielsysteme unterstützt. Für diverse Mikrocontroller existieren zusätzliche Ergänzungen. Als mögliche Zielhardware für Betrieb des Reglers auf einem RCP-Rechner-System (Software-in-the-Loop) bietet The MathWorks die xPC-Target-Box an (siehe Abb. 7.5). Diese ist modular aufgebaut und kann mit unterschiedlichen IO-Karten bestückt werden. Durch die kompakte Bauform können allerdings nicht beliebig viele Karten verwendet werden. Die xPC-Target-Box ist PC-basiert und mit einem eigenen Echtzeitbetriebsystem ausgestattet, welches eine Visualisierung durch SIMULINK auf dem Host-PC unterstützt.

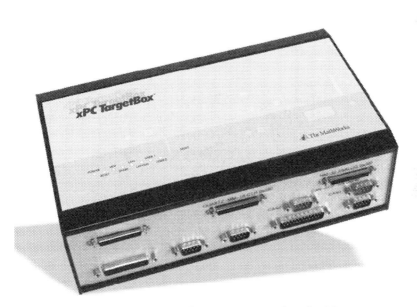

Abb. 7.5. xPC-Box (Quelle: www.mathworks.de)

7.5.2 dSPACE

Die Firma dSPACE bietet sowohl Hardware für den Betrieb der Regelung bzw. Steuerung auf einem RCP-System (Software-in-the-Loop) als auch Software zur Codegenerierung für verschiedene Zielgeräte an (TargetLink). Speziell für Hardware-in-the-Loop wird hochleistungsfähige Echtzeithardware mit vielfältigen Schnittstellen angeboten, die mit diversen ergänzenden Softwarepaketen für automatisierte Test des zu prüfenden Steuergeräts ferngesteuert werden kann.

Die Hardware kann entweder individuell durch modulare Komponenten den Erfordernissen an Rechenleistung und Schnittstellen entsprechend zusammengestellt oder als kompaktes Komplettsystem bezogen werden. Für die modulare Variante stehen dabei unterschiedliche Gehäusegrößen (siehe Abb. 7.6), Steckkarten (siehe beispielsweise Abb. 7.7) und Netzanschlüsse (so wird mit der AutoBox bzw. MicroAutoBox auch speziell der mobile Einsatz unterstützt) zur Verfügung. Über sogenannte „Connection-Panel" können über BNC-Verbindungen die Prozess-Signale mit den IO-Karten des Systems verbunden werden. Ein modular aufgebautes System kann dabei eine große Anzahl verschiedener Ein-/Ausgänge beinhalten und sogar mehrere Prozessoren besitzen, welche speziell in HiL-Simulatoren die Verwendung sehr komplexer und detaillierter Modelle ermöglichen.

Abb. 7.6. Expansion-Boxes (Quelle: www.dspace.de)

Für die Modellbildung setzt die Firma dSPACE auf MATLAB/SIMULINK auf, wodurch die grafische Modellbildung und Programmierung durchgeführt wird. Die RCP-Hardware wird für SiL durch mit Real-Time Workshop erzeugten C-Code programmiert. Für die Erzeugung von Seriencode für eine Reihe ausgewählter Zielplattformen (z. B. Motorola MPC555, Infineon C167, Hitachi SH2, Texas-Instruments, ...) wird mit TargetLink ein eigener leistungsfähiger Codegenerator angeboten, der als sehr effizient und sicher gilt, weshalb er ins-

Abb. 7.7. Prozessorboard für modulares Konzept (Quelle: www.dspace.de)

besondere in der Automobilindustrie und in der Flugzeugindustrie eingesetzt wird.

7.5.3 National Instruments

Neben MATRIXx bietet die Firma National Instruments mit LABVIEW ein Werkzeug zur grafischen Programmierung an. Mit LABVIEW RT können Programme für Echtzeitanwendungen auf spezieller Hardware erstellt werden. Eine Einschränkung besteht darin, dass als Zielplattformen nur durch National Instruments unterstützte Systeme Verwendung finden können.

Als Zielplattformen kommen z. B. eine PC-Einsteckkarte (darauf befindet sich ein selbstständiger Prozessor und eine Auswahl an Ein-/Ausgängen), eine externe Box (diese ist ebenfalls PC-basiert und bietet die Möglichkeit, aus einer großen Auswahl an Ein-/Ausgabe-Karten die günstigsten auszuwählen, siehe Abb. 7.8), beruhend auf dem PXI-Bus, oder ein sogenanntes FieldPoint-System (siehe Abb. 7.9) in Frage. Die erstgenannten Möglichkeiten sind dabei von der Performance her für viele Anwendungen geeignet. Letztgenannte Möglichkeit ist primär für niedrige Abtastraten gut einsetzbar.

Auf allen drei Zielhardwareplattformen wird ein kompaktes Echtzeitbetriebssystem ausgeführt, welches auch frei auf dem Markt erhältlich ist. Zwischen der normalen Programmierung in LABVIEW und der Programmierung mit LABVIEW RT besteht sehr wenig Unterschied, die Durchgängigkeit für Modellierung und Programmierung ist gegeben. Für den Benutzer ergibt sich kein Unterschied, ob die grafisch programmierte Software zunächst simuliert oder auf der Zielhardware ausgeführt wird. In beiden Fällen ist die Oberfläche und auch die Anzeige interessierender Größen gleich.

Die Codegenerierung findet nicht, wie beispielsweise bei Verwendung von Real-Time Workshop oder TargetLink, über C-Code als Zwischenstufe, sondern direkt statt.

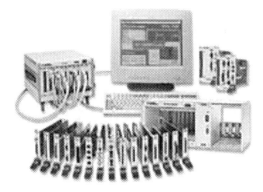

Abb. 7.8. PXI-Plattform (PC-basiert, Quelle: www.ni.com)

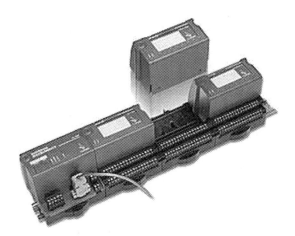

Abb. 7.9. FieldPoint-System (Quelle: www.ni.com)

7.5.4 Visual Solutions

Mit ihrem Tool VISSIM bietet die Firma Visual Solutions ein weiteres Tool
für RCP an. Die grafische Programmierung für Simulation und spätere Codegenerierung erfolgt ähnlich dem Vorgehen bei SIMULINK oder LABVIEW:
Verschiedene Blöcke werden platziert und durch Leitungen miteinander verbunden. Das auf diese Weise erstellte Modell kann zunächst simuliert und auf
Funktionstauglichkeit überprüft werden.

Die Codegenerierung erfolgt ähnlich wie bei dem Real-Time Workshop.
Dabei wird zunächst als Zwischenstufe C-Code generiert, welcher anschließend mit Hilfe von Compiler und Linker in ein ausführbares Programm für
die Zielhardware übersetzt wird. Abschließend wird der Binär-Code auf die
Zielhardware übertragen und zur Ausführung gebracht.

Wird das Programm (per Knopfdruck) übersetzt und auf der Zielhardware gestartet, steht dem Benutzer die gleiche Oberfläche wie bei der Simulation zur Verfügung. D. h. dass beispielsweise Visualisierungen bestimmter Größen jetzt mit Daten von der Zielhardware und nicht mehr aus der Simulation durchgeführt werden. Somit ergibt sich für den Benutzer eine einheitliche Bedienung von Simulation und Echtzeitsystem. Ähnlich arbeitet LABVIEW RT der Firma National Instruments (siehe 7.5.3) und SIMULINK im external mode.

Von VISSIM unterstützte Zielsysteme sind Karten und Boards, die auf Texas-Instruments Prozessoren basieren (C2000-, C6000-Serie und andere). Dazu gehören auch Evaluierungsboards (siehe Abb. 7.10).

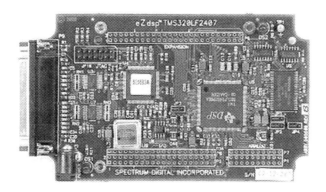

Abb. 7.10. Evaluation-Board mit Texas Instruments Prozessor TMS320C2407

7.5.5 Modelica/Dymola

Das Softwarepaket DYMOLA auf der Basis der Beschreibungssprache MODELICA kann innerhalb von RCP-Umgebungen zur C-Codegenerierung verwendet werden. Nach [71] wird dazu zur Codegenerierung MATLAB 5.3 und SIMULINK 3.0 eingesetzt. Als Zielplattformen werden sowohl die xPC-Box als auch dSpace-Hardware vorgeschlagen. Grundsätzlich kann aber jedes Zielsystem verwendet werden, welches über die Codegenerierung des Real-Time Workshops unterstützt wird. DYMOLA wird in diesem Falle zur Erstellung von C-Code verwendet, also als Möglichkeit der grafischen Programmierung eingesetzt.

7.5.6 Diverse Zielhardware

Im Folgenden werden verschiedene Hardwarekomponenten für RCP beschrieben. Diese können, zumindest teilweise, mit den bereits beschriebenen Softwareprodukten programmiert werden.

Evaluierungs-Boards

Viele Hersteller von Mikrocontrollern bieten sogenannte Evaluierungs-Boards an (Abb. 7.10). Diese basieren auf einem speziellen Mikrocontroller (Infineon C167, Motorola MPC555, Hitachi SH-2, Texas Instruments, ...) und bieten über entsprechende Anschlüsse (z. B. Pfostenstecker) die Möglichkeit, die Peripherie (Ein-/Ausgabe) des Controllers zu nutzen. Häufig sind auch zusätzliche, für das Auffinden von Fehlern („Debuggen") gedachte Erweiterungen vorhanden.

Zu diesen Boards werden meist entsprechende Softwarepakete mitgeliefert. Diese enthalten einen Compiler (z. B. C), Linker, Source-Code zum Ansprechen der Peripherie des Controllers, Source-Code eines kleinen Echtzeitbetriebssystems usw.. Teilweise wird eine direkte Einbindung in MATLAB/SIMULINK angeboten, d. h. dass Blöcke zur Verfügung gestellt werden, welche es ermöglichen, die Peripherie (z. B. digitale Ein-/Ausgänge) des Mikrocontrollers direkt ansprechen.

Standalone-PCs

Sowohl der Real-Time Workshop als auch TargetLink bieten die Möglichkeit, bei vorhandenem C-Compiler für die Zielhardware den Codegenerierungsprozess zu automatisieren. Dabei wird einmal allgemein festgelegt, wie der Binär-Code aus dem grafischen Modell zu generieren ist, danach erfolgt die Codegenerierung per Knopfdruck. Falls noch nicht vom Hersteller angeboten, müssen hierbei in MATLAB/SIMULINK Blöcke (Treiber) zur Kommunikation mit den Ein-/Ausgängen des Controllers programmiert werden.

Zusätzlich zu den Blöcken für die Ein-/Ausgabe muss ein Echtzeitbetriebssystem zur Verfügung gestellt werden, welches die Echtzeitfähigkeit des Prozessors realisiert.

Wie die xPC-Box der Firma The MathWorks oder die den PXI-Bus verwendenden Systeme (z. B. Systeme der Firma National Instruments) werden auch andere PC-Systeme angeboten, welche, ausgestattet mit entsprechender Peripherie und einem Echtzeit-Betriebssystem, in RCP-Umgebungen eingesetzt werden können. Die Kommunikation mit diesen PCs erfolgt dabei häufig über ein Netzwerk. Vorteilhaft an diesen Systemen ist, dass sie sich Standard-Hardware bedienen, welche in großen Stückzahlen verfügbar und somit relativ preisgünstig ist.

Als Betriebssysteme kommen solche auf der Basis von Linux, Windows oder spezielle Echtzeitbetriebssysteme in Betracht.

RCP mit Linux

Die Stabilität und (freie) Verfügbarkeit des Source-Codes macht das Betriebsystem Linux auch für die Anwendung im Rapid Control Prototyping attraktiv.

Durch Erweiterungen wie beispielsweise

- RTAI (entwickelt durch „Dipartimento di Ingegneria Aerospaziale of the Politecnico of Milan (DIAPM)") [76],
- Embedix von Lineo [77],
- RT-Linux [78],
- ELinOS [79].

wird dem Betriebssystem Linux Echtzeitfähigkeit verliehen, die auch in verschiedenen Formen zu dem Begriff „Embedded Linux" führen.

Als grafische Programmierumgebungen werden beispielsweise MATLAB/ SIMULINK oder LABVIEW eingesetzt. Grundvoraussetzung ist wie in Kapitel 7.5.6 beschrieben, dass ein C-Compiler zur Verfügung steht, um ausführbaren Binär-Code für das Zielsystem zu generieren. Beispielsweise kann die Erweiterung RT-Linux über ein freies Download als Zielsystem im Real-Time Workshop verwendet werden.

Mehrere Mess-Karten werden bereits von den oben genannten Erweiterungen unterstützt.

7.5.7 Zusammenfassung Hardware-/Softwarekonfigurationen

Die in den Abschnitten 7.5.1 – 7.5.6 dargestellten Kombinationen unterschiedlicher Hardware- und Softwareprodukte diverser Anbieter vermitteln einen Eindruck der Vielfalt der am Markt erhältlichen Lösungen. Kriterien für die Auswahl einer geeigneten Kombination lassen sich in folgende Bereiche gruppieren:

- Integrationsmöglichkeiten bestehender Softwarelösungen (wenn das Tool bereits teilweise als reine Simulations- und Entwurfs- oder auch Datenerfassungsumgebung verwendet wird)
- Unterstützung der relevanten Zielhardware (von Prototyp bis Seriencodeerzeugung)
- Vorhandene Anwendungserfahrungen bei den eigenen Mitarbeitern
- Verbreitung der Tools in der jeweiligen Branche und damit Verwendbarkeit im Verhältnis Zulieferer – Hersteller
- Bewertung des Anbieters bzgl. Support, Wartung und Zukunftsfähigkeit

Kriterien aus dem ersten Bereich bewerten die praktische Durchführbarkeit von Migrationsstrategien weg von einem konventionellen, dokumentenbasierten Entwurf mit händischer Programmierung hin zu einem modellbasierten Entwurf mit Dokumentationsunterstützung durch grafische Modelle und Programmierung unter Einsatz von Codegenerierung.

Kriterien aus dem zweiten Bereich ergänzen diese Bewertung um eine technische Komponente in Hinblick auf die erzielbare Gesamteffizienz, die sicherlich am größten ist, wenn die Durchgängigkeit des modellbasierten Entwicklungsprozesses von frühen Phasen mit bereits ausführbaren Spezifikationen bis in späte Phasen des modellbasierten Tests, unterstützt beispielsweise durch eine HiL-Simulation, gegeben ist. In Hinblick auf die in modellbasierten Tests erzielbaren Vorteile bzgl. der Komplexität ist kritisch anzumerken, dass geeignete, hinreichend genaue Modelle der Spezifikation für diese Tests vorhanden sein müssen, um ein ausreichend belastbares Ergebnis zu erzielen. Speziell in Bereichen, in denen eine prototypische Erprobung in einer SiL-Anwendung ausreichend ist, ist die Mehrzahl der oben genannten Produkte gut geeignet. In Hinblick auf Seriencode, der – speziell in Produkten, die mit einer großen Stückzahl produziert werden – über nicht zuletzt den benötigten Speicherbedarf den Preis des zu verwendenden Mikrocontrollers bestimmt, ist jedoch genau im Einzelfall zu prüfen, ob eine bestimmte Kombination für den jeweiligen Anwendungsbereich geeignet ist.

Die Verfügbarkeit von Anwendungserfahrungen bei den jeweiligen Mitarbeitern begünstigt die Einführung modellbasierter Entwicklungsprozesse dahingehend, als dass die zu verwendenden Werkzeuge in der Bedienung von zumindest Teilfunktionen bekannt sind und damit der Einarbeitungsaufwand reduziert wird. Ein Beispiel hierfür ist die erweiterte Nutzung eines Programmpakets wie MATLAB/SIMULINK nicht nur zum Entwurf und zur Untersuchung des prinzipiellen Verhaltens in einer Systemsimulation, sondern in Verbindung mit einer Codegenerierung zur Programmierung einer oder mehrerer Zielplattformen zur prototypischen Erprobung bzw. als Serienhardware.

Die beiden letztgenannten Kriterien bewerten letztendlich die Wirtschaftlichkeit der jeweiligen Lösung unter übergeordneten Aspekten. Beispielsweise findet im Automobilbereich ein Umbruch hin zu modellbasierten Entwicklungprozessen statt, der auch das Zusammenspiel von Zulieferern und Fahrzeugherstellern beeinflussen wird. Neben beispielsweise den zugelieferten Fahrzeugmodulen werden teilweise Funktionsmodelle in einer definierten Software gefordert, damit der Hersteller die Integration in HiL-Simulationen erproben kann. Hierdurch werden teilweise de-facto-Standards vorgegeben.

8

Anhang

8.1 Mathematische Grundlagen

8.1.1 Matrizenrechnung

Matrizen und Vektoren sind Schemata, die der linearen Algebra entstammen. Sie haben sich in vielen Gebieten als unentbehrliche Hilfsmittel erwiesen, um Sachverhalte mit zahlreichen Einflussgrößen und Zusammenhängen in kompakter Weise zu beschreiben.

Zahlreiche rechnergestützte Verfahren der Ingenieurwissenschaften benutzen Matrizen und Vektoren, um Variable und Zusammenhänge zwischen Variablen darzustellen.

Eine Matrix vom Typ (m, n) ist ein Schema mit m Zeilen und n Spalten, das $m \cdot n$ Elemente a_{ij} enthält. Dabei ist i der Zeilenindex und j der Spaltenindex.

$$A = \begin{bmatrix} a_{11} & a_{12} & \ldots & a_{1n} \\ a_{21} & a_{22} & \ldots & a_{2n} \\ \vdots & \vdots & \ddots & \vdots \\ a_{m1} & a_{m2} & \ldots & a_{mn} \end{bmatrix} = [a_{ij}] \tag{8.1}$$

Zu jeder Matrix A gibt es eine transponierte Matrix A^T mit m Spalten und n Zeilen, die durch Vertauschen von Zeilen und Spalten der Matrix A entstehen.

$$A^T = \begin{bmatrix} a_{11} & a_{21} & \ldots & a_{m1} \\ a_{12} & a_{22} & \ldots & a_{m2} \\ \vdots & \vdots & \ddots & \vdots \\ a_{1n} & a_{2n} & \ldots & a_{mn} \end{bmatrix} = [a_{ji}] \tag{8.2}$$

Eine wichtige Teilmenge der Matrizen sind die quadratischen Matrizen mit n Zeilen und n Spalten (n Reihen). Die Elemente a_{ii} einer quadratischen Matrix heißen Hauptdiagonalelemente. Ihre Summe ist die Spur der (quadratischen) Matrix.

Für eine symmetrische (quadratische) Matrix gilt

$$A = A^T, \tag{8.3}$$

d. h. die Hauptdiagonale ist Symmetrieachse.

Für eine antisymmetrische (auch schiefsymmetrisch genannte) Matrix gilt entsprechend

$$A = -A^T \tag{8.4}$$

und die Elemente der Hauptdiagonalen und damit auch die Spur sind null.

Die Elemente a_{ij} einer Matrix können reelle Zahlen, komplexe Zahlen, Funktionen, Matrizen sein. Ohne besondere Hinweise werden die a_{ij} als reelle Zahlen interpretiert. Matrizen mit komplexen Elementen können in je eine Matrix für die Realteile und eine für die Imaginärteile aufgespalten werden.

Als Einheitsmatrix wird eine quadratische Matrix bezeichnet, deren Hauptdiagonalelemente eins und deren andere Elemente null sind.

$$I = \begin{bmatrix} 1 & 0 & \dots & 0 \\ 0 & 1 & \dots & 0 \\ \vdots & \vdots & \ddots & \vdots \\ 0 & 0 & \dots & 1 \end{bmatrix} \tag{8.5}$$

Eine Matrix a mit $n = 1$ Spalte wird Spaltenvektor, eine Matrix a^T mit $m = 1$ Zeile Zeilenvektor genannt.

$$a = \begin{bmatrix} a_1 \\ a_2 \\ \vdots \\ a_m \end{bmatrix} \qquad a^T = [a_1\, a_3\, \dots\, a_n] \tag{8.6}$$

Die Eigenwerte einer quadratischen Matrix A sind die Wurzeln der Gleichung

$$\det(\lambda I - A) = 0. \tag{8.7}$$

Die Gleichung (8.7) besagt, dass eine n-reihige quadratische Matrix genau n Eigenwerte besitzt, die Wurzeln eines Polynoms vom Grade n sind.

Eine skalare Funktion mehrerer Variabler $f(x_1, \dots, x_n)$ kann als skalare Funktion $f(x)$ *eines Spaltenvektors*

$$x = [x_1, \dots, x_n]^T \tag{8.8}$$

aufgefasst werden. Als Gradient dieser Funktion wird der Spaltenvektor der partiellen ersten Ableitungen der Funktion nach ihren Variablen

$$\operatorname{grad} f(\boldsymbol{x}) = \nabla f = \frac{\mathrm{d}f(\boldsymbol{x})}{\mathrm{d}\boldsymbol{x}} = \begin{bmatrix} \dfrac{\partial f}{\partial x_1} \\ \vdots \\ \dfrac{\partial f}{\partial x_n} \end{bmatrix} \tag{8.9}$$

bezeichnet.

Die Hessesche Matrix der Funktion $f(\boldsymbol{x})$ wird aus ihren partiellen zweiten Ableitungen entsprechend

$$\boldsymbol{H}[f(\boldsymbol{x})] = \frac{\mathrm{d}f(\boldsymbol{x})}{\mathrm{d}\boldsymbol{x}^2} = \begin{bmatrix} \dfrac{\partial^2 f}{\partial x_1^2} & \cdots & \dfrac{\partial^2 f}{\partial x_1 \partial x_n} \\ \vdots & \ddots & \vdots \\ \dfrac{\partial^2 f}{\partial x_n \partial x_1} & \cdots & \dfrac{\partial^2 f}{\partial x_n^2} \end{bmatrix} \tag{8.10}$$

gebildet. Da die Ableitungen kommutativ sind, ist die Hessesche Matrix symmetrisch.

Mehrere Funktionen mehrerer Variabler können zu einer Vektorfunktion $\boldsymbol{f}(\boldsymbol{x})$ zusammengefasst werden. Die verallgemeinerte Ableitung einer solchen Funktion nach ihren Variablen ist die Jakobische Matrix. Sie lautet für m Funktionen von n Variablen

$$\frac{\mathrm{d}\boldsymbol{f}(\boldsymbol{x})}{\mathrm{d}\boldsymbol{x}} = \begin{bmatrix} \dfrac{\partial f_1}{\partial x_1} & \cdots & \dfrac{\partial f_1}{\partial x_n} \\ \vdots & \ddots & \vdots \\ \dfrac{\partial f_m}{\partial x_1} & \cdots & \dfrac{\partial f_m}{\partial x_n} \end{bmatrix} . \tag{8.11}$$

Im trivialen Fall

$$\boldsymbol{f}(\boldsymbol{x}) = \boldsymbol{x} \tag{8.12}$$

gilt

$$\frac{\mathrm{d}\boldsymbol{f}(\boldsymbol{x})}{\mathrm{d}\boldsymbol{x}} = \boldsymbol{I} \quad . \tag{8.13}$$

Ein häufig anzutreffender Spezialfall ist die Differentiation des Quadrates einer Vektorfunktion.

$$\frac{d(\boldsymbol{f}^T(\boldsymbol{x})\boldsymbol{f}(\boldsymbol{x}))}{d\boldsymbol{x}} = \frac{d}{d\boldsymbol{x}}\overset{\downarrow}{\mathrm{d}}(\boldsymbol{f}^T\boldsymbol{f}) \tag{8.14}$$

Der Pfeil bezeichnet hierbei jeweils den Teil des Ausdrucks, auf den der Operand angewandt wird. Mit der Produktregel ergibt sich

$$\frac{d}{d\boldsymbol{x}}\overset{\downarrow}{\mathrm{d}}(\boldsymbol{f}^T\boldsymbol{f}) = \frac{d}{d\boldsymbol{x}}(\overset{\downarrow}{\mathrm{d}\boldsymbol{f}^T} \cdot \boldsymbol{f} + \boldsymbol{f}^T \cdot \overset{\downarrow}{\mathbf{d}\boldsymbol{f}})$$

$$= \frac{d}{d\boldsymbol{x}}(\overset{\downarrow}{\mathrm{d}\boldsymbol{f}^T} \cdot \boldsymbol{f}) + \frac{d}{d\boldsymbol{x}}(\boldsymbol{f}^T \cdot \overset{\downarrow}{\mathrm{d}\boldsymbol{f}}) \tag{8.15}$$

Beachtet man, dass es sich bei dem Ausdruck $\boldsymbol{f}^T \boldsymbol{f}$ um einen Skalar handelt, der mit seiner Transponierten identisch ist, kann der zweite Summand in Gl.(8.15) zu

$$\frac{d}{d\boldsymbol{x}}(\boldsymbol{f}^T \cdot \overset{\downarrow}{\mathrm{d}\boldsymbol{f}}) = \frac{d}{d\boldsymbol{x}}(\boldsymbol{f}^T \cdot \overset{\downarrow}{\mathrm{d}\boldsymbol{f}})^T$$

$$= \frac{d}{d\boldsymbol{x}}[(\overset{\downarrow}{\mathrm{d}\boldsymbol{f}})^T \cdot (\boldsymbol{f}^T)^T] \qquad (8.16)$$

$$= \frac{d}{d\boldsymbol{x}}(\mathrm{d}\overset{\downarrow}{\boldsymbol{f}}^T \cdot \boldsymbol{f})$$

umgeformt werden (vgl. Gl.(8.1.2)).
Setzt man Gl.(8.16) und Gl.(8.15) in Gl.(8.14) ein, so erhält man als Ergebnis

$$\frac{d}{d\boldsymbol{x}}(\boldsymbol{f}^T \boldsymbol{f}) = 2\frac{d}{d\boldsymbol{x}}(\mathrm{d}\overset{\downarrow}{\boldsymbol{f}}^T \boldsymbol{f})$$

$$= 2\frac{d\boldsymbol{f}^T}{d\boldsymbol{x}} \cdot \boldsymbol{f} \quad . \qquad (8.17)$$

8.1.2 Operationen

Die Operationen Vergleich, Addition und Subtraktion zweier Matrizen werden elementweise ausgeführt und hier nicht im Einzelnen behandelt. Ähnliches gilt für die Multiplikation einer Matrix mit einem Skalar - alle Elemente werden mit diesem Skalar multipliziert.

Die Multiplikation zweier Matrizen

$$C = A \cdot B \qquad (8.18)$$

ergibt eine Matrix mit den Elementen

$$c_{ij} = \sum_{k=1}^{n} a_{ik} \cdot b_{kj} \qquad (8.19)$$

und ist nur durchführbar wenn die Zahl der Spalten der (linken) Matrix $\boldsymbol{A}$ genauso groß ist wie die Zahl der Zeilen der (rechten) Matrix $\boldsymbol{B}$. Mit Ausnahme von Sonderfällen ist das Matrixprodukt nicht kommutativ.

$$A \cdot B \neq B \cdot A \qquad (8.20)$$

Eine hilfreiche graphische Darstellung der Multiplikation einer (m, n)-Matrix $\boldsymbol{A}$ und einer (n, p)-Matrix $\boldsymbol{B}$, die zu einer (m, p)-Matrix $\boldsymbol{C}$ führt, ist das Falksche Schema nach Abb. 8.1.

Weil das Produkt von Matrizen nicht kommutativ ist, ist das Ergebnis von der Reihenfolge der Faktoren abhängig. Das ist besonders wichtig beim

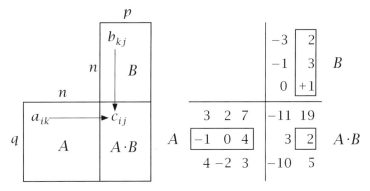

Abb. 8.1. Schema der Matrizenmultiplikation nach Falk

Umformen von Matrizengleichungen durch Erweitern mit einer Matrix. Dabei sind stets beide Seiten entweder von links oder von rechts mit der gleichen Matrix zu multiplizieren. So folgt aus

$$A = B \tag{8.21}$$

sowohl

$$C \cdot A = C \cdot B \tag{8.22}$$

als auch

$$A \cdot C = B \cdot C \tag{8.23}$$

aber

$$C \cdot A \neq B \cdot C. \tag{8.24}$$

Weiterhin gilt

$$(A \cdot B)C = A(B \cdot C) = A \cdot B \cdot C$$
$$(A + B)C = A \cdot C + B \cdot C$$
$$C(A + B) = C \cdot A + C \cdot B. \tag{8.25}$$

Matrizenprodukte können transponiert werden nach der Regel

$$(ABC)^T = C^T \cdot B^T \cdot A^T. \tag{8.26}$$

Die Inverse A^{-1} einer quadratischen Matrix A ist durch

$$A \cdot A^{-1} = A^{-1} \cdot A = I \tag{8.27}$$

definiert. Quadratische Matrizen besitzen nur dann eine Inverse, wenn sie selbst regulär sind, d. h. wenn ihr Rang gleich der Zahl n ihrer Reihen ist. Dies ist der Fall, wenn alle Spaltenvektoren und alle Zeilenvektoren der Matrix jeweils untereinander linear unabhängig sind. Die zu einer solchen Matrix gehörende Determinante ist von null verschieden.

Jeder quadratischen Matrix ist eine Determinante $D = \det \boldsymbol{A}$ zugeordnet. Die Determinante ist bei Matrizen mit reellen Elementen eine reelle Zahl, bei Matrizen mit komplexen Elementen eine komplexe oder reelle Zahl. Sie ist definiert als Ergebnis der Entwicklung entweder nach den Elementen der i-ten Zeile

$$\det \boldsymbol{A} = \sum_{j=1}^{n} a_{ij} \cdot \boldsymbol{A}_{ij} \tag{8.28}$$

oder den Elementen der j-ten Spalte

$$\det \boldsymbol{A} = \sum_{i=1}^{n} a_{ij} \cdot \boldsymbol{A}_{ij}. \tag{8.29}$$

Dabei ist $\boldsymbol{A}_{ij}$ die Adjunkte bzw. das algebraische Komplement des Elementes a_{ij}

$$\boldsymbol{A}_{ij} = (-1)^{i+j} \cdot \begin{vmatrix} a_{11} & \cdots & a_{1j} & \cdots & a_{1n} \\ \hline a_{i1} & \cdots & a_{ij} & \cdots & a_{in} \\ a_{n1} & \cdots & a_{nj} & \cdots & a_{nn} \end{vmatrix} \tag{8.30}$$

d. h. $\boldsymbol{A}_{ij}$ wird aus der Matrix $\boldsymbol{A}$ dadurch gebildet, dass die i-te Zeile und die j-te Spalte gestrichen werden und die resultierende Unterdeterminante mit $(-1)^{i+j}$ multipliziert wird.

Die Determinante einer 2-reihigen Matrix ist

$$\begin{vmatrix} a_{11} & a_{12} \\ a_{21} & a_{22} \end{vmatrix} = a_{11} \cdot a_{22} + a_{12} \cdot a_{21} \tag{8.31}$$

und die einer 3-reihigen Matrix

$$\begin{vmatrix} a_{11} & a_{12} & a_{13} \\ a_{21} & a_{22} & a_{23} \\ a_{31} & a_{32} & a_{33} \end{vmatrix} = a_{11}a_{22}a_{33} + a_{12}a_{23}a_{31} + a_{13}a_{21}a_{32}$$
$$- a_{31}a_{22}a_{13} - a_{32}a_{23}a_{11} - a_{33}a_{21}a_{12}. \tag{8.32}$$

Die Rechenvorschrift zur Multiplikation von Matrizen lässt sich unmittelbar auf Vektoren anwenden. Von besonderem Interesse ist das so genannte Skalarprodukt zweier Vektoren $\boldsymbol{a}$ und $\boldsymbol{b}$ (mit gleicher Anzahl von Elementen) bei dem immer ein Zeilenvektor von rechts mit einem Spaltenvektor multipliziert wird.

$$c = \boldsymbol{a}^T \cdot \boldsymbol{b} = \boldsymbol{b}^T \cdot \boldsymbol{a} = \sum_{k=1}^{n} a_k \cdot b_k = \sum_{k=1}^{n} b_k \cdot a_k \tag{8.33}$$

Im Sonderfall $\boldsymbol{b} = \boldsymbol{a}$ wird durch das Produkt $\boldsymbol{a}^T \boldsymbol{a}$ die Summe der quadrierten Elemente des Vektors $\boldsymbol{a}$ gebildet.

8.2 Beispielaufgaben mit Lösungen

In diesem Abschnitt werden die unterschiedlichen Verfahren, die zur Modellbildung, Identifikation, zum Entwurf von Steuerungen und Regelungen, und zur Simulation vorgestellt worden sind, in Form von Übungsaufgaben an einem Dreitanksystem als durchgängigem Beispiel weiter illustriert. In Aufg. 8.2.9 werden die im Einzelnen betrachteten Schritte speziell vor dem Hintergrund einer durchgängigen Bearbeitung von der Identifikation bis zur Code-Generierung für einen Regelalgorithmus zusammengefasst.

Die dargestellten Modelle, Screenshots und Befehle beziehen sich auf Release 13 von MATLAB und DYMOLA V5.1. Unter www.irt.rwth-aachen.de finden sich im Bereich „Download" → „Vorlesung RCP" zu den jeweiligen Aufgaben Dateien und ergänzende Unterlagen.

8.2.1 Kontinuierliche Modellbildung für ein Dreitanksystem

Drei Flüssigkeitsbehälter der Länge L und Breite B sind wie dargestellt über Drosselstellen der Breite B und Höhe δ verbunden. Der Zulauf erfolgt in Tank 1, der Ablauf aus Tank 3.

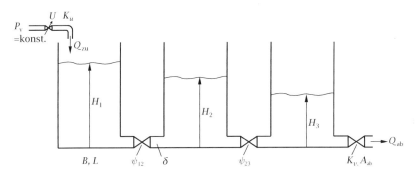

Abb. 8.2. Dreitank-System

Der Querschnitt der Drosselstellen kann zusätzlich mit den Faktoren ψ_{12} und ψ_{23}, $0 \leq \psi_{ij} \leq 1$ variiert werden. Es gilt

$$Q_{zu} = K_u \cdot U \quad , \quad U = 0 \ldots 10 \text{ V} \quad .$$

Für die Parameter des Systems gilt $B = 3$ cm, $L = 10$ cm, $A_{ab} = 2$ cm^2, $K_v = 0,25$, $\delta = 0,4$ cm, $\psi_{12} = \psi_{23} = 0,4$, $K_u = 26,8$ cm^3/Vs.

a) Stellen Sie die Differentialgleichungen zur Systembeschreibung auf.
b) Linearisieren Sie diese für einen Arbeitspunkt mit den Füllständen H_{10}, H_{20} und H_{30}.

c) Zeichnen Sie einen Wirkungsplan mit der Ausgangsgröße h_3, der das System in der Nähe des Arbeitspunktes beschreibt.

d) Setzen Sie den Wirkungsplan in ein SIMULINK-Modell um, welches das linearisierte Verhalten des Systems darstellt. Wählen Sie für die Berechnung der Koeffizienten der Linearisierung die Werte $U_0 = 2,5$ V, $H_{10} = 29,01$ cm, $H_{20} = 19,08$ cm und $H_{30} = 9,15$ cm.

e) Erstellen Sie ein nichtlineares SIMULINK-Modell, welches die in a) hergeleiteten Differentialgleichungen abbildet. Bestimmen Sie hieraus mit dem Befehl „linmod" auch ein lineares Zustandsraummodell, welches das Eingangs-Ausgangs-Verhalten vom Eingang $u(t)$ auf den Ausgang $h_3(t)$ im Arbeitspunkt darstellt, und vergleichen Sie die Koeffizienten mit dem Ergebnis der Linearisierung aus Teil b).

Lösung

a) Zum Aufstellen der Differentialgleichungen wird das System in Teilsysteme (Behälter) und Verknüpfungen (Drosselstellen) unterteilt. Ein Behälter i wird durch die Zustandsgröße Füllhöhe H_i beschrieben,

$$H_i = \frac{1}{B \cdot L} \int (Q_{zu} - Q_{ab}) \, dt \quad , \tag{8.34}$$

für den Durchfluss durch eine Drossel von Behälter i in Behälter j gilt

$$Q_{i,j} = s_{i,j} \cdot \sqrt{2g(H_i - H_j)}$$

mit dem Leitungsquerschnitt $s_{i,j}$. Als (nichtlineare) Differentialgleichungen zur Systembeschreibung ergeben sich

$$\dot{H}_1 = \frac{1}{BL} \left(K_u \cdot U - \psi_{12}\delta B \cdot \sqrt{2g(H_1 - H_2)} \right) \quad , \tag{8.35}$$

$$\dot{H}_2 = \frac{1}{BL} \left(\psi_{12}\delta B \cdot \sqrt{2g(H_1 - H_2)} \right.$$
$$\left. - \psi_{23}\delta B \cdot \sqrt{2g(H_2 - H_3)} \right) \quad , \tag{8.36}$$

$$\dot{H}_3 = \frac{1}{BL} \left(\psi_{23}\delta B \cdot \sqrt{2g(H_2 - H_3)} - K_v \cdot A_{ab} \cdot \sqrt{2gH_3} \right) . \tag{8.37}$$

b) Da die Integralgleichungen für die Füllstände (Gl.(8.34)) bereits linear in den Eingangsgrößen Q_{zu} und Q_{ab} sind, müssen nur die Drosselgleichungen linearisiert werden. Es gilt

$$q_{i,j} = \frac{\partial Q_{i,j}}{\partial H_i} \cdot h_i + \frac{\partial Q_{i,j}}{\partial H_j} \cdot h_j$$
$$= c_i \cdot h_i + c_j \cdot h_j$$

und die linearisierten Durchflussgleichungen lauten

$$q_{1,2} = c_1 \cdot h_1 + c_2 \cdot h_2$$

mit

$$c_1 = \frac{\partial Q_{1,2}}{\partial H_1} = \frac{\psi_{12}\delta Bg}{\sqrt{2g\left(H_{10} - H_{20}\right)}} \quad \text{und} \quad c_2 = \frac{\partial Q_{1,2}}{\partial H_2} = -c_1$$

sowie

$$q_{2,3} = c_3 \cdot h_2 + c_4 \cdot h_3$$

mit

$$c_3 = \frac{\partial Q_{2,3}}{\partial H_2} = \frac{\psi_{23}\delta Bg}{\sqrt{2g\left(H_{20} - H_{30}\right)}} \quad \text{und} \quad c_4 = \frac{\partial Q_{2,3}}{\partial H_3} = -c_3$$

und

$$q_{\mathrm{ab}} = c_5 \cdot h_3$$

mit

$$c_5 = \frac{\partial Q_{\mathrm{ab}}}{\partial H_3} = \frac{K_v A_{\mathrm{ab}} g}{\sqrt{2g H_{30}}} \quad .$$

Hiermit folgt das lineare Differentialgleichungssystem als Beschreibung anstelle von Gl.(8.35)-(8.37)

$$\dot{h}_1 = \frac{1}{BL}\left(K_u \cdot u - c_1 \cdot h_1 - c_2 \cdot h_2\right) \quad , \tag{8.38}$$

$$\dot{h}_2 = \frac{1}{BL}\left(c_1 \cdot h_1 + (c_2 - c_3) \cdot h_2 - c_4 \cdot h_3\right) \quad , \tag{8.39}$$

$$\dot{h}_3 = \frac{1}{BL}\left(c_3 \cdot h_2 + (c_4 - c_5) \cdot h_3\right), \tag{8.40}$$

welches in der Nähe des Arbeitspunktes gültig ist. Mit dem Zustandsvektor $x = [h_1\, h_2\, h_3]^T$ lässt sich das System in Zustandsraumdarstellung schreiben als

$$\dot{x} = A \cdot x + B \cdot u$$
$$y = C \cdot x + D \cdot u$$

mit

$$A = \frac{1}{BL}\begin{bmatrix} -c_1 & -c_2 & 0 \\ c_1 & (c_2 - c_3) & -c_4 \\ 0 & c_3 & (c_4 - c_5) \end{bmatrix} \, ; \, B = \frac{1}{BL}\begin{bmatrix} K_u \\ 0 \\ 0 \end{bmatrix} \, ;$$

$$C = [\,0\ 0\ 1\,]\, ; \qquad\qquad\qquad D = 0 \quad .$$

c) Linearer Wirkungsplan:

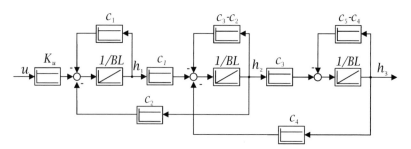

Abb. 8.3. Wirkungsplan

d) Hinweise zur Modellierung des linearen Wirkungsplans in SIMULINK:
   - Verwenden Sie für die Modellierung Blöcke aus den Bibliotheken SI-MULINK / Continuous und SIMULINK / Math Operations.

e) Hinweise zur Modellierung des nichtlinearen Modells in SIMULINK:
   - Modellieren Sie zunächst einen Behälter mit den Eingangsgrößen Q_{zu} und Q_{ab} und der Ausgangsgröße H. Begrenzen Sie den Integrierer auf einen minimalen Wert von 0 und einen maximalen Füllstand H_{max}. Fassen Sie anschließend die Blöcke als Subsystem zusammen, welches über eine Maske mit den Größen B, L und H_{max} parametriert wird.
   - Modellieren Sie anschließend eine Drossel mit den Eingangsgrößen H_{vor} und H_{nach} und der Ausgangsgröße Q. Die benötigte Wurzelfunktion ist in der Bibliothek SIMULINK / Math Operations zu finden. Erstellen Sie auch hier ein Subsystem, welches über eine Maske mit den benötigten Größen parametriert wird. Hinweis: die Erdbeschleunigung ist in cm/sec^2 zu verwenden!
   - Sehen Sie einen Slider Gain zum Einstellen der Stellspannung vor.
   - Zur Bestimmung des linearisierten Zustandsraummodells verwenden Sie als Eingangssignal einen „In"-Block aus SIMULINK / Sources, die Größe H_3 wird mit einem „Out"-Block aus SIMULINK / Sinks verbunden. Machen Sie sich anschließend mit dem Befehl „linmod" am MATLAB-prompt vertraut. Bestimmen Sie die Reihenfolge der Zustände des Modells, indem Sie am prompt „[sizes,x0,reihenfolge] = *modellname*" eingeben. In dieser Reihenfolge sind die in der Aufgabenstellung gegebenen Werte $H_{10} \ldots H_{30}$ in dem Befehl linmod anzugeben. Die resultierenden Matrizen A, B, C, D des Zustandsraummodells können mit den Koeffizienten in Gl.(8.38)-(8.40) verglichen werden.

8.2.2 Ereignisdiskrete und hybride Modellbildung am Dreitanksystem

Ereignisdiskrete Modellierung

Die Füllhöhen in den drei Flüssigkeitsbehältern aus Aufgabe 8.2.1 sollen für die Visualisierung in einem Steuerpult durch jeweils drei Lampen dargestellt werden, welche die Zustände *Leer*, *Normal* und *Überlauf* anzeigen. Im Verlauf dieses Unterpunktes lernen Sie, wie Sie diskrete Aspekte unter STATEFLOW modellieren können.

a) Zeichnen Sie hierzu in STATEFLOW das Zustandsdiagramm für Tank 1. Beschriften Sie die Transitionen mit Kurznamen für die je Tank möglichen Ereignisse „Tank i beginnt überzulaufen", „Tank i hört auf überzulaufen", etc. Erzeugen Sie diese Ereignisse über zu definierende Triggereingänge zu STATEFLOW, die Sie – während die Simulation läuft – testweise unter SIMULINK durch Doppelklicken auf einen *Manual Switch* aus der Bibliothek *Signal Routing* triggern, der mit den konstanten Eingangswerten ± 1 verbunden ist.

• Sie können die Simulationszeit unter *Simulation/Simulation Parameters* einstellen. Wie groß ist die von Ihnen gewählte Simulationszeit?

• Prüfen Sie unter den Diagrammeigenschaften, ob die Aufweckmethode (*Update Method*) sinnvoll gewählt ist. Welche Aufweckmethode haben Sie gewählt?

• Beobachten Sie den aktuellen Gesamtzustand des Statecharts, indem Sie das STATEFLOW-Diagramm während der Simulation öffnen oder offen halten.

• Untersuchen Sie, welchen Einfluss der Schalter *Execute (enter) chart at initialization* in den Diagrammeigenschaften auf den Ablauf hat. Welche Konsequenzen hat die Einstellung auf das Verhalten des Charts?

• Geben Sie die Aktivität der einzelnen Zustände des Charts nach SIMULINK aus und lassen Sie diese dort anzeigen.

Hybride Modellierung

Verwenden Sie im Folgenden das in Aufgabe 8.2.1 erstellte nichtlineare SIMULINK-Modell.

Im Verlauf der nächsten Unterpunkte sollen Sie ein 3-Tank-Simulations-Modell aufbauen, mit dem kontinuierliche und diskrete Aspekte abgebildet werden. Die Einbindung des Statecharts wird hierbei auf zwei unterschiedliche Arten bewerkstelligt.

b) Bauen Sie das oben erstellte Statechart für Tank 1 in das nichtlineare Modell ein und binden Sie die Triggereingänge an die kontinuierlich modellierte Strecke mittels des Blocks *Discontinuities/Hit Crossing* an. Testen Sie Ihr Modell. Welches Problem ergibt sich, wenn Sie während der

Simulation die Spannung U zuerst auf 3 V setzen und anschließend auf einen Wert von 0 V?

c) Abhängig vom Zustand (*Leer, Normal, Überlauf*) soll im Statechart der überlaufende Volumenstrom in Tank 1 berechnet und unter SIMULINK angezeigt werden. Testen Sie Ihr Modell. Welches Problem ergibt sich bei der Berechnung des Überlaufstromes?

d) Ändern Sie die Aufweckmethode des Charts so, dass es zu jedem Simulationsschritt von SIMULINK abgearbeitet wird. Ergänzen Sie das Statechart so, dass die Füllstände aller 3 Tanks *parallel* überprüft werden. Fügen Sie hierzu für jeden Füllstand einen Dateneingang unter STATEFLOW hinzu, entfernen Sie alle bisher definierten Triggereingänge und ändern Sie die Transitionslabel entsprechend. Testen Sie Ihr Modell mit den Werten $U_0 = 0$ V, $H_{10} = 0$ cm, $H_{20} = 25$ cm und $H_{30} = 20$ cm.
   - Was beobachten Sie bezüglich des Füllstandes von Tank 1?
   - Wie verhält sich die Simulationsgeschwindigkeit, wenn das STATEFLOW-Chart während der Simulation geöffnet oder geschlossen ist?

Die eingestellten Anfangswerte für die Füllstände können etwa bei der Inbetriebnahme des Dreitanksystems auftreten, nachdem die Ausgangsdrossel des ersten Tanks für Wartungsarbeiten an Tank 1 voll geschlossen und der Tank leergepumpt wurde.

e) Speichern Sie Ihr Modell jetzt, im weiteren Verlauf dieses Unterpunktes aber nicht mehr.
   - Öffnen Sie den SIMULINK-Debugger und setzen Sie die Haltepunkte (*Breakpoints*) *Chart Entry* und *State Entry*. Simulieren Sie das System. Wann ist diese Debug-Methode sinnvoll einzusetzen?
   - Sehen Sie sich während der Simulation an, was im Debuggerfenster unter *Breakpoints*, *Browse Data*, *Active States* und *Coverage* angezeigt wird.
   - Entfernen Sie diese Debuggerhaltepunkte. Probieren Sie stattdessen, Haltepunkte für das Erreichen des Zustands *Niedrig* zuerst über die Eigenschaften des Zustandes und anschließend über die Eigenschaften einer dorthin führenden Transition festzulegen. Wann würden Sie diese Debug-Methode benutzen?
   - Versuchen Sie – anhand der Hilfe zu den Debuggeroptionen – die Fehler *Zustandsinkonsistenz*, *Transitionskonflikt* und *Zyklus* auszulösen. Zeichnen Sie die entsprechenden Ausschnitte des Charts, mit denen die einzelnen Fehler erzeugt wurden!

Machen Sie die in diesem Unterpunkt gemachten Änderungen rückgängig, indem Sie das zu Beginn dieses Unterpunktes gespeicherte Modell wieder herstellen.

Lösung

a) Das SIMULINK-Modell mit eingebettetem Statechart ist im Folgenden einschließlich Data-Dictionary im STATEFLOW-Explorer abgedruckt.

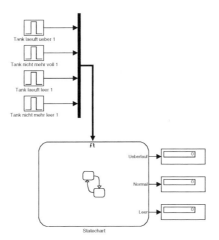

Abb. 8.4. SIMULINK-Modell zu a)

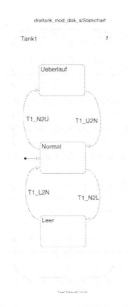

Abb. 8.5. STATEFLOW-Teil der Lösung zu a)

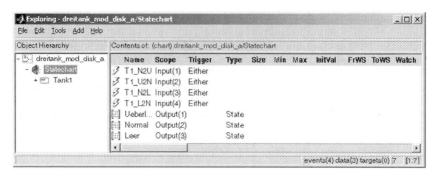

Abb. 8.6. STATEFLOW-Dictionary der Lösung zu a)

- Als Simulationszeit sollte ∞ (inf) gewählt werden, da ein rein ereignisdiskretes Zeitsystem keine Zeitinformationen enthält, und die Integration somit mit der größten Schrittweite durchgeführt wird, die vom Integrationsalgorithmus zugelassen wird.
- Als Aufweckmethode (*Update Method*) muss *Triggered* gewählt werden. Das Chart wird nur dann aufgeweckt, wenn an einem der Eingänge ein Nulldurchgang ein Ereignis triggert.
- Der Schalter *Execute (enter) chart at initialization* sollte aktiviert sein, um die Chartinitialisierung (Ausführung von Standardtransitionen und weiterer gültiger Transitionen) bei Simulationsstart durchzuführen.

b) Um das – in a) entwickelte – Statechart in das nichtlineare Dreitank-Modell einsetzen zu können, muss die Erzeugung der Triggersignale z. B. durch Hitcrossing-Blöcke stattfinden. Diese „finden" Nulldurchgänge, die auch um einen einstellbaren Versatz verschoben sein können. Ebenso zeigt ein Hitcrossing-Block an, wenn das Eingangssignal genau dem eingestellten Wert entspricht. Deshalb wird der Überlauf von Tank 1 korrekt detektiert, obwohl der auf H_{max} begrenzte Integrator diesen Wert nicht überschreitet. Beim Leerlaufen der Tanks ($U = 0$) hingegen stellt sich für den Füllstand H_1 ein von Null deutlich verschiedener Wert ein ($H_1 \approx 1 \cdot 10^{-7}$), bedingt durch die numerische Genauigkeit der Simulation. Dieser Umstand kann berücksichtigt werden, indem das Ereignis z. B. bereits bei einer Höhe von $H_{grenz} = 1 \cdot 10^{-6}$ cm, also bei $0,01$ μm ausgelöst wird

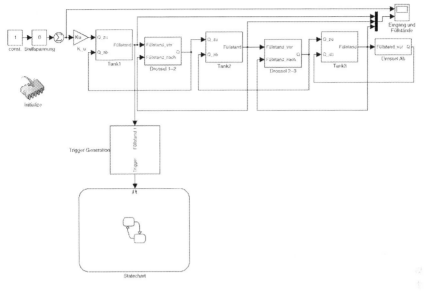

Abb. 8.7. SIMULINK-Modell der Lösung zu b)

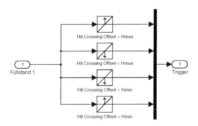

Abb. 8.8. Erzeugung der Triggersignale in b)

c) Die Berechnung des Überlaufstromes kann als *During*-Action zu jedem
Abarbeitungszeitpunkt des Statecharts ausgeführt werden. Hierzu muss
ein Dateneingang definiert werden, ebenso ein Datenausgang, der zur Anzeige führt. Da die Aufweckmethode des Statecharts zu *Triggered* gewählt
wurde, wird das Statechart nur zum Zeitpunkt des Überlaufbeginns und
-endes ausgeführt, so dass die Anzeige nur den Wert zu diesem Zeitpunkt
($Q_{Ueberlauf} = 0$!) ausgibt.

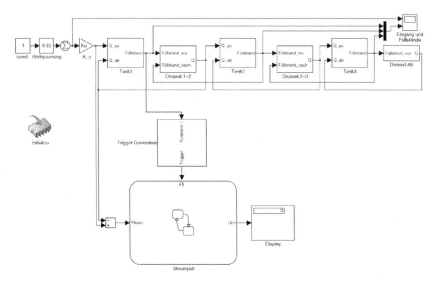

Abb. 8.9. SIMULINK-Modell der Lösung zu c)

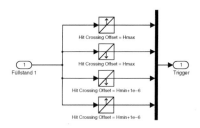

Abb. 8.10. Erzeugung der Triggersignale in c)

d) Der Füllstand von Tank 1 steigt an, da Flüssigkeit vom Tank 2 zurück
läuft. Die Simulationsgeschwindigkeit sinkt bei offenem Statechart und
kontinuierlicher Abarbeitung sehr stark ab, da der Ablauf normalerweise

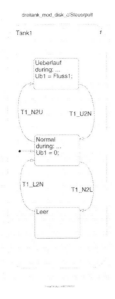

Abb. 8.11. STATEFLOW-Teil der Lösung zu c)

grafisch animiert wird. Dieses Verhalten kann in den Debuggeroptionen ausgeschaltet werden. Zusätzlich kann dort eine Verzögerung der Animation bei jeder Auswertung von Ausdrücken, Transitionen etc. eingestellt werden.

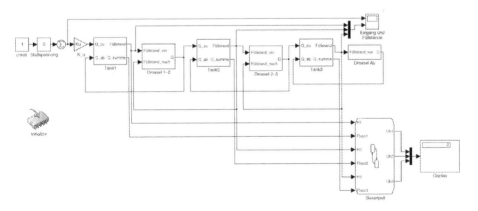

Abb. 8.12. SIMULINK-Modell der Lösung zu d)

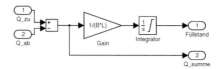

Abb. 8.13. Berechnung des resultierenden Tankzuflusses in d)

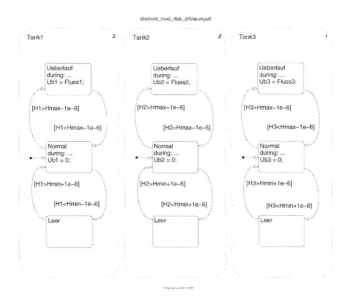

Abb. 8.14. STATEFLOW-Teil der Lösung zu d)

e) Die Fehler lassen sich z. B. folgendermaßen hervorrufen:

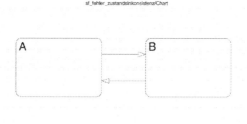

Abb. 8.15. Zustandsinkonsistenz e)

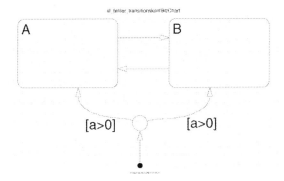

Abb. 8.16. Transitionskonflikt e)

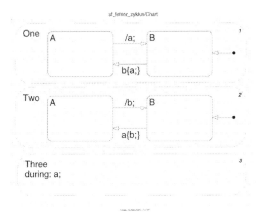

Abb. 8.17. Unendlicher Zyklus e)

8.2.3 Nichtparametrische Identifikation

Für den Dreitank soll der Frequenzgang als charakteristische Beschreibung des Systemverhaltens bestimmt werden. Nur Messungen von Ein- und Ausgangsverhalten sind dazu möglich. Als zu untersuchendes System dient dabei das nichtlineare Dreitank-Modell aus Aufgabe 8.2.1. Dieses ist durch auf den Ausgang wirkendes Messrauschen zu ergänzen.

Ziel ist es, den Amplitudengang und den Phasengang des Systems darzustellen. Dazu sind der Betrag $G(j\omega)$ doppelt logarithmisch und die Phasendifferenz ϕ einfach logarithmisch über der Kreisfrequenz ω aufzutragen.

Die zugehörigen Werte sollen sowohl durch einzelne Messungen als auch durch Auswertung mittels Fourier-Transformation einer geeigneten Einzelmessung erzeugt werden.

Frequenzgangmessung

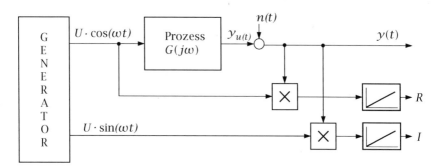

Abb. 8.18. Messanordnung für Korrelationsverfahren

a) Ergänzen Sie das Modell um das Messrauschen sowie geeignete Erweiterungen, um eine Messanordnung mit Hilfe des Korrelationsverfahrens zu erstellen. Erstellen Sie ein Skript zur automatischen Messung des gesamten interessierenden Spektrums. Was fällt abhängig von der Abtastzeit auf? Wählen Sie sinnvolle Grenzen zur Darstellung anhand der zu erwartenden Ergebnisse.

b) Ergänzen Sie den Aufbau zum Korrelationsverfahren so, dass zur Laufzeit abgeschätzt werden kann, ob die Messdauer für die gewünschte Genauigkeit ausreicht.

c) Warum ist eine direkte Auswertung von Ein- und Ausgangsschwingung weniger zweckmäßig? Was ist bezüglich des Arbeitspunktes zu beachten? Hinweis: Skripte zur grafischen Darstellung der Ergebnisse finden sich unter der o. a. download-Adresse.

Fourier-Transformation

a) Erstellen Sie eine Funktion, die mit Hilfe der Diskreten Fourier-Transformation den Frequenzgang des Systems berechnet und stellen Sie diesen dar. Was für Daten sind dafür notwendig? Modifizieren Sie das Simulations-Modell entsprechend.

b) Erstellen Sie eine Funktion, die mit Hilfe der Schnellen Fourier-Transformation (FFT) den Frequenzgang des Systems berechnet und stellen Sie diesen dar.

c) Vergleichen Sie die Ergebnisse und die Rechenzeiten aus a), b) und dem MATLAB-eigenen fft-Befehl.

Lösung

Frequenzgangmessung

a) Die Lösung ist in Abb. 8.18 dargestellt und kann gradlinig in SIMULINK umgesetzt werden. Bei der Realisierung ist zu beachten, dass die Parametrierung der anregenden Frequenz aus MATLAB heraus durchgeführt wird, um ein Skript zur Steuerung der Simulation nutzen zu können. Bei der Vorgabe von anregender Frequenz und Abtastzeit ist zu beachten, dass nur mit Frequenzen unterhalb der Shannon-Frequenz sinnvolle Ergebnisse erzielt werden können.

b) Durch Vorgabe der für die Berechnung anzuwendenden Simulationszeit als eines Vielfachen der Periodendauer der anregenden Schwingung kann zur Laufzeit die gewünschte Qualität berücksichtigt werden.

c) Das direkte Ein- und Ausgangssignal ist aufgrund additiv überlagerter Störungen oftmals weniger gut geeignet. Bezüglich des Arbeitspunkts ist zu beachten, dass er aus Ein- und Ausgangssignal herausgerechnet wird, um keinen zusätzlichen Offset zu verursachen.

Fourier-Transformation

a), b) Hier wird auf die unter „www.irt.rwth-aachen.de" verfügbaren Skripte im Download-Bereich zur Vorlesung RCP verwiesen.

c) Aufgrund der Tatsache, dass in MATLAB der Befehl „fft" zu den „built-in functions" gehört, ist die Ausführungszeit sehr schnell, da hier kein m-Code interpretiert werden muss.

8.2.4 Nichtrekursive Parametrische Identifikation

Für das Dreitankmodell soll die Übertragungsfunktion mit Hilfe der nicht-rekursiven Parametrischen Identifikation bestimmt werden. Nur Messungen von Ein- und Ausgangsverhalten sind dazu möglich. Ziel dieser Aufgabe ist die Anwendung und Umsetzung der Parametrischen Identifikation für den Dreitank gemäß Abb. 8.19.

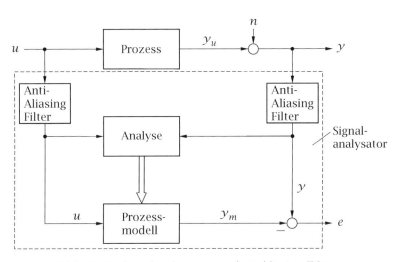

Abb. 8.19. Signalanalysator mit Anti-Aliasing-Filtern

Als zu untersuchendes System dient das nichtlineare Simulationsmodell des Dreitanksystems aus Aufg. 8.2.1. Für die Parametrische Identifikation sind mehrere Schritte notwendig. Insbesondere muss eine Struktur des Systems angenommen werden, bevor die darin enthaltenen Parameter bestimmt werden können.

a) Stellen Sie Überlegungen zur Struktur der gesuchten Übertragunsfunktion an. Orientieren Sie sich dabei an der linearisierten Struktur des Systems nach Abb. 8.20.

b) Erweitern Sie das Modell so, dass alle Daten, die Sie zur Parametrischen Identifikation benötigen, verfügbar sind.

c) Erstellen Sie ein Programm, dass aus den Simulationsdaten mit Hilfe der nichtrekursiven Parametrischen Identifikation die gesuchten Parameter errechnet. Orientieren Sie sich dabei an Abschnitt 4.3.2.

d) Wie ist das Verfahren sinnvoll einsetzbar, wenn physikalische Struktur-Informationen mit einbezogen werden sollen? Welche Ergänzungen sind dazu notwendig?

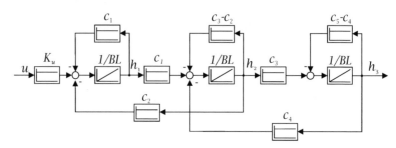

Abb. 8.20. Lineares Dreitank-Modell

Lösung

a) **Vorüberlegungen:** Im vorliegenden Falls ist die Struktur des zu identifizierenden Systems bekannt. Daher können anhand der linearisierten Struktur Vorüberlegungen angestellt werden, wie die Gesamtübertragungsfunktion $G_u = \frac{H_3(s)}{U(s)}$ auszusehen hat. In Abb. 8.21 ist zu sehen, wie das System vereinfacht werden kann.

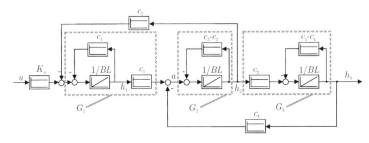

Abb. 8.21. Zusammenfassen des linearen Dreitank-Modells

Das System lässt sich mit folgenden Gleichungen beschreiben:

$$\begin{aligned}
H_3(s) &= G_3 \cdot H_2(s) \\
H_2(s) &= G_2 \cdot A(s) \\
A(s) &= G_1 \cdot (K_u \cdot U(s) - c_2 \cdot H_2(s)) - c_4 \cdot H_3(s)
\end{aligned} \tag{8.41}$$

Die zusammengefassten Teilsysteme G_i sind Verzögerungsglieder erster Ordnung (PT_1), die sich im Einzelnen wie folgt darstellen:

$$\begin{aligned}
G_1 &= c_1 \cdot \frac{\frac{1}{c_1}}{1 + \frac{BL}{c_1} \cdot s} = \frac{c_1}{c_1 + BL \cdot s} \\
G_2 &= \frac{\frac{1}{c_3 - c_2}}{1 + \frac{BL}{c_3 - c_2} \cdot s} = \frac{1}{(c_3 - c_2) + BL \cdot s} \\
G_3 &= c_3 \cdot \frac{\frac{1}{c_5 - c_4}}{1 + \frac{BL}{c_5 - c_4} \cdot s} = \frac{c_3}{(c_5 - c_4) + BL \cdot s}
\end{aligned} \tag{8.42}$$

Gesucht ist die Übertragungsfunktion $G_u = \frac{H_3(s)}{U(s)}$.

Aus Gln.(8.41) ergibt sich

$$H_2(s) = \frac{G_1 G_2 K_u}{1 + c_2 G_1 G_2} \cdot U(s) - \frac{c_4 G_2}{1 + c_2 G_1 G_2} \cdot H_3(s) \tag{8.43}$$

bzw.

$$\begin{aligned}
H_3(s) &= \frac{G_1 G_2 G_3 K_u}{1 + c_2 G_1 G_2} \cdot U(s) - \frac{c_4 G_2 G_3}{1 + c_2 G_1 G_2} \cdot H_3(s) \\
\Leftrightarrow H_3(s) &= \frac{G_1 G_2 G_3 K_u}{1 + c_2 G_1 G_2} \cdot \frac{1}{1 + \frac{c_4 G_2 G_3}{1 + c_2 G_1 G_2}} \cdot U(s) \\
\Leftrightarrow H_3(s) &= \frac{G_1 G_2 G_3 K_u}{1 + G_2(c_2 G_1 + c_4 G_3)}
\end{aligned}$$

Mit Umformen und Einsetzen ergibt sich

$$G_u = \frac{K_u}{\frac{1}{G_1 G_2 G_3} + \frac{c_2}{G_3} + \frac{c_4}{G_1}} \tag{8.44}$$

$$= \frac{c_1 \cdot c_3 \cdot K_u}{(c_1 + BLs)(c_2^* + BLs)(c_3^* + BLs) + c_1 c_2 (c_3^* + BLs) + c_3 c_4 (c_1 + BLs)} \tag{8.45}$$

mit

$$c_2^* = c_3 - c_2$$
$$c_3^* = c_5 - c_4$$

Daraus ist ohne weitere Umformung ersichtlich, dass es sich bei G_u um eine gebrochen rationale Funktion in s mit s^0 als höchster Zähler- und s^3 als höchster Nennerpotenz handelt. Neben der Möglichkeit, eine Abschätzung aus z. B. dem Verlauf der Sprungantwort vorzunehmen, kann somit vorhandenes Systemwissen über die Struktur in die Identifikation mit einfließen, ohne dass die Kennwerte bekannt sein müssen.

Das hier gefundene Ergebnis deckt sich mit der Beobachtung, dass das System drei Integratoren als dynamische Elemente besitzt und somit eine Systemordnung von drei zu erwarten ist.

b) **Umbau des Modells:** Die Parametrische Identifikation, wie sie hier vorgestellt wird, erzeugt ein lineares System. Daher unterscheiden die Ergebnisse sich, abhängig von dem Arbeitspunkt, um den herum das nichtlineare System untersucht wird. Betrachtet werden jeweils nur die Abweichungsgrößen, so dass die zu einem festen Arbeitspunkt gehörigen Ein- und Ausgangswerte herausgerechnet werden müssen.

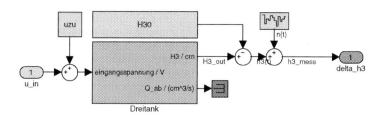

Abb. 8.22. Aufbau des zu identifizierenden Systems

In Abb. 8.22 ist zu sehen, wie am Systemeingang der konstante Wert für die Eingangsgröße addiert und der dazugehörige Stationärwert am Ausgang subtrahiert wird. Der eigentliche Messaufbau findet, wie auch schon bei der nichtparametrischen Identifikation, um das um Stationärwerte erweiterte System herum statt. Eine mögliche Struktur mit mehreren zur

Verfügung stehenden Anregungssignalen ist in Abb. 8.23 zu sehen. Weiterhin sind Ein- und Ausgangssignale mit denselben Filtern geglättet worden, um den Einfluss des Messrauschens zu verringern.

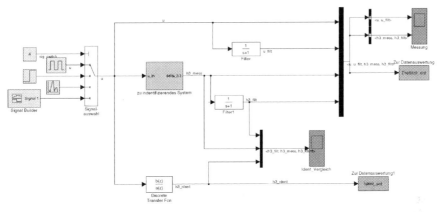

Abb. 8.23. Versuchsaufbau für Identifikation und Verifikation

c) **Identifikation:** Die Umsetzung der Identifikation kann am besten direkt dem Beispiel-Skript entnommen werden. Wird eine Sprungfolge zur Identifikation verwendet, sieht das Ergebnis in etwa wie in Abb. 8.24 aus. Es fällt auf, dass der Endwert für kleinere Abweichungen vom Arbeitspunkt besser getroffen wird. Da das simulierte System „Dreitank" nichtlineares Verhalten aufweist, variiert der statische Endwert der Übertragungsfunktion abhängig vom Arbeitspunkt.

Für eine praxisnahe, umfassende Untersuchung ist es weiterhin unerlässlich, das Ergebnis an weiteren Signalen zu verifizieren. Identifikations- und Verifikationsdaten sollten nicht identisch sein.

d) **Weiterführende Überlegungen**: Oft soll nicht die „Standardform" einer gebrochen rationale Funktion identifiziert werden, sondern konkrete, nicht oder schlecht messbare Größen, wie z. B. Reibkennwerte, sollen per Identifikation ermittelt werden. Hierzu sind einige Dinge zu beachten.

- Das System, das den Zusammenhang zwischen den Parametern der Übertragungsfunktion a_i und b_i beschreibt, darf nicht über- oder unterbestimmt sein, da sonst aus den Identifikationsergebnissen keine eindeutigen Kennwerte ermittelt werden können.

- Nichtlineare Terme können einbezogen werden, wenn sie offline aus den gemessenen Werten errechnet ($sin(u)$) oder angenähert ($\dot{u}^2$) werden können. In diesem Fall werden sie nicht als nichtlineare Funktion der Ein- oder Ausgangsgröße, sondern als eingeständige, virtuelle Messwerte betrachtet.

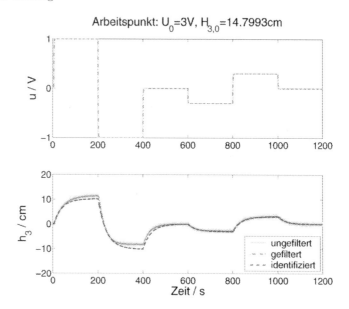

Abb. 8.24. Identifikationsergebnisse am Dreitank

- Nebenbedingungen der Parameter können zunächst nicht berücksichtigt werden. Das beschriebene Verfahren der parametrischen Identifikation kann z. B. eine Ventilöffnung als beste Schätzung errechnen, die kleiner als null ist. Dies kann nur verhindert werden, indem eine Optimierung verwendet wird, die in der Lage ist, Nebenbedingungen mit einzubeziehen.

Eine Umsetzung der in d) genannten Erweiterungsmaßnahmen sind für die Identifikation des Pendel-Beispiels in Abschnitt 4.3.4 detailliert beschrieben.

8.2.5 Regelungsentwurf für das Dreitanksystem

Gegeben ist die Regelkreisstruktur zur Regelung des Füllstands im dritten Tank nach Abb. 8.25. Es soll für das Simulationsmodell aus Aufgabe 8.2.1 eine Reglerstruktur sowie geeignete Reglerparameter ermittelt werden.

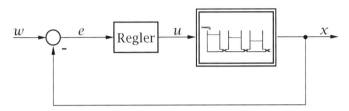

Abb. 8.25. Füllstandsregelung beim Dreitank

a) Erweiterung des SIMULINK-Modells für den Reglerentwurf.
- Erzeugen Sie ein Subsystem für die Regelstrecke Dreitank mit der Eingangsgröße Stellspannung und den Ausgangsgrößen Füllstände H_1, H_2 und H_3 sowie den Flüssen $Q_{1,2}$, $Q_{2,3}$ und Q_{ab}.
- Erweitern Sie das Modell um einen geeigneten Regler zur Durchführung eines Schwingversuchs nach Ziegler und Nichols. Hinweis: Zur Beeinflussung der Reglerparameter während der Laufzeit eignet sich der Block *Slider Gain*.
  Welche Elemente und Schritte sind hierzu erforderlich?
- Wählen Sie bei den Simulationsparametern in den *Solver options* als *Type: Fixed-step* und *ode4* aus. Stellen Sie die Schrittweite auf den Wert *Fixed step size: 0.001* ein.

b) Führen Sie einen Schwingversuch bei eine Füllstandhöhe von 8,9 cm im dritten Tank durch und ermitteln Sie $K_{R\,krit}$ und T_{krit}. Bestimmen Sie hiermit die Parameter für einen PI-Regler.
Warum wird ein PI-Regler verwendet? Welche Übertragungsfunktion besitzt der PI-Regler?

Regler	K_R	T_n	T_v
P	$0,5 \cdot K_{R\,krit}$	-	-
PI	$0,45 \cdot K_{R\,krit}$	$0,85 \cdot T_{krit}$	-
PID	$0,6 \cdot K_{R\,krit}$	$0,5 \cdot T_{krit}$	$0,12 \cdot T_{krit}$

Tab. 8.1. Einstellwerte für Reglereinstellung nach einem Schwingversuch

c) Ersetzen Sie den Reglerblock aus Aufgabenteil a) durch den *PI*-Regler. Stellen Sie die berechneten Reglerparameter ein.

d) Führen Sie einen Sprung der Führungsgröße von 8,9 cm auf 7 cm durch und bestimmen Sie für diesen Versuch die Überschwingweite x_m und die Ausregelzeit T_{aus} für eine Toleranzbereich von 0,5 mm.

e) Passen Sie die Reglereinstellung an, so dass sich eine Überschwingweite $x_m = 0,25$ cm und eine Ausregelzeit $T_{aus} = 30$ s für eine Toleranzbereich von 0,5 mm ergibt.

Lösung

a) Zur Durchführung des Schwingversuchs nach Ziegler und Nichols ist ein *P*-Regler erforderlich. Daher kann der Reglerblock aus Abb. 8.25 durch den Block *Slider Gain* ersetzt werden. Damit ergibt sich folgendes Simulationsmodell:

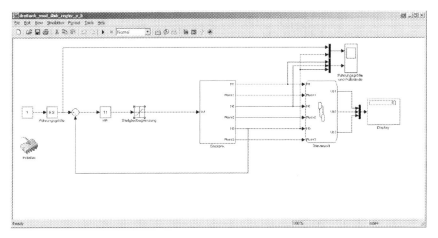

Abb. 8.26. Simulationsmodell

Einstellung der Solver Parameter:

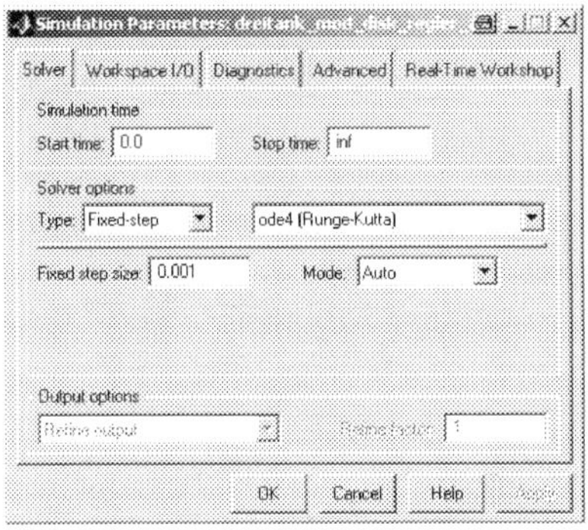

Abb. 8.27. Solver Parameter

b) Zur Durchführung des Schwingversuchs muss sich das System in einem stationären Zustand befinden. Man wählt hierzu den Sollwert von 8,9 cm aus und stellt den Proportionalbeiwert des Reglers auf einen Startwert (z. B. $K_R = 1$). Befindet sich das System im stationären Zustand, so wird K_R solange verändert bis eine stabile Dauerschwingung entsteht und die Stabilitätsgrenze erreicht ist (Abb. 8.28).

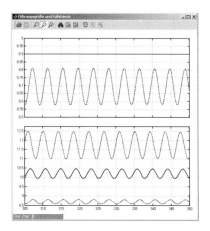

Abb. 8.28. Dauerschwingung

Damit ergibt sich K_{Rkrit} und T_{krit} zu:

$$K_{R\,krit} = 11\,\frac{V}{cm}$$
$$T_{krit} = 4,25\,sec$$

Für das Dreitank-System wird ein PI-Regler verwendet, damit im stationären Fall keine bleibende Regelabweichung existiert. Die Übertragungsfunktion des PI-Reglers ist gegeben durch:

$$G_R(s) = K_R \cdot \frac{1 + T_n s}{T_n s}$$

Die Reglerparamter können anhand von Tabelle 8.1 berechnet werden zu:

$$K_R = 4,95\,\frac{V}{cm}$$
$$T_N = 3,6125\,sec$$

c) Einstellung des PI-Reglers mit den o.g. Parametern.

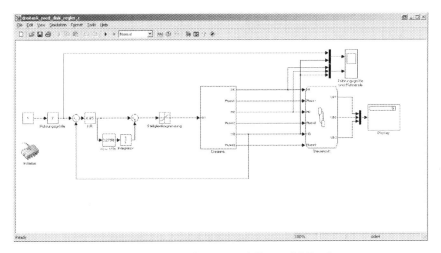

Abb. 8.29. Simulationsmodell mit PI-Regler

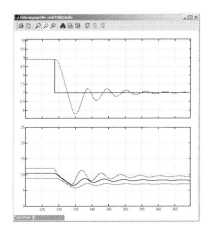

Abb. 8.30. Sprungversuch ohne Parameteranpassung

d) Es wird ein Sprung der Führungsgröße von 8,9 cm auf 7 cm durchgeführt. Wie in Abb. 8.30 dargestellt, kann man die Überschwingweite und die Ausregelzeit zu

$$x_m = 1,2\,\text{cm}$$
$$T_{aus} = 39,5\,\text{sec}$$

ablesen.

e) Zur Anpassung der Reglerparameter im Hinblick auf die gestellten Anforderungen bezüglich der Überschwingweite und der Ausregelzeit, müssen

mehrere Sprungversuche mit iterativ angepassten Reglerparametern durchgeführt werden.

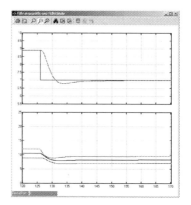

Abb. 8.31. Sprungversuch nach Parameteranpassung

Die Anforderungen werden für folgende Reglerparameter erfüllt (vgl. Bild
8.31):

$$K_R = 1,2\,\frac{V}{cm}$$
$$T_N = 12,5\,sec$$

8.2.6 Erweiterung des Dreitanksystems um eine Ablaufsteuerung

Die Drosseln des für die ersten Teilaufgaben **ungeregelten 3-Tanks** werden nun durch nachgeschaltete Rückschlagventile ergänzt, so dass die Berechnung des Durchflusses zwischen 2 Tanks i und j um den Faktor ϕ_{ij} mit $\phi_{ij}\epsilon\{0,1\}$ erweitert wird.

a) Ergänzen Sie Ihr Modell entsprechend um eine Modellierung der Rückschlagventile mittels zusätzlicher SIMULINK-Blöcke. Sehen Sie außerdem eine Möglichkeit vor, um von Hand zwischen Regelung und einer manuellen Vorgabe der Ventilspannung umschalten zu können. Überprüfen Sie Ihre Umsetzung anhand der Simulation ($U_0 = 1$ V, $H_{10} = 0$ cm, $H_{20} = 25$ cm und $H_{30} = 20$ cm). Skizzieren Sie den Füllhöhenverlauf in Abb. 8.32.

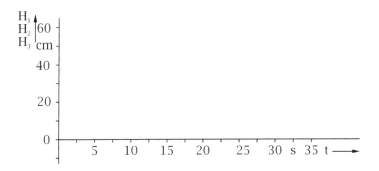

Abb. 8.32. Verlaufsskizze

Zusätzlich zu den bereits bekannten Parametern gilt $H_A = 5$ cm, $H_B = 10$ cm, $H_C = 40$ cm und $H_D = 45$ cm.

b) Unterscheiden Sie für jeden Tank im Zustand *Normal* zwischen den Füllständen *Niedrig*, *Mittel* und *Hoch*. Die Zustandsübergänge sollen bei Unterschreitung der Werte H_A bzw. H_C und bei Überschreitung von H_B bzw. H_D ausgelöst werden (Hysterese).

c) Ergänzen Sie das Modell in der Art, dass die – im Falle von Tank 2 und 3 – vor einem Tank liegende Drossel im Zustand *Niedrig* voll geöffnet wird ($\psi_{ij} = 1$) und im Zustand *Hoch* geschlossen ist ($\psi_{ij} = 0$). Im Zustand *Normal/Mittel* von Tank 1 soll die Spannung U – wie bisher – manuell gesteuert werden oder die Stellgröße (Ausgangsgröße) der Regelung wirksam sein. Die Spannung U soll im Zustand *Niedrig* oder *Hoch* dem obigen entsprechend übersteuert werden, so dass bei niedrigem Füllstand die maximal bzw. bei hohem Füllstand die minimial zulässige Spannung anliegt.

Welches dynamische Verhalten stellt sich für die in a) gegebenen Werte ein?

Im Folgenden soll die Füllstandsregelung erneut aktiviert und um eine Sollwertvorgabe ergänzt werden, die von einer Ablaufsteuerung vorgegeben wird.

d) Der Sollwert für den Füllstand des dritten Tanks soll hierbei nach folgendem Ablaufschema ermittelt werden:

- Zu Beginn soll für H_3 ein Sollwert von 10 cm vorgegeben werden.
- Sobald sich der Füllstandsistwert bis auf ± 1 cm an diesen Sollwert angenähert hat, lautet die Sollwertvorgabe $H_3 = 20$ cm.
- Sobald sich der Füllstandsistwert bis auf ± 1 cm an diesen Sollwert angenähert hat, soll zur Entleerung der Anlage 30 Sekunden lang keine Flüssigkeit durch den Zulauf in Tank 1 gelangen.
  Hinweis: hierzu benötigen Sie u. a. die Zeitvariable t (*Time Symbol*).
  2. Hinweis: Die auf der Füllhöhe von Tank 1 basierende Übersteuerung der Spannung U abhängig von den Zuständen *Niedrig* oder *Hoch* soll in diesem Schritt nicht aktiv sein.
- Anschließend soll ein Spülvorgang stattfinden. Das Ventil soll so lange voll geöffnet werden, wie kein Füllstand als *Hoch* klassifiziert wird.
- Im letzten Schritt wird H_3 ein Sollwert von 5 cm vorgegeben. Ist der Füllstandsistwert bis auf ± 1 cm erreicht, erfolgt ein Rücksprung zum ersten Schritt.

Hinweis: Entstehende algebraische Schleifen können Sie hier sinnvoll durch den Block *Discrete/Memory* aufbrechen.[1]

e) Welches Problem ergibt sich, wenn Sie das Verhalten der Rückschlagventile aus Unterpunkt a) unter STATEFLOW modellieren?

---

[1] Diese Methode benutzt die Einbringung eines Modell*fehlers*, um die Simulation des Systems zu vereinfachen oder erst zu ermöglichen. Beim Einsatz ist deshalb zu prüfen, wie stark sich der Fehler auf die Ergebnisse auswirkt.

Lösung

a) Die Modellierung des Rückschlagventils kann über einen *Saturation*-Block erfolgen, mit dem der Wert des Ausgangssignals beschränkt werden kann. Als untere Grenze ist 0 zu wählen, die obere Grenze kann auf ∞ (`inf`) gesetzt werden.

Aus Gründen der Übersichtlichkeit bietet es sich an, das System auf der obersten Ebene in die Teilsysteme *(PI-) Regler, Strecke (Dreitank)* und *Steuerung (Pult)* zu unterteilen, die mit den Ein- und Ausgabeblöcken (Scopes, Displays, Slider etc.) verbunden werden.

Die Anfangswerte der Füllstände des Dreitanks können etwa über eine zu erzeugende Maske der Strecke oder direkt bei den Parametern der entsprechenden Integratoren eingegeben werden. Der Verlauf der Füllstände über der Zeit in Abb. 8.35 zeigt, dass sich der Füllstand des ersten Tanks rampenförmig ändert, bis der Wert über dem Füllstand des zweiten Tanks liegt.

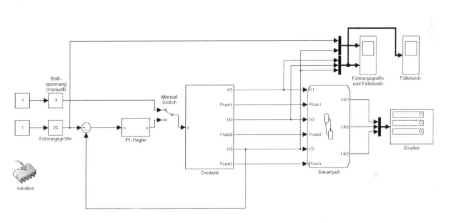

Abb. 8.33. Simulink-Modell mit Rückschlagventilen zu a)

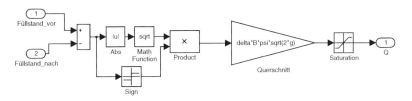

Abb. 8.34. Modellierung des Rückschlagventils zu a)

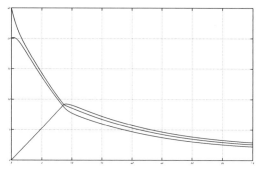

Abb. 8.35. Zeitverlauf der Füllstände zu a)

b) Die Zustände im *Normal*-betrieb können als Substates realisiert werden.
Durch die History-Junction Ⓗ wird sichergestellt, dass beim Übergang zu
Normal immer der zuletzt aktive Substate erneut aktiviert wird, also z. B.
von *Überlauf* kommend der Zustand *Hoch* innerhalb von *Normal*.

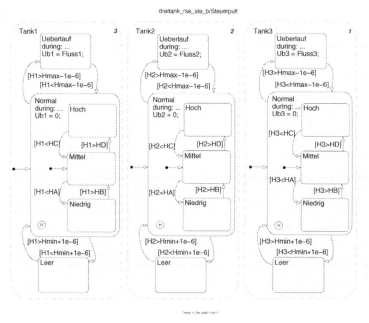

Abb. 8.36. Modellierung von Unterzuständen des Zustands *Normal* zu b)

c) Die einfach Steuerung kann durch Erweiterungen des STATEFLOW-Modells
um Aktionen innerhalb der Substates des *Normal*betriebs jeden Tanks

erfolgen (Abb. 8.38). Diese können z. B. so gestaltet sein, dass unter
SIMULINK ein *Multiport-Switch* angesprochen wird (Abbildungen 8.37
und 8.40).

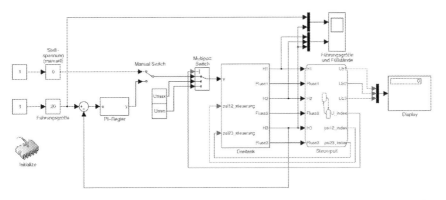

Abb. 8.37. SIMULINK-Modell der einfachen Steuerung zu c)

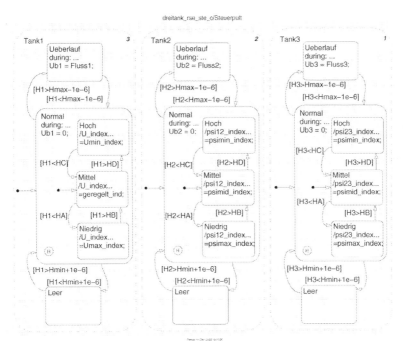

Abb. 8.38. Modellierung der einfachen Steuerung unter STATEFLOW zu c)

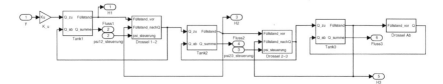

Abb. 8.39. Modellierung des um die Steuerung erweiterten 3-Tanks zu c)

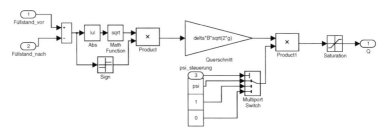

Abb. 8.40. Modellierung der um die Variable Ψ erweiterten Drossel zu c)

d) Die Ablaufsteuerung wird parallel zum mitlaufenden diskreten Strecken-
   modell abgearbeitet, so dass sie als vierter paralleler Zustand der obersten
   Statechartebene umzusetzen ist.
   Die Verweildauer in einem Zustand kann als Transitionsbedingung über-
   prüft werden, indem die aktuelle Simulationszeit t bei Eintritt in diesen
   Zustand gespeichert wird und die Differenz zwischen der weiterlaufenden
   Zeit t und dem gespeicherten Zeitpunkt ausgewertet wird.
   Um das Leerlaufen des ersten Tanks zu ermöglichen, ohne dass hier die
   Steuerung aus c) eingreift, wird im Superstate zum ersten Tank noch ein
   zusätzlicher Zustand unterhalb von *Normal* eingeführt, in dem die Stellspannung dauerhaft Null bleibt, bis der 3. Schritt der Ablaufsteuerung
   abgeschlossen ist.

e) Bei einer Realisierung der Rückschlagventile über ein Statechart wird das
   SIMULINK-Modell deutlich unübersichtlicher, da zahlreiche zusätzliche Signale von den Drosselblöcken zum Statechart und von dort zu den Tank-
   blöcken führen. Außerdem entstehen weitere algebraische Schleifen, die
   SIMULINK zum Teil nicht auflösen kann. Nicht zuletzt ist der Aufwand für
   diese Lösung deutlich höher.

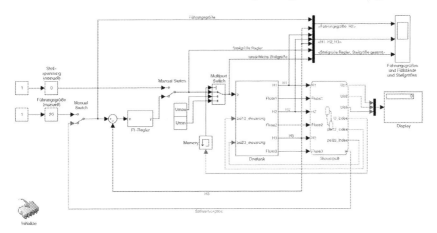

Abb. 8.41. Um Ablaufsteuerung erweitertes SIMULINK-Modell zu d)

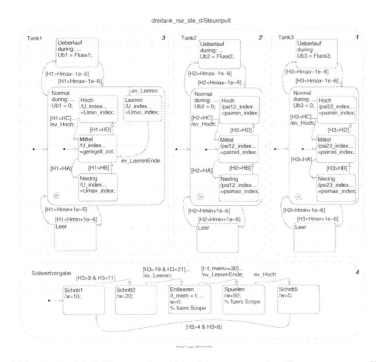

Abb. 8.42. Modellierung der Ablaufsteuerung unter STATEFLOW zu d)

8.2.7 Numerische Integrationsverfahren zur Simulation

Das Dreitank-Modell soll ohne Zuhilfenahme von SIMULINK simuliert werden. Ausgangsbasis dafür ist die nichtlineare Zustandsraumdarstellung, wie sie aus 8.2.1 bekannt ist.
Kern der Modellbeschreibung sind die Gleichungen für die Volumenbilanz in einen Tank

$$H_i = \frac{1}{B \cdot L} \int (Q_{\text{zu}} - Q_{\text{ab}}) \, \mathrm{d}t \quad , \tag{8.46}$$

und die Durchflussgleichung durch eine Drossel:

$$Q_{i,j} = s_{i,j} \cdot \sqrt{2g(H_i - H_j)} \tag{8.47}$$

Die Parameter werden ebenfalls übernommen; der Vollständigkeit halber sind sie hier erneut mit aufgeführt: Es gilt $B = 3$ cm, $L = 9$ cm, $A_{\text{ab}} = 2$ cm^2, $K_v = 0,25$, $\delta = 2$ cm, $\psi_1 = \psi_2 = 0,2$, $K_u = 28,4$ cm^3/Vs.
Unter Berücksichtigung der Ausdrücke für den spannungsgesteuerten Zulauf und den Abfluss ergeben sich als (nichtlineare) Differentialgleichungen zur Systembeschreibung

$$\dot{H}_1 = \frac{1}{BL} \left(K_u \cdot U - \psi_{1,2} \delta B \cdot \sqrt{2g(H_1 - H_2)} \right) \quad , \tag{8.48}$$

$$\dot{H}_2 = \frac{1}{BL} \left(\psi_{1,2} \delta B \cdot \sqrt{2g(H_1 - H_2)} \right.$$
$$\left. - \psi_{2,3} \delta B \cdot \sqrt{2g(H_2 - H_3)} \right) \quad , \tag{8.49}$$

$$\dot{H}_3 = \frac{1}{BL} \left(\psi_{2,3} \delta B \cdot \sqrt{2g(H_2 - H_3)} - K_v \cdot A_{\text{ab}} \cdot \sqrt{2gH_3} \right) . \tag{8.50}$$

a) Erstellen Sie eine Funktion *zrs_dreitank*, die die nichtlineare Zustandsraumdarstellung für das System „Dreitank" umsetzt: Für einen gegebenen Zustandsvektor x und eine gegebene Eingangsgröße u soll die Ableitung der Zustände $\dot{x}$ berechnet werden.

b) Erstellen Sie eine Funktion *sim_3tank_euler*, die aufbauend auf der Funktion *zrs_dreitank* aus Teil a) eine Simulation des Dreitanks für eine Simulationsdauer von 150 Sekunden, einem Anfangszustand $H_{1,0} = H_{2,0} = H_{3,0} = 0$ cm und der Eingangsgröße $u_{zu} = 3,5$ V durchführt. Verwenden Sie den Integrationsalgorithmus nach Euler. Variieren Sie die Abtastschrittweite T_{abt} zwischen 0,01 s und 1 s und vergleichen Sie die Ergebnisse.

c) Führen Sie die Simulation aus Teil b) mit einer zweiten Funktion *sim_3tank_heun* durch, die den Integrations-Algorithmus nach Heun verwendet.

d) Führen Sie die Simulation aus Teil b) mit einer dritten Funktion *sim_3tank_RK* durch, die den Integrations-Algorithmus „Runge-Kutta 4. Ordnung" verwendet und vergleichen Sie die Ergebnisse und benötigte Simulationszeit aus Teil b)-d).

e) Vergleichen Sie die Ergebnisse aus b)-d) mit Simulationsergebnissen aus SIMULINK (Modell aus Aufgabe 8.2.1). Welche Simulationsalgorithmen wurden hier verwendet? Für welche Zwecke werden die einzelnen Algorithmen sinnvoll eingesetzt?

Lösung

a) Die gegebenen Gleichungen für Volumenbilanz und Durchfluss können direkt verwendet werden.:

```
function x_dot=zsr_dreitank(x,u);\\
%[...]% Parameterinitialisierung
% Durchflüsse
Qzu=Ku*uzu;
Q12=sign(H1-H2)*psi12*delta*B*sqrt((2*g*abs(H1-H2)));
Q23=sign(H2-H3)*psi23*delta*B*sqrt((2*g*abs(H2-H3)));
Qab=sign(H3)*Kv*Aab*sqrt(2*g*abs(H3));
% Volumenbilanzen
H1_dot=(1/(B*L))*(Qzu-Q12);
H2_dot=(1/(B*L))*(Q12-Q23);
H3_dot=(1/(B*L))*(Q23-Qab);
x_dot=[H1_dot,H2_dot,H3_dot]';
```

Die Durchflussrichtung in den Drosseln muss, wie im SIMULINK-Modell auch, ausdrücklich beachtet werden. Die Ausgangsgrößen der Funktion sind die Ableitungen der Füllstände $\dot{H}_i$.

b) Um die Funktion aus a) muss nun eine Schleife herumprogrammiert werden. Ausgehend von der Eulerformel

$$x_{k+1} = x_k + T \cdot \dot{x}_k \qquad (8.51)$$

kann so für eine über die Simulationsdauer bekannte Eingangsgröße u die Integration der Funktion *zrs_dreitank* in jedem Integrationsschritt durchgeführt werden. Für eine hinreichend klein gewählte Schrittweite von $T_{abt} < 0,5s$ ergibt sich der erwartete Verlauf der Füllstände, siehe Abb. 8.43.

c) Für die Verwendung des Heun-Algorithmus wird die Berechnung des jeweils nächsten Integrationsschrittes um einen Prädiktor-Korrektor-Schritt ergänzt, vgl. Abschnitt 6.2.1.
Prädiktor-Schritt nach Euler:

$$\dot{x}_k = f(x_k, u_k)$$
$$x_{k+1}^P = x_k + T \cdot \dot{x}_k \qquad . \qquad (8.52)$$

Berechnung des Integranden mit dem Prädiktor-Wert x_{k+1}^P:

$$\dot{x}_{k+1}^P = f(x_{k+1}^P, u_{k+1}) \qquad (8.53)$$

Korrektor-Schritt:

$$x_{k+1} = x_k + \frac{T}{2}(\dot{x}_k + \dot{x}_{k+1}^P) \qquad (8.54)$$

Bei hinreichend kleiner Schrittweite stellt sich der Verlauf der Füllstände ebenfalls wie in Abb. 8.43 dar.

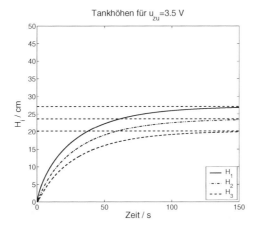

Abb. 8.43. Füllstände des Dreitankmodells

d) Für die Verwendung des Runge-Kutta-Algorithmus werden mehrere Prädiktor-Korrektor-Schritte hintereinander durchgeführt. Die Eingangsgröße muss für die „Zwischenwerte" $u_{k+1/2}$ ggf. interpoliert werden. Der eigentliche Rechenschritt dieses Verfahrens ist

$$x_{k+1} = x_k + \frac{T}{6}[K_1 + 2K_2 + 2K_3 + K_4] \tag{8.55}$$

mit den Ableitungswerten

$$K_1 = f(x_k, u_k) = \dot{x}_k$$

$$K_2 = f(x_k + \frac{T}{2} \cdot K_1, u_{k+1/2}) = \dot{x}_{k+1/2}^{P1}$$

$$K_3 = f(x_k + \frac{T}{2} \cdot K_2, u_{k+1/2}) = \dot{x}_{k+1/2}^{P2}$$

$$K_4 = f(x_k + T \cdot K_3, u_{k+1}) = \dot{x}_{k+1}^{P} \quad . \tag{8.56}$$

Auch hier sind, wie zu erwarten, bei hinreichend kleiner Schrittweite die Ergebnisse identisch. Es ist jedoch zu beobachten, dass zu größeren Schrittweiten hin die Genauigkeit bei den Verfahren niedriger Ordnung zuerst abnimmt. Für den Grenzbereich mit $T_{abt} = 1s$ sind die Verfahren in Abb. 8.44 einander gegenübergestellt.

e) Die in Teil b)-d) verwendeten Algorithmen stehen als *fixed-step solver* ebenfalls unter SIMULINK zur Verfügung (siehe Abb. 8.45. (Menü *Simulation → Simulation parameters...*) Weitere Algorithmen stehen für variable Schrittweite (siehe Abb. 8.46) mit automatischer Schrittweitensteuerung und sogenannte *Steife Systeme*, d. h. Systeme mit stark unterschiedlichen

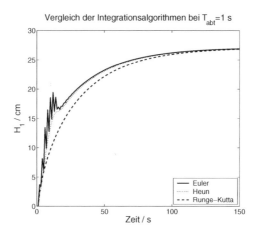

Abb. 8.44. Vergleich der Algorithmen

Zeitkonstanten zur Verfügung. Wenn Prozesse gleichzeitig so kleine Zeitkonstanten haben, dass eine niedrige Schrittweite notwendig ist, gleichzeitig aber auch relevante Anteile besitzen, die langsamer auf Änderungen
antworten, werden die notwendigen Simulationszeiten bei Verwendung von
Algorithmen mit fester Schrittweite vergleichsweise hoch. Zusätzlich führen Rechnungen mit stark unterschiedlichen Größenordnungen aufgrund
schlecht konditionierter Ausdrücke schnell zu numerischen Problemen.

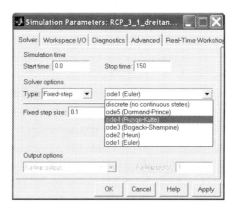

Abb. 8.45. Auswahldialog für Algorithmen mit fester Schrittweite

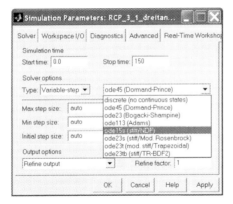

Abb. 8.46. Auswahldialog für Algorithmen mit variabler Schrittweite

8.2.8 Simulation objektorientierter Modelle mit Dymola

Neben der Simulation signal-orientierter Modelle besteht auch die Möglichkeit, objektorientierte Modelle aufzubauen und diese zu simulieren. Eins der bekanntesten Beispiele für objektorientierte Modellbildung bietet das Programm DYMOLA mit der zugrunde liegenden Sprache MODELICA. Ziel dieser Übung ist es, das Dreitank-Modell in DYMOLA umzusetzen und zu simulieren.

a) Erstellen Sie einen geeigneten `connector` in DYMOLA für den Einsatz im Dreitanksystem.

b) Erstellen Sie ein Modell für einen Behälter (Tank) in DYMOLA.

c) Erstellen Sie ein Modell einer Drossel in DYMOLA.

d) Setzen Sie aus den einzelnen Komponenten sowie ggf. weiterer notwendiger Elemente das Modell des Dreitanksystems zusammen.

e) Ergänzen Sie das Modell aus d) um einen *PI*-Regler.

f) Binden Sie das Modell aus d) als Regelstrecke in ein SIMULINK-Modell ein und implementieren Sie dort einen *PI*-Regler.

Lösung

a) Im **connector** müssen alle relevanten, das System beschreibende Größen enthalten sein. Im Fall von inkompressiblen Fluiden ist eine übliche Zusammenstellung z. B. Druck, Temperatur und Dichte als Zustandgrößen und Massenstrom als Flussgröße. Um die bekannten Gleichungen ohne code-overhead übernehmen zu können, wird das System hier anders beschrieben. Bei Betrachtung der Gleichungen in früheren Aufgaben oder des SIMULINK-Modells fällt auf, dass lediglich die Füllhöhe eine Tanks und der Volumenstrom ausreichen, um das System eindeutig zu beschreiben, so dass sich der **connector** im einfachsten Fall wie in Abb. 8.47 darstellt.

```
connector liq_pin
    Real H;
    Flow Real Q;
end liq_pin;
```

Abb. 8.47. connector der Elemente des Dreitanks

b) Neben zwei Anschlüssen (**connector**en) ist die Massenbilanz zentrales Element des Behälters, die sich für konstante Dichte zur Volumenbilanz reduziert. Die anliegende Höhe ist für beide Öffnungen gleich, die Höhenänderung ergibt sich aus der Summe von Zu- und Abfluss. Die Grundfläche wird als feste Größe als Parameter übergeben, die Volumenbilanz lässt sich mittels des **der**-Operators sehr einfach darstellen, siehe Abb. 8.48. Zu beachten ist hier, dass auf die Darstellung der Begrenzung verzichtet wurde, die vollständige Umsetzung ist in den Musterlösungsdateien zu finden. Hierfür ist eine Zwischenvariable notwendig ist, da der Code nicht sequentiell abgearbeitet, sondern als Gleichungssystem als Ganzes gelöst wird.

c) Auch für die Drossel kann die gegebene Gleichung direkt umgesetzt werden. Zu beachten ist hier die Fallunterscheidung zur Bestimmung der Flussrichtung mit der MODELICA-eigenen Syntax der if-Verzweigung, siehe Abb. 8.49.

d) Die einzelnen Elemente sollten auf Icon-Layer mit einer intuitiven Grafik versehen werden. So wird das Zusammensetzen des Gesamtmodells auf grafischer Ebene vereinfacht. Mit den weiteren Elementen *Zufluss* und *Abfluss* gemäß der ursprünglichen Modellbeschreibung sieht das Gesamtmodell aus wie in Abb. 8.50.

e) Auch mit signalorientierten Komponenten lässt sich das Modell kombinieren. Dazu werden weitere Elemente hinzugefügt, die lediglich die jeweils

```
model tank
    parameter Real A;
    Real h_liq;
    liq_pin Ein, Aus;
equation
    der(h_liq)=1/A*(Ein.Q+Aus.Q);
    Ein.H=h_liq;
    Aus.H=h_liq;
end tank;
```

Abb. 8.48. Code des Flüssigkeitsbehälters

```
model Drossel
    liq_pin Ein, Aus;
    Real delta_H;
equation
    Ein.Q + Aus.Q = 0;
    delta_H = Ein.H - Aus.H;
    Q1 = if delta_H >= 0
        then
            A_red*sqrt(2*g*delta_H)
        else
            -A_red*sqrt(-2*g*delta_H);
end Zweitank;
```

Abb. 8.49. Code der Drossel

gewünschten Werte abgreifen, ohne das System selbst zu beeinflussen. Die Reglerstruktur kann wie gewohnt aufgebaut werden, das Stellsignal wird der Regelstrecke an der schon dafür vorgesehenen Stelle zugeführt, siehe Abb. 8.52.

f) Für die Integration in SIMULINK muss ein Modell in DYMOLA erzeugt werden, das die gewünschten Schnittstellengrößen mit In- bzw. Outports auf der obersten Ebene verbunden hat, siehe Abb. 8.53.

Unter MATLAB kann das in die SIMULINK-Library eingefügte *Dymola-Simulink-Interface* verwendet werden.

Nach Auswahl des gewünschten Modells und Compilierung *von der Matlab-Oberfläche aus* steht das DYMOLA-Modell als dll für eine s-function zur Verfügung. Die Parameter der obersten Ebene werden automatisch in die Maske übernommen, siehe Abb. 8.55.

Auch die zuvor festgelegten Eingänge werden zur Verfügung gestellt, so dass nun das DYMOLA-Modell wie jedes andere maskierte Teilsystem ver-

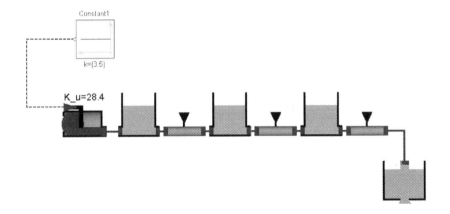

Abb. 8.50. Dreitank in DYMOLA

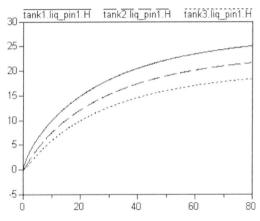

Abb. 8.51. Füllstände in DYMOLA

wendet werden kann (Abb. 8.56). In Abb. 8.57 sind die Ergebnisse eines Modells mit parallel laufender SIMULINK- und DYMOLA-Strecke zu sehen, im Rahmen der Darstellungsgenauigkeit sind die Ergebnisse beider Strecken nicht zu unterscheiden.

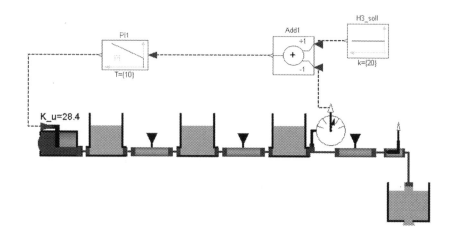

Abb. 8.52. Dreitank in DYMOLA mit signalorientierter Reglerkomponente

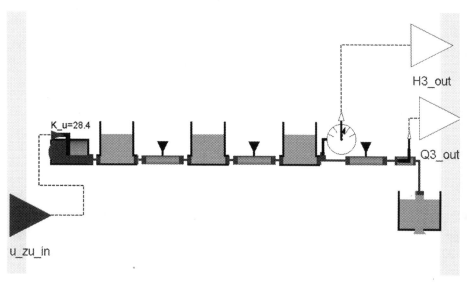

Abb. 8.53. Dreitank in DYMOLA für externe Regleranbindung

Abb. 8.54. DYMOLA-SIMULINK-Interface

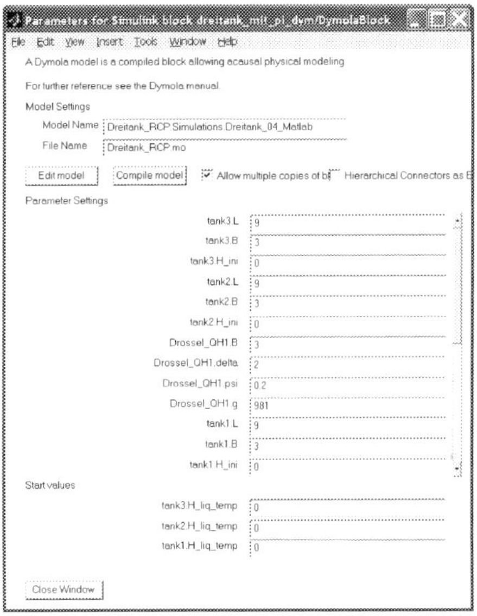

Abb. 8.55. Parameter im DYMOLA-SIMULINK-Interface

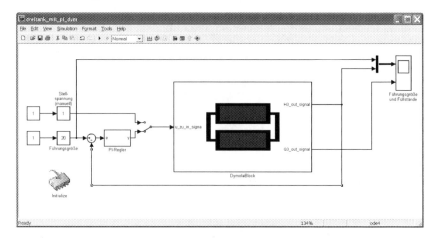

Abb. 8.56. SIMULINK-Modell mit DYMOLA-Block als Regelstrecke

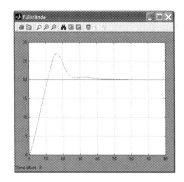

Abb. 8.57. Ergebnisse SIMULINK und DYMOLA

8.2.9 Rapid Control Prototyping am Beispiel Dreitanksystem

In dieser Übung soll die gesamte Toolkette von der Modellbildung über die Simulation, Identifikation, Reglerentwurf, -isolierung und Vorbereitung der Implementation auf einer Zielhardware durchgeführt werden.

I. Allgemeines

a) Skizzieren Sie eine RCP-Umgebung.
b) Verdeutlichen Sie hierin HiL, SiL.

II. Identifikation

Ähnlich der Aufgabe 4.3 soll zunächst das System (siehe Abb. 8.58) identifiziert werden. Dazu wurde im Vorfeld ein Sprungversuch durchgeführt. Die dazu gehörigen Daten sind in den Dateien „tout.mat" für den Zeitvektor und „yout.mat" für Systemein- und -ausgang enthalten.

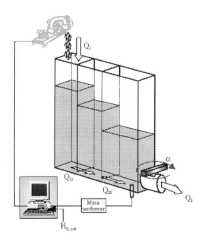

Abb. 8.58. Skizze des zu identifizierenden Systems (Dreitank)

Zur Identifikation soll das Ident-Tool von MATLAB eingesetzt werden. Es wird ein lineares System um einen Arbeitspunkt identifiziert. Für die Durchführung müssen die Daten aufbereitet werden, da

- diese offensichtlich nicht bezogen auf einen Arbeitspunkt aufgezeichnet wurden und
- das erste Stück der Messkurven darstellt, wie sich das System nach dem Start in den Arbeitspunkt bewegt.

Ein Teil dieser Aufbereitung kann innerhalb des Tools durchgeführt werden, ein anderer muss vorher durchgeführt werden, entweder durch geschickte Aufnahme der Messwerte oder durch Aufbereiten der Messdaten.

a) Visualisieren Sie die Messwerte. Dazu müssen Sie die oben genannten Datenfiles zunächst in den Workspace laden. Es erscheinen zwei Kurven. Die eine gibt die auf das System aufgeschaltete Spannung $\left(\frac{U_{Ein}}{V}\right)$ an, die zweite die Systemantwort $\left(\frac{H_3}{cm}\right)$. Diskutieren Sie, welchen Datenbereich Sie für eine Identifikation verwenden können und wie der Arbeitspunkt $(U_{Ein,0}, H_{3,0})$ definiert ist.

b) Passen Sie die Messwerte so an, dass Sie bezogen sind auf den vorher definierten Arbeitspunkt. Kontrollieren Sie die Anpassung durch einen weiteren Plot.

c) Starten Sie das Identifikations-Tool durch Eingabe von *ident*, vgl. Abschnitt 4.6. Im Auswahlfeld *Import data* wählen Sie *time domain data*, um Daten einzuladen, welche im Zeitbereich (im Gegensatz zum Frequenzbereich) vorliegen. Füllen Sie den folgenden Dialog wie in Abb. 8.59 dargestellt aus. Durch Drücken des Knopfes „*More*" erhalten Sie das abgebildete Fenster. Sie definieren auf diese Art und Weise Eingangs-, Ausgangsdaten, die Schrittweite der Aufzeichnung, Namen und Einheiten der einzelnen Signale. Überprüfen Sie die Schrittweite durch Auswerten des Zeitvektors *tout*. Führen Sie den Import durch Betätigen des Knopfes *Import* durch. Im oberen linken Teil des Identifikationstool-Fenster wird ein Feld belegt, welches die importieren Daten symbolisiert. Durch Setzen des Häkchens *Time plot* können Sie Ein- und Ausgang über der Zeit visualisieren.

d) Wählen Sie über *Preprocess→Select range* einen gültigen Datenbereich aus. Bestätigen Sie mit dem Knopf *Import*. Beachten Sie, dass in der linken Matrix ein zweiter Platz belegt wurde. Aktivieren Sie das *Time plot* Häkchen. Klicken Sie auf die belegten Felder in der linken Matrix und lernen Sie das Tool ein wenig kennen. Ziehen Sie das neue Feld aus der linken Matrix in das Feld *Working data* leicht links von der Mitte des Fensters. Das Identifizierungstool verwendet diese Daten fortan für die Identifikation und Operationen zur Vorbereitung derselben (*Preprocess*).

e) Ermitteln Sie die Ordnung des Systems. Ziehen Sie in Betracht, dass die Identifikation von Systemen hoher Ordnung mehr Rechenzeit benötigt. Überlegen Sie, ob ein System mit oder ohne Totzeit vorliegt. Führen Sie dann eine Identifikation durch (*Estimate→Process models*). Legen Sie dabei ein System möglichst kleiner Ordnung zugrunde. Starten Sie die Identifikation über *Estimate*. Die Identifikation kann einige Zeit dauern, das Voranschreiten kann anhand der Anzahl Iterationen beobachtet werden.

f) Ziehen Sie aus der rechten Matrix den Block „P1" auf das Kästchen *To LTI viewer*. Der LTI-Viewer bietet Möglichkeiten zur Untersuchung linearer zeitinvariabler Systeme, auf die hier nicht weiter eingegangen werden soll. Im LTI-Viewer legen Sie über *File→Export→Export to Workspace* das identifizierte Modell im Workspace in Form einer Übertragungsfunktion

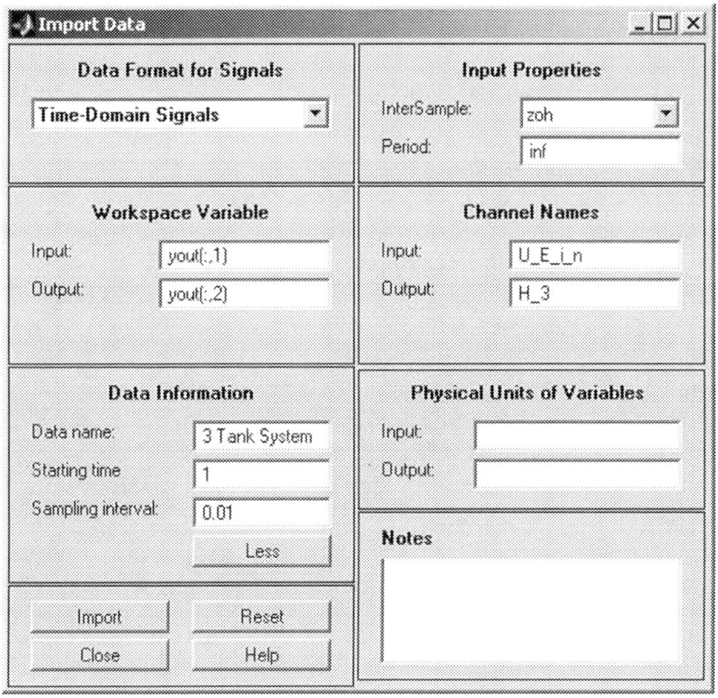

Abb. 8.59. Importieren der Messdaten

ab. Erzeugen Sie das Objekt „P1zpk" durch Anwenden der Funktion „zpk"
auf das Objekt „P1". Das Objekt „P1zpk" stellt ein lineares zeitinvariantes System in Form von Pol- und Nullstellen dar. Der Nullstellenvektor
kann über
„cell2mat(P1zpk.z)", der Polstellenvektor über
„cell2mat(P1zpk.n)" und der statische Übertragungsfaktor über „P1zpk.K"
angesprochen werden.

g) Laden Sie die 3-Tank-Parameter *„Parameter_3TANK.m"*. Verifizieren Sie
Ihre Identifikation, indem Sie die identifizierten Parameter in einem Block
in „Dreitank_NL_Sprungversuche.mdl" realisieren und mit den Original-
werten vergleichen. Ändern Sie die Amplitude der Anregung. Warum
weicht die identifizierte Strecke von dem nichtlinearen Modell bei größerer
Anregung immer mehr ab?

III. Reglerentwurf

Der Reglerentwurf wird zunächst am linearen Modell vorgenommen. Der Regler wird in der Simulation getestet und bei zufriedenstellender Arbeitsweise
am nichtlinearen Prozess zur Regelung um den Arbeitspunkt eingesetzt.

Die einzelnen Schritte zu einer Reglersynthese sollen im Folgenden durchgeführt werden. Verwendung findet dabei das SiSo-Tool[2], welches über *sisotool* gestartet wird. Das Verfahren ist dem Wurzelortskurvenverfahren angelehnt.

a) Starten Sie das Tool. Importieren Sie über *File→Import* das zuletzt mit dem LTI-Viewer im Workspace abgelegte Modell „P1". Zur Erinnerung: Dieses ist die Regelstrecke. Geben Sie dem System einen geeigneten Namen. Quittieren Sie mit *Ok*.

b) Durch Klicken auf den Reglerblock in der kleinen Mimik oben rechts im Fenster können die Parameter desselben modifiziert werden. Es soll zunächst ein PD-Regler mit $T_v = 2s$ verwendet werden. Erweitern Sie den standardmäßig proportional arbeitenden Regler um den D-Anteil. Dabei müssen Sie die Zeitkonstante in einen Pol umrechnen.

c) Durch Verändern der Position des rosafarbenen Quadrates kann der statische Regelfaktor modifiziert werden. Welche Auswirkung ergeben sich durch erhöhen des statischen Regelfaktors für den geschlossenen Regelkreis? Prüfen Sie Aussage durch *Analysis→Respond to Step Command*.

d) Die Zeitkonstante T_v kann durch Bewegen des rosafarbenen Kreises (Nullstelle) modifiziert werden. Welche Auswirkungen ergeben sich bezüglich der Stabilität für den geschlossenen Regelkreis? Beachten Sie bei der Antwort die Möglichkeit, die Nullstelle in die rechte s-Halbebene zu verschieben. Prüfen Sie Ihre Antwort durch Untersuchung der Sprungantwort.

e) Erweitern Sie den Regler um einen reellen Pol bei 0. Welcher Reglertyp entsteht? Wählen Sie ein $T_n = 40s$, dies entspricht in etwa der Zeitkonstante der Strecke.

f) Über *Edit→Root Locus→Design Constraints* können Forderungen an die Eigenschaften des Regelkreises gestellt werden. Legen Sie zwei neue Anforderungen an:

   a) Die Dämpfung soll mindestens 0,7 betragen und
   b) die Einschwingzeit soll weniger als 10 Sekunden betragen.

   Legen Sie einen Regler durch Modifikation des statischen Regelfaktors aus, welcher die Anforderungen **minimal** erfüllt.

   Exportieren Sie diesen Regler in den Workspace: *File→Export→Compensator*. Im Workspace wird dadurch das Objekt „C" angelegt. Der statische Übertragungsfaktor wird über „C.K" angesprochen, Pol- und Nullstellenvektor durch „C.p" bzw. „C.z". Für den Erhalt von Pol und Nullstellen ist noch eine Typkonvertierung der Form „cell2mat(C.p)" nötig.

g) Implementieren Sie diesen Regler zusammen mit der linearisierten Regelstrecke in einem neuen Modell („Dreitank_LIN_Regler"). Testen und simulieren Sie. Beaufschlagen Sie dazu den Regelkreis mit Sprüngen (Rechteckgenerator) der Amplitude 1 um den Arbeitspunkt. Die Frequenz dieser Sprünge soll in der Größenordnung der Zeitkonstante der Regelstrecke sein. Erstellen Sie mit dem „sisotool" verschiedene weitere Regler, die Sie ausprobieren.

---

[2] **Single in** - **Single out**

h) Ausgehend von dem zuvor erstellten Modell erstellen Sie dann ein Modell ("Dreitank_LIN_NL_Regler") in welchem lineare und nichtlineare Regelstrecke jeweils durch den gleichen Regler (gleiche Parameter, gleicher Reglertyp) auf den Arbeitspunkt geregelt werden. Führen Sie erneut Versuche durch. Diskutieren Sie, warum bei größer werdendem Abstand vom Arbeitspunkt die Regelabweichung für das nichtlineare Modell größer wird. Testen Sie auch hier verschiedene Regler. Beispielsweise einen solchen mit $T_n = 1s$. Vergleichen Sie das Verhalten von linearem und nichtlinearem Regelkreis.

IV. Reglerisolierung und -diskretisierung

Nach dem erfolgreichen Reglerentwurf soll dieser im Folgenden isoliert und diskretisiert werden.

a) Speichern Sie das bisher erarbeitete Modell unter "Dreitank_NL_Regler_Diskret.mdl" ab. Nehmen Sie unter *Simulation→ Simulation Parameters* die in Abb. 8.60 dargestellten Einstellungen vor.

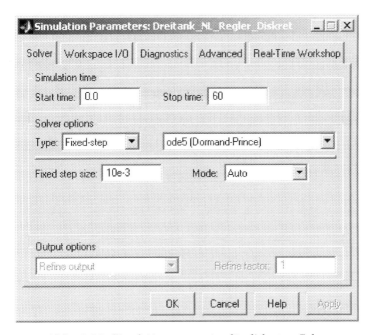

Abb. 8.60. Simulationsparameter für diskreten Solver

b) Diskretisieren Sie den Regler. Dazu erstellen Sie ein diskretes Regler-Objekt "Cdis" aus dem kontinuierlichen Reglermodell mit Hilfe der Funktion „c2d". Diese erwartet als zweites Argument das zu verwendende Abtastintervall. Verwenden Sie das Abtastintervall, welches Sie dem Zeitvektor „tout" entnehmen. Verwenden Sie für die Implementation ein diskretes Pol- Nullstellen-Objekt aus der SIMULINK-Bibliothek. Geben Sie diesem Objekt die richtige Abtastzeit.

Erstellen Sie ein Modell („Dreitank_NL_Regler_Diskret.mdl"), in welchem die nichtlineare Regelstrecke mit dem diskreten Regler um den Arbeitspunkt geregelt wird. Die Verbindung einer kontinuierlichen Strecke mit einem diskreten Regler muss dabei über einen diskreten Verzögerungsblock („Unit delay") als Abtastglied realisiert sein, die Verbindung zwischen diskretem Regler und kontinuierlicher Strecke erfolgt über ein Halteglied („Zero-Order Hold"). Benennen Sie die Verzögerung „Verzögerung", den Regler „Regler" und das Halteglied „Halteglied". Verzögerungs- und Halteblock erhalten die gleiche Abtastzeit wie der Regler-Block.

Erstellen Sie ein Sub-System (*Edit→Create subsystem*), welches aus Verzögerung, Regler und Halteglied besteht. Nennen Sie dieses „DiskreterRegler". Dadurch haben Sie den Regler isoliert.

c) Ein reeller, auf Mikrokontroller-Basis realisierter Regler besitzt häufig einen analogen Eingang, um die Regelabweichung zu messen und einen analogen Ausgang, um die Stellgröße auszugeben. Ein- und Ausgang sind dabei in ihrer Genauigkeit (abhängig von der verwendeten Bitbreite der Wandler) beschränkt.

Der Höhenmesser der Drei-Tank-Anlage besitze eine Auflösung von 8bit (0 - 255, kein Vorzeichen). Der Messbereich dieses Messers beträgt 0-50cm. Finden Sie eine Vorschrift, die den Bitwert $H_{gem,inBit}$ in die entsprechende Höhe H_{gem} umrechnet. Wie genau (ε_H) arbeitet dieser Messer? Simulieren Sie in dem in b) erstellten Modell die Quantisierung der Höhenangabe durch Wandlung der Ausgangshöhe in einen 8bit-Wert mit anschließender Rückwandlung in einen double-Wert (SIMULINK→Signal Attributes→Data Type Conversion). Visualisieren Sie die im 8bit-Format vorliegende Höhe.

d) Der gleiche Regler besitzt einen Ausgang, welcher Spannungen von -10V ... 10V ausgeben kann. Dieser Ausgang arbeitet mit einer Auflösung von 16bit (-32768 ... 32767, ein Bit für Vorzeichen). Berechnen Sie eine Vorschrift, welche den auszugebenden Bitwert U_{bit} anhand der gewünschten Spannung U_{aus} bestimmt. Wie groß ist hier die Genauigkeit ε_U?

V. Codegenerierung

Der isolierte und diskretisiert Regler soll im Folgenden in C-Code umgesetzt werden. Es wird Code erstellt, welcher in bestehenden Code eingebettet werden kann.

a) Konfigurieren Sie das Sub-System (*Rechte Taste→SubSystem Parameters*) wie in Abb. 8.61 verdeutlicht.

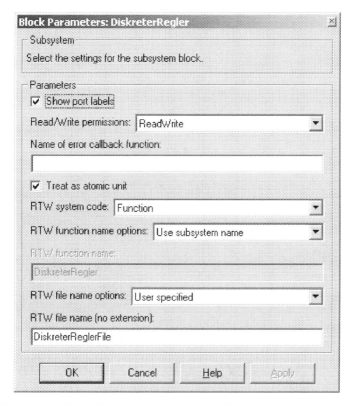

Abb. 8.61. Einstellungen, um Subsystem als „Atomic" zu definieren

b) Vor dem Start der Codegenerierung legen Sie unter *Simulation→ Simulation Parameters→ Real-Time Workshop* fest, dass nur C-Code erstellt werden soll. Auf der gleichen Karte können Sie zusätzlich über den *Browse*-Knopf zwischen verschiedenen Zielsystemen auswählen. Wählen Sie das „Generic Real-Time Target". Erstellen Sie C-Code wie folgt: *„Rechte Taste auf Reglerblock→Real-Time Workshop →Build Subsystem"*. Bestätigen Sie das folgende Fenster mit *build*. Der Code wird in einem separaten Sub-System erzeugt. Sehen Sie die Datei „DiskreterReglerFile.C" ein. Identifizieren Sie Funktionen, die der Initialisierung dienen und solche, welche die Reglerfunktionalität abbilden.

Lösung

I. Allgemeines

In Abb. 8.62 ist eine RCP-Umgebung mit den Begriffen SiL und HiL skizziert.

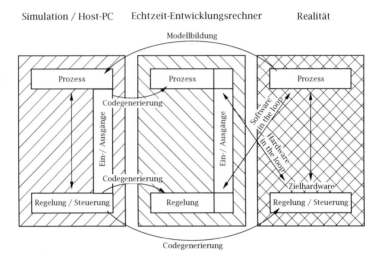

Abb. 8.62. Topologie einer RCP-Umgebung

II. Identifikation

a) ```
load tout;
load yout;
plot(tout, yout);
```
$U_{Ein,0} = 3V, H_{3,0} = 14.55cm;$

b) ```
yout( :, 1 ) = yout( :, 1 ) - yout( 1, 1 );
yout( :, 2 ) = yout( :, 2 ) - 14.55;
plot( tout, yout );
```

c) Die Abtastzeit lässt sich wie folgt ermitteln:
```
T = tout( 2 ) - tout( 1 )
```

d) In Abb. 8.63 ist skizziert, wie der zu verwendende Datenbereich auszuwählen ist.

e) Die Ordnung des Systems kann in erster Näherung zu eins angenommen werden. Zwar wurde in Aufg. 8.2.4 ein System dritter Ordnung identifiziert, doch ergeben sich durch die Annahme der Ordnung eins große Rechenzeitvorteile bei der Identifikation und nur relativ kleine Abweichungen

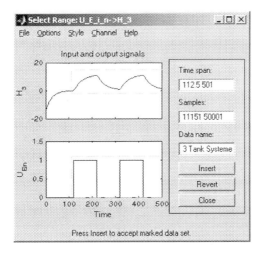

Abb. 8.63. Auswahl des für die Identifikation zu verwendenden Datenbereichs

in der Systembeschreibung. Grundsätzlich kann selbstverständlich auch ein System dritter Ordnung Verwendung finden. Der Dialog, welcher nach *Estimate→Process models* erscheint, ist wie in Abb. 8.64 auszufüllen.

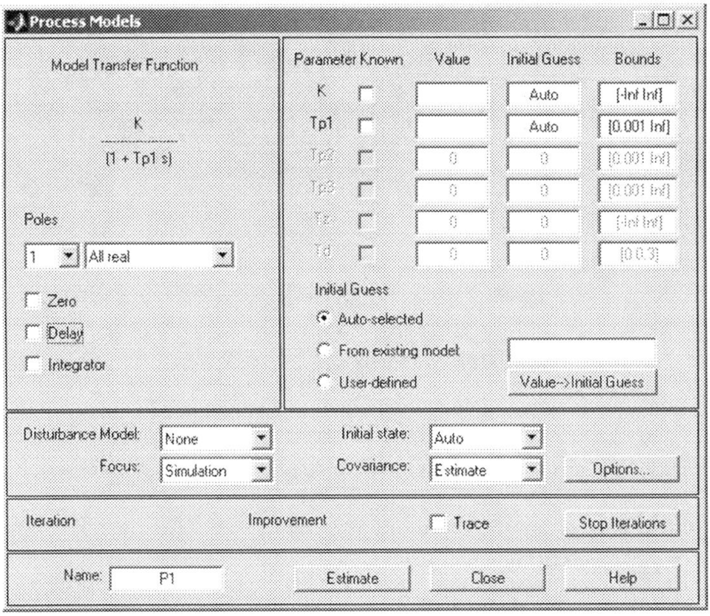

Abb. 8.64. Dialog zur Durchführung einer Identifikation

f) `P1zpk=zpk( P1 );`

g) Eine Lösung ist in der Datei „Dreitank_NL_Sprungversuche.mdl" enthalten. Dieses Modell kann erst nach Laden der Dreitankparameter („Parameter_3TANK.m") und Anlegen des Objekts „P1zpk" ausgeführt werden! Das um einen Arbeitspunkt linearisierte Modell kann dem nichtlinearen Modell nur in kleinen Bereichen um den Arbeitspunkt wirklich gut entsprechen. Bei größer werdenden Abweichungen vom Arbeitspunkt weicht das linearisierte Modell immer mehr ab.

III. Reglerentwurf

a) Das Importieren des linearen Dreitankmodells geschieht über den in Abb. 8.65 dargestellten Dialog.

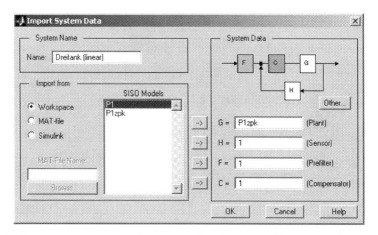

Abb. 8.65. Importieren des linearen Dreitankmodells in das SiSo-Tool

b) Für die Realisierung eines PD-Reglers mit $T_v = 2s$ ist, wie in Abb. 8.66 gezeigt, eine reelle Nullstelle einzurichten. Für die Darstellung eines PD-Gliedes gilt:

$$G_{PD}(s) = K\,(1 + T_v s) = \frac{K}{T_v}\left(s - \left(-\frac{1}{T_v}\right)\right) = \frac{K}{T_v}\,(s - s_{PD}) \quad.$$

Diese Gleichung zeigt eine Darstellung mit der Zeitkonstanten T_v und eine alternative Darstellung mit dem Pol s_{PD}.

c) Die Dynamik des Systems nimmt mit zunehmendem statischen Regelfaktor zu. Dadurch kann einem Führungsgrößenwechsel schneller gefolgt werden. Zu beachten ist hier, dass an der linearisierten Strecke im SiSo-Tool

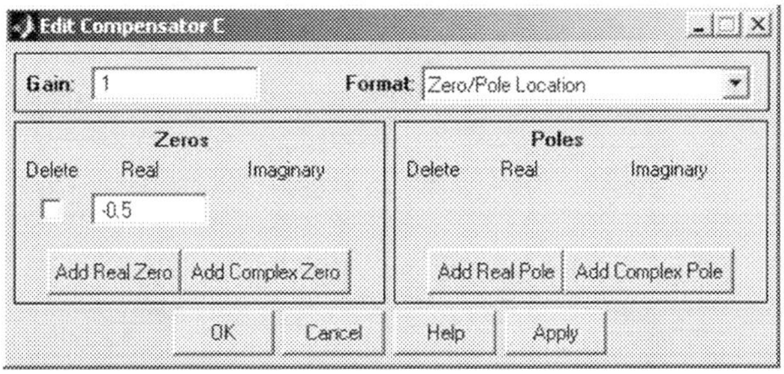

Abb. 8.66. Erweiterung um eine reelle Nullstelle für PD-Regler

große Übertragungsfaktoren und große T_v realisierbar scheinen, welche an der reellen Strecke zu Schwingungen führen können.

d) Durch Modifikation von T_v kann die Stabilität des geschlossenen Regelkreises beeinflusst werden. Für positive T_v ist der geschlossene Regelkreis in jedem Fall stabil. Für negative T_v, d. h. Nullstelle in der rechten s-Halbebene sind sowohl Reglereinstellungen möglich, die die Regelstrecke stabilisieren, als auch solche, die einen instabilen Regelkreis bewirken. Zu erkennen ist dies daran, dass der Phasenverlauf des aufgeschnittenen Regelkreises die -180° schneidet, und damit prinzipiell Instabilität entstehen kann.

e) Für einen PI-Regler gilt:

$$G_{PI}(s) = K\left(1 + \frac{1}{T_n s}\right) = K\left(\frac{1 + T_n s}{T_n s}\right) = K\left(\frac{s - \left(-\frac{1}{T_n}\right)}{s}\right) \quad .$$

Daher ist die vorhandene Nullstelle auf $s_{PI} = -\frac{1}{40s} = -0.025s^{-1}$ zu setzen.

f) Die Anforderungen sind nach Abb. 8.67 und 8.68 zu definieren. Grafisch werden die Anforderungen wie in Abb. 8.69 dargestellt. In dem vorliegenden Fall muss der statische Regelfaktor so gewählt werden, dass das rosafarbene Quadrat links der senkrechten Begrenzung und innerhalb der schrägen Begrenzungen liegt. Die minimale Erfüllung der Anforderungen wird durch möglichst nahes Platzieren des rosafarbenen Quadrates an den Begrenzungsbalken erreicht. Es ergibt sich ein Wert von ungefähr $K_R \approx 0,033$.

g) Die Datei „Dreitank_LIN_Regler.mdl" enthält eine mögliche Lösung. Die Pulsbreite ist dabei auf ca. 40s einzustellen, was dem Wert von T_n entspricht.

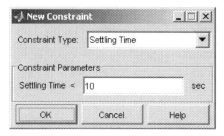

Abb. 8.67. Definieren einer Anforderung an die Einschwingzeit

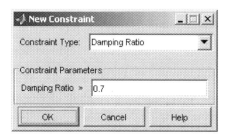

Abb. 8.68. Definieren einer Anforderung an die Dämpfung

h) Die Datei „Dreitank_LIN_NL_Regler.mdl" enthält eine mögliche Lösung. Die Pulsbreite ist dabei auf ca. 40s einzustellen, was dem Wert von T_n entspricht. Die wachsende Regelabweichung der nichtlinearen Strecke mit zunehmendem Abstand vom Arbeitspunkt resultiert aus der Nichtlinearität.

IV. Reglerisolierung und -diskretisierung

b) `Cdis = c2d( C, tout( 2 ) - tout( 1 ) );`
In Abb. 8.70 ist ein Subsystem eines möglichen Reglers dargestellt. Zusätzlich zu der im Aufgabentext beschriebenen Schnittstelle zur „kontinuierlichen Welt" (Verzögerung und Halteglied) ist hier bereits die für den nächsten Aufgabenpunkt durchzuführende Quantisierung, in Form der Wandlung von einem „double"- in einen „int"-Wert, enthalten.
In Abb. 8.71 ist das gesamte System skizziert.

c) Die Höhe lässt sich nach folgender Formel aus dem Bit-Wert des Höhenmessers berechnen:

$$H_{gem} = H_{gem,inBit} \frac{50cm - 0cm}{255bit} = H_{gem,inBit} \cdot 0,1961 \frac{cm}{bit}$$

Es ist zu erkennen, dass die Auflösung des Messers $\varepsilon_H = 0,1961 \frac{cm}{bit}$ beträgt. Die Durchführung der Quantisierung ist in Abb. 8.71 skizziert.

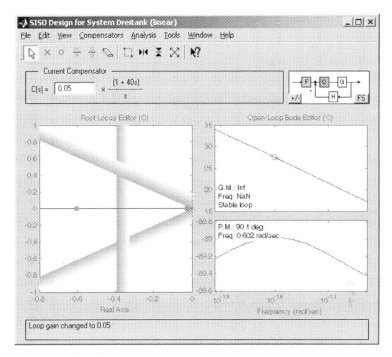

Abb. 8.69. Grafische Darstellung der definierten Anforderungen

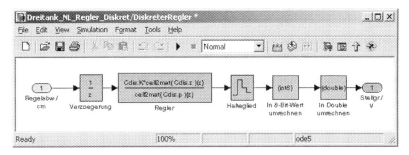

Abb. 8.70. Isolierter, diskreter, quantisierter Regler

d) Der Bitwert für die auszugebende Spannung ist nach folgender Formel zu bestimmen:

$$U_{bit} = U_{aus} \frac{32767 bit - (-32768 bit)}{10V - (-10V)} = U_{aus} \cdot 3276, 8 \frac{bit}{V}$$

Die Genauigkeit beträgt, wie der vorhergehenden Formel zu entnehmen ist $\varepsilon_U = \frac{1V}{3276,8 bit} = 0,305 \cdot 10^{-3} \frac{V}{bit}$.

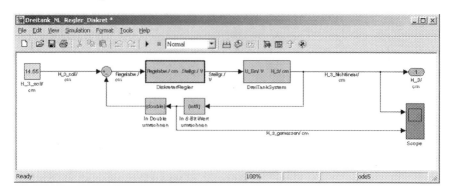

Abb. 8.71. Diskreter Regler an nichtlinearer Strecke

V. Codegenerierung

a) In Abb. 8.61 sind die vorzunehmenden Einstellungen wiedergegeben, welche die folgende Code-Generierung einleiten. Durch die Definition als „Atomic" wird der Code für dieses Sub-System gekapselt. So kann dieser leichter in bestehenden C-Code integriert werden.

Im Code sind insgesamt vier Funktionen zu finden. Die Funktionen

```
void DiskreterRegler_DiskreterRegler_Init(void)
void DiskreterRegler_DiskreterRegler_Start(void)
```

dienen der Initialisierung und sind vor der Anwendung des Reglers einmalig aufzurufen. Die Funktionen

```
void DiskreterRegler_DiskreterRegler(void)
void DiskreterRegler_DiskreterRegler_Update(void)
```

dienen der Bereitstellung des Reglerausgangs und der Durchführung eines Schrittes des Regelalgorithmus. Die folgende Code-Sequenz soll etwas eingehender betrachtet werden:

```
/* Outputs for atomic system: '<Root>/DiskreterRegler' */
void DiskreterRegler_DiskreterRegler(void) {
/* local block i/o variables */
real_T rtb_Regler;
int16_T rtb_In_8_Bit_Wert_umrechnen;

/* UnitDelay: '<S1>/Verzoegerung' */
rtB.Verzoegerung = rtDWork.Verzoegerung_DSTATE;

/* DiscreteZeroPole: '<S1>/Regler' */
{   rtb_Regler = rtP.Regler_D*rtB.Verzoegerung;
```

```
rtb_Regler += rtP.Regler_C*rtDWork.Regler_DSTATE;
}
/* DataTypeConversion: '<S1>/In 8-Bit-Wert umrechnen' */
if (rtb_Regler >= MAX_int16_T) {
rtb_In_8_Bit_Wert_umrechnen = MAX_int16_T;
} else if (rtb_Regler < MIN_int16_T) {
rtb_In_8_Bit_Wert_umrechnen = MIN_int16_T;
} else {
rtb_In_8_Bit_Wert_umrechnen = (int16_T) rtb_Regler;
}

/* DataTypeConversion: '<S1>/In Double umrechnen' */
rtB.In_Double_umrechnen = (real_T)rtb_In_8_Bit_Wert_umrechnen;
}
```

Zunächst werden benötigte Variablen angelegt. Anschließend wird der Ausgang des Verzögerungsblocks generiert. Es folgt der Ausgang des Pol-/Nullstellen-Blocks. Zum Abschluss werden die Typkonvertierungen vorgenommen.

Literatur

1. Günther, M. (1997): Kontinuierliche und zeitdiskrete Regelungen. Teubner-Verlag, Stuttgart.
2. Kurz, H. (1988): Einsatz höherer Regelalgorithmen und industrieller adaptiver Regler. Automatisierungstechnische Praxis 30, Heft 5, S. 207-211.
3. Abel, D. (2005): Mess- und Regelungstechnik und Höhere Regelungstechnik. 29. Auflage, Verlag Mainz, Aachen.
4. Harel, D. (1987): Statecharts: A Visual Formalism for Complex Systems. Science of Computer Programming 8, pp.231-274.
5. Moler, C.B. (1981): MATLAB User's Guide. University of Mexico, Computer Science Department.
6. Jamshidi, M., Herget, C. (1985): Computer-Aided Control Systems Engineering. North-Holland, Amsterdam, New York.
7. The MathWorks, Inc. (2005): Benutzer-Handbuch Matlab/Simulink.
8. Ameling, W. (1990): Digitalrechner: Grundlagen und Anwendungen. Technische Informatik, Vieweg, Braunschweig.
9. Ameling, W. (1992): Digitalrechner 2: Datentechnik und Entwurf logischer Systeme. Technische Informatik, Vieweg, Braunschweig.
10. Ljung, L. (1987): System Identification. Theory for the User. Prentice-Hall, Inc., Englewood Cliffs, New Jersey.
11. Lüke, H.-D. (1995): Signalübertragung. 6. Auflage, Springer Verlag, Berlin.
12. Polke, M. (Hrsg.) (1992): Prozessleittechnik. Oldenbourg Verlag, München.
13. Schrüfer, E. (Hrsg.) (1992): Lexikon der Mess- und Automatisierungstechnik. VDI-Verlag, Düsseldorf.
14. Tränkler, H.-R.; Obermeier, E. (Hrsg.) (1998): Sensortechnik für Praxis und Wissenschaft. Springer Verlag, Berlin.
15. Wells, L.; Travis, J. (1997): Das LabView-Buch. Prentice Hall, New York.
16. Abel, D. (1990): Petri-Netze für Ingenieure. Springer-Verlag, Berlin.
17. Backé, W.; Goedecke, W.-D. (1986): Steuerungs- und Schaltungstechnik. Umdruck zur Vorlesung, Bd.1, 4.Aufl., RWTH Aachen.
18. Erdinger, E.; Pedall, F. (1987): Programmierhandbuch für Ablaufsteuerungen mit S5-110A. Siemens AG, Berlin.
19. Fasol, K.-H. (1988): Binäre Steuerungstechnik. Springer-Verlag, Berlin.
20. Görgen, K.; et.al. (1984): Grundlagen der Kommunikationstechnologie ISO Architektur offener Kommunikationssysteme. Springer-Verlag, Berlin.

21. Graf, L.; et al. (1984): Keine Angst vor dem Mikrocomputer. VDI-Verlag, Düsseldorf.

22. Henning, K.; Kutscha, S. (1991): Informatik im Maschinenbau. Umdruck zur Vorlesung, RWTH Aachen.

23. Lauber, R. (1989): Prozessautomatisierung. Bd.1, 2.Aufl., Springer-Verlag, Berlin.

24. Pfeifer, T. (Hrsg.) (1992): PROFIBUS: Testverfahren und -werkzeuge. VDI-Verlag, Düsseldorf.

25. Strohrmann, G. (1998): Automatisierungstechnik. Bd.1, 4. Auflage, Oldenbourg Verlag, München.

26. Wratil, P. (1987): PC/XT/AT: Messen, Steuern, Regeln - angewandte Interfacetechnik. Markt & Technik Verlag, Haar bei München.

27. Cellier, F.E.; et al. (1993): Continuous System Modelling. Springer Verlag, Berlin.

28. VDI-Richtlinie 3633: Blatt 1-6, Simulation, VDI-Verlag, Düsseldorf.

29. Schmidt, U. (1997): Angewandte Simulationstechnik für Produktion und Logistik. Verlag Praxiswissen.

30. Schriber, T.J. (1991): An Introduction to Simulation Using GPSS/H. John Wiley & Sons, New York.

31. Achilles, D. (1978): Die Fourier-Transformation in der Signalverarbeitung. Springer-Verlag, Berlin, Heidelberg, New York.

32. Brigham, E.O. (1987): FFT - Schnelle Fourier-Transformation. 3. Auflage, R. Oldenbourg Verlag, München, Wien.

33. Bronstein, I.; Semendjajew, K.A. (1981): Taschenbuch der Mathematik. 20. Auflage, Verlag Harri Deutsch, Thun.

34. Breddermann, R. (1981): Erprobung von Parameterschätzverfahren bei der Identifikation des Temperierverhaltens von Kunststoffextrudern. Dissertation, RWTH Aachen.

35. Föllinger, O. (1986): Lineare Abtastsysteme. 3. Auflage, R. Oldenbourg Verlag, München, Wien.

36. Isermann, R. (1974): Identifikation dymamischer Systeme. Band I und II, Springer-Verlag, Berlin, Heidelberg, New York.

37. Isermann, R. (1974): Prozessidentifikation. Springer-Verlag, Berlin, Heidelberg, New York.

38. Isermann, R. (1988): Parameterschätzung dynamischer Systeme. Automatisierungstechnik 36, S. 199-207 und S. 241-248.

39. Oppenheim, A.V.; Schäfer, R.W. (1975): Digital Signal Processing. Prentice Hall, Inc., Englewood Cliffs, New Jersey.

40. Paehlike, K.-D. (1980): Regelstreckenidentifikation mit binären Mehrfrequenzsignalen. Dissertation, RWTH Aachen.

41. Papageorgiou, M. (1996): Optimierung. 2. Auflage, R. Oldenbourg Verlag, München, Wien.

42. Schaub, G. (1985): Verbesserte rekursive Parameterschätzverfahren. Automatisierungstechnik 33, S. 342-349.

43. Unbehauen, H. (1985): Regelungstechnik. Band I, II und III, Vieweg-Verlag, Braunschweig.

44. Zurmühl, R.; Falk, S. (1984): Matrizen und ihre Anwendungen. Springer-Verlag, Berlin, Heidelberg, New York.

45. Cellier, F. (1991): Continuous system modeling. Springer-Verlag, New York.

46. Chouikha, M. (1999): Entwurf diskret-kontinuierlicher Steuerungssysteme – Modellbildung, Analyse und Synthese mit hybriden Petrinetzen. Fortschritt-Berichte VDI, Nummer 797, VDI-Verlag, Düsseldorf.

47. Schwarz, H. (1969): Einführung in die moderne Systemtheorie. Theorie geregelter Systeme. Vieweg Verlag, Braunschweig.

48. Bruns, M. (1988): Systemtechnik I. Vorlesungsskript, Verlag Mainz, Aachen.

49. Müller, C. (2002): Analyse und Synthese diskreter Steuerungen hybrider Systeme mit Petri-Netz-Zustandsraummodellen. Fortschritt-Berichte VDI, Nummer 930, VDI-Verlag, Düsseldorf.

50. Lunze, J. (2003): Automatisierungstechnik. Oldenbourg Verlag, München.

51. Deutsches Institut für Normung (1994): DIN 19226, Leittechnik, Regelungstechnik und Steuerungstechnik.

52. Engell, S., Guéguen, H. und Zaytoon, J. (Hrsg.) (2003) Analysis and Design of Hybrid Systems, IFAC Preprint, Cesson-Sévigné Cedex, France.

53. Angermann, A., Beuschel, M., Rau, M., Wohlfahrt, U. (2003): Matlab - Simulink - Stateflow. 2. Auflage. Oldenbourg Verlag, München.

54. Verein Deutscher Ingenieure und Verband Deutscher Elektrotechniker (2003): VDI/VDE 3681, Einordnung und Bewertung von Beschreibungsmitteln aus der Automatisierungstechnik.Richtlinienentwurf.

55. Harel, D. (1987): A Visual Formalism for Complex Systems. Science of Computer Programming, 8:231–274.

56. Object Management Group (2001): OMG Unified Modelling Language Specification. Version 1.4.

57. Deutsches Institut für Normung (1994): DIN EN 61131-3, Speicherprogrammierbare Steuerungen, Teil 3: Programmiersprachen (IEC 1131-3: 1993).

58. Rumpe, B. und Sandner, R. (2001): UML - Unified Modeling Language im Einsatz. Teile 1-2. Hintergrund und Notation der Standard UML. at - Automatisierungstechnik, Reihe Theorie für den Anwender, Ausgaben 9-10, Oldenbourg Verlag.

59. Kowalewski, S. (2001): Modellierungsmethoden aus der Informatik. at - Automatisierungstechnik, Reihe Theorie für den Anwender, Ausgabe 9, Oldenbourg Verlag.

60. International Electrotechnical Commission (2000): IEC 61499, Function Blocks for Industrial-Process Measurement and Control Systems. Voting Draft - Publicly Available Specification.

61. Engell, S. (Hrsg.) (2000): Discrete Event Models of Continuous Systems, volume 6 of MCMDS – Mathematical and Computer Modelling of Dynamical Systems, Lisse, Niederlande.

62. Engell, S., Frehse, G. und Schnieder, E. (Hrsg.) (2002): Modelling, Analysis, and Design of Hybrid Systems. Number 279 in LNCIS. Springer, Berlin.

63. Petterson, S. (1999): Analysis and Design of Hybrid Systems. PhD. Dissertation, Chalmers University of Technology.

64. Deutsches Institut für Normung (1980): Vornorm DIN 19237, Messen, Steuern, Regeln; Steuerungstechnik; Begriffe.

65. Diestel, R. (2000): Graphentheorie. 2. Auflage, Springer, Berlin. Online unter: http://www.math.uni-hamburg.de/home/diestel/books/graphentheorie/

66. Deutsches Institut für Normung (1999): DIN 19222, Leittechnik – Begriffe.

67. Lunze, J. (1999): Regelungstechnik 1. Springer-Verlag, Heidelberg.

68. Orth, Ph. (2005): Rapid Control Prototyping diskreter Steuerungen mit Petrinetzen. Erscheint in Fortschritt-Berichten VDI, VDI-Verlag, Düsseldorf.

69. Buss, M. (2002): Methoden zur Regelung Hybrider Dynamischer Systeme. Nummer 970 in Fortschritt-Berichte VDI. VDI-Verlag, Düsseldorf.

70. Otter, M. (1994): Objektorientierte Modellierung mechatronischer Systeme am Beispiel geregelter Roboter. Dissertation, 1995.

71. Dynasim AB (2002): Dymola - Dynamic Modeling Laboratory - User's Manual. Dynasim AB, Lund (Schweden).

72. Hanselmann, H. (2003): Automatisch generiert - die neue Code-Generation. Elektronik Automotive, Ausgabe 3.

73. Elias, C. (2003): Automatische Codegenerierung für Mikrocontroller. Elektronik Informationen, Nr. 6.

74. Pleßmann, K.W. (1996): Echtzeitprogrammierung (Eine Einführung in die Programmierung von echtzeitfähigen Systemen). Vorlesungsumdruck, Aachen.

75. Selic, B., Motus, L. (2003): Using Models in Real-Time Software Design, (Model-Driven) Development Based on the Unified Modeling Language). IEEE Control Systems Magazine.

76. Dipartimento di Ingegneria Aerospaziale - Politecnico di Milano (DIAPM), http://www.aero.polimi.it/ rtai/index.html

77. Metrowerks/Lineo, http://www.metrowerks.com/MW/Develop/Embedded/Linux/default.htm

78. FSMLabs, http://www.fsmlabs.com/

79. Sysgo, http://www.elinos.com/

80. Henzinger, T., Kirsch, C., Sanvido, M., und Pree, W. (2003): From control models to real-time code using Giotto. IEEE Control Systems Magazine. 23(1):50-64.

Index